工业和信息化高职高专“十二五”规划教材立项项目
21 世纪高等职业教育计算机技术规划教材

计算机应用基础项目教程（第2版）

Jisuanji Yingyong Jichu Xiangmu Jiaocheng (2nd Edition)

徐术力 顾加强 主编
朱红英 万薇 谢晓燕 副主编

人 民 邮 电 出 版 社
北 京

图书在版编目（CIP）数据

计算机应用基础项目教程 / 徐术力，顾加强主编
. -- 2版. -- 北京 : 人民邮电出版社，2015.9（2019.1重印）
21世纪高等职业教育计算机技术规划教材
ISBN 978-7-115-39852-9

Ⅰ. ①计… Ⅱ. ①徐… ②顾… Ⅲ. ①电子计算机－高等职业教育－教材 Ⅳ. ①TP3

中国版本图书馆CIP数据核字(2015)第156367号

内 容 提 要

本书按照全国计算机技术与软件专业资格（水平）考试中信息处理技术员资格（水平）的考试大纲，采用项目教学、任务驱动方式编写，涵盖了计算机应用的基础内容。全书共分 8 个项目和一个附录，包括信息技术基础知识、计算机基础知识、Windows 操作系统知识，文字处理知识（Word 2007）应用、电子表格知识（Excel 2007）应用、演示文稿知识（PowerPoint 2007）应用、数据库知识（Access 2007）应用、Internet 应用以及计算机专业英语。本书结合项目任务列举了大量操作实例，力求使读者快速掌握计算机应用基础的主要内容。

本书可作为高职高专计算机应用基础的教材，也可供参加信息处理技术员资格（水平）考试的读者参考使用。

◆ 主　　编　徐术力　顾加强
副 主 编　朱红英　万　薇　谢晓燕
责任编辑　刘　琦
责任印制　张佳莹　杨林杰

◆ 人民邮电出版社出版发行　　北京市丰台区成寿寺路 11 号
邮编　100164　　电子邮件　315@ptpress.com.cn
网址　http://www.ptpress.com.cn
固安县铭成印刷有限公司印刷

◆ 开本：787×1092　1/16
印张：17　　2015 年 9 月第 2 版
字数：433 千字　　2019 年 1 月河北第 7 次印刷

定价：39.80 元

读者服务热线：(010)81055256　印装质量热线：(010)81055316
反盗版热线：(010)81055315

第2版前言

《计算机应用基础项目教程》自 2013 年 9 月出版以来，受到了许多院校师生的欢迎。作者结合近几年的课程改革实践和广大读者的反馈意见，在保留原书特色的基础上，对书稿进行了全面的修订，这次修订的主要工作如下。

- 进一步贴近“信息处理技术员考试”新版考试大纲要求，将 Windows 操作系统知识从 Windows 2000 平台改为 Windows 7 平台，将 Microsoft Office 系列软件应用从原 Microsoft Office 2003 版本改为 Microsoft Office 2007 版本。
- 为使学生在完成每个项目学习后能进行自我测试和提高，在每一项目后新增了大量有针对性的练习题。
- 对本书部分项目进行了进一步完善和补充，对第 1 版存在的问题加以校正。
- 将本书对应的教学大纲、PPT 课件、课程设计等相关网络教学资源进行了同步更新。

在本次修订中，教材依然采用“项目教学”和“工作任务驱动”的方式编写，力求用项目互动式教学和真实工作任务驱动的方式来贯穿整个教学过程，使学生能够全面、系统地了解计算机基础知识，具备计算机实际应用和信息处理能力。本书内容丰富，覆盖面广，尤其注重与当今的计算机和信息技术发展方向紧密结合，使学生能够及时、准确地掌握计算机的最新知识。

本书由江西经济管理干部学院的徐术力副教授、顾加强副教授担任主编，朱红英、万薇、谢晓燕担任副主编。其中，项目一由徐术力编写，项目二由顾加强编写，项目三由万薇编写，项目四由朱红英、姚远耀编写，项目五由魏林编写，项目六由冷旭峰编写，项目七由谢晓燕编写，项目八由肖燕编写，附录由姚远耀编写。

最后，感谢使用过本书的广大教师和读者，他们为本次书稿修订工作提出了许多宝贵的意见！由于编者水平有限，书中难免存在缺点和错误，恳请广大读者批评指正。

编　者

2015 年 6 月

目 录 CONTENTS

项目一 信息技术基础知识 1

项目二 计算机基础知识 16

项目三 Windows 操作系统知识 51

项目四 文字处理知识（Word 2007）应用 68

项目五 电子表格知识（Excel 2007）应用 131

项目六 演示文稿知识（PowerPoint 2007）应用 170

PART 1 项目一 信息技术基础知识

任务一 了解信息技术基本概念

学习重点

通过本项目掌握信息及其特点、信息社会的特征，了解信息技术，掌握数据的基本概念，熟悉简单的数据统计知识。

1.1.1 信息社会与信息技术应用

1．信息的含义及其表现形式

“信息”这个词在我们的生活当中被频繁提及，它的广泛使用使得我们难以给信息一个准确的定义。一般来说，信息是指由信息源发出的，被使用者接收和理解的各种信号。信息是客观世界各种事物变化和特征的反映，是物质系统中事务的存在方式或运动状态，以及对这种方式或状态的直接或间接表述。我们每个人每时每刻都在接收信息。

信息的表示、传播和存储必须依附于某种载体，语言、文字、声音、图像和视频等都是信息的载体。而纸张、胶片、磁带、光盘，人的大脑等，则是承载信息的媒介。

信息的基本特征主要表现在以下几个方面。

① 可感知性：信息能够通过人的感觉器官接受和识别。其感知的方式和识别的手段因信息载体或承载媒介的不同而各异；物体、色彩、文字等信息由视觉器官感知，音响、声音中得信息由听觉器官识别，气温高低的信息则有触觉器官感知。

② 可存储性：信息是可以通过各种方法存储的。如文字、摄影、录音、录像及计算机存储器都可以进行信息存储。

③ 可传递性：信息具有可以传递的性质。信息传递可以是面对面的直接交流，也可以通过电报、电话、书信、传真来沟通，还可以通过报纸、杂志、广播、电视、网络等来实现。

④ 可加工性：人们可以对信息进行整理、归纳、去粗取精、去伪存真，从而获得更有价值的信息。

⑤ 可共享性：信息可以被不同的个体或群体接收和利用，它并不会因为接受者的增加而损耗，也不会因为使用次数的增加而损耗。例如，电视节目可以被很多人同时收看，但电视节目的内容并不会因此而损失。信息可共享性的特点使得信息资源能够发挥最大效用。

⑥ 时效性：信息作为对事物存在方式和运动状态的反映，随着客观事物的变化而变化。股市行情、气象信息、交通信息等瞬息万变，可谓“机不可失、失不再来”。

⑦ 信息价值相对性：信息具有使用价值，能够满足人们某一方面的需要。但信息使用价值

的大小取决于接受者的需求及其对信息的理解、认识和利用能力。

⑧ 可伪性：由于人们在认知能力上存在差异，对于同一信息，不同的人可能会有不同的理解，形成“认知伪信息”；或者由于传递过程中的失误，产生“传递伪信息”；也有人出于某种目的，故意采用篡改、捏造、欺骗、夸大、假冒等手段，制造“人为伪信息”。伪信息给社会带来信息污染，具有极大的危害性。

2．信息社会

信息社会也称为信息化社会，是脱离农业和工业化社会以后，信息起主导作用的社会。在信息化社会以前的社会形态中，物质和能源是主要资源，人们所从事的是大规模的物质生产。而在信息社会中，信息成为比物质和能源更为重要的资源，以开发和利用信息资源为目的。

党的十八大报告明确把“信息化水平大幅提升”纳入全面建成小康社会的目标之一，并提出了走中国特色新型工业化、信息化、城镇化、农业现代化道路，促进新“四化”同步发展。信息化本身已不再只是一种手段，而成为社会发展的目标和路径。

信息社会具有以下3个方面的特征。

（1）经济领域的特征

① 劳动力结构出现根本性的变化，从事信息相关职业的人数与其他部门职业的人数相比已占绝对优势。

② 在国民经济总产值中，信息经济所创产值与其他经济部门所创产值相比已占绝对优势。

③ 能源消耗少，污染得以控制。

④ 知识成为社会发展的巨大资源。

（2）社会、文化、生活方面的特征

① 社会生活的计算机化、自动化。

② 拥有覆盖面极广的远程快速通信网络系统及远程存取快捷、方便的各类数据中心。

③ 生活模式和文化模式的多样化、个性化的加强。

④ 可供个人自由支配的时间和活动的空间都有较大幅度的增加。

（3）社会观念上的特征

① 尊重知识的价值观念成为社会之风尚。

② 社会中人具有更积极地创造未来的意识倾向。

信息社会面临的新问题有以下几点。

（1）信息污染

信息污染主要表现为信息虚假、信息垃圾、信息干扰、信息无序、信息缺损、信息过时、信息冗余、信息误导、信息泛滥、信息不健康等。信息污染是一种社会现象，它像环境污染一样应当引起人们的高度重视。

（2）信息犯罪

信息犯罪主要表现为黑客攻击、网上“黄、赌、毒”、网络谣言、网上诈骗、窃取信息等。

（3）信息侵权

信息侵权主要是指知识产权侵权，还包括侵犯个人隐私权。

（4）计算机病毒

它是具有破坏性的程序，通过复制、网络传输潜伏于计算机的存储器中，时机成熟时发作。发作时，轻者消耗计算机资源，使效率降低；重者破坏数据、软件系统，有的甚至破坏计算机硬件或使网络瘫痪。

（5）信息侵略

信息强势国家通过信息垄断和大肆宣扬自己的价值观，用自己的文化和生活方式影响其他国家。

3．信息技术

信息技术是指利用计算机和现代通信手段实现产生、获取、检索、识别、变换、处理、控制、传输、分析、显示及利用信息等的相关技术。它是提高和扩展人类信息处理能力的方法和手段，主要包括以下 4 个方面的内容。

① 感测与识别技术。它的作用是扩展人类获取信息的感觉器官功能。它主要包括信息识别、提取检测等技术。这类技术的总称是传感技术，它使人类的感知信息的能力进一步加强。信息识别主要有文字识别、图像识别和语音识别。

② 信息传递技术。它的作用是实现信息快速、可靠和安全的转移。通信、电视和广播技术等都是传递信息的技术。

③ 信息处理与再生技术。信息处理技术包括对信息的编码、压缩和加密等。在对信息进行处理时，会形成一些新的更深层次的决策信息，这就是信息的再生。

④ 信息利用技术。它是信息处理过程中的最后环节，主要包括控制技术和显示技术。

1.1.2 数据及数据统计

1．数据的基本概念

数据是对事实、概念或指令的一种特殊表达形式。这种特殊表达形式可以用人工的方式或者用自动化的装置进行通信，翻译转换或者进行加工处理。简言之，数据是指记录下来的事实，是客观实体属性的值。数据的记载方式可以是多样的，不仅包括以数量形式表达的属性值，也包括以文字、图形或声音等编码形式所表达的属性值。

数据和信息两者既有联系又有区别。数据只有经过处理和解释后并赋予一定的意义才成为信息。信息不会随载荷它的物理介质改变而变化，但数据则会根据载体的不同表现出不同的形式和内容。

数据可以分为定量数据和定性数据两种。定量数据一般用来以数量形式描述某种数据特征，如身高、成绩、温度等。定量数据一般用数值型数据来表示，可以参与数据运算和比较大小。定性数据则用来描述数据的某种分类特征，属于非数值数据，即使用数字来表示定性数据，也只能作为字符代码，并不具有数值含义。

2．数据的简单统计

（1）总体、个体、样本和样本容量

总体是指考察对象的全体，通常也称为母体。个体是总体中的每一个被考察对象。样本是总体中所抽取的部分个体。样本容量是指样本中个体的数目。

（2）平均数

平均数是指在一组数据中所有数据之后除以数据的个数。平均数表示一组数据集中趋势的量数。常用的平均数指标有位置平均数和数值平均数。

① 位置平均数。位置平均数是依照数据的大小顺序出现频数的多少确定的集中趋势的代表值，主要有众数、中位数等。

众数是一组数据中出现次数最多的数值，有时众数在一组数中有多个。简单地说，就是一组数据中占比例最多的那个数。用众数代表一组数，可靠性较差，不过众数不受极端数据的影响，并且求法简单。

中位数是一组数据按从小到大的顺序依次排列，处在中间位置的数，或是最中间两个数的平均值。和众数不同，中位数不一定在这组数据中。中位数是样本数据所占频率的等分线，它不受少数几个极端值得影响。在一组数据中，如果个别数据有很大的变动，选择中位数表示这组数据的"集中趋势"是更为合适的。

② 数值平均数。数值平均数是以统计数列的所有各项数据来计算平均数，用以反映统计数列的所有各项数据的平均水平。这类平均数的特定是统计数列中的任何一项数据的变动，或大或小都会在一定程度上影响到数值平均值的计算结果。数值平均数分为算术平均数、调和平均数和几何平均数。

算术平均数是把 n 个数的总和除以 n 所得的商叫做这 n 个数的平均数，它是反映数据集中趋势的一项指标。

几何平均数是把 n 个观察值连乘积的 n 次方根就是几何平均数。

调和平均数是数值倒数的平均值。它是用来解决在无法掌握总体单位数时，只有每组的变量值和相应的标志总量，而需要求得平均数的情况下使用的一种数学方法。

3．常用的统计图表

（1）统计表

统计表是将原始数据用纵横交叉线条所绘制成的表格来表现统计资料的一种形式。它将统计资料按照一定的要求进行整理、归类，并按照一定的顺序把数据排列起来，使之系统化、条理化，让人感觉到数据的紧凑、简明与一目了然，也易于检查数据的完整性和正确性。统计表主要用数量来说明研究对象之间的相互关系，并将其变化规律和差别显著地表示出来。

统计表的内容一般都包括总标题、横标题、纵标题、数字资料、单位与制表日期。总标题是指表的名称，要求能简明扼要地表达出表的中心内容。横标题是研究事物的对象，标识每一横行内的数据的意义。纵标题是研究事物的指标，标识每一栏内数据的意义。数字资料是指个空格内按要求填写的数字，表内数字要求位置上下对齐、准确、小数点后所取位数要上下一致。单位是指表格里数据的计量单位。制表日期放在表的右上角，表明制表的时间。

按项目的多少，统计表可分为简单表、分组表和复合表 3 种。

只对某一个项目的数据进行统计的表格称为简单表，它常用来比较相互独立的统计指标，如表 1-1 所示。

表 1-1　　计算机应用基础课程及格率

班级	总人数	不及格人数	及格率
软件技术 1101	48	4	91.67%
软件技术 1102	49	5	89.80%
网络技术 1101	42	4	90.48%
计算机应用 1101	52	6	88.46%

分组表是指横标题按一个标志分组，结构形式与简单表基本相似，但通常设有合计栏。分组表用以说明综合水平，如表 1-2 所示。

表 1-2 计算机应用基础课程不及格率

班级	总人数	不及格人数	不及格率
软件技术 1101	48	4	8.33%
软件技术 1102	49	5	10.20%
网络技术 1101	42	4	9.52%
计算机应用 1101	52	6	11.54%
合计	191	19	9.95%

复合表是指统计项目在两个或两个以上的统计表格，如表 1–3 所示。

表 1-3 信息工程系 2011 级专业课程成绩及格率

班级	总人数	计算机应用基础		C 语言程序设计	
		及格人数	及格率	及格人数	及格率
软件技术 1101	48	44	91.67%	43	89.58%
软件技术 1102	49	44	89.80%	45	91.84%
网络技术 1101	42	38	90.48%	39	92.86%
计算机应用 1101	52	46	88.46%	45	86.54%

（2）统计图

统计图一般是根据统计表的资料，用点、线、面或立体图像鲜明地表达其数量或变化动态。常用统计图的类型有线图、直方图、直条图和饼形图等。

线图适用于连续变量资料，说明某事物因时间、条件推移而变迁的趋势。横轴常用以表示事物的连续变量，纵轴多表示率、频率或均数。

直方图是以面积表示数量，适用于表达连续性资料的频数或频率分布。横轴表示变量，尺度可以从 0 或其他值开始，但同一轴上的尺度必须相等。

直条图是用等宽直条和长短来表示各统计量的大小，适用于彼此独立的资料互相比较。

饼形图是以圆的半径将圆面分割成多个大小不等的扇形来表达构成比。

1.1.3 任务总结

了解信息及信息社会的特点，学习和掌握信息技术知识，是信息社会人类知识结构的一个重要组成部分。

任务二 了解信息处理概念与实务

学习重点

了解信息处理的过程及信息处理的一般方法。

1.2.1 信息处理及其过程

信息处理是指收集到的原始信息采用某种方法和设备，根据需要将原始数据进行加工，使之成为可以利用的有效信息的过程。信息处理全过程包括信息收集、存储、加工和传输。

1．信息收集

信息收集是指通过各种方式获取所需要的信息。信息收集是信息得以利用的第一步，也是关键的一步。信息收集工作的好坏，直接关系到整个信息管理工作的质量。信息可以分为原始信息和加工信息两大类。原始信息是指在经济活动中直接产生或获取的数据、概念、知识、经验及其总结，是未经加工的信息。加工信息则是对原始信息经过加工、分析、改编和重组而形成的具有新形式、新内容的信息。信息收集是信息得以利用的第一步，也是关键的一步。

信息收集分为信息识别、信息采集和信息表达 3 个阶段。

① 信息识别。对信息进行甄别，获取有用信息。信息识别可以采用直接观察、比较和间接识别等方式。

② 信息采集。对识别后的信息根据不同的需求运用不同的采集方法进行信息采集。

③ 信息表达。信息采集后，可以采用文字表述、数字表述、图像表达的方式。

2．信息存储

信息存储是将获得的或加工后的信息保存起来,以备将来应用。信息储存不是一个孤立的环节，它始终贯穿于信息处理工作的全过程。信息的储存是信息系统的重要方面，如果没有信息储存，就不能充分利用已收集、加工所得信息，同时还要耗资、耗人、耗物来组织信息的重新收集、加工。有了信息储存，就可以保证随用随取，为信息的多次复用创造条件，从而大大降低了费用。

3．信息加工

信息加工是对收集来的信息进行去伪存真、去粗取精、由表及里、由此及彼的加工过程。它是在原始信息的基础上，生产出价值含量高、方便用户利用的二次信息的活动过程。这一过程将使信息增值。只有在对信息进行适当处理的基础上，才能产生新的、用以指导决策的有效信息或知识。

4．信息传输

信息传输时为了满足人们对信息的需求，实现信息的有目的的流动，从而体现信息的价值。特别是在信息社会，信息已然成为一种重要的、具有价值的商品。

1.2.2 信息的收集、分类及编码

1．信息收集方法

信息是客观事物运动和变化的一种反映，是经过加工处理并对人类客观行为产生影响的数据表现形式。要获得信息首先要收集原始信息。

收集数据的方法包括观察法、访谈法、问卷法、抽样调查法等。

① 观察法是研究者通过感官或一定的仪器设备，有目的、有计划地观察客观事物的情况，并由此分析客观事物特征和规律的一种方法。

② 访谈法是研究者通过与被调查人员进行口头交谈，了解和收集与他们有关的数据资料的一种研究方法。这种方法的最大特点在于整个访谈过程是访谈者与被调查人员相互影响、相互作用的过程。

③ 问卷法是研究者使用统一的，经过严格设计的问卷来收集被调查人员的数据资料的一种研究方法。其特点是标准化程度比较高，避免了研究的盲目性和主观性，且能在较短时间内收集大量信息，便于定量分析。

④ 抽样调查法是从研究对象的全部单位中抽取一部分单位进行考察和分析，并用这部分单

位的数量特征去推断总体的数量特征的一种调查方法。其中，被研究对象的全部单位称为“总体”；从总体中抽取出来，实际进行调查研究的那部分对象所构成的群体称为“样本”。在抽样调查中，样本数的确定是一个关键问题。抽样的方式有随机抽样和非随机抽样两大类。

2．信息分类

信息分类是根据信息内容的属性、特征，把它们分门别类并系统地组织起来用以描述事物。

信息分类根据信息处理的实际需要进行分类，目的是为了便于信息管理与信息处理。它将信息按照某种属性进行逻辑分类，并把具有某种共同属性的信息归于同一类，同时按一定的次序将这些信息排列成一个有机的体系。

按照信息连续性可分为离散信息和连续信息；按照信息有序性可分为有序信息和无序信息；按照信息的确定性可分为确定性信息和随机信息；信息还可以分为定量信息和定性信息。

信息分类能够帮助人们了解信息的需求、结构、处理的顺序、数据编码和数据存储等。

3．信息编码方法

信息编码是按照一定的组合原则，采用少量的基本符号来表示各种信息。基本符号的种类及其组合规则是信息编码的两大要素。在计算机中，将信息转换成由二进制数 0 和 1 表示的代码的过程称为数据编码。只有通过数据编码，信息才能通过计算机来处理。

常用的编码方法有以下 3 种。

① ASCII 码（American Standard Code for Information Interchange）是美国标准信息交换码，是最常用的西文字符编码。该编码用 7 位二进制数表示，从 0000000 到 1111111，共有 128 种编码组合，可以表示 128 个字符，其中数字 10 个，大小写英文字母 52 个，控制字符 34 个，其他字符 32 个。计算机使用 1 个字节来存放一个 ASCII 字符，其最高位设为 0。例如大写英文字符“A”对应的二进制数是 1000001，其对应的十进数是 65。

② Unicode 码是一种国际标准编码，是由 Unicode 联盟开发的一种字符编码标准。该标准采用多个字节表示一个字符。Unicode 字符系统有多种表示形式，如 UTF-8、UTF-16、UTF-32。在 Windows 环境中，大多使用 UTF-16，能够表示世界上包括中英文在内的所有书写语言中用于计算机通信的字元、象形文字和其他符号。

③ 中文信息编码。相对于英文字符，中文字符的编码比较复杂。我国于 1980 年制定了《信息交换用汉字编码字符集 基本集》，即 GB2312—80 国家标准。这个标准规定了一级和二级字库 6 763 个汉字，另加 682 个图形符号。按汉字的使用频度将汉字分为一级汉字（常用）和二级汉字。

1.2.3 任务总结

随着计算机及通信技术的普及，现代社会的信息化程度越来越高，信息化普及范围也越来越大，人们对信息的需求也越来越强烈。能否及时获取需要的、正确的信息并据之进行有效的决策，是信息化社会的基本要求。

任务三 了解信息安全基础知识

学习重点

掌握信息安全的含义及其基本要素，掌握计算机病毒的概念、病毒的类型及特点，了解计算机病毒的一般防治技术。

信息安全是一门涉及计算机科学、网络技术、通信技术、密码技术、信息安全技术、应用数学、数论、信息论等多种学科的综合性学科。信息系统中存储了大量信息，一旦信息系统遭到破坏或出现故障，都将给用户和整个社会带来巨大影响。

1.3.1　信息安全知识

信息安全是指信息网络的硬件、软件及其系统总的数据受到保护，不受偶然的或者恶意的原因而遭到破坏、更改、泄露，系统连续、可靠、正常地运行，信息服务不中断。从信息资源的角度出发，信息安全可定义为：为了防止意外或人为地破坏信息系统的正常运行或利用不当手段使用信息资源，而对信息系统采取的安全保护措施。

1．信息安全的要素

信息安全的基本要素包括真实性、保密性、完整性、可用性、不可抵赖性、可控性和可审查性。

① 真实性：对信息的来源进行判断，能对伪造来源的信息予以鉴别。

② 保密性：保证机密信息不被窃听，或窃听者不能了解信息的真实含义。

③ 完整性：保证数据的一致性，防止数据被非法用户篡改。

④ 可用性：保证合法用户对信息和资源的使用不会被不正当地拒绝。

⑤ 不可抵赖性：建立有效的责任机制，防止用户否认其行为，这一点在电子商务中是极其重要的。

⑥ 可控制性：对信息的传播及内容具有控制能力。

⑦ 可审查性：对出现的网络安全问题提供调查的依据和手段。

2．信息安全的基本内容

① 实体安全。实体安全就是计算机设备、设施（包含网络）及其他媒体免受地震、水灾、火灾、有害气体和其他环境事故破坏的措施和过程，包括环境安全、设备安全、媒体安全 3 个方面。

② 运行安全。运行安全就是保障信息处理过程的安全性。

③ 信息资产安全。信息资产安全是指防止文件、数据、程序等信息资产被恶意非授权泄露、更改、破坏和被非法控制，确保信息的完整性、保密性、可用性和可控性。信息资产安全主要包括操作系统安全、数据库安全、网络安全、病毒防护、访问控制、加密和鉴别等 7 个方面。

④ 人员安全。人员安全主要是指信息系统使用人员的安全意识、法律意识、安全技能等。

1.3.2　计算机病毒及其防范

计算机病毒（Computer Virus）在《中华人民共和国计算机信息系统安全保护条例》中被明确定义，病毒“指编制或者在计算机程序中插入的破坏计算机功能或者破坏数据，影响计算机使用并且能够自我复制的一组计算机指令或者程序代码”。

1．计算机病毒的特点

计算机病毒有以下几个主要特点。

① 灵活性。计算机病毒都是一些可以直接运行或间接运行的程序。它们小巧灵活，一般占有很少的字节，可以隐藏在可执行程序或数据文件中，不易被人们发现。

② 隐蔽性。计算机病毒通常依附于一定的媒体，不单独存在。因此，在病毒发作之前不易被发现；而一旦发现，实际上计算机系统已经被感染或受到破坏。

③ 传染性。计算机病毒的传染性是指计算机病毒能进行自我复制，并把复制的病毒附加到

无病毒的程序中，或者去替换磁盘引导区中正常记录，使得附加了病毒的程序或磁盘变成新的病毒源。这种新的病毒源又能进行自我复制。因此，计算机病毒可以很快地传播到整个计算机系统或扩散到其他磁盘上。

计算机病毒一般都具有很强的再生机制，其传播速度很快。

④ 可激发性。在一定的条件下，病毒程序可以根据设计者的要求，在某个点上激活并发起攻击。

⑤ 破坏性。计算机病毒主要是破坏计算机系统，其主要表现为：占用系统资源、破坏数据、干扰计算机的正常运行，严重的会摧毁整个计算机系统。

2．计算机病毒的分类

计算机病毒的分类方法有很多，下面列出几种常见的分类方法。

（1）按病毒的表现性质可以分为良性病毒和恶性病毒

良性病毒只是扩散和传染，浪费计算机的存储空间，降低计算机系统的工作效率，在严重时也可使计算机系统不能正常工作。这类病毒如“小球”病毒等。

恶性病毒往往会破坏计算机系统中的数据资源和文件，如破坏数据、删除文件、格式化硬盘等操作，破坏计算机系统。这类病毒如“熊猫烧香”病毒、“冲击波”病毒等。

（2）按病毒感染的目标可以分为引导型、文件型和混合型病毒

引导型病毒只感染磁盘的主引导扇区，使引导扇区内容转移到别的地方，而以病毒程序取而代之。这类病毒如“Stone”病毒、“小球”病毒等。

文件型病毒能感染可执行文件，将病毒程序嵌入可执行文件中并取得执行权。这类病毒如“DIR-2”病毒等。

混合型病毒既可感染磁盘的主引导扇区，也可感染文件。这类病毒如“新世纪”病毒等。

（3）按病毒的寄生媒介可分为入侵型、源码型、外壳型和操作系统型病毒

入侵型病毒一般入侵到主程序而作为主程序的一部分。源码型病毒一般在源程序被编译之前就已隐藏在源程序之中，随源程序一起被编译成目标程序。

外壳型病毒一般都感染 DOS 下的可执行文件。当运行被病毒感染的程序时，病毒程序也被执行，从而达到传播扩散病毒目的。

操作系统型病毒一般替代操作系统中常用的敏感功能（如I/O处理、实时处理等）。这种病毒是最常见的，危害性也最大。

3．计算机病毒的传染途径

计算机病毒的传染主要通过以下两种途径。

（1）通过 U 盘传染

这是最普通的传染途径。带病毒的 U 盘首先使计算机（例如硬盘、内存）感染病毒，并传染给未被感染的“干净”U 盘。感染上病毒的 U 盘再在别的计算机上使用，造成进一步的传染。因此，大量的 U 盘交换、合法或非法的程序复制等是造成病毒传染并泛滥蔓延的温床。

（2）通过网络传染

这种传染扩散得极快，能在很短的时间内使网络上的机器受到感染。

4．计算机病毒的检测与防治

下列一些现象可以作为检测病毒的参考。

① 程序装入时间比平时长，运行异常。

② 有规律地出现异常信息。

③ 用户访问设备（例如打印机）时发现异常情况，如打印机不能联机或打印符号异常。

④ 磁盘的空间突然变小了，或不识别磁盘设备。

⑤ 程序或数据神秘地丢失了，文件名不能辨认。

⑥ 显示器上经常出现一些莫名其妙的信息或异常显示（如白斑或圆点等）。

⑦ 机器经常出现死机现象或不能正常启动。

⑧ 发现可执行文件的大小发生变化或发现不知来源的隐藏文件。

⑨ IE 浏览器被劫持，首页被更改，一些默认选项被修改（如默认搜索）。

如果发现了计算机病毒，应立即清除。清除病毒的方法通常有两种：人工处理和利用反病毒软件。

如果发现某一文件已经感染上病毒，则可以恢复那个正常的文件或消除链接在该文件上的病毒，或者干脆清除该文件等，这些都属于人工处理。清除病毒的人工处理方法是很重要的，但是人工处理容易出错，有一定的危险性，如果不慎误操作将会造成系统数据的损失，不合理的处理方法还可能导致意料不到的后果。

通常反病毒软件具有对特定种类的病毒进行检测的功能，有的软件可查出几百种甚至上千种病毒，并且大部分反病毒软件可同时消除查出来的病毒。另外，利用反病毒软件消除病毒时，一般不会因清除病毒而破坏系统中的正常数据。特别是反病毒软件有理想的菜单提示，使用户的操作非常简便，但是，利用反病毒软件很难处理计算机病毒的某些变种。

计算机病毒危害很大。使用计算机系统，必须采取有效措施，防止计算机病毒的感染和发作。

① 人工预防。人工预防也称标志免疫法。因为任何一种病毒均有一定标志，将此标志固定在某一位置，然后把程序修改正确，达到免疫的目的。

② 软件预防。目前主要是使用计算机病毒的疫苗程序，这种程序能够监督系统运行，并防止某些病毒入侵。国际上推出的疫苗产品如英国的 Vaccin 软件，它发现磁盘及内存有变化时，就立即通知用户，由用户采取措施处理。

③ 硬件预防。硬件预防主要采取两种方法：一是改变计算机系统结构；二是插入附加固件。目前主要是采用后者，即将防病毒卡的固件（简称防毒卡）插到主机板上，当系统启动后先自动执行，从而取得微处理器的控制权。

④ 管理预防。这是目前最有效的一种预防病毒的措施，目前世界各国大都采用这种方法。一般通过以下 3 条途径。

a. 法律制度。规定制造计算机病毒是违法行为，对罪犯进行法律制裁。

b. 计算机系统管理制度。它有系统使用权限的规定、系统支持资料的建立和健全的规定、文件使用的规定、定期清除病毒和更新磁盘的规定等。

c. 教育。这是一种防止计算机病毒的重要策略。通过宣传、教育，使用户了解计算机病毒的常识和危害，尊重知识产权，不随意复制软件，养成定期检查和清除病毒的习惯，杜绝制造病毒的犯罪行为。

1.3.3 任务总结

随着计算机系通信技术的日益普及，信息安全问题已成为关系国家安全和社会经济的重要课题。了解信息安全的基本知识，养成好的使用习惯，有助于我们规避一些安全风险。

任务四 了解知识产权与标准法规

学习重点

了解知识产权的基本知识，理解标准化的基本概念。

1.4.1 知识产权

1．知识产权定义

知识产权是指人们就其智力劳动成果所依法享有的民事权利，通常是国家赋予创造者对其智力成果在一定时期内享有的专有权或独占权。

知识产权从本质上说是一种无形财产权，它的客体是智力成果或者知识产品，是一种无形财产或者一种没有形体的精神财富，是创造性的智力劳动所创造的劳动成果。它与房屋、汽车等有形财产一样，都受到国家法律的保护，都具有价值和使用价值。

知识产权有两类：一类是版权，另一类是工业产权。版权是指著作权人对其文学作品享有的署名、发表、使用及许可他人使用和获取报酬等的权利。工业产权则包括发明专利、实用新型专利、外观设计专利、商标、服务标记、厂商名称、货源名称或原产地名称等的独占权利。根据《世界知识产权组织公约》的规定，知识产权包括下列各项权利。

① 与文学、艺术和科学作品有关的权利，这主要是指著作权或版权。

② 与表演艺术家的表演、录音制品和广播节目有关的权利，主要指邻接权。

③ 与人类一切创造性活动领域内的发明有关的权利。

④ 与科学发现有关的权利。

⑤ 与工业品外观设计有关的权利。

⑥ 与商标、服务标记及商业名称和标志有关的权利。

⑦ 与防止不正当竞争有关的权利。

⑧ 在工业、科学、文学艺术领域内由于智力创造活动而产生的一切其他权利。

2．知识产权的特点

① 独占性或专有性，是指知识产权的所有人对其智力成果具有排他性的权利。知识产权是一种无形产权，它是指智力创造性劳动取得的成果，并且是由智力劳动者对其成果依法享有的一种权利。这种智力成果不仅是思想，且是思想的表现。但它又与思想的载体不同。权利主体独占智力成果为排他的利用，在这一点，有似于物权中的所有权，所以过去将之归入财产权。

② 对象是人的智力的创造，属于“智力成果权”。它是指在科学、技术、文化、艺术领域从事一切智力活动而创造的精神财富依法所享有的权利。

③ 客体是人类的创造性智力劳动成果。这种智力劳动成果属于一种无形财产或无体财产，但是它与那种属于物理的产物的无体财产（如电气）、与那种属于权利的无形财产（如抵押权、商标权）不同，它是人的智力活动（大脑的活动）的直接产物。

④ 知识产权取得的利益既有经济性质的也有非经济性的。这两方面结合在一起，不可分。因此，知识产权既与人格权亲属权不同，也与财产权（其利益主要是经济的）不同。

⑤ 地域性和时间性。知识产权的地域性是指除签有国际公约或双边、多边协定外，依一国法律取得的权利只能在该国境内有效，受该国法律保护；知识产权的时间性，是指各国法律对知识产权分别规定了一定期限，期满后则权利自动终止。

⑥ 法定性：是指知识产权的产生、种类、内容和取得方式均由法律直接规定，不允许当事

人自由创设。

计算机软件同样属于由人的智力创造性劳动所产生的知识产品，因此也受著作权法的保护。长期以来，软件知识产权得不到尊重，软件盗版情况严重，许多人靠非法窃取他人软件而牟取经济利益。近年来，我国通过制定一系列法律法规，为保护软件知识产权技术成果和产品提供了必要的法律依据，用以约束人们文明地使用计算机。

1.4.2 标准化

1．标准及标准化的概念

标准是对重复性事物和概念所做的统一规定。它以科学、技术和实践经验的综合成果为基础，经有关方面协商一致，由一个公认机构的批准，以特定形式发布，作为共同遵守的准则和依据。

标准化是指在经济、技术、科学和管理等社会实践中，对重复性的事物和概念，通过制定、发布和实施标准达到统一，以获得最佳秩序和社会效益。

2．标准化的目的及工作任务

标准化的实质是通过制定、发布和实施标准达到统一，其目的是获得最佳秩序和社会效益。

中国标准化工作的任务是制定标准，组织实施标准和对标准的实施进行监督。国际标准化组织（ISO）的主要任务是制定国际标准、协调世界范围内的标准工作。中国自秦代开始，历代皇朝都有法定度量衡标准和法定违反标准的罚则。现代标准化则是随着近代大规模工业生产的兴起而发展起来的。在信息化社会里，制定标准和贯彻标准的重要性更加显著。

3．标准化的基本特性和作用

标准化的基本特性主要包括抽象性、技术性、经济性、连续性、约束性和政策性。其作用有以下几个。

① 标准化为科学管理奠定了基础。科学管理是依据生产技术的发展规律和客观经济规律对企业进行管理，而各种科学管理制度的形式都是以标准化为基础的。

② 促进经济全面发展，提高经济效益。标准化应用于科学研究，可以避免在研究上的重复劳动；应用于产品设计，可以缩短设计周期；应用于生产，可使生产在科学的和有秩序的基础上进行；应用于管理，可促进统一、协调、高效率等。

③ 标准化是科研、生产、使用三者之间的桥梁。一项新技术或科研成果一旦纳入相应标准，就能迅速得到推广和应用，从而促进技术进步。

④ 标准化为组织现代化生产创造了前提条件，通过制定和使用标准来保证各生产部门的活动，在技术上保持高度的统一和协调，以使生产正常进行。

⑤ 促进对自然资源的合理利用，保持生态平衡，促进人类社会的可持续发展。

⑥ 保证产品质量，维护消费者利益。

⑦ 在社会生产组成部分之间进行协调，确立共同遵循的准则，建立稳定的秩序。

⑧ 促进国际技术交流和贸易发展，提高产品在国际市场上的竞争能力。

⑨ 保障身体健康和生命安全，环境标准、卫生标准和安全标准制定发布后，用法律形式强制执行，对保障人民的身体健康和生命财产安全具有重大作用。

4．标准化的分类

标准化工作是一项复杂的系统工程，为便于研究和应用的目的，可以从不同的角度和属性对标准进行分类。根据适用范围可以分类如下。

① 国际标准：有国际标准化团体制定、公布和通过的标准。通常，国际标准是指ISO、IEC（国际电工委员会）及ISO所出版的国家标准题目关键词索引中收录的其他国际组织制定、发布的标准等。国际标准在全世界的范围内统一使用，各国可以自愿采用。

② 国家标准：由一个国家的政府或国家级的机构制定或批准，适用于一个国家范围的标准，如我国的国家标准（GB）、美国国家标准（ANSI）、德国国家标准（DIN）、英国国家标准（BS）和日本的工业标准（JIS）。

③ 区域标准：又称为地区标准，泛指世界上按地理、经济或政治划分的某一区域标准化团体所通过的标准，如欧盟制定的标准。

④ 行业标准：由行业机构、学术团体或国防机构制定，并适用于某个业务领域的标准，如美国电气和电子工程师学会标准（IEEE）等。

⑤ 地方标准：由一个国家的地方一级行政机构制定的标准，一般由地方所属的各企业与单位执行。

⑥ 企业标准：由企业或公司批准、发布的标准，某些产品标准由其上级主管机构批准、发布。

⑦ 项目规范：由某一科研生产项目组织制定，且为该项任务专用的工程规范。

我国的标准分为国家标准、行业标准、地方标准和企业标准。

1.4.3 任务总结

保护知识产权是建设创新型社会必然要求。我们应当尊重知识产权，不使用盗版软件。

课后习题

1. 下列关于信息的描述中，正确的是______。
   A. 信息必须由专业人员进行处理
   B. 信息是一种不可见资源，因此不能估算其价值
   C. 信息可以不通过任何载体来进行传输
   D. 信息可以被反复利用
2. 下列关于信息和数据的叙述中，正确的是______。
   A. 数据和信息是相互独立的，没有任何联系
   B. 任何数据都能够表示成为信息
   C. 数据只有经过处理和解释，并赋予一定的意义后才成为信息
   D. 信息和数据都不会随载荷它的物理介质的改变而变化
3. 信息加工的主要内容不包括______。
   A. 筛选　　B. 采集　　C. 分析　　D. 编制
4. 按照信息工作的基本环节对信息技术进行划分，温度计主要属于______的应用。
   A. 信息获取技术　　B. 信息加工技术
   C. 信息传递技术　　D. 信息存储技术
5. 以下数据中，属于定性数据的是______。
   A. 年龄　　B. 工资
   C. 以1，2，3，4表示的职称等级　　D. 全年每月的平均气温

6. 以下______属于将定量数据定性化。

A. 对性别进行编码　B. 划分职称级别
C. 计算平均年龄　D. 按考试成绩划分等级

7. 在数据图表中，______主要用来展示整体数据与部分数据之间的关系。

A. 圆饼图　B. 折线图　C. 散点图　D. 柱形图

8. 某演唱会原定门票 150 元，降价后观众人数增加了 50%，收入增加了 20%，则门票降价了______元。

A. 30　B. 50　C. 100　D. 120

9. 某商场有 3 个销售小组，全年完成的销售额分别为 560 万元、529 万元、675 万元，分别超额完成各小组销售计划的 12%、15%、25%，则该商场原计划全年完成的销售额是______万元。

A. 1 200　B. 1 500　C. 1 600　D. 1 800

10. 某公司准备将 3 项工作 A、B、C 分配给小张、小李、小陈三人，每人分别完成一项。估计各人完成各项工作所需天数如下所示。

所需天数	A	B	C
小张	10	9	10
小李	12	14	13
小陈	15	10	16

为使完成所有工作的总天数最少，应选最优方案。在最优方案中，______。

A. 小张做工作 A　B. 小张做工作 B
C. 小李做工作 A　D. 小陈做工作 A

11. 某学生上学期的 4 门课程与本学期的 3 门课程的成绩如下所示。

	课程 1	课程 2	课程 3	课程 4
上学期	75	67	80	74
本学期	79	70	81	

如果要确保本学期的平均分超过上学期平均分 5 分以上，那么本学期课程 4 至少应考______分。

A. 80　B. 82　C. 84　D. 86

12. 信息安全特性中的______是指信息在使用、传输、存储等过程中不被篡改、丢失、缺损等。

A. 保密性　B. 可用性　C. 完整性　D. 不可否认性

13. 下列关于预防和清除计算机病毒的叙述中，正确的是______。

A. 计算机装了杀毒软件后就不再会有感染计算机病毒的风险了
B. 若 U 盘感染病毒，格式化 U 盘是杀毒的有效方法之一
C. 删除所有带毒文件就能清除所有病毒
D. 只要被杀除一次，被清除的病毒就会从计算机中清空

14. 计算机每次启动时自动运行的计算机病毒称为______病毒。

A. 恶性　B. 良性
C. 引导型　D. 定时发作型

15. 下列关于防火墙的描述中，不正确的是______。

A. 防火墙本身是不可被侵入的

B. 防火墙可以防止未经授权的连接

C. 防火墙可以防止未经授权的通信进出内部网络

D. 防火墙可以防止恶意程序的攻击

16. 下列不属于《中华人民共和国著作权法》保护范围的是______。

A. 用程序设计语言编写的计算机软件

B. 工业产品的设计图纸

C. 在杂志报刊上发表的小说著作

D. 国家法院出具的判决书

17. 下列标准化组织中，______制定的标准是国际标准。

A. IEEE、GJB　　B. ISO、IEC

C. ISO、IEEE　　D. ISO、ANSI

18. 甲程序员在Y软件公司任职，他按公司工作任务要求独立完成了某应用程序的开发和设计，那么该应用程序的软件著作权应当归属于______。

A. 甲程序员

B. Y软件公司

C. 购买此应用程序的用户

D. 甲程序员和Y软件公司共同享有

PART 2 项目二 计算机基础知识

任务一 了解计算机

学习重点

了解计算机的发展历史，掌握计算机的分类、特点及用途。

2.1.1 计算机的发展史

1946 年 2 月 14 日世界上第一台电子计算机在美国宾夕法尼亚大学正式启用，这台计算机被命名为“ENIAC”（Electronic Numerical Integrator And Computer 中文意思为：电子数字积分计算机）。ENIAC 长 30.48 米，宽 1 米，占地面积约 170 平方米，共 30 个操作台，约相当于 10 间普通房间的大小，重达 30 吨，耗电量为 150 千瓦/小时，造价为 48 万美元。这台计算机的结构极为复杂，一共用了 17 468 个真空管，7 200 个水晶二极管，1 500 个中转器，70 000 个电阻，10 000 个电容器，1 500 个继电器，6 000 多个开关，每秒钟可以执行 5 000 次加法或 400 次乘法，是手工计算的 20 万倍。虽然 ENIAC 体积庞大，耗电惊人，运算速度不过几千次，而且它还要按事先编好的程序才能实现自动执行算术运算、逻辑运算和存储数据的功能，但 ENIAC 却宣告了一个新时代的开始，科学计算从此诞生。

计算机的发展到目前为止共经历了 4 个时代，从 1946 年到 1957 年这段时期我们称之为“电子管计算机时代”。第一代计算机的内部元件使用的是电子管。由于一部计算机需要几千个电子管，每个电子管都会散发大量的热量，因此，如何散热是一个令人头痛的问题。电子管的寿命最长只有 3 000 小时，计算机运行时常常发生由于电子管被烧坏而使计算机死机的现象。第一代计算机主要用于科学研究和工程计算。

从 1958 年到 1964 年，由于在计算机中采用了比电子管更先进的晶体管，所以我们将这段时期称为“晶体管计算机时代”。晶体管比电子管小得多，不需要暖机时间，消耗能量较少，处理更迅速、更可靠。第二代计算机的程序语言从机器语言发展到汇编语言。接着，高级语言 FORTRAN 语言和 COBOL 语言相继被开发出来并被广泛使用。这时，开始使用磁盘和磁带作为辅助存储器。第二代计算机的体积和价格都下降了，使用的人也多起来了，计算机工业迅速发展。第二代计算机主要用于商业、大学教学和政府机关。

从 1965 年到 1971 年，集成电路被应用到计算机中来，因此这段时期被称为“中小规模集成电路计算机时代”。集成电路（Integrated Circuit）是做在晶片上的一个完整的电子电路，这个晶片比手指甲还小，却包含了几千个晶体管元件。第三代计算机的特点是体积更小、价格更低、可靠性更高、计算速度更快。第三代计算机的代表是 IBM 公司花了 50 亿美元开发的 IBM 360

系列。

从 1971 年到现在，被称之为“大规模、超大规模集成电路计算机时代”。第四代计算机使用的元件依然是集成电路，不过，这种集成电路已经大大改善，它包含着几十万到上百万个晶体管，人们称之为大规模集成电路（Large Scale Integrated Circuit，LSI）和超大规模集成电路（Very Large Scale Integrated Circuit，VLSI）。1975 年，美国 IBM 公司推出了个人计算机 PC（Personal Computer），从此，人们对计算机不再陌生，计算机开始深入到人类生活的各个方面。表 2-1 把计算机发展的 4 个阶段的情况做了简单概括。

表 2-1　　计算机发展的 4 个阶段

阶段	起止年份	使用的电子元器件	运算速度
第一代	1946～1957	电子管	0.5 万 ~ 3 万次/秒
第二代	1958～1964	晶体管	数十万 ~ 几百万次/秒
第三代	1965～1971	中、小规模集成电路	数百万 ~ 几千万次/秒
第四代	1971 至今	大规模、超大规模集成电路	上亿次/秒

现代计算机的设计都遵循美籍匈牙利数学家冯·诺伊曼提出“存储和程序控制”理论，其思想是：计算机中设置存储器，将符号化的计算步骤存放在存储器中，然后依次取出存储的内容进行译码，并按照译码结果进行计算，从而实现计算机工作的自动化。“存储和程序控制”原理现在被称为冯 · 诺伊曼原理。

随着电子技术的飞速发展，今天的计算机运行速度达到了每秒可执行上亿条指令，体积减小到可以提在手里，并且可以将世界各地的计算机联成一个整体，形成规模庞大的计算机网络，智能化、网络化是计算机未来发展的主要方向。

2.1.2　计算机的分类

计算机按规模和功能可分为巨型计算机、大型计算机、中型计算机、小型计算机和微型计算机。

① 巨型机有极高的速度、极大的容量，用于国防尖端技术、空间技术、大范围长期性天气预报、石油勘探等方面。目前这类计算机的运算速度可达每秒百亿次。这类计算机在技术上的研究朝两个方向发展：一是开发高性能器件，特别是能缩短时钟周期，提高单机性能的器件；二是采用多处理器结构，构成超并行计算机，通常由 100 块以上的处理器组成超并行巨型计算机系统，它们同时解算一个课题，最终实现高速运算的目的。

② 大、中型机具有极强的综合处理能力和极大的性能覆盖面。在一台大型机中可以使用几十台微机或微机芯片，用以完成特定的操作。它可同时支持上万个用户，可支持几十个大型数据库，主要应用在政府部门、银行、大公司、大企业等。

③ 小型机的机器规模小、结构简单、设计试制周期短，便于及时采用先进工艺技术，软件开发成本低，易于操作维护。它们已广泛应用于工业自动控制、大型分析仪器、测量设备、企业管理、大学和科研机构等，也可以作为大型与巨型计算机系统的辅助计算机。

④ 微型计算机简称“微型机”或“微机”，由于其具备人脑的某些功能，所以也称其为“微电脑”，是由大规模或超大规模集成电路组成的、体积较小的电子计算机。它是以微处理器为基础，配以内存储器及输入输出（I/O）接口电路和相应的辅助电路而构成的计算机，特点是体积小、灵活性大、价格便宜、使用方便。把微型计算机集成在一个芯片上即构成单片微型计算机

(Single Chip Microcomputer)。本书后面所提到的计算机都指的是微型计算机。

计算机的分类还有很多其他的方法，如按照计算机的用途分为通用计算机和专用计算机，按照所处理的数据类型可分为模拟计算机、数字计算机和混合型计算机。

2.1.3 计算机的特点和用途

1．计算机的特点

（1）运算速度快

运算速度是计算机的一个重要性能指标。计算机的运算速度通常用每秒钟执行定点加法的次数或平均每秒钟执行指令的条数来衡量。运算速度快是计算机的一个突出特点。计算机的运算速度已由早期的每秒几千次（如ENIAC机每秒钟仅可完成5 000次定点加法）发展到现在的最高可达每秒几千亿次乃至万亿次。

计算机高速运算的能力极大地提高了工作效率，把人们从浩繁的脑力劳动中解放出来。过去用人工旷日持久才能完成的计算，计算机在“瞬间”即可完成。曾有许多数学问题，由于计算量太大，数学家们终其毕生也无法完成，使用计算机则可轻易地解决。

（2）计算精度高

在科学研究和工程设计中，对计算结果的精度有很高的要求。一般的计算工具（如过去常用的四位数学用表、八位数学用表等）只能达到几位有效数字，而计算机对数据的结果精度可达到十几位、几十位有效数字，根据需要甚至可达到任意的精度。

（3）存储容量大

计算机的存储器可以存储大量数据，这使计算机具有了“记忆”功能。目前计算机的存储容量越来越大，已高达千兆数量级的容量。计算机具有“记忆”功能，是与传统计算工具的一个重要区别。通过外存储器，其存储能力几乎是无限的。现在，用来存储数据的流行设备是硬盘，其价格低廉而容量已高达数百GB（甚至几TB）。

（4）具有逻辑判断功能

计算机的运算器除了能够完成基本的算术运算外，还具有进行比较、判断等逻辑运算的功能。这种能力是计算机处理逻辑推理问题的前提。

（5）自动化程度高，通用性强

由于计算机的工作方式是将程序和数据预先存放在计算机内，工作时按程序规定的操作，一步一步地自动完成，一般无需人工干预，因而自动化程度高。这种自动化工作可以在各个领域中实现，其通用性非常强。上述特点是一般计算工具所不具备的。

2．计算机的用途

计算机作为现代人必须掌握的一种工具，其应用基本上涵盖了我们生活的各个领域，可以说用途十分广泛，归纳起来主要有以下几个方面。

（1）数值计算

数值计算即科学计算。数值计算是指应用计算机处理科学研究和工程技术中所遇到的数学计算，现在有很多复杂应用需要利用计算机进行科学计算，如在航天上的卫星运行轨迹计算、气象预报预测等。由于计算机的高速度和高精度可为这些问题求解带来便利，可以使以前需要几百名专家几周、几个月甚至几年才能完成的计算在几分钟内完成。

（2）信息处理

信息处理是利用计算机对原始数据进行收集、整理、分类、选择、存储、制表、检索、输出的加工过程。信息处理是计算机应用的一个重要方面，涉及的范围和内容十分广泛，如财务管理、人口统计、ERP、自动阅卷、图书检索、财务管理、生产管理、医疗诊断、编辑排版、情报分析等都是计算机在信息处理方面的应用。

（3）实时控制

实时控制是指利用计算机对工业生产过程中的各种参数进行连续、实时地收集和检测并快速、精确地做出相应调整的控制过程，用计算机进行实时控制的目的是实现自动生产，如数控机床的控制、飞行器的控制等。利用计算机进行实时控制，既可提高自动化水平、保证产品质量，也可降低成本、减轻劳动强度。

（4）辅助设计

计算机辅助设计（CAD）指的是利用计算机的制图功能，实现各种工程的设计工作。CAD为设计工作自动化提供了广阔的前景，现在已经得到重视。CAD在很多领域都有应用，如桥梁设计、船舶设计、飞机设计、集成电路设计、计算机设计、服装设计等。把计算机辅助设计（CAD）、计算机辅助制造（CAM）和计算机辅助测试（CAT）3项技术集成在一起就组成了设计、制造、测试的集成系统，可以形成了高度自动化的"无人"生产系统。

（5）人工智能

人工智能（AI）亦称智能模拟。这一技术利用计算机模拟人类智力活动，从而替代人类部分脑力劳动。未来计算机的研发结果肯定是人工智能研究成果的集中展现。具有一定"学习、推理和联想"能力的机器人不断出现，正是人工智能研究工作取得进展的标志。智能计算机作为人类智能的辅助工具，将被越来越多地用到人类社会的各个领域。

（6）网络应用

计算机网络是指将分散在世界各地的计算机连接起来，从而实现软硬件资源的共享的一个系统，该系统的应用使人与人之间的沟通更加便捷、快速。利用网络人们可以很方便地进行电子商务交易、检索信息资料、接受远程教育、在线娱乐休闲等活动。计算机网络，特别是互联网正在改变人类的生活方式和时空观念。

2.1.4 任务总结

计算机作为信息社会的一种基本工具，其应用基本上涵盖了我们生活的各个领域。

任务二 认识微型计算机系统的组成

学习重点

了解计算机的工作原理，掌握计算机硬件的构成，了解计算机软件系统。

2.2.1 微型计算机的工作原理

计算机之所以能够帮助人们来解决具体的问题，是因为计算机系统由硬件和软件两大部分组成。硬件是计算机系统的基础，软件是程序员利用相关程序设计语言为实现相关功能而编写的代码集合，这些代码最终被转变为计算机可以识别的指令，这些指令在硬件的支持下，按照一定的规律执行最终完成相关功能。

在计算机中指令指的是规定计算机执行的最基本的操作命令，计算机所能识别的所有指令的集合称为该计算机的指令集或指令系统。虽然我们在编写程序的时候可以使用高级语言或汇编语言，但最终这些语言所编写的代码都将转换成为可以直接与计算机打交道的二进制代码指令。这些二进制代码指令按功能可以被分为以下几类。

数据处理指令：用于对数据进行算术运算、逻辑运算、移位和比较操作。

数据传送指令：用于在存储器、寄存器、微处理器等设备间进行数据传送。

程序控制指令：用于进行条件转移、无条件转移、转子程序、暂停等操作。

状态管理指令：用于中断、屏蔽中断等操作。

指令的序列就是程序，它是一串指令的有序集合，一个程序规定计算机完成一项完整的任务。

前面已经介绍了，现代计算机的设计都是依据冯·诺依曼的“存储程序”原理进行的。基于这一原理设计的计算机的硬件部分按功能不同可以分为 5 个部分。

第一部分是进行运算的部件，称之为运算器，它负责进行算术和逻辑运算，运算器由算术逻辑单元（ALU）、累加器、状态寄存器、通用寄存器组等组成。ALU 的基本功能为加、减、乘、除四则运算，与、或、非、异或等逻辑操作，以及移位、求补等操作。计算机运行时，运算器的操作和操作种类由控制器决定。运算器处理的数据来自存储器，处理后的结果数据通常送回存储器，或暂时寄存在运算器中。

第二部分是控制器，它能根据程序命令发出各种控制信息使计算机各部分协调工作。控件器是整个计算机的指挥中心，它控制整个计算机系统，使计算机能够协调工作。控制器通常由程序计数器、指令寄存器、指令译码器、时序电路和操作控制电路等组成。在工作时，控制器根据程序计数器的指引按照地址从内存中取出一条指令，送到指令寄存器，然后由指令译码器对指令进行译码，产生相应的操作控制命令，控制其他部件进行指令所规定的操作。

第三部分是存储器（Memory），它是计算机系统中的记忆设备，用来存放程序和数据。计算机中全部信息，包括输入的原始数据、计算机程序、中间运行结果和最终运行结果都保存在存储器中。它根据控制器指定的位置存入和取出信息。有了存储器，计算机才有记忆功能，才能保证正常工作。按用途存储器可分为主存储器（内存）和辅助存储器（外存）。

第四部分是将需要计算机处理的原始数据与程序的输入部件，称为输入设备，如键盘、鼠标、扫描仪等。

第五部分是将计算机处理结果输出的部件，称之为输出设备，如显示器、打印机、绘图仪等。

计算机的这几大部件通过一块被称为主板的电路板及相关通信线路和输入输入接口电路连接在一起，成为一个整体，微型计算机的基本结构如图 2-1 所示。

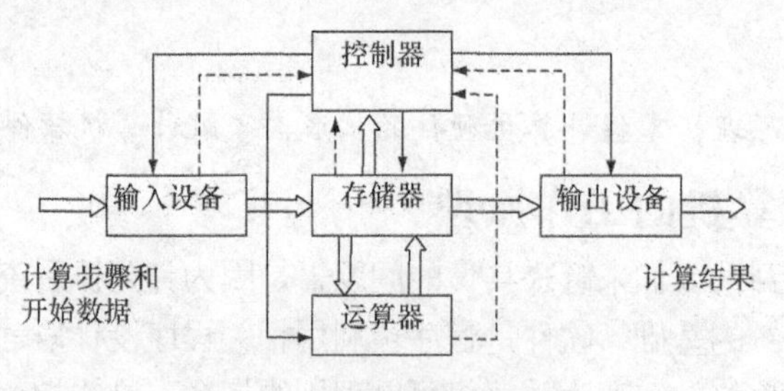

图 2-1　微型计算机基本结构

计算机工作的时候，首先在控制器的相关控制命令下，把表示执行步骤的程序及执行中需要的原始数据通过输入设备输入到计算机的存储器中保存。其次，当程序开始执行时，在控制器的取数据指令的作用下，把程序指令按规则送入控制器。然后控制器的指令译码部分对指令进行译码，并根据指令译码结果的操作要求向存储器和运算器发出存数、取数命令或运算命令，经过运算器计算并把处理结果保存在存储器内。最后，在控制器的控制下，根据用户的要求把处理结果通过输出设备输出。

在计算机工作过程中可产生数据流和控制流。数据流，即各种原始数据、中间结果、最终结果等。控制流是由用户给计算机的各种命令经控制器译码后产生的各种控制信号，控制信号发出后，接受控制信号的部件要给控制器反馈相关信息。图 2–1 中实线为控制流，虚线为反馈信息，空心箭头为数据流。

在微型计算机中一般将控制器和运算器组合在一起称之为中央处理器，又称 CPU。若一个 CPU 中只有一个运算器则称之为单核 CPU，若有两个运算器则称为双核 CPU，若有 4 个运算器则称为四核 CPU，一般情况下 CPU 内的运算器数量越多，CPU 的运算能力越强；存储器分内存储器（主存储器）和外存储器（辅助存储器）；CPU 和内存储器安放在主板上相关插槽内，软盘驱动器、硬盘、光盘驱动器等通过数据线连接在主板上相关接口上；键盘、鼠标、显示器等输入、输出部件通过相关接口连接在主板上。

2.2.2 微型计算机的组成

一台完整的微型计算机系统包括硬件系统（Hardware System）和软件系统（Software System）两大部分。

硬件指的是我们所能够看见的组成计算机的物理设备。硬件系统由运算器、控制器、存储器、输入设备、输出设备这五大部分加上主板、各种接口卡、总线和电源等构成。硬件系统是计算机运行的基础，它在计算机程序的控制下完成对数据的输入、处理、存储、输出等操作。不安装任何软件的计算机被称为裸机，裸机基本上不能完成任何操作，光有裸机是没有太多意义的。

软件是用户用来控制计算机的各种程序和文档的总称，是计算机能够自动工作的灵魂，计算机软件一般由程序设计人员根据不同需求进行开发，根据软件功能范围的不同，软件可分为系统软件和应用软件两大类。一个完整的微型计算机系统的组成如图 2–2 所示。

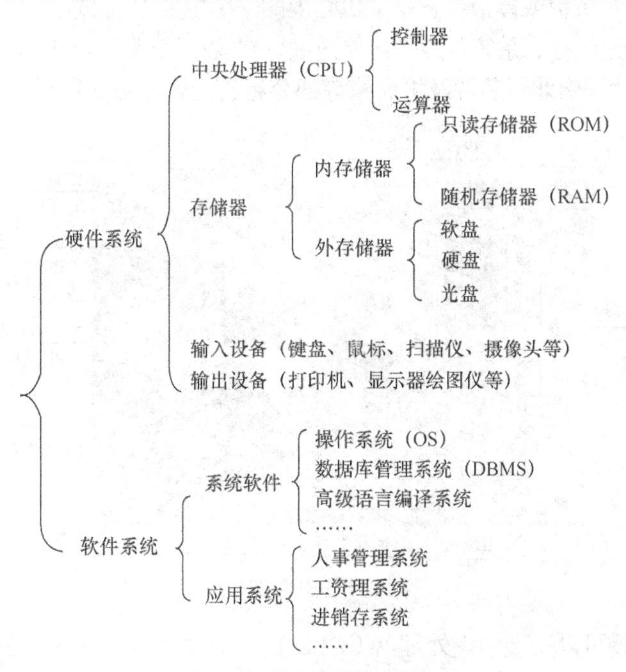

图 2–2 微型计算机系统组成

2.2.3 微型计算机硬件系统

微型计算机有台式机和笔记本电脑等形式。台式机从外观整体上来看计算机是由显示器、主机箱、键盘及鼠标 4 大件组成的，外形如图 2–3 所示。笔记本电脑体积要小得多，便于携带，外形如图 2–4 所示。

图 2–3 台式机外形图

图 2–4 笔记本电脑外形图

图 2–5 主机箱内部结构

在台式机中主机箱里的部件是计算机的主体部分，计算机的运算、存储过程都是在这里完成的，台式主机箱中安装有主机板（在主机板上装有中央处理器 CPU、内存储器等）、软盘驱动器、硬盘、电源、显示卡、网卡等硬件（主机箱内部结构见图 2–5），键盘、鼠标是最常用的输入设备，显示器、打印机则是最常用的输出设备。笔记本电脑由于便携式需求，在设计上与台式机有比较大的不同，但总体硬件组成相似。

下面分别介绍微型计算机各硬件部分。

1. 主板

主板，也被称为主机板或母板，它是主机箱内的一个主要组成部分。大致说来主板由 CPU 插槽、内存插槽、高速缓存、系统总线和扩展总线、硬盘/光盘驱动器/软盘驱动器接口、串口、并口、BIOS 控制芯片、南北桥芯片及扩展槽等部分组成，如图 2–6 所示。

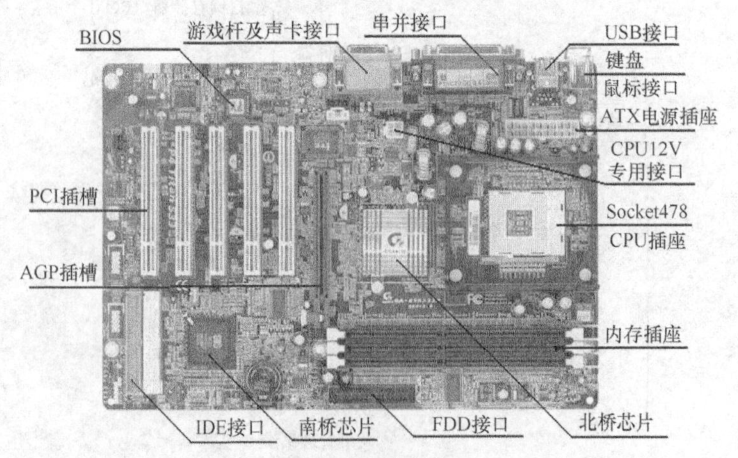

图 2–6 主板结构

主板的 CPU 插槽可以安装中央处理器（CPU）。内存插槽可安装内存条。USB 接口可以接 USB 设备。南北桥芯片主要起控制作用。PCI 插槽可是安装 PCI 接口的网卡或声卡。AGP 插槽主要接 AGP 显卡。IDE 接口用于连接数据线接硬盘或光驱。串口、并口是输入 / 输出接线插座的俗称，用于连接打印机之类的设备。

2．中央处理器（CPU）

中央处理器（Central Processing Unit，CPU）是一台计算机的运算核心和控制核心，其功能主要是解释计算机指令及处理计算机软件中的数据。CPU 由运算器、控制器和寄存器及实现它们之间联系的数据、控制及状态的总线构成。差不多所有的 CPU 的运作原理都可分为 4 个阶段：提取（Fetch）、解码（Decode）、执行（Execute）和写回（Write back）。CPU 从存储器或高速缓冲存储器中取出指令，放入指令寄存器，并对指令译码，然后根据译码结果执行指令。

目前生产 CPU 的著名厂商主要有 Intel 公司和 AMD 公司。由于 CPU 在工作的时候会产生大量的热量一般情况下都会为其配置大功率的散热风扇。Intel 公司生产的 CPU 外形背面如图 2-7 所示，AMD 公司生产的 CPU 背面外形如图 2-8 所示。

图 2-7　Intel CPU

图 2-8　AMD CPU

不同类型的 CPU 的引脚部分类似（引脚数量、大小与排列方式可能不同），它们对连接的主板有不同要求，价格相差也非常大，如图 2-9 所示。

图 2-9　CPU 引脚

3．存储器

存储器（Memory）是计算机系统中的记忆设备，用来存放程序和数据。构成存储器的存储介质，目前主要采用半导体器件和磁性材料。存储器中最小的存储单位就是一个双稳态半导体电路或一个 CMOS 晶体管或磁性材料的存储元，它可存储一个二进制代码。由若干个存储元组成一个存储单元，然后再由许多存储单元组成一个存储器。一个存储器包含许多存储单元，每个存储单元可存放一个字节（按字节编址）。每个存储单元的位置都有一个编号，即地址，一般用十六进制表示。在计算机内部因为成本等原因采用的是多级存储机制，在计算机内一般配备有：寄存器、高速缓冲存储器、内存条和外存。它们的容量由小到大，速度由快到慢，制造成本由高到低。下面按照用途分类来介绍常用的内存储器和外存储器。

（1）内存储器

内存储器也称为主存储器，它又分两类：第一类是随机存储器 RAM，即我们常说的“内存”，第二类是只读存储器 ROM。

随机存储器 RAM 用来存放待处理的初始数据、中间结果和最终结果；在通电的情况下它既能读也能写，一旦掉电，它保存的数据也就丢失了。RAM 的大小也是影响电脑运行速度的一个因素。通常我们所说的内存条就是一类随机存储器，内存条外形如图 2-10 所示。

图 2-10　内存条外形

内存条被安装在主板上的内存条插槽中，内存条的容量是衡量一台计算机性能优劣的一大指标，通常内存容量越大，计算机的性能越好。高速缓冲（Cache）是一种随机存储器，只是它的制造工艺与内存不一样，它一般不需要刷新电路就可以在不断电的情况下长期保存数据，它的单位存储单元的造价要远高于内存条，但它有一个重要的优势，那就是读写的速度快。CPU一般先从 Cache 中读取所需要的数据，若 Cache 中没有才到内存条中去读。

只读存储器 ROM 通常用来存放一些固定不变的信息。它是一个在通常情况只能进行读操作但不能进行写操作的存储器。一般在 ROM 中存放着一些重要的程序，如 BIOS（基本输入输出系统），这些程序是固化在 ROM 中的，断电后，它保存的数据不会丢失。目前人们根据使用需求还生产出了一些在特殊情况下要写入信息，但断电后不丢失信息的只读存储器，如可编程 ROM（PROM）、紫外线可擦除 ROM（EPROM）和电可擦除 ROM（EEPROM）等。

在计算机中，运算器、控制器和内存构成计算机的主体部分，我们称之为主机，CPU 可以直接访问主存中存放的信息，若信息不在主存中必须想办法先把信息调入主存。

（2）外存储器

外存储器也称为辅助存储器，外存系统一般由外部存储器和其驱动器构成。目前外部存储器主要有：硬盘、软盘、光盘和 U 盘等几种类型。

硬盘（Hard Disk Drive，HDD）是计算机长期存储数据的一个重要部件，用来存储大量数据，一般由一个或者多个铝制或者玻璃制的碟片组成。这些碟片外覆盖有铁磁性材料。绝大多数硬盘都是固定硬盘，被永久性地密封固定在硬盘驱动器中。

硬盘按照其工作原理的不同可以分为硬盘有固态硬盘（SSD）、机械硬盘（HDD，Hard Disk Drive）和混合硬盘（Hybrid Hard Disk，HHD）。SSD 采用闪存颗粒来存储，HDD 采用磁性碟片来存储，混合硬盘（HHD）是把磁性硬盘和闪存集成到一起的一种硬盘。目前在使用的硬盘大部分都是机械硬盘（HDD），少部分对计算机性能有较高要求的用户安装了固态硬盘（SSD）。

硬盘按照其外形尺寸不同可以分为：3.5 英寸（1 英寸=2.54cm）台式机硬盘，2.5 英寸笔记本硬盘和 1.8 英寸微型硬盘等几种。

硬盘按照其接口类型不同可以分为：ATA 接口硬盘、IDE 接口硬盘、SCSI 接口硬盘等几种。普通计算机主要采用 IDE 接口硬盘，SCSI 接口硬盘由于其应用范围广、多任务、带宽大、CPU 占用率低，以及热插拔等优点，主要应用于中、高端服务器和高档工作站中。

目前常用的硬盘主要有希捷、西部数据、三星、日立等品牌。硬盘通过数据线连接到主板上的相应接口上。硬盘的外形如图 2-11 所示，硬盘内部结构如图 2-12 所示，IDE 接口数据线如图 2-13 所示。

图 2-11 硬盘外形

图 2-12 硬盘内部结构

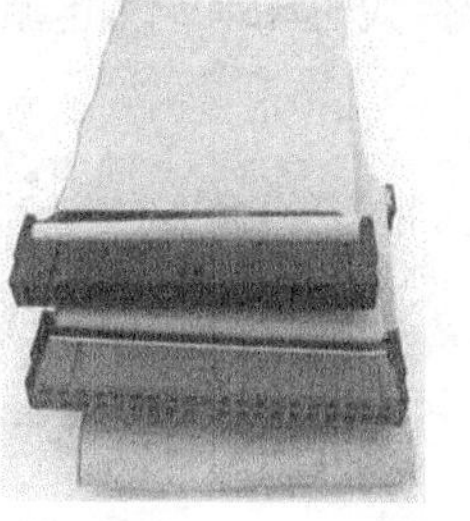
图 2-13 IDE 数据线

需要注意的是，因为硬盘内部结构非常精细，在使用硬盘的时候应避免振动，在远距离搬运计算机时一般应把硬盘取出另外携带，以免因振动导致硬盘损坏。

软盘（Floppy Disk）是个人计算机（PC）中最早使用的可移动存储介质。对软盘的信息的读写是通过软盘驱动器完成的。常用的软盘是容量为 1.44MB 的 3.5 英寸软盘，由于软盘读写速度慢，容量小且易损坏，现在已经很少使用。软盘盘片如图 2-14 所示，软盘驱动器如图 2-15 所示。

图 2-14 软盘

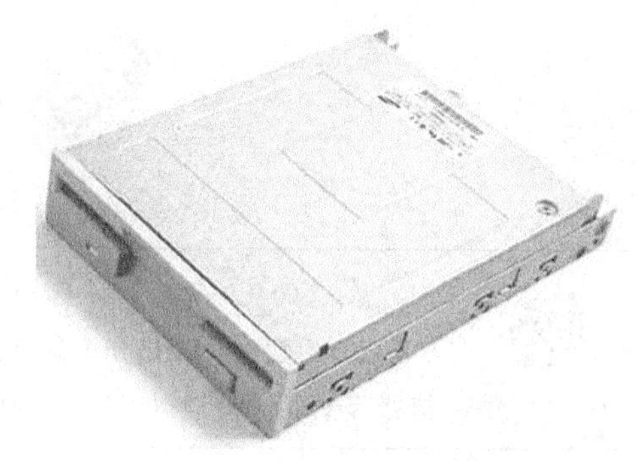
图 2-15 软件盘驱动器

注 意

当软盘上的读写保护孔打开时软盘中的信息只能读出，但不能向软盘中写入信息，当它关闭时，既可以读又可以写信息。

光盘是目前使用较多的一类移动存储器，它的信息由光盘驱动器读取。光盘可分为只读光盘（CD-ROM）、可写一次光盘（CD-R）、可擦写光盘（CD-RW）等几类。它一般由基板、记录层、反射层、保护层和印刷层构成。根据制造工艺的不同可以分为 CD 光盘和 DVD 光盘等几种，其中 CD 光盘单张盘片可以存储几百兆字节信息，DVD 光盘可以存储几吉字节到几十吉字节信息。

光盘外形及其分层结构分别如图 2-16 和图 2-17 所示。

图 2-16 光盘

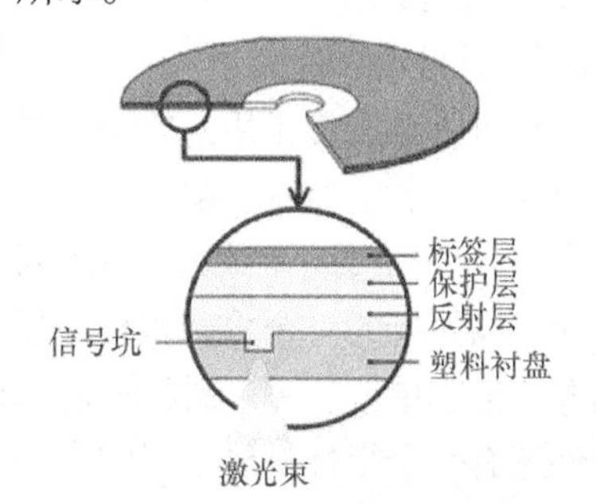

图 2-17 光盘分层结构

台式机和笔记本电脑的光驱分别如图 2-18 和图 2-19 所示。

图 2-18 台式机光驱

图 2-19 笔记本电脑光驱

U 盘，全称 USB 闪存驱动器，英文名“USB flash disk”。它是一种使用 USB 接口的无需物理驱动器的微型高容量移动存储产品，通过 USB 接口与电脑连接，实现即插即用。目前 U 盘已经成为计算机上最常用的外部移动存储介质。U 盘外形如图 2-20 所示。

图 2-20 U 盘

注 意

在选购 U 盘时最好选择带读写保护装置的。另外，目前市场上的 U 盘分为 USB2.0U 盘和 USB3.0U 盘等几种，USB3.0U 盘在读写速度上要比 USB2.0U 盘要快很多，若我们的计算机上有 USB3.0 接口的话最好选购 USB3.0 的 U 盘。

对于各类存储器而言，存储容量是其主要性能指标。所谓存储器的容量是指存储器可以存储的二进制信息的总量，存储器的容量越大，表示可以存储的信息越多。

在计算机中所有数据都以二进制数来表示，一个二进制代码称为一位，记作 bit。位是最小的信息单位，八位二进制代码称为一个字节，记作 Byte，Byte 是存储容易的基本单位，记作 B。对大容量存储器可以用千字节（KB）、兆字节（MB）、吉字节（GB）、太字节（TB）等表示。其单位换算关系如下。

1KB=2^{10}B=1024B

1MB=2^{20}B=1024KB

1GB=2^{30}B=1024MB

1TB=2^{40}B=1024GB

4．显示器与显示卡

显示器是电脑系统最常用的输出设备，也是与用户打交道最多的设备，它需要与显示控制适配器配合使用，显示控制适配器又称为适配器或显示卡。显示器主要有 CRT 显示器和液晶显示器两大类。CRT 显示器如图 2-21 所示，液晶显示器如图 2-22 所示。

衡量显示器好坏的一个重要指标是显示器的分辨率。分辨率指屏幕上像素的数目，像素是指组成图像的最小单位。显示器的分辨率越高越好，目前流行的显示器的分辨率是 1024×768。除分辨率外还有一个指标是显示器的大小，通常以英寸单位（1 英寸=2.54cm）来计算的，它指的是指显示器屏幕可见部分的对角线长度。

图 2-21 CRT 显示器

图 2-22 液晶显示器

显示卡是连接显示器和主板的适配卡，目前台式机基本上采用 AGP 接口，它的作用是控制显示器的显示方式。显存容量的大小是衡量其性能重要指标，显存容量越大越好。另外，显示卡的性能好坏还取决于显示卡上使用的显示芯片的类型，显示卡如图 2-23 所示。

图 2-23 显卡图片

由于显示卡在工作的时候会产生大量的热量，一般情况下都会为其配置大功率的散热风扇。

5．常用输入设备——键盘与鼠标

键盘是最常见的计算机输入设备，它广泛应用于微型计算机和各种终端设备上，计算机操作者通过键盘向计算机输入各种指令、数据，指挥计算机的工作，常见的键盘外形如图 2-24 所示。

图 2-24 键盘

键盘划分为 4 个区：主键盘区（打字键区）、功能键区、编辑控制键区和数字键区（副键盘区），如图 2-25 所示。

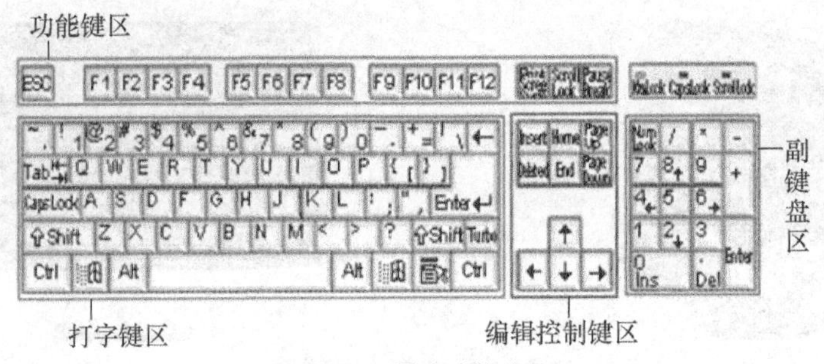

图 2-25　键盘功能分区

主键盘区（打字键区）：主键盘区除包括 26 个英文字母、10 个阿拉伯数字和一些特殊符号外，还附加了一些功能键。

[Back Space] —— 后退键，删除光标前一个字符。

[Enter] —— 换行键，将光标移至下一行首。

[Shift] —— 字母大小写临时转换键；与数字键同时按下，输入数字上的符号。

[Ctrl]、[Alt] —— 控制键，必须与其他键一起使用。

[Caps Lock] —— 锁定键，将英文字母锁定为大写状态。

[Tab] —— 跳格键，将光标右移到下一个跳格位置。

[空格键] —— 输入一个空格。

功能键区主要为 F1 到 F12，这些键的功能根据具体的操作系统或应用程序而定。

编辑键区中包括插入字符键[Insert]，删除当前光标位置的字符键[Delete]，将光标移至行首的[Home]键和将光标移至行尾的[End]键，向上翻页[Page Up]键和向下翻页[Page Down]键，以及上下左右箭头。

辅助键区（小键盘区）有 9 个数字键，可用于数字的连续输入，用于大量输入数字的情况，如在财务会计数据输入时很有用。当使用小键盘输入数字时应按下[Num Lock]，此时对应的指示灯亮。

常用组合键的功能介绍如下。

各种输入法间的切换：Shift+Ctrl

中英文输入法间的切换：Ctrl+Space（空格）

中英文标点切换：Ctrl+.

全角半角切换：Shift+Space（空格）

在使用键盘输入数据时，必须养成良好的习惯。

① 腰部应保持挺直，身体微向前倾，并稍偏于键盘的右方。

② 两肩放松，两肘轻轻靠于腋边。

③ 显示器应放在键盘的正后方，如有文稿，可将键盘稍微向右移动，文稿放在键盘的左边，以便阅读文稿和观察显示器。

④ 要养成盲打的好习惯。

使用键盘时的击键要领如下。

① 手腕要直，手臂要保持静止，全部动作仅限于手指部分。

② 手指要保持弯曲，稍微拱起，指尖后的第一关节微成弧形，分别轻轻地放在对应的基准键的中央。

③ 输入时，手抬起，只有要击键的手指才可伸出击键。击毕立即收回，不可触摸其他键位

造成误输入，也不可停留在已击的键位上。

④ 输入过程中，要用相同的节拍轻轻地击键，不可用力过猛。

⑤ 击键而不是按键。要瞬间用力，并立即反弹，不可按住不放。初学者容易犯的错误是从键盘上找到要击的键位便按下不松手，抬头看显示屏时发现已输入一大串。

⑥ 击空格键时右手从基准键上迅速垂直上抬 1～2cm，大拇指横向下击立即回归，每击一次输入一个空格。

⑦ 需要换行时，右手小指击一次回车键并立即回归原基准键位，在回归过程中不要把“;”带入。

鼠标：也是一种常见计算机输入设备，因形似老鼠而得名“鼠标”。目前常用的鼠标按接口类型可分为 PS/2 鼠标和 USB 鼠标。PS/2 鼠标通过一个六针微型 DIN 接口与计算机相连，它与键盘的接口非常相似，使用时注意区分；USB 鼠标通过一个 USB 接口，直接插在计算机上。根据鼠标与计算机的连接形式可以分为有线鼠标（见图 2-26）和无线鼠标（见图 2-27）。

图 2-26　有线 USB 鼠标

图 2-27　无线鼠标

6．打印机与扫描仪

打印机是电脑的一种输出设备，打印机的类型很多。家庭及办公常用的有针式打印机、喷墨打印机和激光打印机等。各类打印机如图 2-28 所示。

针式打印机

喷墨打印机

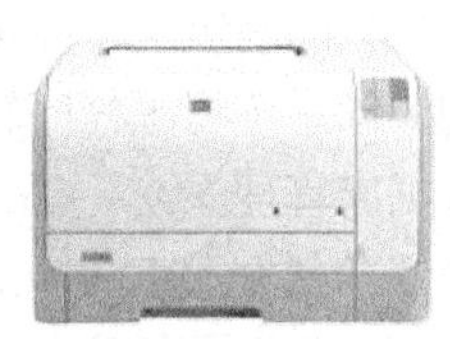

激光打印机

图 2-28　各类打印机

上图中的针式打印机打印速度最慢，噪音比较大，一般用于打印如票据等多层纸张；激光打印机具有打印速度快、噪声小等特点，是目前应用最普遍的打印机。

扫描仪是获取印刷品上的文字或图片的一种重要输入设备。扫描仪通过光源照射到被扫描的材料上来获得材料的图像。扫描仪可以分为桌面台式扫描仪和手持式扫描仪等几种类型，如图 2-29 所示。

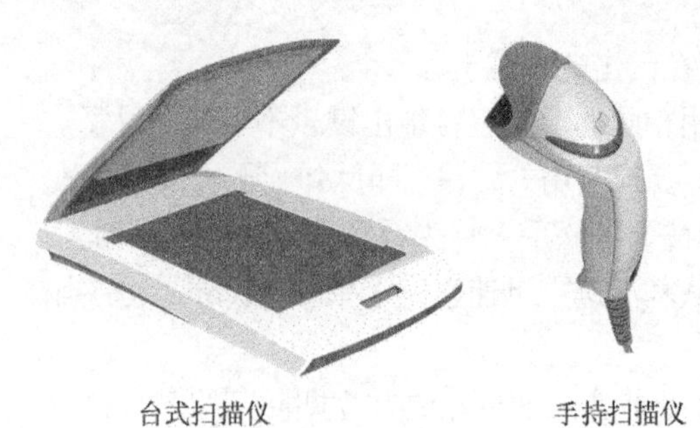

图 2-29 各类扫描仪

7．其他部件

根据用户使用计算机目的的不同，计算机还可配置其他部件，如用户要上网的话应该给计算机配置网卡，要听音乐的话应该给计算机配置声卡和音箱。

2.2.4 微型计算机软件系统

所谓软件是由能指挥计算机工作的程序与程序运行时所需要的数据及与之相关的文档资料构成的集合。按照计算机软件功能范围不同可分为系统软件和应用软件两大类。

1．计算机的系统软件

系统软件是指管理、控制和维护计算机硬件和软件资源并使其充分发挥作用，以提高工效、方便用户的各种程序集合。系统软件包括操作系统软件（如 Dos、Windows 和 Linux 等）、高级语言编译系统和数据库管理系统等。

操作系统是管理计算机硬件资源，控制其他程序运行并为用户提供交互操作界面的系统软件的集合。操作系统是计算机系统的关键组成部分，负责管理与配置内存、决定系统资源供需的优先次序、控制输入与输出设备、操作网络与管理文件系统等基本任务。目前流行的现代操作系统主要有 DOS、Android、BSD、IOS、Linux、Mac OS X、Windows 和 Unix 等。按照操作系统的工作情况可以把操作系统分为单用户单任务操作系统（如 DOS）、单用户多任务操作系统（如 Windows 7）和多用户多任务操作系统（如 Windows 2003 Server 网络操作系统、Unix 网络操作系统等）。

高级语言编译系统是另一种计算机程序，它可以把一种计算机语言翻译成另一种计算机语言。编译系统的输入叫做源代码，输出叫做目标代码，通常我们在写程序的时候会使用带有一定语义含义的高级语言如 C 语言等，但计算机只能识别 01 二进制代码，这时就必须利用高级语言的编译系统将源程序转换成目标程序以便计算机执行。

数据库管理系统（DBMS）是数据库系统的核心，是我们利用计算机进行数据管理的重要系统软件，如 Visual FoxPro、Access、SQL server 2005 等都是常见的数据库管理系统软件。

2．计算机的应用软件

应用软件是用户利用计算机及其提供的系统软件为解决各种实际问题而编制的计算机程序，是指除了系统软件以外的其他软件。应用软件通常具有很强的实用性，专门用于解决某个应用领域中的具体问题，随着计算机应用的日益普及，用于满足不同应用需求的软件越来越多。常见的应用软件有：字处理软件 Word 2007、电子表格软件 Excel 2007、演示文稿制作软件 Power Point 2007 和各种信息管理系统等。

2.2.5 微型计算机的主要技术指标

计算机功能的强弱或性能的好坏，不是由某项指标决定的，而是由它的系统结构、指令系统、硬件组成、软件配置等多方面的因素综合决定的。对于大多数普通用户来说，可以从以下几个指标来大体评价计算机的性能。

1．运算速度

运算速度是衡量计算机性能的一项重要指标。通常所说的计算机运算速度（平均运算速度），是指每秒钟所能执行的指令条数，一般用“百万条指令／秒”来描述。同一台计算机，执行不同的运算所需时间可能不同，因而对运算速度的描述常采用不同的方法。常用的有CPU时钟频率（主频）、每秒平均执行指令数（ips）等。微型计算机一般采用主频来描述运算速度，如Pentium/133的主频为133 MHz，PentiumⅢ/800的主频为800 MHz，Pentium 4 1.5G的主频为1.5 GHz。一般来说，主频越高，运算速度就越快。

2．字长

计算机在同一时间内处理的一组二进制数位数称为一个计算机的“字”，而这组二进制数的位数就是“字长”。在其他指标相同时，字长越大计算机处理数据的速度就越快。早期的微型计算机的字长一般是8位和16位。以前的586 CPU（Pentium、Pentium Pro、PentiumⅡ、PentiumⅢ、Pentium 4）大多是32位的，现在的主流的CPU大多数都是64位的了。

3．内存储器的容量

内存储器，也简称主存，是CPU可以直接访问的存储器，需要执行的程序与需要处理的数据就是存放在主存中的。内存储器容量的大小反映了计算机即时存储信息的能力。随着操作系统的升级，应用软件的不断丰富及其功能的不断扩展，人们对计算机内存容量的需求也不断提高。运行Windows 95或Windows 98操作系统至少需要16 MB的内存容量，而要想流畅运行Windows 7则最少需要1GB的内存容量。内存容量越大，系统功能就越强大，能处理的数据量就越庞大，目前计算机配置的内存容量一般有1GB、2GB和4GB，个别高性能计算机可以达到16GB或更大。

4．外存储器的容量

外存储器容量通常是指硬盘容量（包括内置硬盘和移动硬盘）。外存储器容量越大，可长期存储的信息就越多，可安装的应用软件就越丰富。目前，硬盘容量一般为10 GB～500 GB，有的甚至已达到1TB或更大。

以上只是一些主要性能指标。除了上述这些主要性能指标外，微型计算机还有其他一些指标，如所配置外围设备的性能指标及所配置系统软件的情况等。需要注意的是计算机各项性能指标之间不是彼此孤立的，在实际应用时，应该把它们综合起来考虑，在选购计算机时我们要遵循最佳“性能价格比”的原则。

2.2.6 任务总结

计算机是一个复杂的硬件和软件系统，了解其硬件构成和软件系统，有助于我们熟练使用计算机。

任务三 认识计算机中的数据表示

学习重点

掌握计算机中数据的表示方法，掌握进制及其转换。

2.3.1 计算机中的数据表示方法

计算机是由电子器件组成的，考虑到经济、可靠、容易实现、运算简便、节省器件等因素，在计算机中的数都用二进制表示而不用十进制表示。这是因为，二进制记数只需要两个数字符号 0 和 1，在电路中可以用两种不同的状态（低电平 0 和高电平 1）来表示它们，其运算电路的实现比较简单，而要制造出具有 10 种稳定状态的电子器件分别代表十进制中的 10 个数字符号相对较困难。图 2-30 表示了计算机中电路状态与二进制数之间的关系。

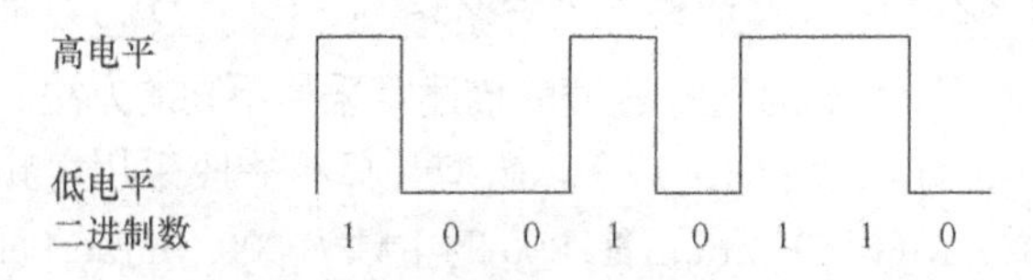

图 2-30　电路状态与二进制数

在计算机内部，数值、字符、指挥计算机动作的指令等的存储、处理与传送均采用二进制的形式。但是，由于二进制数的阅读与书写比较复杂。为了方便，在阅读与书写时又通常用十六进制（有时也用八进制）来表示，这是因为十六进制（或八进制）与二进制之间有着非常简单的对应关系，所以在学习计算机时需要掌握日常生活中常用的十进制和计算机中使用的二进制（8 进制或 16 进制）之间的转换方法。

2.3.2　数制的基本概念

在日常生活中人们都不可避免要跟数打交道，数的进位制简称为数制，人们最习惯的是用十进制记数，即“逢十进一”。在进制数中有以下几个基本概念。

数码：每种计数制采用的数字符号的集合，如 0～9 是十进制的数码。

基数：全部数码的个数，如十进制的基数是 10。

权值：每个数码所表示的数值等于该数码乘以一个与数码所在位置相关的常数，这个常数叫做权值。如 $123.4=1\times10^2+2\times10^1+3\times10^0+4\times10^{-1}$，在百位是 10^2，小数点后 1 位是 10^{-1}。

1．基数

所谓基数是指在某一进制数中基本数码的个数。例如：在十进制数中，需要用到 0～9 10 个数字符号，这 10 个符号也就是十进制的基本数码；在二进制数中用到 0、1 两个基本数码，其基数是 2；在八进制中用到 0～7 共 8 个基本数码，其基数为 8；在十六进制数中用到 0～9，A～F 共 16 个基本数码，其基数为 16。实际上我们说的几进制数，它的基本数码的个数就是几。

2．位权

所谓位权指的是一个数在进制数的不同位置所代表的权值，在十进制中个位、十位、百位等所说的实际上就是这些位的权值。例如，在十进制数中数字 5 在十位数的位置上表示 50，而在小数点后第一位上则表示 0.5。同一个数字符号，不管它在哪一个十进制数中，只要位置相同，其值就相同。例如，135 与 1235 中的数字 3 都在十位数位置上，它们的值都是 30；十进制数的基数为 10，各位上数的位权值是基数 10 的若干次幂。例如，十进制数 534.53 可表示为：

$$(534.53)^{10}=5\times10^2+3\times10^1+4\times10^0+5\times10^{-1}+3\times10^{-2}$$

在十进制数中整数部分和小数部分可分别表示为：$a^n\cdot10^{n-1}$ 和 $a^k\cdot10^{-k}$ 其中 a^n 该第 n 位上的基本数码值，a^k 为小数点后第 k 位上的基本数码值。

将上面的写法推广到任意进制数，则任意进制数的整数部分的位权值的通式可以写成 $a^n\cdot R^{n-1}$，小数部分的位权值的通式可以写成 $a^k\cdot R^{-k}$，式中 R 为各种进制数的基数；

n 为各数字符号所在的小数点左边的自然位数，小数点左边一位就称第一位，n=1，2，3，…

k 为各数字符号所在的小数点右边的自然位数，小数点右边一位就称第一位，k=1，2，3，…

a^n为第 n 个整数自然位上的数字符号；a^k为第 k 个小数自然位上的数字符号。

因为在计算机同时可能有多种进制数出现，所以为准确表明所给出的数是什么进制必须在给出的数上加一些标志，如：$(1000)_{10}$，$(ABC1)_{16}$，$(546)_8$，$(101010)_2$分别代表十进制数、十六进制数、八进制数和二进制数。另外，还可以在数的后面加上一个大写字母 D 表示它是十进制数，加一个 H 表示它是十六进制数，加 O 表示它是八进制数，加 B 表示它是二进制数。计算机应用基础课程学习中常用进制数表示如图 2-31 所示，常用数制基数间的对应关系如表 2-2 所示。

进位制	二进制	八进制	十进制	十六进制
规则	逢二进一	逢八进一	逢十进一	逢 16 进一
基数	R=2	R=8	R=10	R=16
数码	0，1	0，1，…，7	0，1，…，9	0，1，…，9 A，B，…，F
权	2^{i-1}，2^{-1}	8^{i-1}，8^{-i}	10^{i-1}，10^{-i}	16^{i-1}，16^{-i}
形式表示	1011B	145O	145D	15EH
	$(1011)_2$	$(145)_8$	$(145)_{10}$	$(15E)_{16}$

图 2-31　常用进制数表示

表 2-2　常用数制基数间的对应关系

十进制	二进制	八进制	十六进制
0	0	0	0
1	1	1	1
2	10	2	2
3	11	3	3
4	100	4	4
5	101	5	5
6	110	6	6
7	111	7	7
8	1000	10	8
9	1001	11	9
10	1010	12	A
11	1011	13	B
12	1100	14	C
13	1101	15	D
14	1110	16	E
15	1111	17	F
16	10000	20	10

2.3.3 各种进制数之间的转换

1．R（非十进制）进制转换为十进制

非十进制数转换成十进制数，可以采用把非十进制按位权展开求和的方法。

R 进制数转为十进制数（R=2，8，16 等）用多项式展开法：

（R 进制数）$a_1a_2\cdot\cdots a_n\cdot b_1b_2\cdots b_n$

（十进制数）$=a_1\times R^{n-1}+a_2\times R^{n-2}+\cdots+a_n\times R^0+b_1\times R^{-1}+b_2\times R^{-2}+\cdots+b_n\times R^{-n}$

例如：$(101.11)_2=1\times 2^2+0\times 2^1+1\times 2^0+1\times 2^{-1}+1\times 2^{-2}=(5.75)_{10}$

$(45.7)_8=4\times 8^2+5\times 8^1+7\times 8^{-1}=(37.875)_{10}$

$(AB.C)_{16}=10\times 16^1+11\times 16^0+12\times 16^{-1}=(171.75)_{10}$

2．十进制换转为 R（非十进制）进制

十进制数转化成非十进制数分为整数部分的转化和小数部分的转化这两步。

整数部分：十进制整数转换成非十进制整数通常在整数转换中使用“除基数取余”（倒序取余）的方法，即用十进制整数除 R 得到商和余数，再用商除 R，如此反复，直到商为 0，把余数倒序书写就得到了 R 进制数。

例：将十进数 109 转换成二、八、十六进制数，其过程如下。

```
2|109
  2|54      余数为1，即a7=1
   2|27     余数为0，即a6=0
    2|13    余数为1，即a5=1
     2|6    余数为1，即a4=1
      2|3   余数为0，即a3=0
       2|1  余数为1，即a2=0
         0  余数为1，即a1=1；商为0，结束。
```

最后结果为：$(109)_{10}=(1101101)_2$

```
8|109
 8|13     余数为5，即a3=5
  8|1     余数为5，即a2=5
    0     余数为1，即a1=1；商为0，结束。
```

最后结果为：$(109)_{10}=(155)_8$

```
16|109
  16|6    余数为13，即a2=D
     0    余数为6，即a1=6；商为0，结束。
```

最后结果为：$(109)_{10}=(6D)_{16}$

小数部分：用乘 R 取整法，即用十进制小数乘以 R，得到一个积数，取其整数，其整数部分就是对应的 R 进制的数字符号，然后将积数的小数部分再乘以 R，得到另一个积数，取其整数；继续这个过程，直到积数的小数部分为 0 结束（若不能得到 0 可保留到规定的有效位数即可）。

例：将十进制小数 0.375 转换成二、八和十六进制小数，其过程如下。

```
  0.375
×     8
-------
  0.750  整数为0，即a-1=0
  0.750
×     2
-------
  1.500  整数为1，即a-2=1
```

$$\begin{array}{r} 0.500 \\ \times \quad\quad 2 \\ \hline 1.000 \end{array}$$ 整数为1，即a_{-3}=1；小数部分为0，结束。

最后结果为：$(0.375)_{10}=(0.011)_2$

$$\begin{array}{r} 0.375 \\ \times \quad\quad 8 \\ \hline 3.000 \end{array}$$ 整数为3，即a_{-1}=3；小数部分为0，结束。

最后结果为：$(0.375)_{10}=(0.3)_8$

$$\begin{array}{r} 0.375 \\ \times \quad\quad 16 \\ \hline 6.0 \end{array}$$ 整数为6，即a_{-1}=6；小数部分为0，结束。

最后结果为：$(0.375)_{10}=(0.6)_{16}$

若想将一个既带整数又带小数的十进制数转换成二进制数，可分别将整数和小数部分按上法进行转换，最后将结果合在一起。例如：

$(109.375)_{10}=(1101101.011)_2$

$(109.375)_{10}=(155.3)_8$

$(109.375)_{10}=(6D.6)_{16}$

3．R 进制转换为 R 进制（非十进制数之间的转换）

对于非十进制数之间的转换可以借助十进制作为桥梁，先把非十进制数转为十进制数，再把十进制数转为另一个非十进制数。

若非十进制数之间的转换涉及二进制、八进制和十六进制之间的转换的话，由于 2^3=8，2^4=16，我们可以快速进行，下面把方法告诉大家。

（1）二进制转换为八进制

方法可概括为三位并一位，即以小数点为基准，整数部分从右到左，小数部分从左到右，每三位一组，不足三位添 0 补足，然后把每组的三位二进制数按权展开相加，得到相应的一位八进制数码，再按顺序连接即得相应的八进制数。

例：将二进制数$(1101001.111)_2$转换成八进制数。

$$\begin{array}{cccc} \underline{001} & \underline{101} & \underline{001}. & \underline{111} \\ \downarrow & \downarrow & \downarrow & \downarrow \\ 1 & 5 & 1\ . & 7 \end{array}$$

即 $(1101001.111)_2=(151.7)_8$

（2）二进制转换为十六进制

方法可概括为四位并一位，即以小数点为基准，整数部分从右到左，小数部分从左到右，每四位一组，不足四位添 0 补足，然后把每组的四位二进制数按权展开相加，得到相应的一位十六进制数码，再按顺序连接即得相应的十六进制数。

例：将二进制数$(101011011001.101)_2$转换成十六进制数。

$$\begin{array}{cccc} \underline{1010} & \underline{1101} & \underline{1001}\ . & \underline{1010} \\ \downarrow & \downarrow & \downarrow & \downarrow \\ A & D & 9\ . & A \end{array}$$

即 $(101011011001.101)_2=(AD9.A)_{16}$

（3）八进制转换为二进制

方法可概括为一位拆三位，即把每一位八进制数写成对应的三位二进制数，然后按顺序连接即可。

例：将(123.67)8 转为二进制数。

1　2　3 . 6　7　(八进制)

001,010,011.110,111　(二进制)

结果为：$(123.67)^8=(1010011.110111)^2$

（4）十六进制转换为二进制

可概括为一位拆四位，即把一位十六进制数写成对应的四位二进制数，然后按顺序连接即可。

例：将十六进制数$(123.EF)^{16}$转为二进制数。

1　2　3 .　E　F (十六进制)

0001,0010,0011.1110,1111　(二进制)

即 $(123.EF)^{16}=(100100011.11101111)^2$

2.3.4　数据编码与表示

数据包括数值数据、字符数据、声音数据、图形图像数据等，为了能应用计算机处理，都需要采用二进制数来对其进行编码。

数值数据编码与表示主要就是十进制数据与二进制数据转换的问题，为了保证数据计算过程的一致性和正确性，引入了机器数、原码、反码和补码等概念，这里就不做过多讨论。

本小节主要介绍字符数据编码与表示问题，声音、图形图像等数据在下一节的多媒体计算机中会做具体介绍。

常用字符包括西文字符和中文字符两大类。

1．西文字符编码

西文字符最常用的表示方法为ASCII码(American Standard Code for Information Interchange，美国标准信息交换码），ASCII码中共有数字10个，大小写字母52个，标点符号和运算符号共32个，各类非打印控制码32个，总共126个。因此，可以用七位二进制数来编码。在ASCII码中用七位二进制数对所有西文字符进行编码，7个二进制位从0000000到1111111一共有128种组合，可以满足编码需求。

第0～32号及第127号(共34个)是控制字符或通信专用字符。

第33～126号(共94个)是文本字符，其中第48～57号为0～9 10个阿拉伯数字；65～90号为26个大写英文字母；97～122号为26个小写英文字母。

其余为一些标点符号、运算符号等。具体如图2-32所示。

ASCII码表(7位)

高三位 $b_6b_5b_4$

低四位 $b_3b_2b_1b_0$

	000	001	010	011	100	101	110	111
0000	NUL	DLE	SP	0	@	P	`	p
0001	SOH	DC1	!	1	A	Q	a	q
0010	STX	DC2	"	2	B	R	b	r
0011	ETX	DC3	#	3	C	S	c	s
0100	EOT	DC4	$	4	D	T	d	t
0101	ENQ	NAK	%	5	E	U	e	u
0110	ACK	SYN	&	6	F	V	f	v
0111	BEL	ETB	'	7	G	W	g	w
1000	BS	CAN	(	8	H	X	h	x
1001	HT	EM	)	9	I	Y	i	y
1010	LF	SUB	*	:	J	Z	j	z
1011	VT	ESC	+	;	K	[	k	{
1100	FF	FS	,	<	L	\	l	|
1101	CR	GS	-	=	M	]	m	}
1110	SO	RS	.	>	N	^	n	~
1111	SI	US	/	?	O	_	o	DEL

图2-32　ASCII字符表

2．中文字符编码

（1）区位码、国标码和机内码

利用计算机处理汉字首先要解决汉字输入、内部处理和输出问题。

我们知道方块汉字是二维平面图形文字，数量多、字形复杂，不可能像 ASCII 码那样仅用七位二进制数来编码。常用汉字有 6 763 个，其中一级汉字 3 775 个（按拼音排序），二级汉字 3 008 个（按部首排序），加上常用符号 682 个，总共有 7 445 个。

在国家标准 GB 2312—1980《信息交换用汉字编码字符集》中汉字和图形符号排列在一个 94 行 94 列的二维代码表中，所有的国标汉字与符号组成一个 94 × 94 的矩阵。在此方阵中，每一行称为一个“区”，每一列称为一个“位”，因此，这个方阵实际上组成了一个有 94 个区（区号分别为 01 到 94）、每个区内有 94 个位（位号分别为 01 到 94）的汉字字符集。

一个汉字所在的区号和位号简单地组合在一起就构成了该汉字的“区位码”。在汉字的区位码中，高两位为区号，低两位为位号。

常用的 7 445 个汉字被放在第 16 至 87 区中（共 72 个区），每区有 94 个位。因此，每个汉字都有它的区号和位号。例如汉字库中的第一个汉字“啊”字的区号为 16，位号为 01,（“啊”字的区位码为 1601）可以用两个字节来表示：高字节表示区号，低字节表示位号，即

00010000　　　　00000001

高字节　　　　　低字节

国标码：在区位码的基础上转换得到，主要是为了保持跟 ASCII 码兼容，前 32 区用来表示非打印操作码，故汉字均从 33 区、33 位开始。

国标码和区位码的转换关系为：

高字节 ＝ 区码+20 H （H 表示是十六进制数）

低字节 ＝ 位码+20 H

因此“啊”字的国标二进制数编码应为：

00110000　00100001

这就是“啊”字的“国标码”。但是在使用国标码时计算机很难识别这是一个汉字还是两个 ASCII 码。

机内码：在计算机内表示汉字的代码是汉字机内码，汉字机内码由国标码演化而来，为了识别汉字和 ASCII 码，把表示国标码的两个字节的最高位分别加“1”，就变成汉字机内码。

机内码国标码的转换关系为：

高字节 ＝ 国标码高字节+ 80 H

低字节 ＝ 国标码低字节+ 80 H

啊字的国标码 00110000　00100001 的两个字节最高位都变成 1 后得到的编码：10110000 10100001 就是“啊”字的“机器内码”，简称“机内码”。

（2）输入码

汉字输入码是指直接从键盘输入的各种汉字输入方法的编码，属于外码。目前可将各种汉字输入码分成四类。

汉字流水码：如电报码。

汉字拼音码：全拼、简拼、双拼等。

汉字拼形码：五笔字型、郑码、表形码。

汉字音形码：自然码、钱码、智能 ABC。

不管采用哪种输入码输入汉字，每个汉字的“机内码”都是唯一的。对于同学们而言掌握一种输入码对应的输入法十分有必要。

（3）输出码

要将字符在屏幕上显示或通过打印机打印出来，所涉及的是图形编码，ASCII 码是这样，汉字也是这样。汉字本来就是一种二维平面图形字符，我们用点阵方式来构造汉字字型，然后存储在计算机内，构成汉字字模库。目的是为了能显示和打印汉字。汉字输出码是汉字字形点阵的代码，也叫字型点阵码。

以 16*16 点阵为例，把一个方块横向和纵向都分为 16 格。若用 1 表示黑点，用 0 表示白点，则一个 16*16 的点阵汉字可用 256 位二进制数来表示，存储时占用 32B。若用 24*24 点阵则存储一个汉字需要 72B。

汉字“宝”的 16*16 点阵的数字化信息可用下列一串十六进制数表示（见图 2–33）。

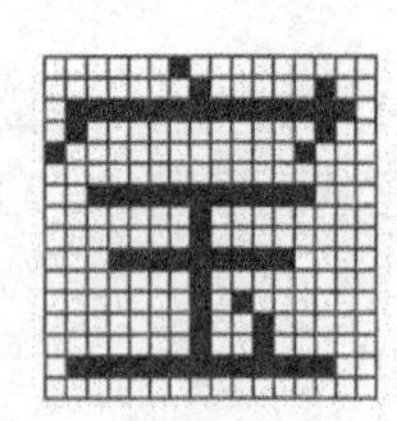

02H 00H 01H 04H 7FH FEH 40H 04H
80H 08H 00H 00H 3FH F8H 01H 00H
01H 00H 1FH F0H 01H 00H 01H 40H
01H 20H 01H 20H 7FH FCH 00H 00H

图 2–33　汉字输出码举例

所有汉字的字型码的集合就称为汉字库。

以上便是 16 点阵汉字显示数字化的基本原理，由于所取的点太少，用打印机打印出来不美观，所以在打印字库设计时还需要增加点阵的点数，在打印字库中一般要采用 32 点阵或 48 点阵为汉字编码。

2.3.5　任务总结

数据在计算机内部都表示为 0 和 1 组成的二进制代码串，数据处理最终都将转换成二进制基本运算。

任务四　认识多媒体技术

学习重点

了解多媒体技术，认识常用的多媒体硬件及软件，了解常用的多媒体文件格式。

2.4.1　多媒体与多媒体技术的概念

1．媒体（media）

媒体是指承载信息的载体，按照 ITU–T（国际电报电话咨询委员会）建议的定义，媒体有 5 种：感觉媒体、表示媒体、显示媒体、存储媒体和传输媒体。

感觉媒体：指直接作用于人们的感觉器官，从而能使人产生直接感觉的媒体，即用户接触信息的感觉形式，如视觉、听觉、触觉等。

表示媒体：为了传送感觉媒体而人为研究出来的媒体，即信息的表现形式，如语言编码、声音编码、视频图像等。

显示媒体：指用于通信中使电信号与感觉媒体之间产生转换用的媒体，即表现和获取信息的物理设备，如摄像机、键盘、鼠标、显示器、打印机、音箱等。

存储媒体：指用于存放某种媒体的媒体，如纸张、磁盘、光盘等。

传输媒体：指用于传输某些媒体的媒体，如电话线、电缆线、光纤等。

2．多媒体（Multimedia）

多媒体从字面上理解就是“多种媒体的综合”，它的内涵在于：①多，多种媒体表现、多种感官感受、多种设备支持、多种学科交汇、多领域应用；②媒，人与客观世界的中介；③体，各种媒介的综合、集成一体化。

从上述解释中可以看出多媒体具有信息载体的多样性、交互性和集成性等 3 个关键特性。

信息载体的多样性对于计算机而言指的就是信息媒体的多样化，有人称之为信息多维化，人们利用相关技术可以把人们通过视觉、听觉、触觉、味觉、嗅觉等获取的信息数字化后经计算机综合处理，再利用相关设备还原。

交互性：主要是在人与计算机之间的交互，通过交互可以增加对信息的注意力和理解力，延长信息保留的时间。

集成性体现了多媒体信息的集成和处理这些媒体的设备与设施的集成两方面功能。多媒体信息的集成包括信息的多通道统一获取、多媒体信息的统一存储与组织、多媒体信息表现合成等各方面。对于设备和设施集成也可以从两个角度来看：从硬件角度，应具备处理多媒体信息的高速 CPU 系统、大容量存储器，适合多媒体的输入输出设备、宽带的通信网络接口等；从软件角度，应具有集成一体化的多媒体操作系统，适合于多媒体信息管理和使用的软件系统及创作工具、高效的各类应用软件等。对多媒体信息的集成将使 1+1>2 在多媒体信息系统中得到充分的体现。

3．多媒体技术

多媒体技术是指以数字化为基础，能够对多种媒体信息进行采集、编码、存储、传输、处理和表现，综合处理多种媒体信息并使之建立起有机的逻辑联系，集成为一个系统并能具有良好交互性的技术。

多媒体技术的概念起源于 20 世纪 80 年代，兴起于 20 世纪 90 年代末期。从某种意义来说，多媒体技术是信息技术发展的必然产物，多媒体技术在计算机技术、通信与网络技术、大众传播技术等现代信息技术不断进步的条件下应运而生。目前多媒体技术在电子出版物、多媒体教学、音像创作与艺术创作和网络多媒体应用等方面已经得到广泛应用，今后将向网络化、嵌入化和以用户为中心的智能化等方向发展。

本书主要介绍多媒体技术在计算机上的应用情况。我们将主要讨论多媒体计算机的软硬件平台和多媒体信息在计算机上的采集、存储、传输和处理等内容。

2.4.2　媒体基础

1．常见媒体元素

媒体元素是指多媒体应用中可将信息传达给用户的媒体组成。目前常见的媒体元素主要有：文本、图形、图像、音频、动画和视频等。人们在计算机应用过程中主要通过视觉、听觉器官等来感觉这些元素的存在。

2．视觉

人类通过视觉认识世界需要借助光，色彩正是通过光被我们所感知，光是一种按波长辐射的电磁波。

太阳发射的可见光是由各种有色光组合而成的白光，白光可分解为红、橙、黄、绿、蓝、紫6个标准色光谱。

人的眼对色彩的感觉有3个重要指标：色调、饱和度和亮度。色调——它由光的波长决定，物体在日光照射下，反射的光谱成分作用到人眼的综合效果，如红、蓝、绿等；饱和度——色光的纯度，指的是颜色的纯度或称颜色的深浅程度；亮度——幅度，指彩色所引起的人眼对明暗程度的感觉。

数字图像的生成、存储、处理及显示时对应不同的色彩空间，需要做不同的处理和转换。如计算机显示时采用RGB色彩空间；彩色印刷时采用CMY色彩空间；彩色全电视信号数字化时采用YUV色彩空间等。其他常见的色彩空间模型包括：HSB（色相、饱和度、亮度），应用于人眼识；CMYK（青色、洋红、黄色、黑色），应用于彩色印刷。

对于视觉媒体如图形和图像可以采用位图方式——也称为点阵方式表现，该方式用若干数据位记录图形或图像上每个像素点的颜色和位置信息，这种方式适合于表现含有大量细节的画面，可以快速直接地在屏幕上显示输出，但一般存储文件都比较大；也可以采用矢量图形方式——这种方式下文件内只记录生成图形的算法和图上某些点的特征，通常文件较小，但每次屏幕显示时需重新计算所以速度较慢。

3．听觉

人的听觉主要用于听声音，声音的种类主要自然界中的声音、语音和音乐等几种。人们把发出声音的物体称为声源，声源发出声音在空气中引起非常小的压力变化，这种压力变化被耳朵的耳膜所检测，然后发生电信号刺激大脑的听觉神经，从而使人能感觉到声音的存在。

声音是一种随时间变化的连续媒体，也称为连续性时基类媒体，它具有方向感——声音到达左右耳的时差和强度差，可用于判别声音的来源方向。

声音有3个要素：音调——人耳对声音调子高低的主观感觉，与声波的频率相关；音强——人耳对声音强弱的主观感觉，在频率一定情况下响度取决于声波的振幅；音色——耳对声源发声特色的感受，与声波的波形有关，与发声材料有关，不同的乐器可以产生相同音调和强度的声波，但音色不同。

声音的强度用分贝来表示，分贝是指两个波峰幅度A和B的比：$dB=20\log_{10}(A/B)$。说某个声音强度是某一分贝，指的是该声音与参照声之间的差值。如果将$2.83\times10^4 dyn/cm^2$作为0dB参考，对大多数人来说，感觉痛苦的极限为100dB～120dB。

对于声音信息可以通过采样、量化和编码的方法进行数字化。数字化后的音频质量与采样的频率、量化的位数和编码的方法有关。

对于其媒体元素如动画和视频往往要结合声音和图形图像来综合处理。

4．多媒体数据压缩

不经压缩处理的数字化后的多媒体信息的信息量非常大，如一张中等分辨率（640×480像素）的真彩色图像（24bit/像素）的数据量为：（640×480×24）/（8×1024×1024）=0.88MB，视频和动画产生的数量会更大。如果不进行数据压缩将对存储器的存储、通信线路的传输及计算机的处理等将造成巨大的影响。

为了达到令人满意的图像、视频画面质量和听觉效果，必须解决图像、视频、音频信号数据的大容量存储和实时传输的问题。要解决这一问题除了提高计算机本身的性能和通信线路带宽之外，更重要的一点是利用上述信息本身及人的听觉和视觉器官所具备的一些特性——冗余（空间冗余、时间冗余、信息熵冗余、视觉冗余、听觉冗余、结构冗余和知识冗余）进行数据压缩。

评价一种压缩技术的好坏有 3 个关键指标：压缩比、压缩质量和压缩与解压缩时间。压缩比衡量的是压缩过程中输入的数据量与输出的数据量的比值；压缩质量与压缩类型有关，压缩类型可分为无损压缩和有损压缩两种，它取决于不同的压缩算法，如常见的哈夫曼算法就是一种无损压缩算法，而对音频信号的波形编码、参数编码和混合编码，对视频的 MPEG-1，MPEG-2，MPEG-7，h.261 等压缩算法就是有损的算法，不同压缩算法压缩后得到的文件格式不一样；压缩与解压缩时间通常对运动图像的压缩与解压缩速度要较高要求。

2.4.3 多媒体计算机系统

多媒体个人计算机（MPC，Multimedia Personal Computer）是在一般意义个人计算机的基础上，通过扩充使用视频、音频、图形处理软硬件来实现高质量的图形、立体声和视频处理的能力的计算机。多媒体计算机系统可以对文本、图形、图像、音频、动画和视频等多媒体信息进行逻辑互连、获取、编辑、存储和播放。多媒体计算机系统采用分层结构，如图 2-34 所示。

多媒体应用软件	第八层	软件系统
多媒体创作软件	第七层	
多媒体数据处理软件	第六层	
多媒体操作系统	第五层	
多媒体驱动软件	第四层	
多媒体输入/输出控制卡及接口	第三层	硬件系统
多媒体计算机硬件	第二层	
多媒体外围设备	第一层	

图 2-34 多媒体计算机系统

1．多媒体计算机硬件

对传统计算机硬件设备、光盘存储设备、音频输入/输出和处理设备、视频输入/输出和处理设备、多媒体通信传输设备等进行选择性组合，可以构成一个多媒体计算机的硬件系统。这些设备中最重要的是根据多媒体技术标准研制并生产出来的多媒体信息处理芯片（如：音/视频芯片组、数字/模拟转换芯片、数字信号处理芯片等）和相关板卡（视频采集卡、视频压缩/解压缩卡、图形加速卡等）。外部设备可以跟据需要配备，如采集图像的设备（需扫描仪、数码相机等设备）、采集图形的设备（鼠标或图形板）、声音的采集和输出设备（麦克风、音箱），特殊应用可能还需要操纵杆、数据手套、触摸屏、投影仪、头盔显示器、立体眼镜等。

2．多媒体计算机软件

如果说硬件是多媒体系统的基础，那么软件就是多媒体系统的灵魂。多媒体涉及种类繁多的硬件，如何将这些硬件有机的组织起来，使用户方便使用并完成多媒体应用目的是多媒体软件的主要任务。

多媒体软件可以按功能划分为：多媒体硬件驱动程序、多媒体操作系统、多媒体素材制作软件、多媒体创作软件和多媒体应用软件等几大类，如图 2-35 所示。

多媒体硬件驱动程序主要完成硬件设备的初始化和基于硬件的压缩解压缩、图形变换等功能，一般由设备生产商提供。

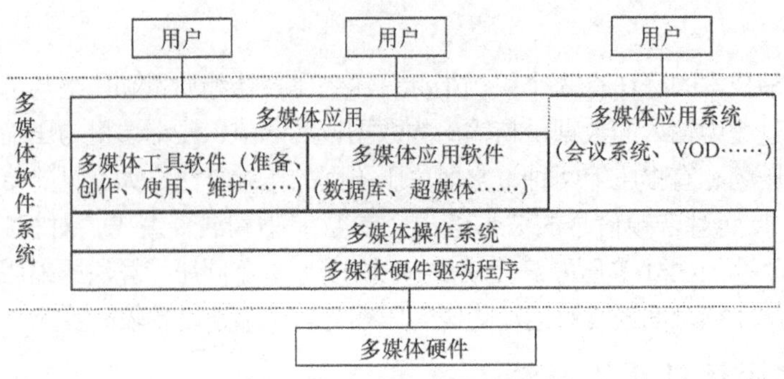

图 2-35　多媒体计算机软件

多媒体操作系统是一种系统软件，通常具备图形化桌面，操作简单方便，如微软公司的Windows系列操作系统。

多媒体素材制作软件包括：文字编辑与录入软件(如微软公司的WORD 2003、金山公司的WPS 2012等)、图形图像编辑与处理软件（如Adobe公司的Photoshop）、音频编辑与处理软件（如WavaEdit）、视频编辑与处理软件（如Premiere）和动画编辑与处理软件（如Flash MX）。

多媒体创作软件：也称为多媒体著作工具，多媒体专业人士利用多媒体创作软件开发多媒体应用系统供特定用户使用，如可以使用AuthorWare开发多媒体教学软件。

多媒体应用软件：它是由专业人士使用多媒体创作软件开发出来的面向具体应用的软件，如在网络上发行的电子出版物、在线视频教学系统等。

2.4.4　任务总结

多媒体技术是具有集成性、实时性和交互性的计算机综合处理声、文、图等信息的技术。多媒体的应用领域已涉足诸如广告、艺术、教育、娱乐、工程、医药、商业及科学研究等行业。

任务五　认识计算机网络

学习重点

计算机网络的定义，计算机网络的组成和逻辑功能分类，IP 地址、子网划分及 Internet 的接入方法。

2.5.1　计算机网络概述

一、计算机网络的概念与组成

“网络”通常是指为了达到某种目标而以某种方式联系或组合在一起的对象或物体的集合。人们日常生活中四通八达的交通系统、供水或供电系统、邮政系统等都是某种形式的网络。那什么是计算机网络呢？从不同的角度出发会有不同的定义，相对而言，从资源共享的角度给出的计算机网络的定义更为准确和全面。

从资源共享的角度来看，计算机网络是指将地理位置不同且功能相对独立的多个计算机系统通过通信线路相互连在一起，遵循共同的网络协议，由专门的网络操作系统进行管理，以实现资源共享的系统。

从物理组成的角度，计算机网络是由硬件和软件组成的。计算机网络硬件包括主机（指连网的计算机）、终端（显示器、键盘、鼠标等I/O设备）、连网的外部设备（NIC、modem、router、switch、hub 等）、传输介质（双绞线、铜轴电缆、光纤、微波、红外线等）和通信设备等。计算机网络软件包括网络协议和通信软件（TCP/IP 协议）、网络操作系统（UNIX、LINUX、Windows 2000/2003 Server 等）、网络管理及网络应用软件等。

从逻辑功能的角度，计算机网络由资源子网和通信子网组成。资源子网负责全网的数据处理业务，并向网络用户提供各种网络资源和网络服务。资源子网主要由主机、终端及相应的 I/O 设备、各种软件资源和数据资源构成。通信子网为资源子网提供传输、交换数据信息，承担资源子网的数据传输、转接和变换等通信处理工作，主要由各种通信设备和线路组成。

二、计算机网络的分类与拓扑结构

1．计算机网络的分类

在计算机网络的研究中，常见的分类方法有以下几种。

（1）按传输介质分类

计算机网络可分为有线网络（如双绞线、同轴电缆、光纤等）和无线网络（如微波、红外线、卫星等）。

（2）按使用网络的对象分类

计算机网络可分为公用网和专用网。公用网一般是由国家邮电或电信部门建设的通信网络，如 CHINANET（中国邮电部建设的公用主干网）、CERNET（中国教育和科研网）等。专用网是为一个或几个部门所拥有，它只为拥有者提供服务，这种网络不向拥有者以外的人提供服务，如军队、铁路、电力系统、银行系统等均拥有各自系统的专用网。

（3）按网络传输技术分类

按网络传输技术可分为广播式网络和点到点式网络。广播式网络：指网络中所有的计算机共享一条通信信道（如总线型网络、星型网络）。点到点网络：指由一条通信线路连接两个结点。

（4）按地理覆盖范围的大小分类

按网络的地理覆盖范围的大小可分为局域网、城域网和广域网。局域网（LAN）覆盖范围一般在几公里以内（通常不超过 10km），如一幢大楼内或一个校园内；城域网（MAN）覆盖范围大约是几公里到几十公里，它主要是满足城市、郊区的联网需求，如连接某大学各大校区的大学校园网；广域网（WAN）覆盖范围一般是几十公里到几千公里以上，如大家最熟悉的 Internet。

2．计算机网络的拓扑结构

拓扑就是把所研究的实体抽象成与其大小、形状无关的“点”，而把连接实体的线路抽象成“线”，进而以图的形式来表示这些点与线之间关系的方法，其目的在于研究这些点、线之间的相连关系。表示点和线之间关系的图被称为拓扑结构图，简称拓扑图。

在计算机网络中，为了便于对计算机网络结构进行研究或设计，通常把计算机、终端及通信处理机等设备抽象成点，把连接这些设备的通信线路抽象成线，并将这些点和线构成的物理结构称为计算机网络拓扑结构。

常见的计算机网络拓扑结构有：总线型、星型、环型、树型和网状型。如图 2-36 所示。

总线型：所有节点直接连到一条物理链路上，除此之外节点间不存在任何其他连接。每一个节点可以收到来自其他任何节点所发送的信息。它是一种广播式网络。

星型：网络由各节点以中央节点为中心相连接，各节点与中央节点以点对点方式连接。节点之间的数据通信要通过中央节点。

树型：数据流具有明显的层次性，可看作是星型拓扑的一种扩展。

环型：节点与链路构成了一个闭合环，每个节点只与相邻的两个节点相连。每个节点必须将信息转发给下一个相邻的节点。

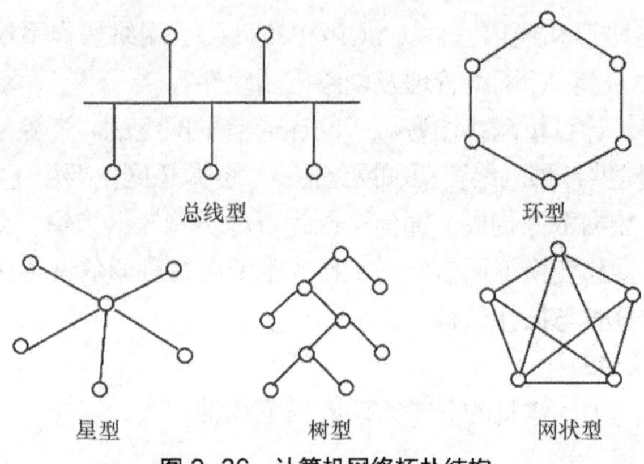

图 2-36　计算机网络拓扑结构

网状型：节点之间的连接是任意的，每个结点都有多条线路与其他节点相连，这样使得节点之间存在多条路径可选。

2.5.2　IP 地址和子网划分

1. IP 地址概述

所谓 IP 地址就是给每个连接在 Internet 上的主机分配的一个 32bit 地址。按照 TCP/IP 协议规定，IP 地址用二进制来表示，每个 IP 地址长 32bit，比特换算成字节，就是 4 个字节。例如一个采用二进制形式的 IP 地址是“00001010000000000000000000000001”，这么长的地址，人们处理起来也太费劲了。为了方便人们的使用，IP 地址经常被写成十进制的形式，中间使用符号“.”分开不同的字节。于是，上面的 IP 地址可以表示为“10.0.0.1”。IP 地址的这种表示法叫做“点分十进制表示法”，这显然比 1 和 0 容易记忆得多。

IPv4 定义的 IP 地址是一个 32 位长度的二进制地址，由网络标识和主机标识两部分组成。其中网络标识用于标识该主机所在的网络，又称网络号；主机标识则表示该主机在相应网络中的序号，又称主机号。IPv4 定义的 IP 地址被分为 A、B、C、D、E 五类，其中 A、B、C 三类地址作为普通的主机地址，D 类地址用来提供网络组播服务或作为网络测试之用，E 类地址保留给实验和未来扩充使用。IP 地址的分类与地址范围如表 2-3 所示。

表 2-3　　IP 地址的分类与地址范围

<table>
<tr><th rowspan="2">分类</th><th colspan="4">IP 地址长度：32 位</th><th rowspan="2">地址范围</th></tr>
<tr><th>8 位</th><th>8 位</th><th>8 位</th><th>8 位</th></tr>
<tr><td>A</td><td>0 网络地址</td><td colspan="3">主机地址</td><td>1.0.0.0～127.255.255.255</td></tr>
<tr><td>B</td><td colspan="2">10 网络地址</td><td colspan="2">主机地址</td><td>128.0.0.0～191.255.255.255</td></tr>
<tr><td>C</td><td colspan="3">110 网络地址</td><td>主机地址</td><td>192.0.0.0～223.255.255.255</td></tr>
<tr><td>D</td><td colspan="4">1110 多点播送地址</td><td>224.0.0.0～239.255.255.255</td></tr>
<tr><td>E</td><td colspan="4">11110 保留</td><td>240.0.0.0～247.255.255.255</td></tr>
</table>

IPv4 就是有 4 段数字，每一段最大不超过 255。由于互联网的蓬勃发展，IP 位址的需求量越来越大，使得 IP 地址的发放更趋严格。地址空间的不足必将妨碍互联网的进一步发展。为了扩大地址空间，拟通过 IPv6 重新定义地址空间。IPv6 采用 128 位地址长度。在 IPv6 的设计过程中除了一劳永逸地解决了地址短缺问题以外，还考虑了在 IPv4 中解决不好的其他问题。

2. 子网划分与子网掩码

（1）子网划分

由网络管理员将一个给定的网络分为若干个更小的部分，称为子网划分。这些被划分出来的更小部分被称为子网（subnet）。为了创建子网，网络管理员需要从原有 IP 地址的主机位中借出连续的若干高位作为子网络标识。如图 2-37 所示。

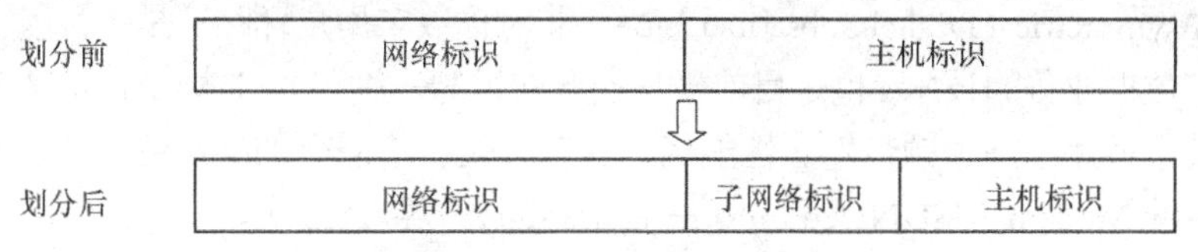

图 2-37　子网划分示意图

引入子网划分技术相当于在 IPv4 地址结构中引入了 3 个层次，既提高了 IP 地址分配的灵活性，又降低了 IP 地址的浪费率。

（2）子网掩码

子网掩码通常与 IP 地址配对出现,其功能是告知主机或者路由设备，一个给定的 IP 地址哪一部分代表网络号，哪一部分代表主机号。子网掩码采用与 IP 地址相同的位格式，由 32 位长度的二进制比特位构成，也被分为 4 个 8 位组并采用点分十进制来表示。但在子网掩码中，所有与 IP 地址中的网络与子网络位部分相对应的二进制位取值为 1，而与 IP 地址中的主机位部分相对应的位则取值为 0。例如 192.168.1.1/255.255.255.0 表示该地址中的前 24 位二进制数代表网络标识，后 8 位二进制数表示主机部分。

2.5.3　Internet 基础知识

1. Internet 概述

Internet（因特网）也称为互联网或国际互联网。它是全球最大的、开放的、由众多网络互联而成的一个大型计算机网络。它允许各种各样的计算机通过多种方式接入，并以 TCP/IP 协议进行数据通信。由于越来越多的人的参与，接入的计算机越来越多，Internet 的规模也越来越大，从而网络上的资源变得越来越丰富。

Internet 为全球的网络用户提供了极其丰富的信息资源和最先进的信息交流手段，网络上的各种内容均可由 Internet 服务来提供。网络用户可以获得分布在 Internet 上的各种资源，包括社会科学、技术科学、医学、教育、军事和气象等各个领域，同时也可以通过 Internet 提供的服务发布自己的信息。

2. Internet 的接入方法

在接入 Internet 中，目前可供选择的接入方式主要有 PSTN、ISDN、DDN、LAN、ADSL、VDSL、CableModem 等。

（1）PSTN 拨号：使用最广泛

PSTN（Published Switched Telephone Network，公用电话交换网）技术是利用 PSTN 通过调制解调器拨号实现用户接入的方式。随着技术的演变，通过 PSTN 接入 Internet 又分成 3 种不同的方式，即 Modem、ISDN 和 ADSL。

Modem 接入：这种接入方式是大家非常熟悉的一种接入方式，目前最高的速率为 56kbps，这种速率远远不能够满足宽带多媒体信息的传输需求；但由于电话网非常普及，用户终端设备 Modem 很便宜，而且不用申请就可开户，只要家里有电脑，把电话线接入 Modem 就可以直接上网。

ISDN 接入：使用了 N-ISDN 的基本速率接口（BRI）服务，2 个 B 信道可为用户提供最高达 128Kbps 的数据传输速率。用户在上网过程中，一旦有电话拨入时，ISDN 会自动释放其中的一个 B 信道用来进行电话的接听，因此用户可以在一条普通的电话线上实现边上网边打电话或边上网边发传真的应用方式。

ADSL（Asymmetrical Digital Subscriber Line，非对称数字用户环路）是一种能够通过普通电话线提供宽带数据业务的技术，也是目前极具发展前景的一种接入技术。ADSL 素有“网络快车”之美誉，因其下行速率高、频带宽、性能优、安装方便、不需交纳电话费等特点而深受广大用户喜爱，成为继 Modem、ISDN 之后的又一种全新的高效接入方式。

VDSL 比 ADSL 还要快。使用 VDSL，短距离内的最大下传速率可达 55Mbps，上传速率可达 2.3Mbps（将来可达 19.2Mbps，甚至更高）。VDSL 使用的介质是一对铜线，有效传输距离可超过 1 000 米。但 VDSL 技术仍处于发展初期，长距离应用仍需测试，端点设备的普及也需要时间。

（2）DDN 专线: 面向集团企业

DDN 是英文 Digital Data Network 的缩写，这是随着数据通信业务发展而迅速发展起来的一种新型网络。DDN 的主干网传输媒介有光纤、数字微波、卫星信道等，用户端多使用普通电缆和双绞线。DDN 将数字通信技术、计算机技术、光纤通信技术及数字交叉连接技术有机地结合在一起，提供了高速度、高质量的通信环境，可以向用户提供点对点、点对多点透明传输的数据专线出租电路，为用户传输数据、图像、声音等信息。

DDN 专线信道分配固定、传输质量高、可靠性强、时延小，不用拨号、每天 24 小时永久连接。但是，由于 DDN 专线需要铺设专用线路从用户端进入主干网络，再加上专线的租用费，实现成本较为昂贵。因此，DDN 专线不适合于个人用户和小型企业用户，它通常用于金融、无线移动通信网、气象、公安、铁路、医院、证券、银行等行业，特别是保密性要求高的行业。

（3）Cable Modem：用于有线网络

Cable Modem（线缆调制解调器）是近两年开始试用的一种超高速 Modem，它利用现成的有线电视（CATV）网进行数据传输，已是比较成熟的一种技术。随着有线电视网的发展壮大和人们生活质量的不断提高，通过 Cable Modem 利用有线电视网访问 Internet 已成为越来越受业界关注的一种高速接入方式。

Cable Modem 连接方式可分为两种：即对称速率型和非对称速率型。前者的 Data Upload（数据上传）速率和 Data Download（数据下载）速率相同，都在 500kbit/s～2kbit/s；后者的数据上传速率在 500kbit/s～10Mbit/s，数据下载速率为 2Mbit/s～40Mbit/s。

采用 Cable Modem 上网的缺点是由于 Cable Modem 模式采用的是相对落后的总线型网络结构，这就意味着网络用户共同分享有限带宽；另外，购买 Cable Modem 和初装费也都不算很便宜，这些都阻碍了 Cable Modem 接入方式在国内的普及。但是，它的市场潜力是很大的，毕竟中国 CATV 网已成为世界第一大有线电视网。

3．Internet 上资源的访问

统一资源定位符（Uniform Resource Locator，URL）是对可以从 Internet 上得到的资源的位置和访问方法的一种简洁的表示，是 Internet 上标准资源的地址。Internet 上的每个文件都有一个唯一的 URL，它包含的信息指出文件的位置及浏览器应该怎么处理它。

基本的 URL 结构为：模式（或称协议）：//服务器域名（或 IP 地址）/路径和文件名。协

议由语法、语义和时序（有的地方也称为同步）等 3 个要素构成，它告诉浏览器如何处理将要打开的文件，最常用的协议是超文本传输协议（Hypertext Transfer Protocol，缩写为 HTTP），这个协议可以用来访问 Internet 中的网页文件，其默认端口为 80。其他的常用协议还有：https 协议——用安全套接字层传送的超文本传输协议，它会对服务器身份进行验证，默认的端口号为 443；ftp 协议——文件传输协议，用于文件传送；mailto——电子邮件地址，用于发送和接收电子邮件，其中发送邮件的协议为 SMTP（简单邮件传输协议），接收邮件的协议通常为 POP 或 POP3 协议；Telnet 协议——Internet 远程登录服务的标准协议和主要方式。URL 中用服务器域名或 IP 地址指引用户访问相关服务器，后面是到达这个文件的路径和文件本身的名称。这里的服务器域名（Domain Name），又称网域、网域名称，它是由一串用圆点分隔的名字组成的 Internet 上某一台计算机或计算机组的名称（如 www.jiangxi.gov.cn 是江西省人民政府的网站域名地址），利用 DNS（网域名称系统，Domain Name System）可以建立域名和 IP 地址之间的对应关系，位于域名最右边的名称是顶级域名，它一般是国家域名（如中国的国家域名为 cn）或行业性质域名（如 com 表示商业机构，edu 表示教育机构，org 表示非营利机构，net 表示网络服务机构等）。

2.5.4 任务总结

计算机网络技术实现了资源共享，人们可以在办公室、家里或其他任何地方，访问查询网上的任何资源，极大地提高了工作效率。

课后习题

1. 微机中 1K 字节表示的二进制位数是______。

   A. 1000　　B. 8×1000　　C. 1024　　D. 8×1024

2. 计算机硬件能直接识别和执行的只有______。

   A. 高级语言　　B. 符号语言　　C. 汇编语言　　D. 机器语言

3. 下列有关 HTTP 和 HTTPS 协议的叙述中，不正确的是______。

   A. HTTP 是超文本传输协议

   B. HTTPS 是安全超文本传输协议

   C. HTTPS 使用端口 443

   D. HTTP 提供对网络服务器身份的鉴定

4. 计算机系统由______组成。

   A. 主机和系统软件　　B. 硬件系统和应用软件

   C. 硬件系统和软件系统　　D. 微处理器和软件系统

5. 冯·诺依曼式计算机硬件系统的组成部分包括______。

   A. 运算器、外部存储器、控制器和输入输出设备

   B. 运算器、控制器、存储器和输入输出设备

   C. 电源、控制器、存储器和输入输出设备

   D. 运算器、放大器、存储器和输入输出设备

6. 下列数中，最小的是______。

   A.（1000101）2　　B.（63）10　　C.（111）8　　D.（4A）16

7. ______设备既是输入设备又是输出设备。

A. 键盘　B. 打印机　C. 硬盘驱动器　D. 显示器

8. 通常所说的主机是指______。

A. CPU　B. CPU 和内存

C. CPU、内存与外存　D. CPU、内存与硬盘

9. 所谓“裸机”是指______。

A. 单片机　B. 单板机

C. 不装备任何软件的计算机　D. 只装备操作系统的计算机

10. CPU 中控制器的功能是______。

A. 进行逻辑运算　B. 进行算术运算

C. 分析指令并发出相应的控制信号　D. 只控制 CPU 的工作

11. 微型计算机中运算器的主要功能是______。

A. 控制计算机的运行　B. 算术运算和逻辑运算

C. 分析指令并执行　D. 负责存取存储器中的数据

12. 在计算机内部，一切信息的存取、处理和传送的形式是______。

A. ASCII 码　B. BCD 码　C. 二进制　D. 十六进制

13. 下列存储设备中，断电后其中信息会丢失的是______。

A. ROM　B. RAM　C. 硬盘　D. 软盘

14. 为使 3.5 英寸软盘只能读不能写，则应______。

A. 敞开读写槽　B. 盖住写保护孔

C. 贴住读写槽　D. 露出写保护孔

15. 下列部件中，直接通过总线与 CPU 连接的是______。

A. 键盘　B. 内存储器　C. 磁盘驱动器　D. 显示器

16. 下列存储器中，存取速度最快的是______。

A. 软盘　B. 硬盘　C. 光盘　D. 内存

17. 计算机硬件的“即插即用”功能意味着______。

A. 光盘插入光驱后即会自动播放其中的视频和音频

B. 外设与计算机连接后用户就能使用外设

C. 在主板上加插更多的内存条就能扩展内存

D. 计算机电源线插入电源插座后，计算机便能自动启动

18. 以下关于计算机硬件的叙述中，不正确的是______。

A. 四核实指主板上安装了 4 块 CPU 芯片

B. 主板上留有 USB 接口

C. 移动硬盘通过 USB 接口与计算机连接

D. 内存条插在主板上

19. 以下关于喷墨打印机的叙述中，不正确的是______。

A. 喷墨打印机属于击打式打印机

B. 喷墨打印机使用专用墨水

C. 喷墨打印机打印质量和速度低于激光打印机

D. 喷墨打印机打印质量和速度取决于打印头喷墨嘴的数量和喷射频率

20. 下列存储器按存取速度由快至慢排列，正确的是______。
    A. 主存>硬盘>Cache　B. Cache>主存>硬盘
    C. Cache>硬盘>主存　D. 主存>Cache>硬盘
21. CAI 是指______。
    A. 计算机辅助设计　B. 计算机辅助教育
    C. 计算机辅助制造　D. 办公自动化系统
22. 为解决某一特定问题而设计的指令序列称为______。
    A. 文档　B. 语言　C. 程序　D. 系统
23. 遇到硬件故障时，一般不会______。
    A. 记录故障现象和显示的信息　B. 将所有部件卸下来再重装
    C. 查阅有关的资料　D. 检查各部件的接插是否松动
24. 计算机之所以能按照人们的意志自动进行工作，最直接的原因是采用了______。
    A. 二进制数值　B. 存储程序思想
    C. 程序设计语言　D. 高速电子元件
25. 用八位二进位可以表示最大的十进制数为______。
    A. 256　B. 255　C. 1024　D. 512
26. 汉字国标码规定，每个汉字用______个字节表示。
    A. 1　B. 2　C. 3　D. 4
27. 十进制整数 100 化为二进制数是______。
    A. 1100100　B. 1101000　C. 1100010　D. 1110100
28. 下列描述中不正确的是______。
    A. 多媒体技术最主要的两个特点是集成性和交互性
    B. 所有计算机的字长都是固定不变的，都是八位
    C. 通常计算机的存储容量越大，性能就越好
    D. 各种高级语言的翻译程序都属于系统软件
29. 我们一般按照______将计算机的发展划分为四代。
    A. 体积的大小　B. 速度的快慢
    C. 价格的高低　D. 使用元器件的不同
30. 计算机网络中，广域网和局域网的分类是______来划分的。
    A. 信息交换方式　B. 网络使用者
    C. 网络连接距离　D. 传输控制方法
31. 电子邮件使用的传输协议是______。
    A. SMTP　B. telnet　C. HTTP　D. FTP
32. 以下关于 USB 接口的叙述中，不正确的是______。
    A. 通过 USB 接口可以给某些手机充电
    B. 通过 USB 接口可以连接 USB 集线器，提供更多 USB 接口
    C. 通过 USB 接口可以连接移动硬盘
    D. 通过 USB 接口可以扩展内存
33. 家庭中的个人电脑、智能手机、平板电脑等常用______技术以无线方式接入 Internet。
    A. LAN　B. WAN　C. Internet　D. Wi-Fi

34. 现在许多窗口服务机构都在大厅内建立了公共服务信息平台。公众通过______操作就可以查询有关的办事手续，进行相关的处理，有时还可以刷卡支付有关的费用。

A. 触摸屏　　B. 键盘　　C. 鼠标　　D. 笔记本电脑

35. 以下关于计算机运行维护的叙述中，不正确的是______。

A. 要保持计算机系统周围的空气流通

B. 过热环境会导致计算机内部部件和芯片的老化

C. 要定期将磁盘送维修部门进行磁盘清理和磁盘碎片整理

D. 有些硬件问题会造成计算机不定期重启

PART 3 项目三 Windows 操作系统知识

任务一 Windows 7 的安装

学习重点

掌握 Windows 7 的安装方式。

3.1.1 安装前的准备

Windows 7 与 Windows XP 相比对硬件的要求有所提高，但与 Windows Vista 相比，却有所降低。基本要求为：

- 1GHz 或更快的 32 位（×86）或 64 位（×64）处理器；
- 1GB 内存（32 位）或 2GB 内存（64 位）；
- 16GB 可用硬盘空间（32 位）或 20GB 可用硬盘空间（64 位）；
- 带有 WDDM1.0 或更高版本驱动程序的 DirectX 9 图形处理设备。

若要使用某些特定功能，还需要额外的硬件支持，如更高级的图形卡、电视调谐器等。

注　意

用户可以用 Windows 7 升级检测器来对计算机进行测试。该软件可以轻松检测出计算机是否可以安装 Windows 7。该软件的官方下载地址为：

http://download.microsoft.com/download/A/A/6/AA63D341-3778-4617-9FB8-F95B5D99EA7C/Windows7UpgradeAdvisorSetup.exe

3.1.2 全新安装 Windows 7

在 Windows 7 的安装过程中，用户只需要在开头和结尾参与一些操作，中途安装可以无人参与，更加人性化。

Windows 7 的安装步骤如下。

① 启动计算机。把安装光盘放入光驱中，进入计算机的 CMOS 程序，设置 BIOS，将第一启动盘设置为光盘，保存并退出，然后重新启动计算机，则可进入 Windows 7 的安装界面。

② 导入 Windows 7 的安装文件后，设置要安装的语言、时间和货币格式及键盘和输入方法，如图 3-2 所示，然后单击“下一步”。

③ 选择要安装的系统，单击“下一步”即可。

④ 在如图 3-3 所示的界面上选取“我接受许可条款”复选项，然后单击“下一步”。

⑤ 随后选择安装类型，这里选择“自定义（高级）”进行全新安装。如图 3-4 所示。

图 3-1　安装准备

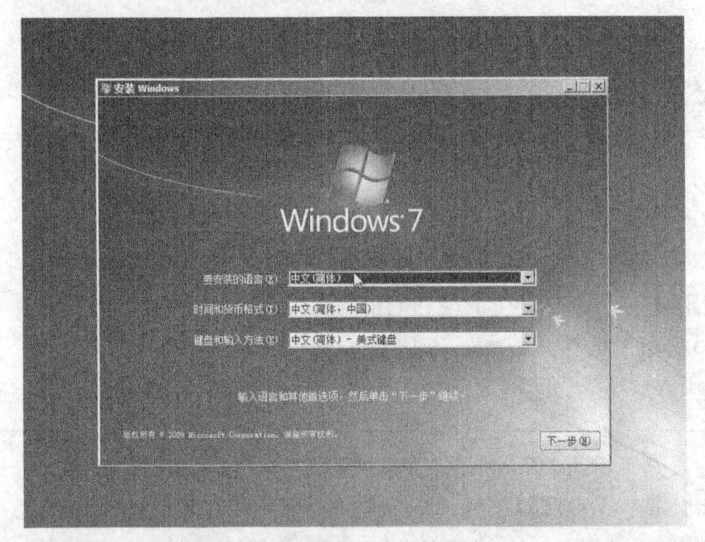

图 3-2　选择语言和输入法

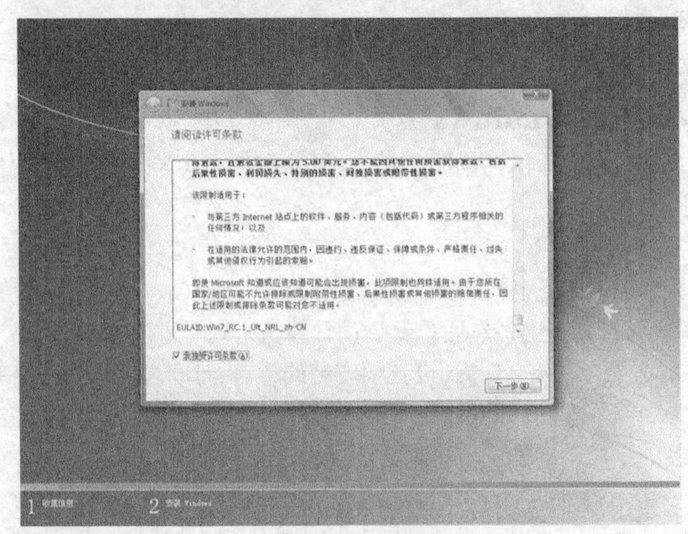

图 3-3　接受许可条款

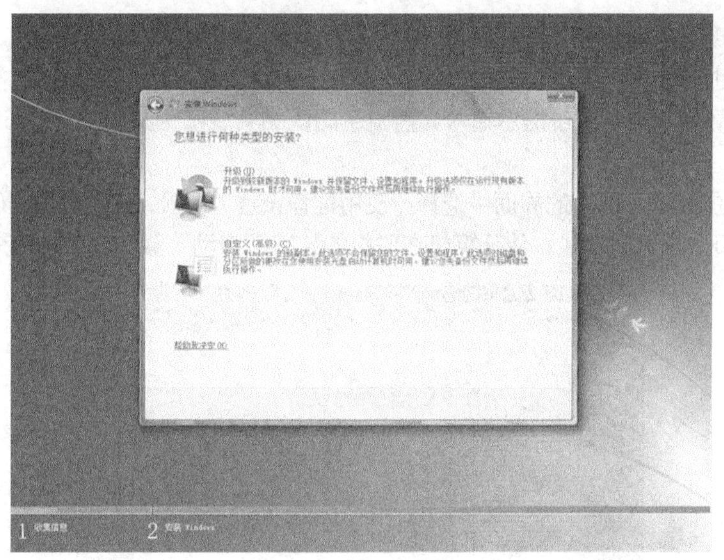

图 3-4 自定义安装

⑥ 接下来选择安装目标分区。单击“驱动器选项（高级）”。单击鼠标选择磁盘，然后单击“新建（E）”创建分区。

⑦ 可以根据需要设置分区的容量，默认大小是可用的最大空间。单击“应用”按钮完成分区的建立。Windows 7 系统会自动生成一个 100M 的空间来存放 Windows 7 的启动引导文件，单击“确定”，如图 3-5 所示。

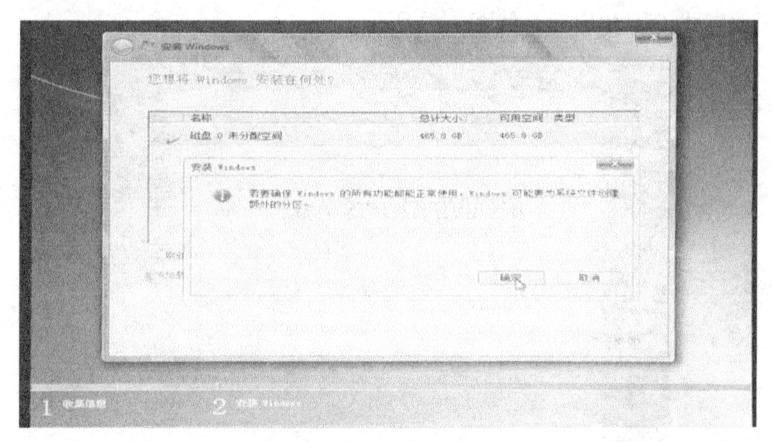

图 3-5 选择分区

注 意

若使用包含事先已创建分区的硬盘进行安装，可以通过“格式化”选项对目标分区进行格式化操作，并且不会包含独立的分区。

⑧ 选择要安装系统的分区，单击“下一步”。

⑨ Windows 7 安装程序初始化阶段的信息收集工作全部完成，系统开始自动安装。

⑩ 完成“安装更新”后，会自动重新启动。

⑪ 在经过一系列的检测后，Windows 7 前期的系统安装已经结束，进入最后一个设置阶段。输入用户名，单击“下一步”。

⑫ 如果需要可以设置密码和密码提示。不需要的话，直接单击“下一步”，进入系统后再到控制面板—用户账户中设置密码。

⑬ 密码设置完成后，系统提示输入光盘附带的产品激活密钥。如果没有密钥，可以直接单击“下一步”。

⑭ 接着，在图 3-6 所示的界面中选择“使用推荐设置”选项，系统会根据硬件配置进行默认设置，并启用系统更新功能，使计算机在联机的状态下自动下载和安装系统更新。

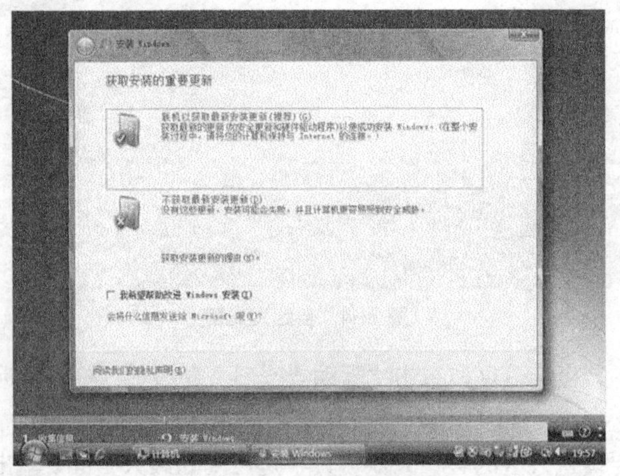

图 3-6　选择“使用推荐设置”

⑮ 设置时间和日期。

⑯ 系统开始完成设置并启动，如图 3-7 所示。

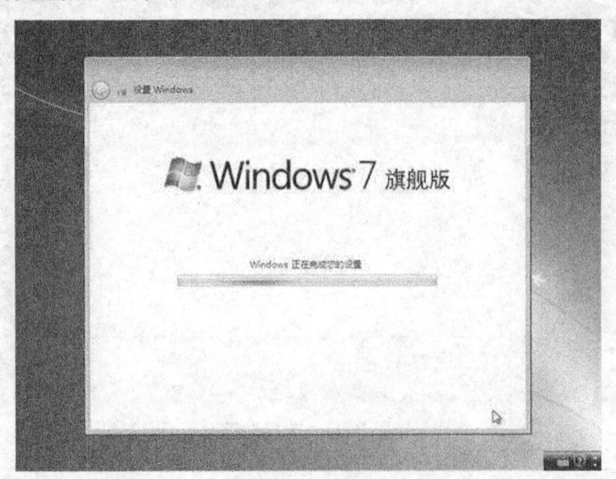

图 3-7　系统启动

⑰ 安装进行到这里，系统已经安装并设置完毕。此时系统会自动完成最后设置并进入 Windows 7 桌面。

3.1.3　升级安装 Windows 7

Windows 7 支持从 Windows Vista 的升级安装操作。升级安装的方式在有时候相比全新安装更方便。例如升级程序在升级过程中会自动通过 Windows 轻松传送功能备份和还原用户数据，免去很多烦琐的手动操作。不过，值得注意的是，有些应用程序可能与 Windows 7 系统不兼容，从而导致升级后该应用程序无法正常运行。

在完成了对系统软硬件兼容性检查，并确定当前系统版本支持安装方式之后，就可以开始进行升级安装了。

① 在 Vista 系统中运行 Windows 7 安装光盘，会出现图 3-8 所示界面，单击“现在安装”。

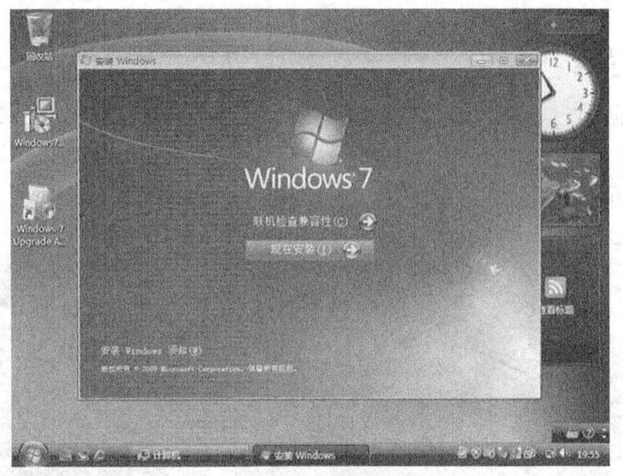

图 3-8 升级安装

② 在图 3-9 所示的界面中选择“联机以获取最新安装更新”选项，开始进入升级安装过程。

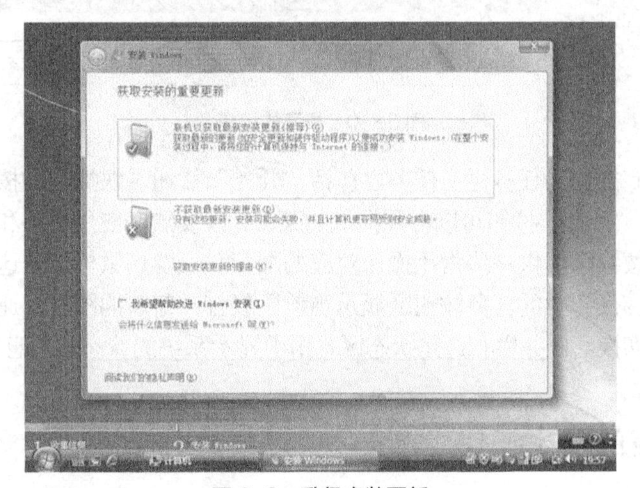

图 3-9 升级安装更新

安装过程中的设置方法和全新安装的方法相同，可以参考全新安装的内容介绍，此处不再赘述。

3.1.4 任务总结

本节详细介绍了 Windows 7 的安装过程。学习和掌握安装 Windows 7 的安装方法，是使用 Windows 7 的基础和前提。

任务二 了解 Windows 7 桌面

学习重点

了解 Windows 7 桌面的组成；掌握桌面的基本操作。

启动计算机进入系统后，用户首先在屏幕上看到的界面称为桌面。桌面是用户的工作背景。桌面就像日常生活中的办公桌，上面可以摆放许多常用的物品。放在操作系统桌面上的内容称为对象，每个桌面的对象可以是一个程序（程序图标），也可以是一个文档（文档图标），还可以是一个快捷方式或文件夹等。

3.2.1 桌面的组成

操作系统安装完成后，桌面上会自动出现一些图标。桌面图标是代表程序、文件或文件夹等各种对象的小图像。桌面上的图标一般都是比较常用的。以后用户还可以根据需要创建新的图标。如图 3-10 所示。

图 3-10 桌面的组成

通常，桌面的底部称为任务栏。任务栏包括“开始”按钮、快捷启动按钮区、任务按钮区和状态区几个区域。“开始”按钮可以打开提供的菜单，以便启动应用程序和执行操作系统的各种命令。快捷启动按钮区提供一些常用操作对应的图标。只要用鼠标单击这些图标，即可进入相应的功能或任务。任务栏的任务按钮区显示当前已经打开窗口的图标，通过它们可以在多个程序窗口之间进行切换。任务栏右边是状态区，用于显示系统的状态和信息，如时钟、输入法、音量及网络连接等。

3.2.2 桌面的基本操作

1．选择对象

使用或操作桌面对象之前，首先要选择对象。被选中对象的图标颜色有所改变，表明它被选中。除了选择单个对象外，还可以同时选择多个对象。

如果要选择的多个对象集中在一个区域，则从某个角的空白区域开始，按住鼠标左键不放，拖动并画出一个矩形区域，然后松开左键，则矩形区域内的所有对象将被选中。

如果要选择的多个对象比较分散，可先选择一个对象，然后按住 Ctrl 键不放，并用鼠标左键单击选择需要的对象即可。

2．添加对象

可以用鼠标从别的地方直接拖动一个新对象放在桌面，也可以用鼠标右击桌面，通过快捷菜单新建对象。

3．删除对象

右击的桌面上的某个对象，从弹出的快捷菜单中选择“删除”命令，即可删除该对象。

4．排列图标对象

在桌面的空白区域上单击鼠标右键，在弹出的快捷菜单中选择“排序方式”子菜单中相应的命令，单击即可执行。如图 3-11 所示。其中包括 4 种图标排序方式。

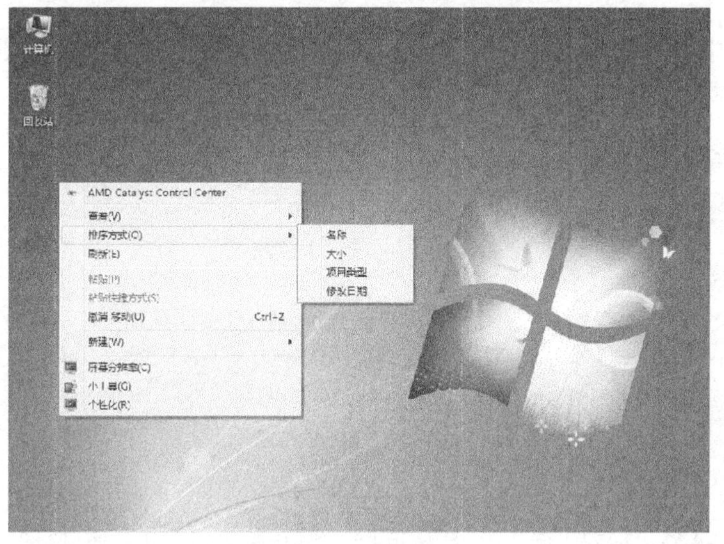

图 3-11 图标的排列方式

名称：按图标的类型、英文名称的字母顺序和汉字的拼音顺序进行排列。

大小：按图标所对应程序的大小排列。

项目类型：按图标所属类型进行排列。

修改日期：按图标生成的日期和时间进行排列。

5．启动程序或窗口

只要双击桌面图标（或对选中的图标按 Enter 键）即可。把重要而常用的对象摆放到桌面上，可以方便使用。

3.2.3 任务总结

桌面是用户和操作系统间的桥梁，几乎所有操作都要在桌面上完成。熟练使用桌面可以最大化地提高操作效率。

任务三 了解 Windows 7 窗口

学习重点

了解 Window 7 窗口的组成；掌握窗口的基本操作。

在 Windows 7 操作系统中，运行一个程序或打开一个文档，都会在桌面上打开一个窗口。窗口是桌面上用来显示相应程序或文档的一块矩形区域。窗口的操作包括打开、关闭、移动和缩放等。

3.3.1 窗口的组成

Windows 中常见的窗口类型有 3 种：应用程序窗口、文档窗口和对话框窗口。窗口由边框、标题栏、菜单栏、工具栏、工作区和状态栏等，如图 3-12 所示。

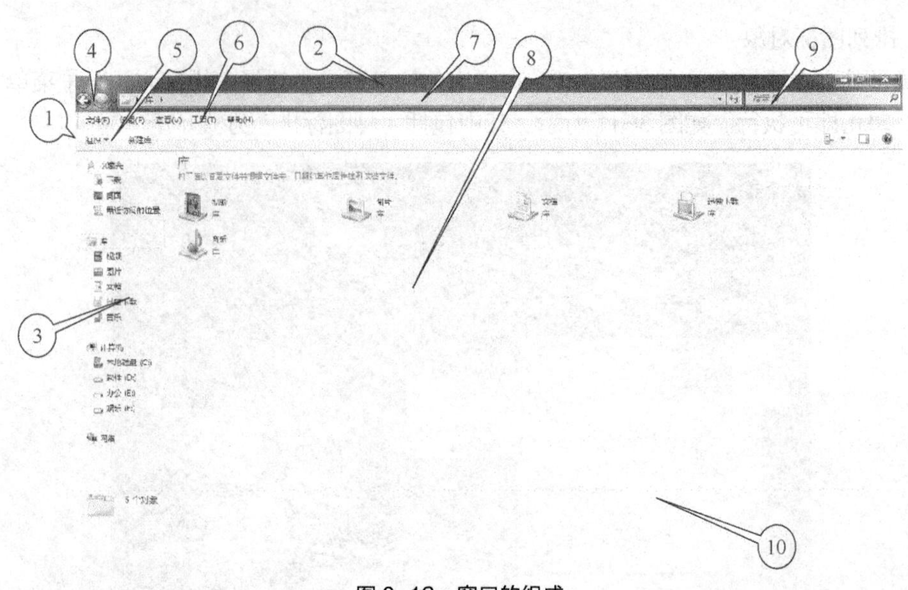

图 3-12　窗口的组成

1．边框

窗口边界的 4 条边称为边框，窗口边界的 4 个顶点称为窗口角。通过它们可以改变窗口的大小。

2．标题栏

窗口最上方的长条称为标题栏，用于显示窗口的名称。应用程序窗口和文档窗口有一定的区别。应用程序窗口通常由控制菜单图标、窗口标题和窗口按钮 3 部分组成。文档窗口只有窗口按钮部分。

最左边的图标是控制菜单图标，用于标志窗口的应用程序。用鼠标单击该图标时，会弹出一个控制菜单，菜单内显示控制窗口操作的命令，选取相应的命令可以改变窗口的尺寸、移动窗口的位置或放大、缩小、关闭窗口等。中间是窗口标题，通常标示窗口的名字。最右边是窗口按钮，通常有 3 个按钮，分别是最小化（ - ）按钮、最大化（ □ ）或还原（ ⧉ ）按钮和关闭（ × ）按钮。单击最小化按钮，当前窗口将最小化为任务栏中的一个图标。单击最大化（或还原）按钮，当前窗口将占满整个桌面或返回原大小。单击关闭按钮，将关闭当前窗口。

3．导航窗格

使用导航窗格，访问库、文件夹、已保存的搜索，甚至整个硬盘。使用“收藏夹”部分可以打开最常用的文件夹和搜索；使用“库”部分可以访问库。还可以展开“计算机”文件夹浏览文件夹和子文件夹。

4．“后退”和“前进”按钮

使用“后退”按钮和“前进”按钮可以导航至已打开的其他文件夹或库，而无需关闭当前窗口。这些按钮可与地址栏一起使用，如使用地址栏更改文件夹后，可以使用“后退”按钮返回到上一文件夹。

5．工具栏

使用工具栏可以执行一些常见任务，如更改文件和文件夹的外观、将文件刻录到 CD 或启动数字图片的幻灯片放映。工具栏的按钮可更改为仅显示相关的任务。例如，单击图片文件，则工具栏显示的按钮与单击音乐文件时不同。

6．菜单栏

菜单栏包含若干个菜单，每个菜单被选中后，会出现一个包含若干命令的菜单。

7．地址栏

使用地址栏可以导航至不同的文件夹或库，或返回上一文件夹或库。

8．工作区

工作区是显示被操作对象和完成用户操作的主要区域。

9．“搜索”框

在搜索框中键入词或短语可查找当前文件夹或库中的项。一开始键入内容，搜索就开始了。例如，键入“B”时，所有名称以字母 B 开头的文件都将显示在文件列表中。

10．详细信息窗格

使用细节窗格可以查看与选定文件关联的最常见属性。文件属性为文件相关信息，如作者、最后更改文件的日期及可能已添加到文件的描述性标签。

3.3.2 窗口的基本操作

窗口操作通常包括最大化、还原、最小化、关闭、改变大小和位置等。

1．窗口的最大化/还原、最小化和关闭

分别单击标题栏右边的对应按钮，即可实现相应的操作。另外，也可以通过窗口的控制菜单实现相应操作。打开控制菜单的方法是左键单击窗口左上角的应用程序图标。

2．改变窗口的大小和移动窗口

用鼠标拖动窗口的边框或窗口角可以改变窗口的大小。当拖动窗口的左右（上下）边框时，可使窗口在水平（垂直）方向改变大小。拖动窗口角可以同时改变窗口的宽和高。

用鼠标拖动窗口的标题栏可以移动窗口到指定位置。通过窗口的控制菜单也可以移动窗口。

3．在窗口之间切换

窗口分为活动窗口和非活动窗口两大类。当有多个窗口同时打开时，最顶层的窗口称为活动窗口，其他窗口称为非活动窗口。只有一个窗口是活动窗口。要把另一个窗口变成活动窗口，需要做焦点切换操作。通常采用以下几种方法。

- 在要变成活动窗口的任意位置单击。
- 任务栏上排列着所有窗口对应的按钮，用鼠标单击某个按钮，则该按钮对应的窗口成为活动窗口。
- 利用 Alt+Tab 键或 Alt+Esc 键在不同窗口之间进行切换。

4．在桌面上排列窗口

如果打开很多窗口，则有些窗口会重叠。通过系统提供的层叠显示窗口、堆叠显示窗口和并排显示窗口等 3 个命令可以有规则地排列窗口。层叠显示窗口就是把窗口按照逐个层叠的方式叠起来，并且每个窗口的标题栏均可见。图 3–13 所示为窗口层叠效果。

堆叠显示窗口用于让每个打开的窗口独占一块桌面空间，主要是按照横向两个、纵向平均分布的方式堆叠排列起来。图 3–14 所示为 3 个窗口堆叠显示效果。

并排显示窗口的显示方式，就是把窗口按照纵向两个、横向平均分布的方式排列起来。图 3–15 所示为 3 个窗口并排显示效果。

如果要改变窗口的排列方式，只要在任务栏的空白处单击鼠标右键，执行快捷菜单中的相应命令。

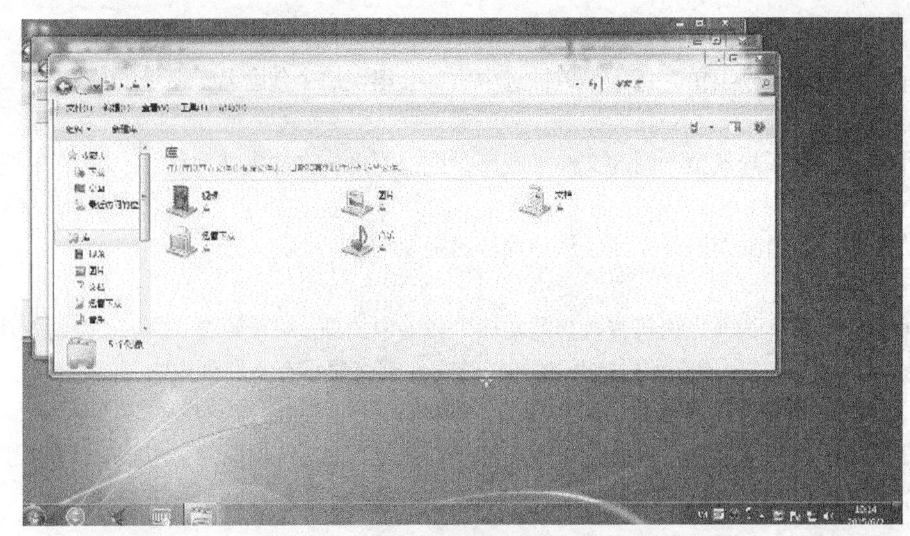

图 3-13　层叠窗口

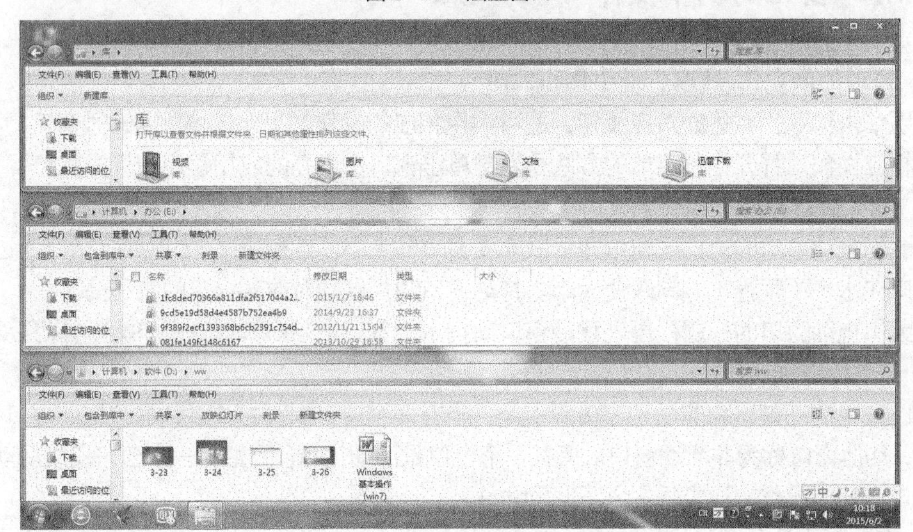

图 3-14　堆叠显示窗口

图 3-15　并排显示窗口

注 意

对话框窗口是一种特殊的窗口，包含按钮和各种选项，通过它们可以完成特定命令或任务。它与其他窗口的区别是：它没有最大化、最小化按钮，也不能改变形状和大小。

3.3.3 任务总结

窗口是用户与计算机进行交互的基本界面。本项目详细介绍了改变窗口大小、移动、最大化或最小化、关闭窗口等基本方法。熟练掌握这些基本方法，对今后其他各种软件的操作和学习均能起到事半功倍的效果。

任务四 Windows 7 文件和文件夹的管理

学习重点

了解文件和文件夹的基本知识，掌握文件和文件夹的具体操作方法。

计算机的外存储器是存储信息的存储介质。用户可以将信息以文件形式存储在软盘、硬盘等外存储器中，这些文件就由操作系统中的文件系统专门负责管理。

3.4.1 文件和文件夹的基本概念

文件是具有符号名的、在逻辑上具有完整意义的一组相关信息项的集合。例如，一个源程序、一个目标程序、编译程序、一批待加工的数据、各种文档等都可以各自组成一个文件。信息项是构成文件内容的基本单位，可以是一个字符，也可以是一个记录，记录可以等长，也可以不等长。

文件由文件体和文件目录项（或称为文件说明）组成。文件体是文件真实的内容，文件目录项是操作系统为了管理文件所使用的信息。文件目录项主要包括文件名、文件内部标识、文件的类型、文件存储地址、文件长度、访问权限、建立时间和访问时间等内容。

文件夹（或称为文件目录）是由文件目录项组成的。文件目录分为一级目录、二级目录和多级目录。多级目录结构也称为树形结构。在多级目录结构中，每一个磁盘有一个根目录，在根目录中可以包含若干个子目录（子文件夹）和文件，在子目录（子文件夹）中不但可以包含文件，还可以包含下一级子目录（子文件夹），这样类推下去构成了多级目录结构。采用多级目录结构的优点是用户可将不同类型和不同功能的文件分类存储，既方便文件管理和查找，又允许不同文件目录中的具有相同的文件名。这就解决了一级目录结构中的重名问题。

每个文件和文件夹都有各自的路径，其作用是准确定位文件和文件夹的位置。路径又分为绝对路径和相对路径。绝对路径是由驱动器名（根目录）开头，后面跟着若干个用“\”隔开的目录名组成，如：C:\Windows\System\Notepad.exe。相对路径不是以根目录开头，而是以当前目录开始。如果当前目录是“System”，那么“Notepad.exe”文件的相对路径是：System\Notepad.exe。

3.4.2 文件及文件夹的命名

任何一个文件都有文件名，文件的操作依据文件名进行。文件名一般由文件主名和扩展名两部分组成，文件主名往往是代表文件内容的标识，而扩展名表示文件的类型，即文件名=文件主名.扩展名。文件夹无扩展名。

Windows 7 操作系统中文件和文件夹的命名遵循以下规则。

① 文件名或文件夹名中的英文字母不分大小写，可以使用汉字，一个汉字算两个字符。

② 文件名或文件夹名最多可有 255 个字符，包含驱动器名和完整的路径。

③ 一般文件名都有 3 个字符的文件扩展名，用以标识文件的类型和创建文件的程序。虽然不显示文件的扩展名，但不同类型文件的图标不同，仍可区分文件的类型。

④ 文件名不能出现：\、/、:、“、<、>、| 等字符。

⑤ 文件名可以使用多分隔符，如 myfiles. plan. txt。

⑥ “*”和“？”称为文件名或文件夹名的通配符。查找或显示文件名或文件夹名时，文件名或文件夹名中的*代表从该位置开始的任意个任意字符。例如：文件名 A*表示以字母 A 开始的所有文件和文件夹。文件名中的？代表任意一个字符。例如：文件名 A？表示以字母 A 开头的并且文件名或文件夹名最多只有两个字符组成的所有文件和文件夹。

⑦ 在同一文件夹中，不能包含相同名称的文件或文件夹。

3.4.3 文件类型

按照文件的内容可将文件分为多种类型。文件的扩展名表示文件类型。表 3-1 列出了常用的文件类型及其文件扩展名。

表 3-1　　常用文件类型和扩展名

文件类型	扩展名	关联程序
文本文件	TXT	任何文本及字处理程序，如记事本等
目标文件	OBJ	—
图片文件	BMP、JPG、WMF、GIF 等	IE 浏览器、画图、ACDSee 等
多媒体文件	MP3 和 AVI	媒体播放器，如 MS Media Player、Realplayer、金山影霸等
字体文件	TTF 或 FON	—
可执行程序文件	EXE 或 COM	—
支持文件	SYS、HLP 和 DLL	—
压缩文件	RAR、ZIP 等	WinRAR、WinZip 等压缩软件
Acrobat 文档文件	PDF	Acrobat 或 Acrobat Reader
备份文件	BAK	—
C++语言源程序文件	CPP	应用程序开发平台，如 Visual C++等
C 语言源程序文件	C	应用程序开发平台，如 Turbo C 等

3.4.4 文件和文件夹的操作

1. 创建新文件夹和新文件

可以在指定驱动器盘符的文件夹树的任何位置建立新文件夹。建立新文件夹前，首先要确定新文件夹存放的位置。在资源管理器中可以方便地选择文件夹在磁盘和文件夹树中的位置，操作也很方便。

资源管理器新建文件夹的方法：先选定文件夹在文件夹树中的位置，然后在菜单栏上选择“文件”→“新建”→“文件夹”命令，在右窗口指定位置出现新文件夹的图标，输入新文件夹名并按 Enter 键。如图 3–16 所示。

创建新文件时，只需选择“文件”→“新建”→相应的文件类型，即可创建出该文件类型的文件。

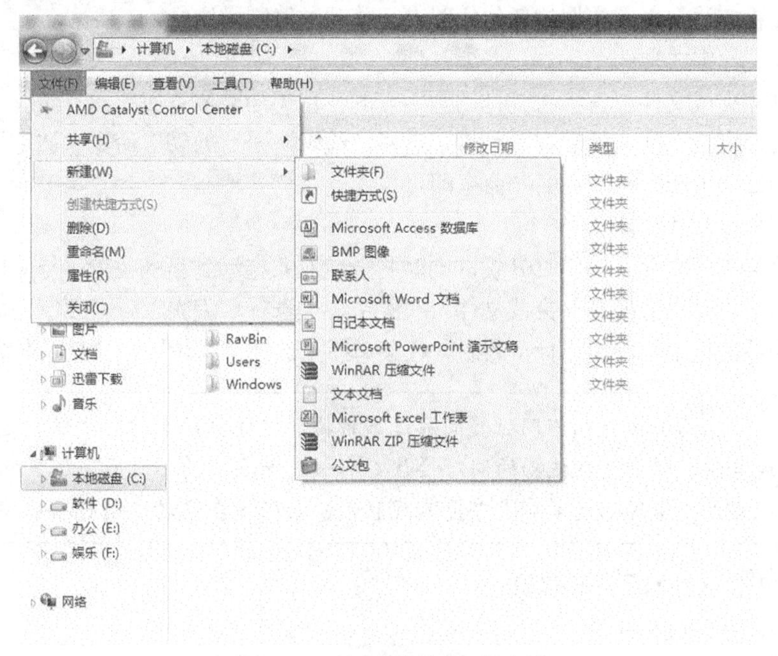

图 3–16　创建新文件夹和新文件

2．选择文件夹、文件和驱动器

Windows 的操作风格是先选定操作对象（磁盘、文件夹或文件），然后执行操作。例如，要删除文件（或文件夹）必须先选定所要删除的文件（或文件夹），然后在菜单栏上选择“文件”→“删除”命令或按 Delete 键。因此，选定文件夹或文件是一项非常重要的操作。

选中磁盘驱动器、文件夹或文件后，相应图标和名字高亮显示。

① 选择磁盘驱动器：可以在资源管理器的左窗口或地址栏的下拉列表框中选择。

② 选择单个文件夹或文件：单击要选择的文件夹或文件，或用光标移动键选定文件夹或文件。

③ 选择多个连续的文件夹或文件：先单击要选择的第一个文件夹或文件，然后按住 Shift 键，再单击最后一个文件夹或文件。

④ 选择多个不连续的文件夹或文件：先单击要选择的第一个文件夹或文件，然后按住 Ctrl 键，逐个单击要选择的文件夹或文件。

⑤ 选择全部文件夹或文件：在资源管理器的菜单栏上选择“编辑”→“全部选择”命令，或直接按 Ctrl+A 键，可选择全部文件夹或文件。

⑥ 反向选择：可取消原来选定的文件夹或文件，选择原来未选定的对象。先选定不需要的对象，然后在菜单栏上选择“编辑”→“反向选择”命令，原来选定以外的所有文件夹和文件被选定。

3．文件夹和文件的重命名

选定文件夹或文件，在菜单栏上选择“文件”→“重命名”命令；或右击要改名的文件夹或文件，在弹出的快捷菜单中选择“重命名”命令，被选定的文件夹或文件名被加上方框，框内出现光标闪动。也可以单击要改名的文件夹或文件，使其加上虚线方框，再单击一次，虚线方框变成实线方框，框内出现光标闪动。可以框内输入新的文件夹或文件名，按 Enter 键即可完成重命名。

4．文件夹和文件的移动和复制

可以用多种方法在文件夹树的任何位置进行移动和复制操作。

（1）移动文件夹或文件

先选择文件夹或文件，直接将其拖动到所需的位置（与原位置应在同一磁盘上）即可。也可以先选择文件夹或文件，然后在菜单栏上选择“编辑”→“剪切”命令；选定目标位置后，在菜单栏上选择“编辑”→“粘贴”命令即可。

（2）复制文件夹或文件

先选择文件夹或文件，按住 Ctrl 键的同时将选定对象拖动到新的位置（与原位置在同一磁盘上）即可。也可以先选择文件夹或文件，在菜单栏上选择“编辑”→“复制”命令，将选定的对象复制到剪贴板上，确定目标位置后，在菜单栏上选择“编辑”→“粘贴”命令即可。

注　意

在同一磁盘的不同位置间通过鼠标拖动文件夹或文件，实现的是移动，要实现复制，则必须在拖动的同时按住 Ctrl 键；而在不同磁盘间通过鼠标拖动文件夹或文件，实现的是复制，若要实现移动，则必须在拖动的同时按住 Shift 键。

5．文件夹和文件的删除和恢复

（1）删除文件夹或文件

可以用以下方法来删除文件夹和文件。

- 选定文件夹或文件后，按 Delete 键。
- 选定文件夹或文件后，在菜单栏上选择“文件”→“删除”命令。
- 右击文件夹或文件，在弹出的快捷菜单中选择“删除”命令，弹出“确认文件删除”对话框，单击“是”按钮将删除的文件夹或文件放入“回收站”；单击“否”按钮放弃删除。对于不必回收的文件夹或文件，在选择“删除”命令的同时按 Shift 键，即可彻底删除而且无法恢复。
- 选定文件夹或文件后，将选定的文件夹或文件拖动到“回收站”。

（2）回收站中文件夹或文件的恢复

回收站用于存放从硬盘删除的文件、文件夹和快捷方式图标等，一旦需要可以从回收站恢复到原来的硬盘位置。可以用“清空回收站”命令将回收站中的所有文件夹和文件删除，删除后的内容很难将其恢复。用“还原”命令可以将回收站中的文件夹或文件恢复到删除前的位置。若被恢复的文件所在的原文件夹已经不存在了，则 Windows 将重建该文件夹，再将文件恢复过去。

有 3 类文件被删除后不能被恢复：可移动磁盘上的文件夹或文件、网络上的文件夹或文件和在 MSDOS 方式中删除的文件夹或文件。因为这些文件夹或文件被删除后并没有被送到回收站。

6．设置文件和文件夹属性、访问权限

每个文件夹或文件都包括属性信息。通过属性表征文件夹或文件的性质、读取权限等。属性通常包括只读、隐藏、存档和索引。

只读：说明文件夹或文件只能被读取，不能被修改。利用该属性可以防止文件夹或文件被修改或错误删除。删除只读文件夹或文件时系统会询问用户是否真要删除。

隐藏：将文件夹或文件隐藏起来，它的名字不会显示出来。当用户查看盘中有哪些文件夹或文件时，属性为隐藏的文件夹或文件不被显示。利用该属性可以防止文件夹或文件被错误删除。删除隐藏文件夹或文件时，系统会询问用户是否真要删除。

存档：如果把文件夹或文件属性设置为存档，则当对文件夹或文件进行修改时，系统会把文件夹或文件的原来内容进行备份，即保存原来内容。

索引：指明除文件夹或文件外，还为文件夹或文件建立索引。利用索引能够快速查找文件夹或文件的内容。为文件夹或文件建立索引，虽然需要占用磁盘空间，但可以提高速度，用户可以根据自己的需要选择是否为文件夹或文件附加索引。

右击需要修改属性的文件夹或文件，在弹出的快捷菜单中选择“属性”命令，即可打开该文件夹或文件的属性对话框。它包括“常规”、“共享”和“安全”等选项卡。

在“常规”选项卡中可以设置文件夹或文件的属性。图 3-17 是文件夹 Program Files 的属性对话框中的“常规”选项卡。

仅在 NTFS 文件系统的磁盘上，文件夹和文件的属性对话框中才有“安全”选项卡。利用它可以对文件夹设置不同用户的访问权限，而且可以对单个文件设置不同用户的访问权限。此权限不但限制用户通过网络访问本对象，而且用户在本地访问本对象亦要受到此权限的限制。具体设置如图 3-18 所示。文件夹和文件的使用权限通常包括完全控制、写入、读取、读取和执行、修改等。例如，完全控制权限表示允许用户对文件进行任何操作，如读取、写入、运行、删除、变更文件使用权限等。写入权限表示允许用户对文件进行读和写操作，即允许用户修改文件的内容、属性、权限等信息。读取权限表示只允许用户对文件进行读取操作，即只能读取文件的内容和属性等信息，不能进行其他操作。读取和执行权限表不仅允许用户读取文件的内容和属性等信息，还可以运行程序。

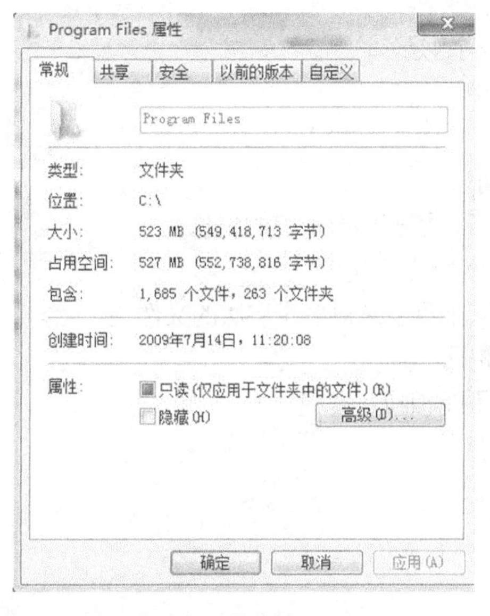

图 3-17　我的文档属性

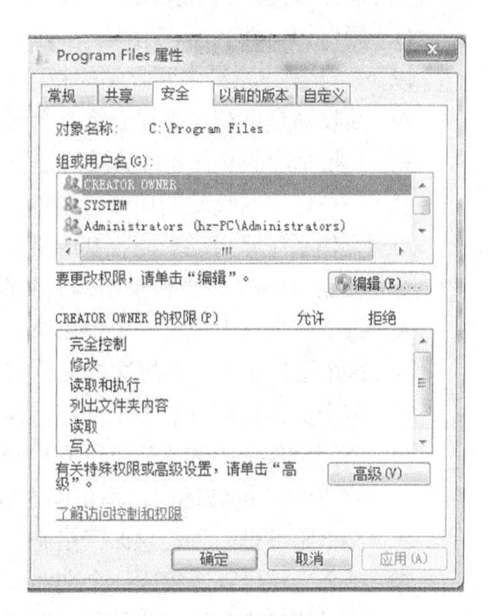

图 3-18　文件夹的访问权限

3.4.5　任务总结

通过本节的学习，学生了解了文件和文件夹的基本概念，熟练掌握文件和文件夹的管理方法，同时能够利用这些管理方法合理地管理计算机中的软硬件资源。

课后习题

1. 在 Windows 资源管理器中，如果使用拖放操作将一个文件移到同一磁盘的其他文件夹中，这时______。

A. 要按住 Shift 键一起操作
B. 要按住 Alt 键一起操作
C. 要按住 Ctrl 键一起操作
D. 无需按住任何键进行操作

2. 在查找文件时，可以在文件名中使用统配符“？”号，其含义是______。

A. 所在位置的一个字符　　B. 所在位置的一串字符
C. 所在位置的若干个字符　　D. 所在位置的一个数字

3. Windows 中的“剪贴板”是______。

A. 硬盘中的一块区域　　B. 软盘中的一块区域
C. 高速缓存中的一块区域　　D. 内存中的一块区域

4. 激活“开始”按钮菜单的方法有______。

A. 双击“开始”按钮　　B. 单击“开始”按钮
C. Alt+Ctrl+Esc　　D. Alt+Esc

5. 双击某个非可执行程序的文件名将______。

A. 启动所关联的应用程序对该文件进行处理
B. 打开文件夹，由操作系统对其进行处理
C. 展开该文件名所在层次，显示其下级文件夹和文件名
D. 隐藏该文件名所在层次，显示其上级文件夹名

6. 以下关于操作系统中回收站的叙述中，不正确的是______。

A. 回收站是系统自动建立的一个磁盘文件夹
B. 回收站中的文件不能直接双击打开
C. 用户修改回收站的属性可调整其空间大小
D. 操作系统将自动对回收站中文件进行分析，挖掘出有价值的信息

7. Windows 采用了树形目录结构的文件系统，其特点不包括______。

A. 每个逻辑盘中只有一个根目录，根目录以下可以有对多个层次的文件夹
B. 每个根目录下，各层次的文件夹名不能相同
C. 每个文件夹可以有多个文件，其文件名不能相同
D. 不同文件夹中的文件可以有相同的文件名

8. 以下关于文档的叙述中，不正确的是______。

A. 文档压缩是一种信息保密措施
B. 多个文档可以压缩成一个文件
C. 文档压缩有利于减少储量
D. 文档压缩有利于节省传输时间

9. 在 Windows 中，以下关于屏幕显示管理的叙述中，不正确的是______。

A. Windows 7 系统能帮助用户为显示器选择标准的分辨率设置
B. 显示器的刷新频率固定为 60HZ，不能进行更改

C. 校准显示器的颜色可以确保屏幕呈现相对正确的色彩

D. 可以对显示器的文本大小进行单独调节，不需要通过降低显示器分辨率来增大文本的显示尺寸

10. 在 Windows 7 中，下列关于“操作中心”的叙述中，不正确的是______。

A. “操作中心”能对系统安全防护组件的运行状态进行跟踪监控

B. “操作中心”比过去的“安全中心”增加了维护功能，可对运行状态进行监控

C. “操作中心”对信息提示方式进行了改进，使其更加人性化

D. “操作中心”不能关闭 Windows 7 自带的防火墙程序

PART 4 项目四 文字处理知识（Word 2007）应用

Word 2007 是 Windows 环境下最受欢迎的文字处理软件，Word 2007 是 Microsoft Office 2007 套件之一。使用 Word 2007 可以设计字、表、图混合的文档，具有“所见即所得”的特点。

任务一　学生毕业论文排版

学习重点

通过本任务的学习，应重点掌握字体格式设置、段落格式设置、项目符号设置、页面设置、模板样式等。

4.1.1　任务引入

学生毕业论文是常见的一种文档，本任务将通过学生毕业论文的排版介绍 Word 2007 的基本功能。我们以“学生信息管理系统论文”这篇文档为例，文档效果如图 4-1 至图 4-3 所示。

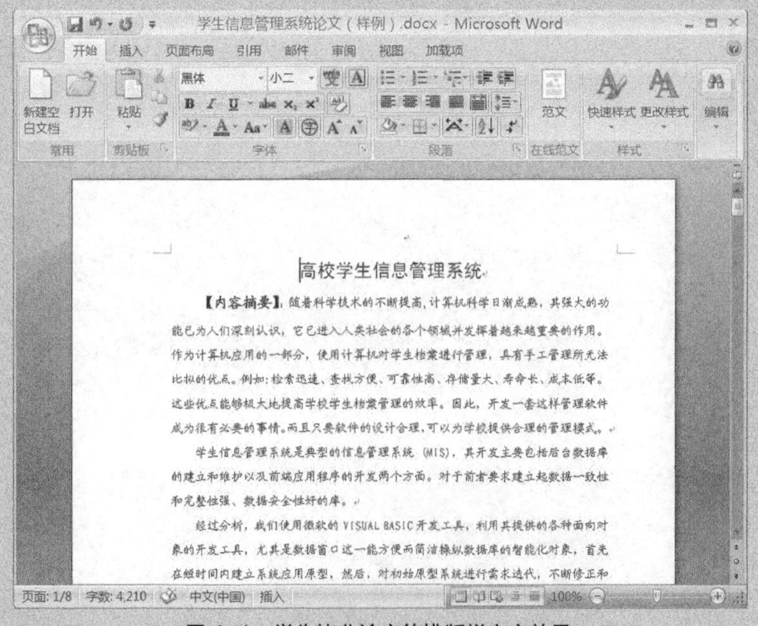

图 4-1　学生毕业论文的排版样文字效果

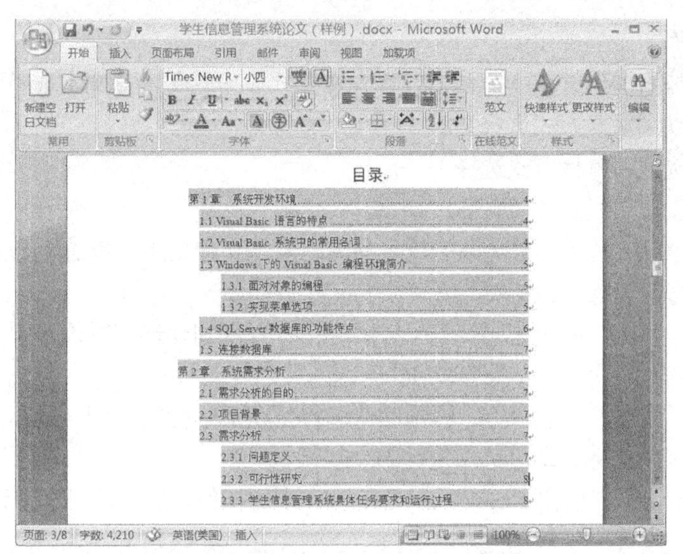

图 4-2 学生毕业论文的排版样文目录

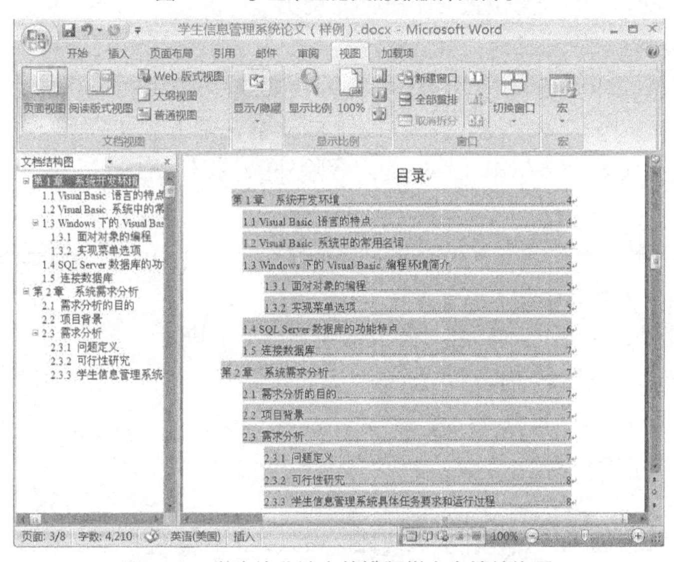

图 4-3 学生毕业论文的排版样文文档结构图

4.1.2 相关知识点

1. 插入点移动

在 Word 编辑窗口的文档页面上有一个不断闪烁的短竖线，称为插入点。插入点所在的位置就是待输入文本的位置。

（1）鼠标方式移动插入点

在输入文本内容时可移动鼠标指针至适当位置单击，插入点即可跳到相应位置处。

（2）键盘方式移动插入点

- 插入点移动到所在行行首：直接按 Home 键。
- 插入点移动到所在行行尾：直接按 End 键。
- 插入点移动到文章首部：按 Ctrl+Home 组合键。
- 插入点移动到文章尾部：按 Ctrl+End 组合键。
- 插入点上移、下移一行：按上、下方向键。

2．文本选择

对文本进行编辑操作之前，通常需要首先选择要操作的文本。文本选择可使用鼠标拖动方式来完成，也可以用键盘方式选择文本。

（1）字块的选取（鼠标方式选择）

➢ 双击：选取单个文字或词组。

➢ 拖动鼠标：最基本和最灵活的选定文本的方法，原则上可以选定任意多的文字，但当要选取的文本很多时，使用鼠标拖动较难定位。

➢ 选定一行字块：行的左侧单击（将鼠标指针移动到要选定行的左侧，当鼠标指针变为向右的箭头后单击，即可选定该行字块）。

➢ 选定多行文字：先选一行，再拖动选多行（在选定行的左侧，鼠标指针变为向右的箭头后向上或向下拖动鼠标，即可选取拖过的文字行）。

➢ 选定一个句子：按住 Ctrl 键的同时单击文本的任何位置，即可选取该部分句子。

➢ 选定一个段落：段落左侧双击，段中三击（在选定段落的左侧，鼠标指针变为向右的箭头后双击，或在段落中的任意位置三击鼠标左键）。

➢ 选定多个段落：移动鼠标到要选定段落的左侧，鼠标指针变为向右的箭头后双击，并向上或向下拖动鼠标，即可选取拖过的段落。

➢ 选定一大块字块：起始位置单击，按住 Shift 键，单击字块结尾处。

➢ 选定一块垂直文本(表格单元格中的内容除外)：按住 A1t 键，并将鼠标拖过要选定的文本。

➢ 选定整篇文档：在任意正文的左侧，鼠标指针变为向右的箭头后三击。

（2）字块的选取（键盘选择）

➢ Shift 键+方向键：向左、向右、向上或向下选定字块。

➢ Shift 键+End：选至行尾。

➢ Shift+Pgdn：选择一页。

➢ Ctrl+A：选取整篇文档。

3．取消选择

取消文本的选择很简单，只要在文本选择区域以外的任意位置单击即可。

4．文本的移动、复制

使用 Word 2007 的剪切、复制、粘贴功能实现文本的移动和复制步骤如下。

第一步：选中要移动或复制的文本。

第二步：在选中的文本上右键单击，在弹出的快捷菜单上选择“剪切”/“复制”（或选择菜单栏上的“剪切”/“复制”菜单项；或单击“开始”功能区，在“剪贴板”分组中，选择剪切按钮/复制按钮；或按组合键 Ctrl+X/Ctrl+C）。

第三步：将光标定位于目标位置上，右键单击，在弹出的快捷菜单上选择“粘贴”（或选择菜单栏上的“粘贴”菜单项；或单击“开始”功能区，在“剪贴板”分组中，单击“粘贴”按钮；或按组合键 Ctrl+V）。

注　意

我们可以单击 Word 的“开始”功能区“剪贴板”旁边的小对角箭头按钮（对话框启动器）来启动“Office 剪贴板”。单击一次便是启动，再次单击此按钮便是关闭剪贴板。如图 4-4 和图 4-5 所示。

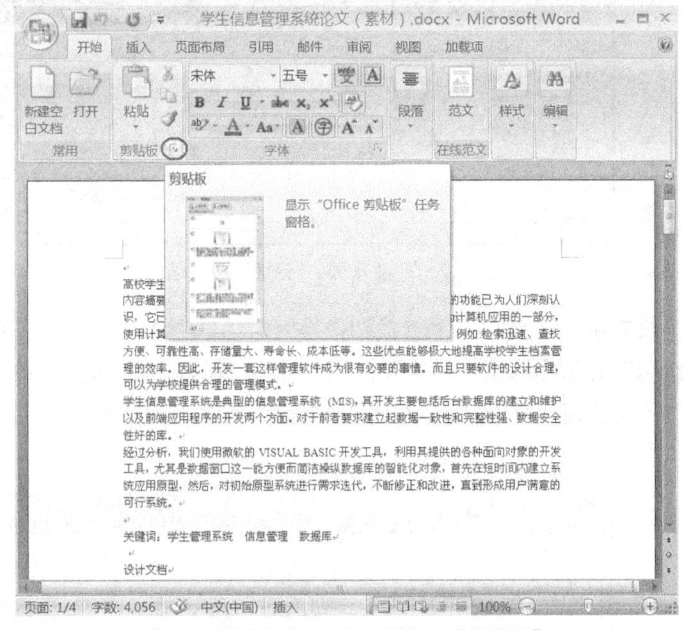

图 4-4　通过对话框启动器启动“剪贴板”

注　意

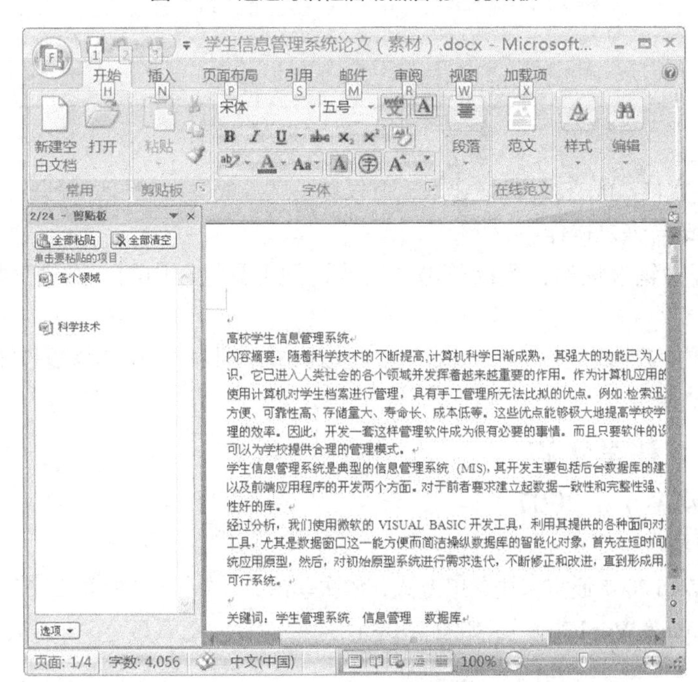

图 4-5　Office 剪贴板

5．查找与替换

查找毕业论文中所有出现单词为“微软”的地方，并将“微软”替换为“微软公司”，则可执行查找与替换操作。

将插入点光标移动到文档的开始位置，然后在功能区“开始”选项卡的“编辑”分组中单击“查找”按钮，或按 Ctrl+F 组合键，在“查找和替换”对话框中的“查找”选项卡中输入要查找的文字，如图 4-6 所示。

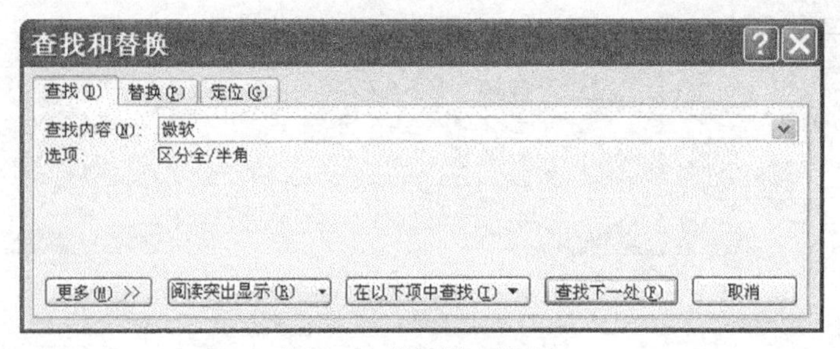

图 4-6 “查找”对话框

要使用替换功能，可以单击“查找和替换”对话框中的“替换”选项卡，也可以在“开始”功能区的“编辑”分组中单击“替换”按钮，或按 Ctrl+H 组合键，都可以在“查找和替换”对话框中的“替换”选项卡中输入查找内容“微软”替换为“微软公司”，如图 4-7 所示，单击“全部替换”。

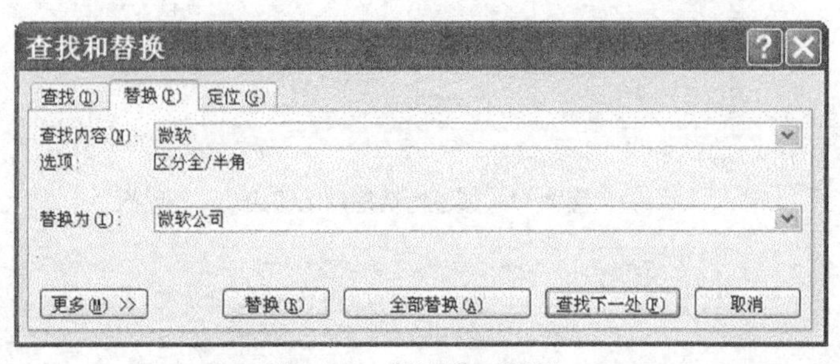

图 4-7 “替换”对话框

如果还有特殊的查找/替换要求，可以单击“高级”按钮再进行设置。

6．撤销与恢复操作

如果要撤销误操作，可以单击“快速访问工具栏”中的“撤销”按钮，或按 Ctrl+Z 组合键。

如果要恢复刚刚的操作，可以单击“快速访问工具栏”中的恢复按钮来完成撤销操作，或按 Ctrl+Y 组合。

4.1.3 任务实施

1．启动 Word 2007

操作方法：

启动 Word 2007 通常采用菜单方式，依次单击“开始” - “所有程序” - “Microsoft Office” - “Microsoft Office Word 2007”，如图 4-8 所示。

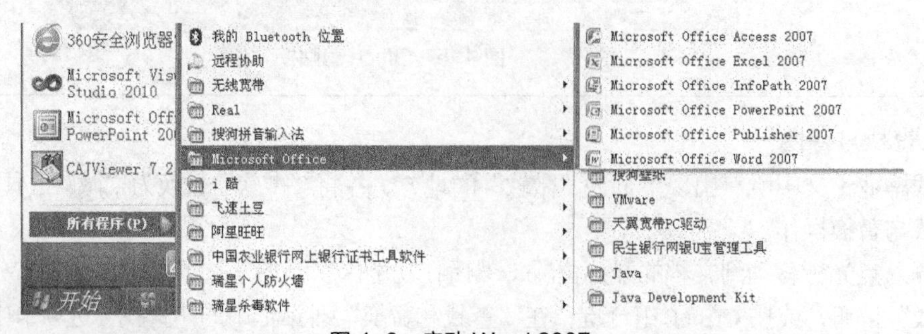

图 4-8 启动 Word 2007

说　明

启动 Word 2007 后将自动新建一个空白文档，显示界面如图 4-9 所示。

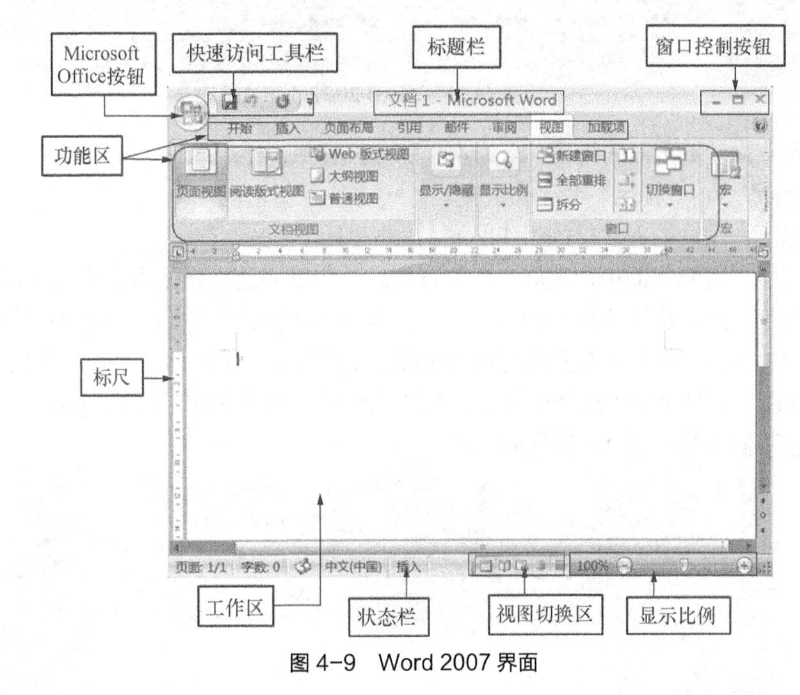

图 4-9　Word 2007 界面

界面各部分元素说明如下。

Miccrosoft Office 按钮：Word 2007 新增加的功能按钮，位于窗口界面左上角，有点类似于 Windows 系统的“开始”按钮。单击该按钮，将弹出 Office 菜单。Word 2007 的 Office 菜单中包含了一些常见的命令，如新建、打开、保存和发布等。

快速访问工具栏：默认情况下，快速访问工具栏位于 Word 窗口的顶部，使用它可以快速访问用户频繁使用的工具。

标题栏：显示此刻正在编辑的文档的名称，若文档为新建文档，还未保存，则显示“文档 1-Microsoft Word”。

功能区：由选项卡组和命令组成。功能区主要包含“开始”、“插入”、“页面布局”、“引用”、“邮件”、“审阅”、“视图” 7 个基本选项卡；每个选项卡又包含若干个组，这些组将相关项显示在一起；命令是指按钮、用于输入信息的框和菜单。如图 4-10 所示。

图 4-10　Word 2007 功能区

对话框启动器：某些组的右下角有一个小对角箭头，该箭头称为对话框启动器。单击对话框启动器将打开相应的对话框或任务窗格。

上下文选项卡：当用户选择文档中的对象时，以突出的颜色显示在标准选项卡旁边的选项卡。例如选择图片时，会出现一个额外的“图片工具格式”选项卡，其中显示用于处理图片的几组命令，如图 4-11 所示。

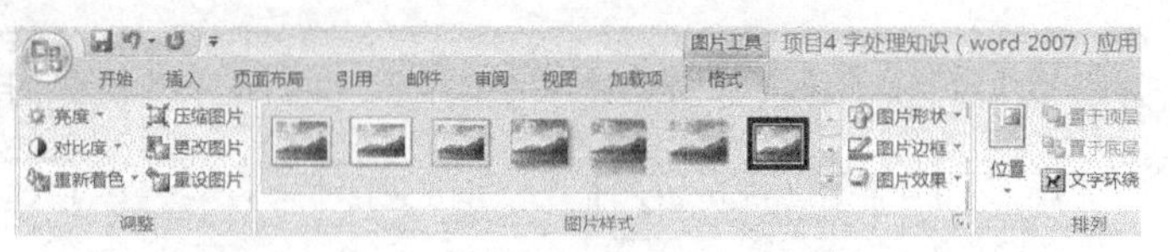

图 4-11 Word 2007 上下文选项卡

标尺：为度量页面而设置，分为水平和垂直标尺。标尺的显示与否可通过“视图”选项卡、“显示/隐藏”组、“标尺”命令来设置。

工作区：用户输入文档的工作区域。

状态栏：主要帮助用户获取光标位置信息，用以表达工作区当前的工作状态。

视图切换区：位于工作区的右下角，包含 5 个按钮，单击不同按钮可以将文档切换到不同的视图。从左到右分别为页面视图、阅读版式、Web 版式视图、大纲视图、普通视图。所谓“视图”就是 Word 文档在屏幕上的显示方式，选择不同的视图，Word 文档显示在屏幕上的效果也不同（见图 4-12 至图 4-16）。

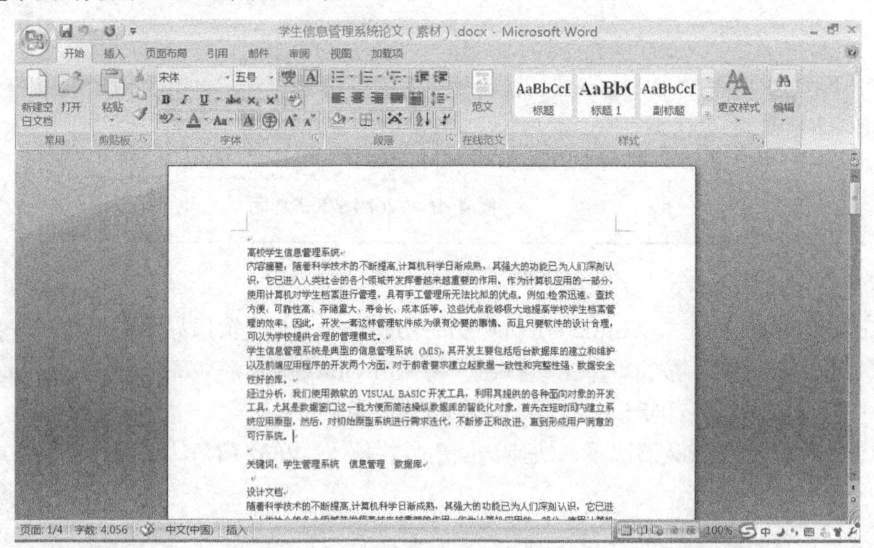

图 4-12 页面视图

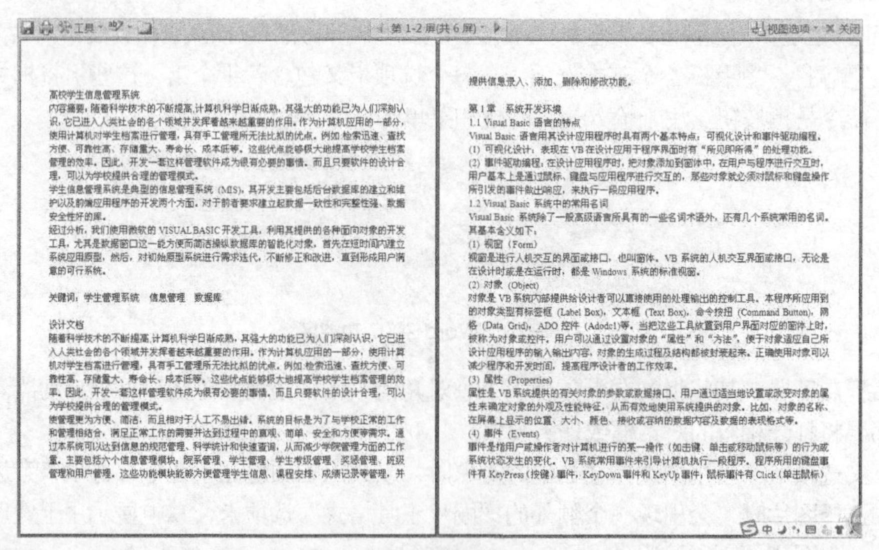

图 4-13 阅读版式视图

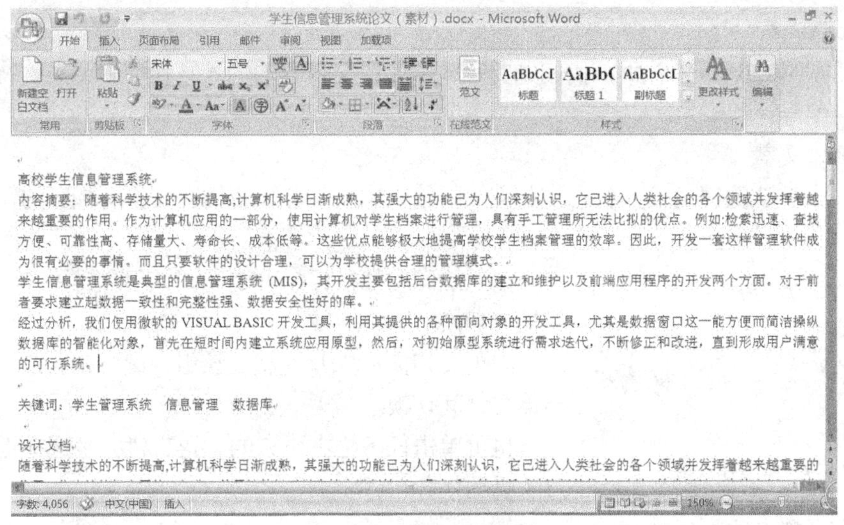

图 4-14 Web 版式视图

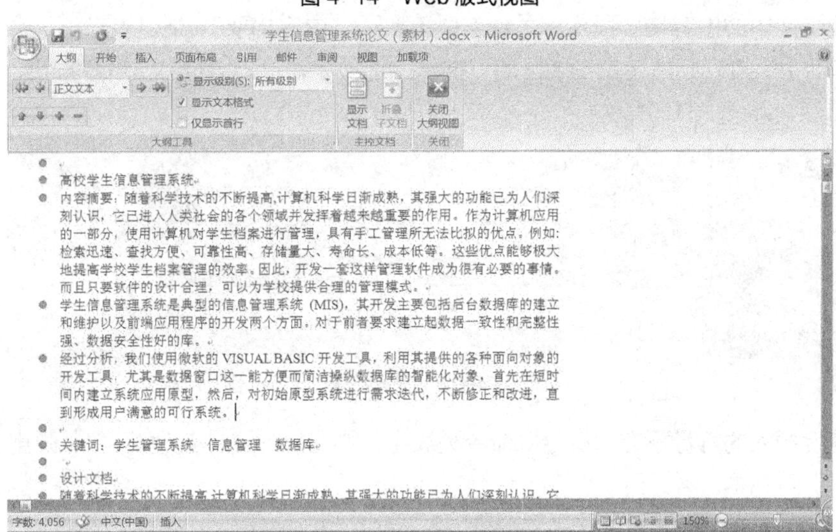

图 4-15 大纲视图

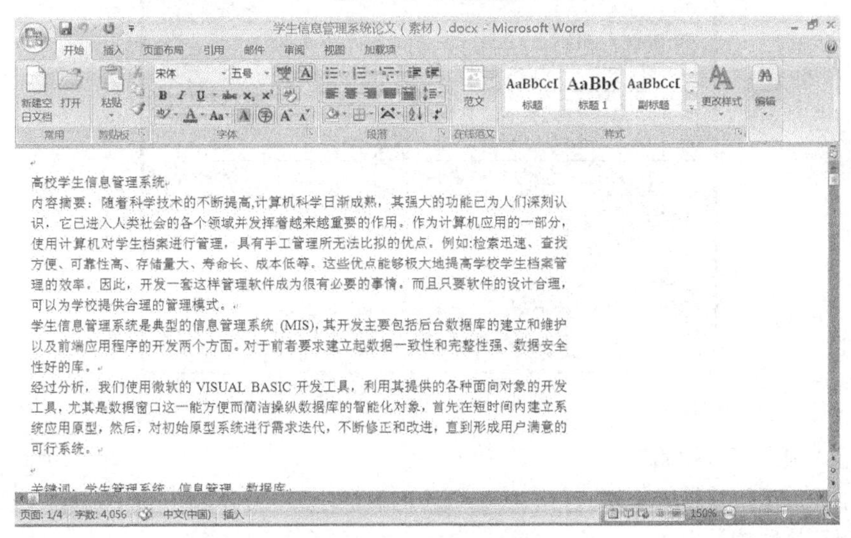

图 4-16 普通视图

2. 文档录入

在启动了 Word 2007 以后，我们先要完成毕业论文内容的输入，包括中英文、特殊符号、项目符号与编号等的输入。

（1）录入文字

Windows 默认的键盘输入状态为英文。要输入中文，需先将键盘切换至相应的汉字输入法状态。

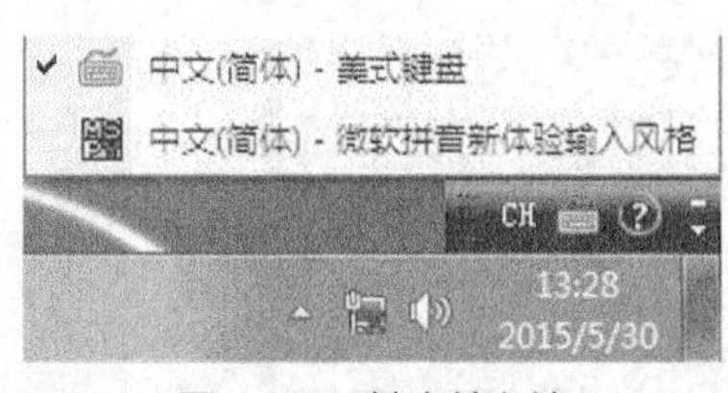

图 4-17　键盘输入法

输入法间的切换：Ctrl+Shift，该组合键可在各个输入法间轮流切换。

中英文切换：Ctrl+空格，该组合键可在当前中文输入法与英文之间切换。

也可单击任务栏右下方的“语言栏”来选择键盘输入状态（见图 4-17）。

（2）在文档中插入符号

在毕业论文中的内容摘要段落和关键字段落，在“内容摘要”、“关键字”几个字的左右输入“【”和“】”符号，可单击功能区的“插入”选项卡，单击“符号”命令按钮，选择“【”或“】”符号，如图 4-18 所示。

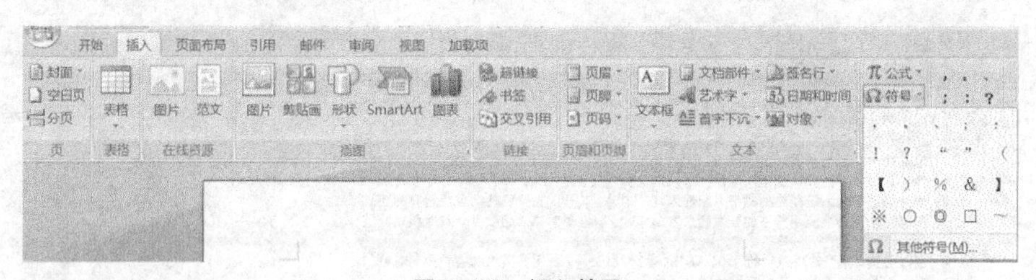

图 4-18　插入符号

如果需要插入的符号不在“符号”命令列表中，则可以单击“其他符号”，弹出图 4-19 所示的“符号”对话框。

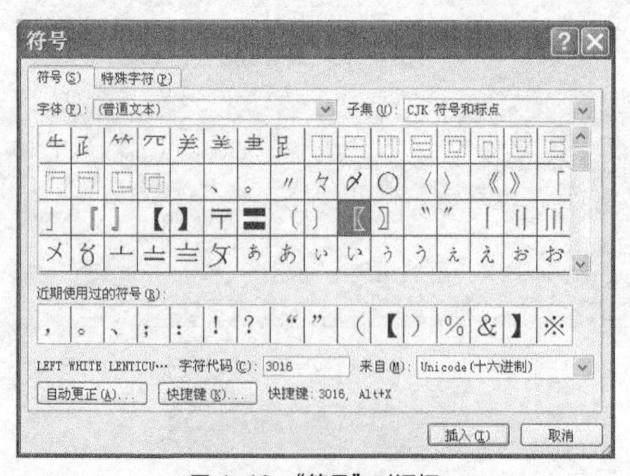

图 4-19　“符号”对话框

（3）输入项目符号和编号

文档中添加项目符号或编号，可以使文档条例清楚，更易于阅读和理解。图 4-20 所示是添加了项目符号后的效果。

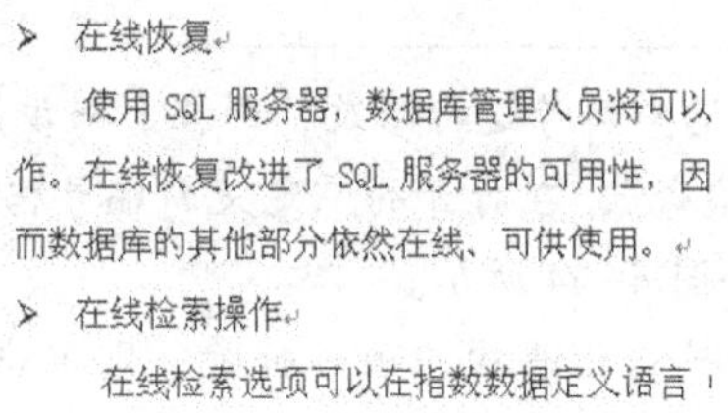

> 在线恢复
>
> 使用 SQL 服务器，数据库管理人员将可以
> 作。在线恢复改进了 SQL 服务器的可用性，因
> 而数据库的其他部分依然在线、可供使用。
>
> 在线检索操作
>
> 在线检索选项可以在指数数据定义语言

图 4-20 项目符号示例

操作方法：在文档中要添加项目符号的位置，单击“开始” - “段落” - “项目符号”下拉三角按钮，在“项目符号”下拉列表中选中所需的项目符号。如图 4-21 所示。

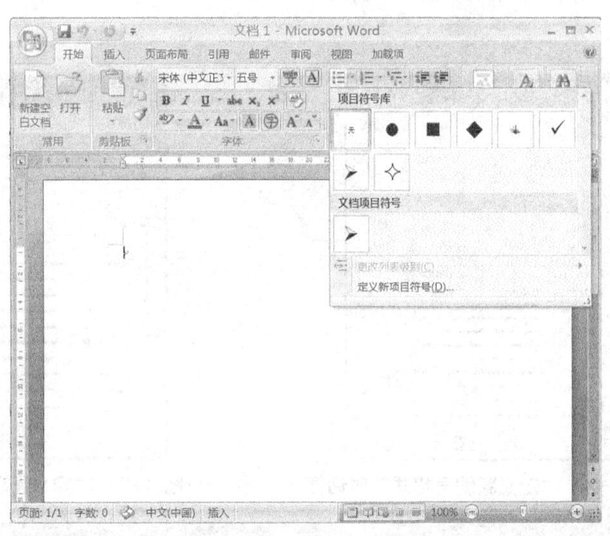

图 4-21 添加项目符号

说明

① 如果要在论文中添加编号，效果如图 4-22 所示，则应在“开始”功能区的“段落”分组中单击“编号”下拉三角按钮，在“编号库”中选择一种想要的编号，如图 4-23 所示。

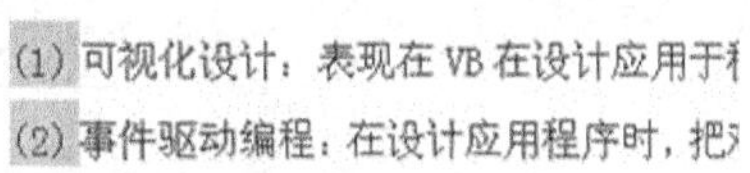

(1) 可视化设计：表现在 VB 在设计应用于
(2) 事件驱动编程：在设计应用程序时，把

图 4-22 编号示例

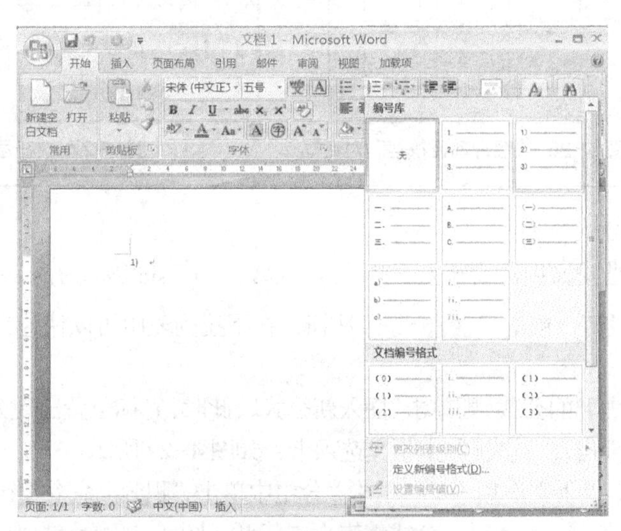

图 4-23 添加编号

② 如果要对选中编号进行修改，则在上一步图 4-23“编号”下拉列表中选择“定义新编号格式”，在打开的“定义新编号格式”对话框中修改编号格式，如改为“(1)”,如图 4-24 所示。

③ 如果要选择自己喜欢的项目符号，则单击“项目符号”下拉列表（见图 4-21）中“定义新项目符号”，在打开的“定义新项目符号列表”（见图 4-25）对话框中单击“图片”按钮，进入“图片项目符号”对话框（见图 4-26），选择一个图片对象，或在打开的“定义新项目符号列表”对话框（见图 4-25）中单击“符号”按钮，进入“符号”对话框，如图 4-27 所示，选择一个要设置的符号。

说明

图 4-24 “定义新编号格式”对话框

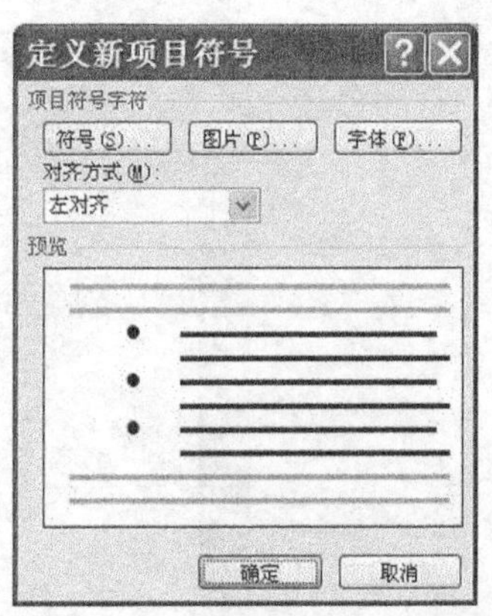

图 4-25 “定义新项目符号”对话框

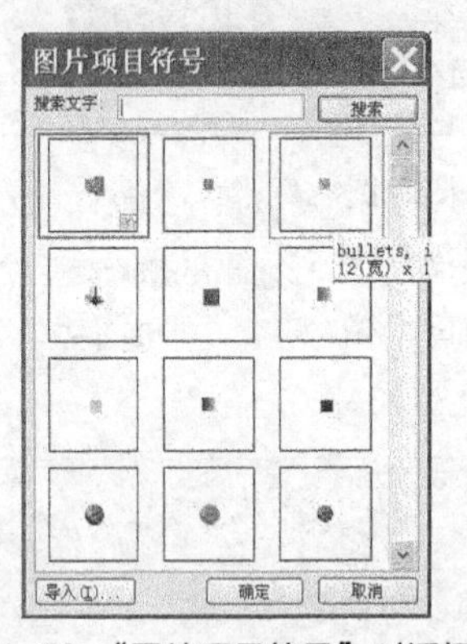

图 4-26 “图片项目符号”对话框

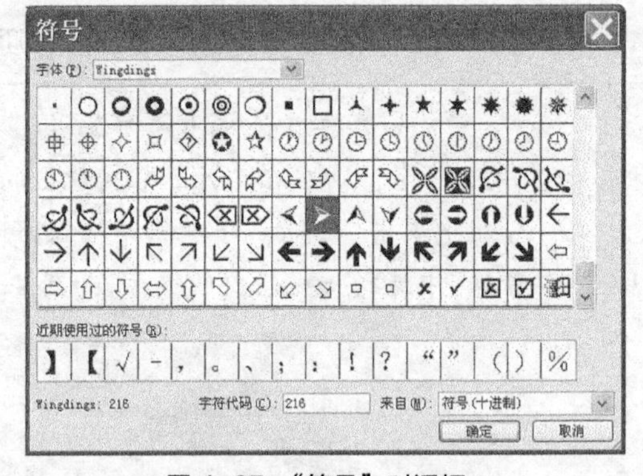

图 4-27 “符号”对话框

（4）输入公式

有时，毕业论文中需要输入一些公式。以公式 $\int_0^{\pi/2}\sin^n xdx$ 为例，在 Word 2007 中，可执行“插入”-“符号”，单击“π 公式”按钮，在下拉列表中可以快速选择一种公式，如图 4-28 所示。

没有找到需要的公式,则单击“插入新公式”,此时,光标位置出现公式的编辑框，同时，窗口上部出现“设计”上下文选项卡，如图 4-29 所示。

在“设计”上下文选项卡的“结构”分组中单击“积分”命令按钮，在出现的下拉列表（见图 4-30）中，选择，此时，公式编辑框中将插入图 4-31 所示的积分公式。

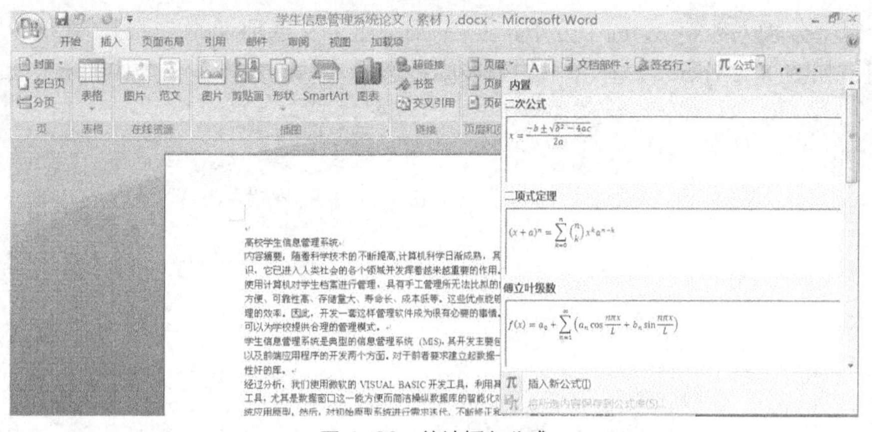

图 4-28　快速插入公式

图 4-29　“设计”上下文选项卡

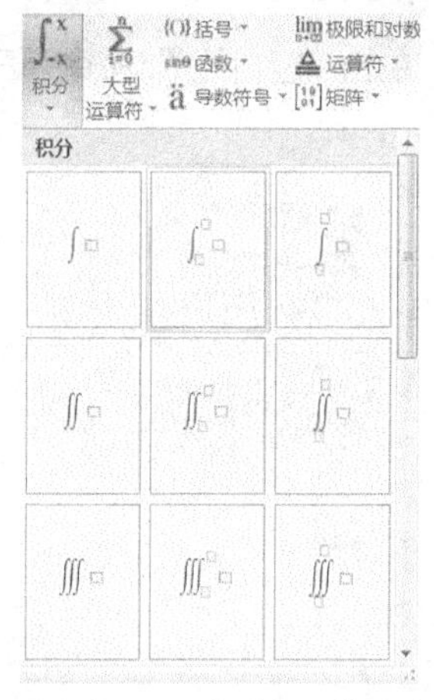

图 4-30　积分选择下拉列表

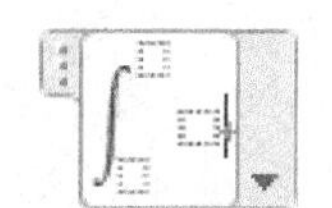

图 4-31　插入积分公式

将光标定位在积分下限，输入 0，切换光标到积分上限，插入一个分数结构□/□，如图 4-32 所示。

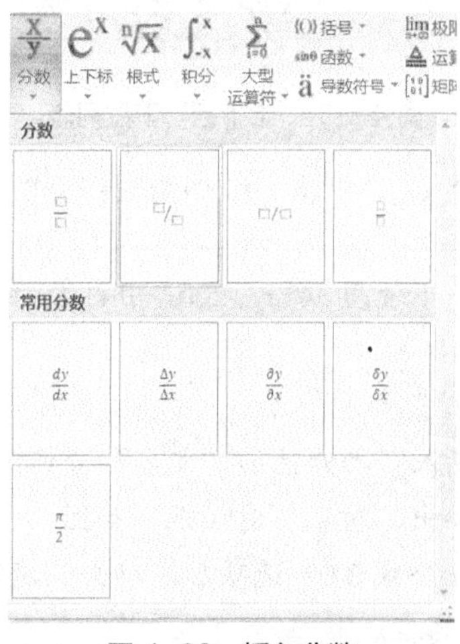

图 4-32　插入分数

在分母部分输入数字 2，选中分子，在“设计”上下文选项卡的“符号”分组中单击“其他”按钮，如图 4-33 所示，在弹出的列表中，选择“基础数学”分类中的π，如图 4-34 所示。

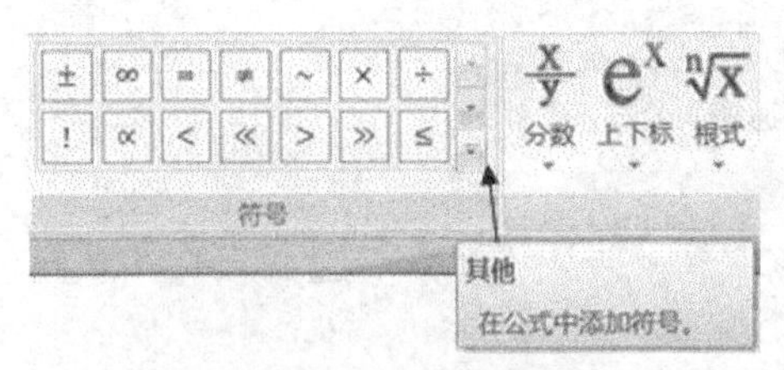

图 4-33　在公式中添加符号

图 4-34　在公式中添加基础数学符号

“$\sin^n xdx$”的输入：在“设计”上下文选项卡中，单击“上下标”命令下三角，在出现的下拉列表中，选择“上标”□□，如图 4-35 所示。

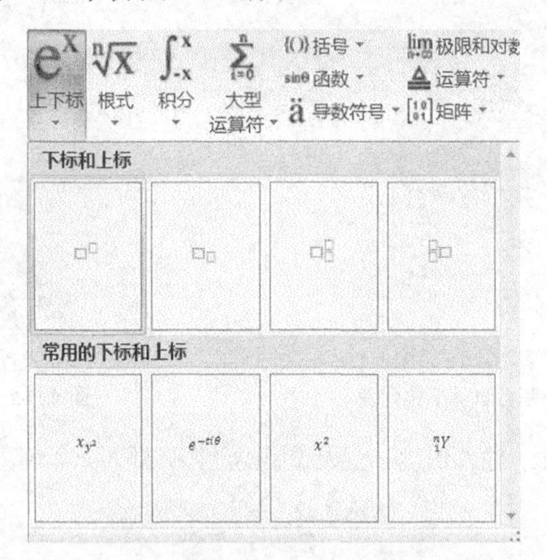

图 4-35　“上下标”下拉列表

指数部分输入 n，底数先输入 sin，再将光标切换至积分数据后，输入 xdx，即可。

说　明

下面我们介绍一下使用 Word 2007 中自带的 3.0“公式编辑器”输入公式的方法。

具体操作方法如下。

第一步：在“插入”功能区的“文本”分组，单击“对象”按钮下拉列表框的“对象”命令，弹出“对象”对话框，如图 4-36 所示，在“对象类型”列表框中选择“Microsoft 公式 3.0”选项后，单击“确定”按钮，显示图 4-37 所示的“公式”编辑栏和工具栏。

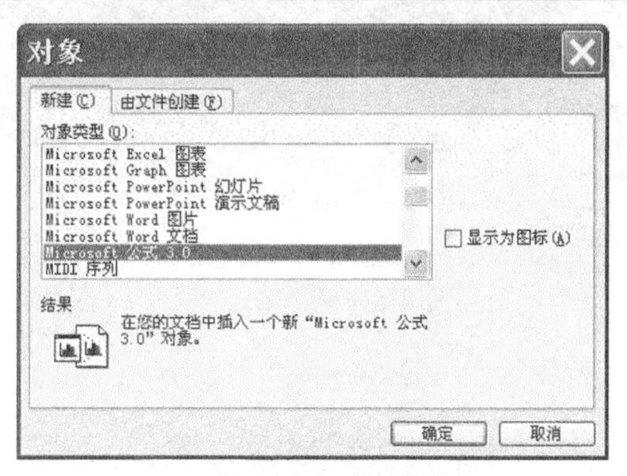

图 4–36　“对象”对话框

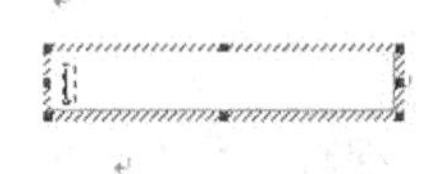

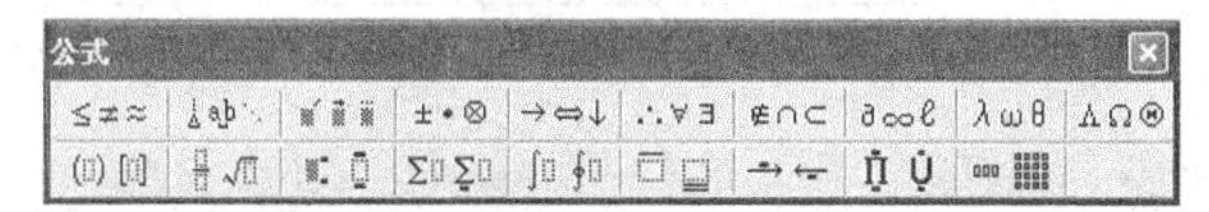

图 4–37　“公式”编辑栏和工具栏

说　明

第二步：在“公式”工具栏选择“积分模板”（见图 4–38）中的第三项，则在编辑栏中插入图 4–39 所示的公式模板。

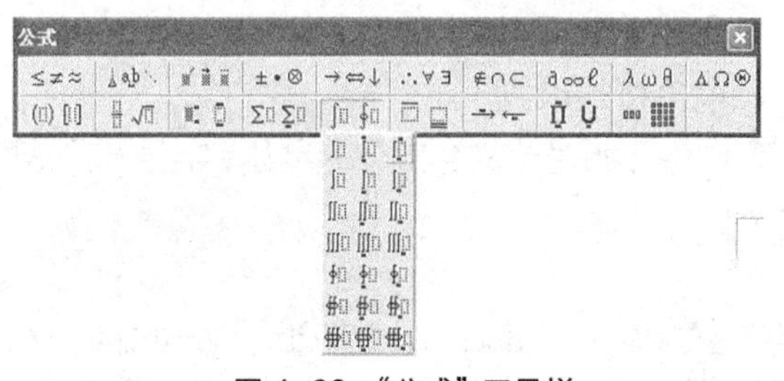

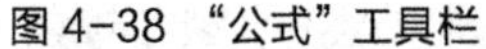

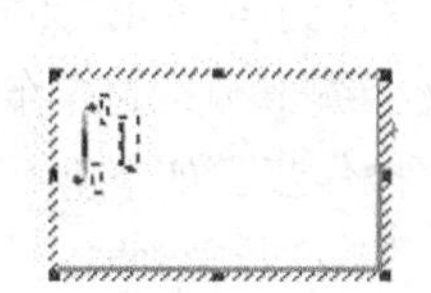

图 4–38　“公式”工具栏　　　图 4–39　在编辑栏中插入公式模板

第三步：在模板的积分上限、下限位置分别输入 $\pi/2$ 和 0，其中 π 通过“公式”工具栏上的“希腊字母（小写）”模板输入，如图 4–40 所示。

第四步：“$\sin^n xdx$”中的上标 n 的输入：先输入 sinnxdx，选中字符“n”，单击“公式”工具栏上“下标和上标模板”（见图 4–41）中的“”。

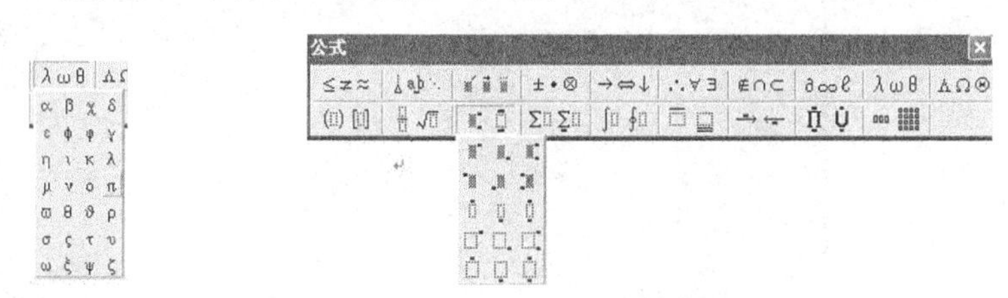

图 4–40　“希腊字母（小写）”模板　　　图 4–41　“下标和上标”模板

（5）保存 Word 文件并退出

毕业论文正文内容输入完成后，单击“Microsoft Office 按钮” – “保存”命令，第一次保存将弹出“另存为”对话框（见图 4–42），在弹出的“另存为”对话框，在“保存位置”下拉列表中选择文件保存位置，输入文件名“学生信息管理系统论文（素材）.docx”后，单击“保存”。

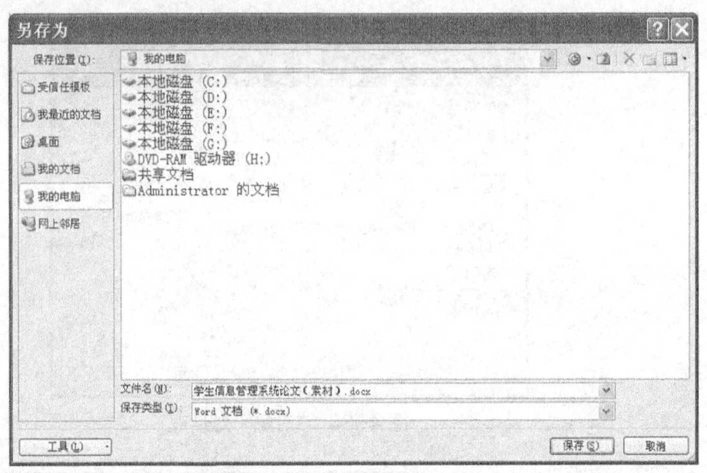

图 4-42 “另存为”对话框

如果已保存过，再次单击“Microsoft Office 按钮” - “保存”命令，或单击常用工具栏上“保存”按钮，将直接以当前文件名，保存在文件当前所在目录下。

如果要将文件改名或保存到其他位置，则可单击“Microsoft Office 按钮” - “另存为”命令，在弹出的“另存为”对话框中，可选择保存位置或对文件换名保存。

退出 Word，单击“Microsoft Office 按钮” - “关闭”命令，或单击标题栏上的关闭按钮，或按 Alt+F4 组合键。

3．文档编辑（字体、字号、段落格式设置）

完成了毕业论文的输入后，我们将开始对论文各部分的字体、字号及段落的格式进行设置，与文档编辑相关的操作。

操作步骤如下。

① 打开“学生信息管理系统论文（素材）.docx”，或者启动 Word 2007 后，单击“Microsoft Office 按钮” - “打开”命令，在“打开”对话框（见图 4-43）中，选择要打开的毕业论文。

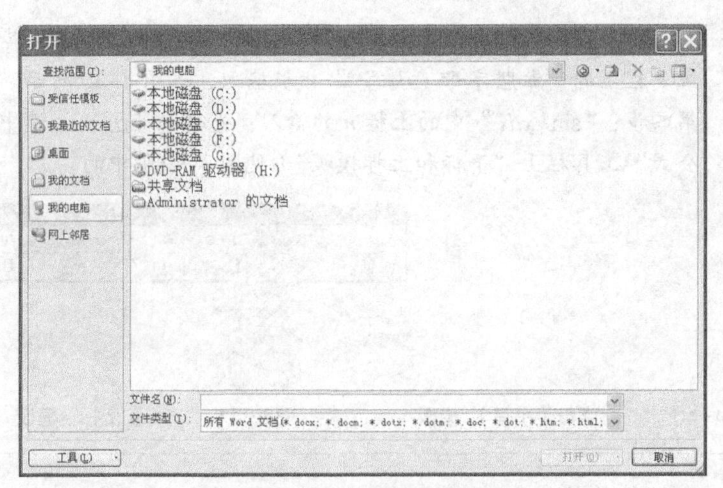

图 4-43 “打开”对话框

② 选择论文标题“高校学生信息管理系统”，单击“开始”功能区，在“字体”分组中，选择字体为“黑体”，字号“小二”，再单击“段落”分组中的居中按钮“”，使标题居中对齐。

论文标题字体的设置，也可选中论文标题“高校学生信息管理系统”，右键单击，在弹出的快捷菜单中，选择“字体”命令，此时，将弹出图 4-44 所示的“字体”对话框。在对话框中，选择字体为“黑体”，字形为“常规”，字号“小二”，单击“确定”按钮，完成对论文标题的字体设置。

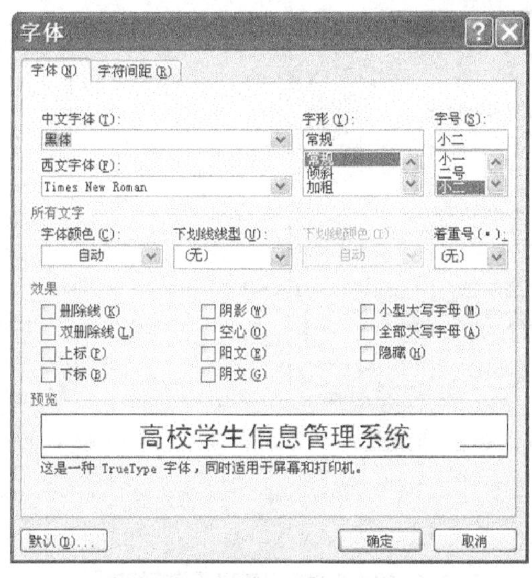

图 4-44 “打开”对话框

③ 选中“【内容摘要】”，单击“开始”，在“字体”分组中，选择字体为“楷体 GB2312”，字号为“四号”，单击 B 按钮，将字形设置为“加粗”。

用同样的方式设置“【关键字】”几个字的字体为“楷体 GB2312”，字形为“加粗”，字号为“四号”。

④ 选中内容摘要 3 个段落除“【内容摘要】”几个字以外的部分，设置“字体”为“楷体 GB2312”，字号为“小四号”，如图 4-45 所示。

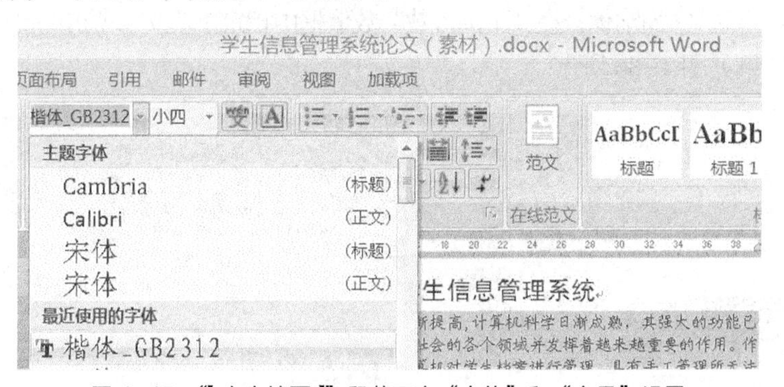

图 4-45 “【内容摘要】”段落正文“字体”和“字号”设置

右键单击选中部分，在弹出的快捷菜单中选择“段落”，弹出“段落”对话框，在“缩进和间距”选项卡中，选择“特殊格式”为“首行缩进”，度量值“2 字符”，行距为“1.5 倍行距”，如图 4-46 所示。

⑤ 选中关键字段落中除“【关键字】”几个字以外的内容，在“字体”分组，选择“字体”为“楷体 GB2312”，字号为“小四号”，在“段落”分组上单击按钮上的向下箭头，在下拉列表中选择“1.5”，即设置 1.5 倍行距，如图 4-47 所示。将光标定位在关键字段落的行首，然后将水平标尺上“首行缩进”滑块拖至两个字符位置，即设置“首行缩进”2 字符，如图 4-48 所示。

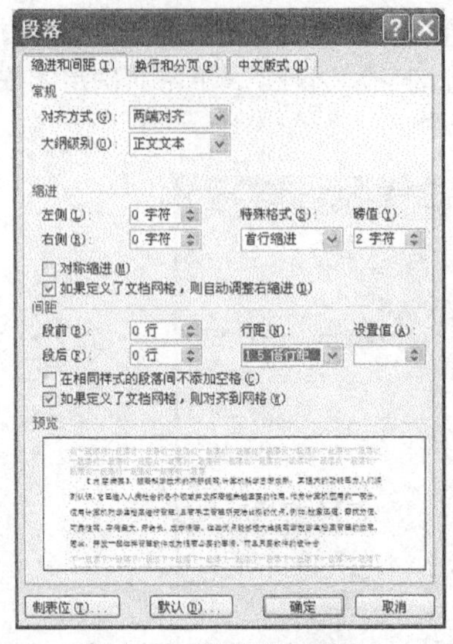

图 4-46 “段落”对话框

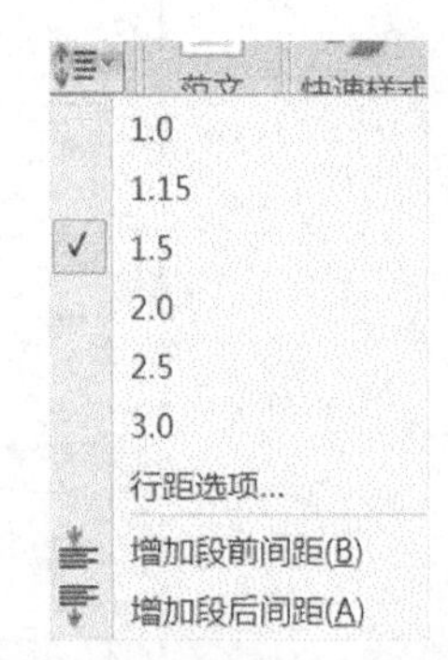

图 4-47 设置 1.5 倍行距

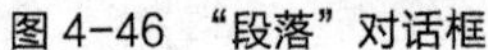

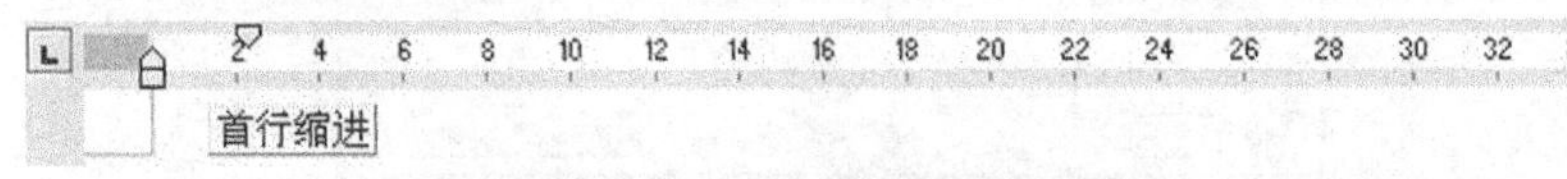

图 4-48 水平标尺实现“首行缩进”

⑥ 采用上面介绍的方法，继续将“设计文档”标题的字体设为“黑体”，字号设为“小二”，居中对齐。

设计文档内容的字体格式设为“宋体”、“四号”，段落格式设为首行缩进 2 字符、1.3 倍行距。

⑦ 将光标定位在设计文档的第一段，单击“插入”功能区，在“文本”分组中，单击“首字下沉”命令下三角，在弹出的下拉列表中，选择“首字下沉选项”，打开“首字下沉”对话框，如图 4-49 所示。在“首字下沉”对话框中选择“下沉”或“悬挂”方式（本例选择“下沉”方式），在“字体”下拉列表中选择下沉文字的字体，在“下沉行数”数值框中指定下沉文字所占的高度为 3 行。

执行后，结果如图 4-50 所示。

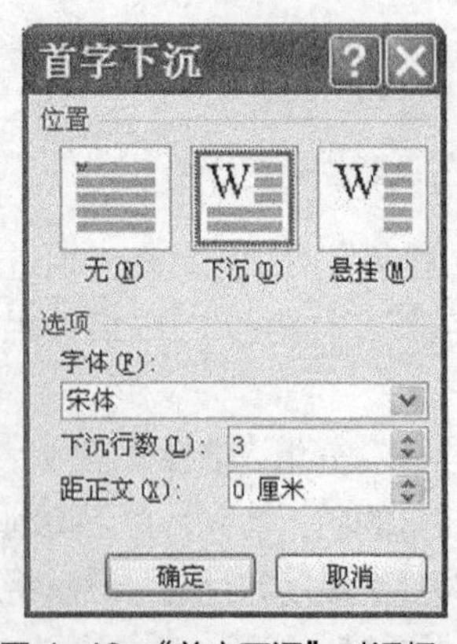

图 4-49 “首字下沉”对话框

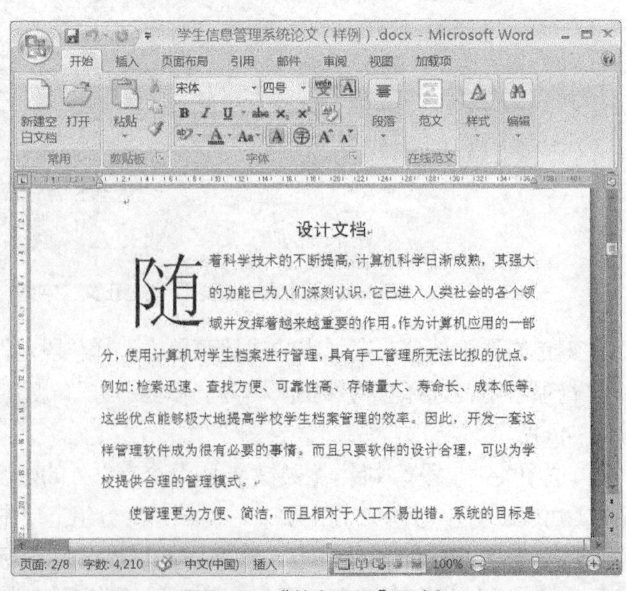

图 4-50 “首字下沉”示例

4．文档排版、样式设置

前面我们对毕业论文的标题、内容摘要、关键字进行了字体和段落的格式设置，接下来，我们使用 Word 2007 的样式功能对毕业论文的正文部分进行样式设置，并进行页面设置、页眉页脚设置等。

说　明

样式是一组命令或格式的集合。样式规定了文本的各种参数，如大小、字体、颜色、对齐方式等，并将这些参数命名为一个特定的格式名称，通常我们把这个名称叫做样式。

如标题的格式为“黑体”、“二号”，段落居中，将这些格式保存为样式“论文标题”。然后对其他的标题应用这个样式，这样就不必对其他标题一一执行字体、段落格式的设置了。

格式刷：Word 工具栏上的“格式刷”按钮，用于快速、多次复制 Word 中的格式。

操作步骤如下。

① 单击“开始”功能区，单击“样式”分组右下角对话框启动器“”按钮，显示“样式”窗格，如图 4-51 所示。

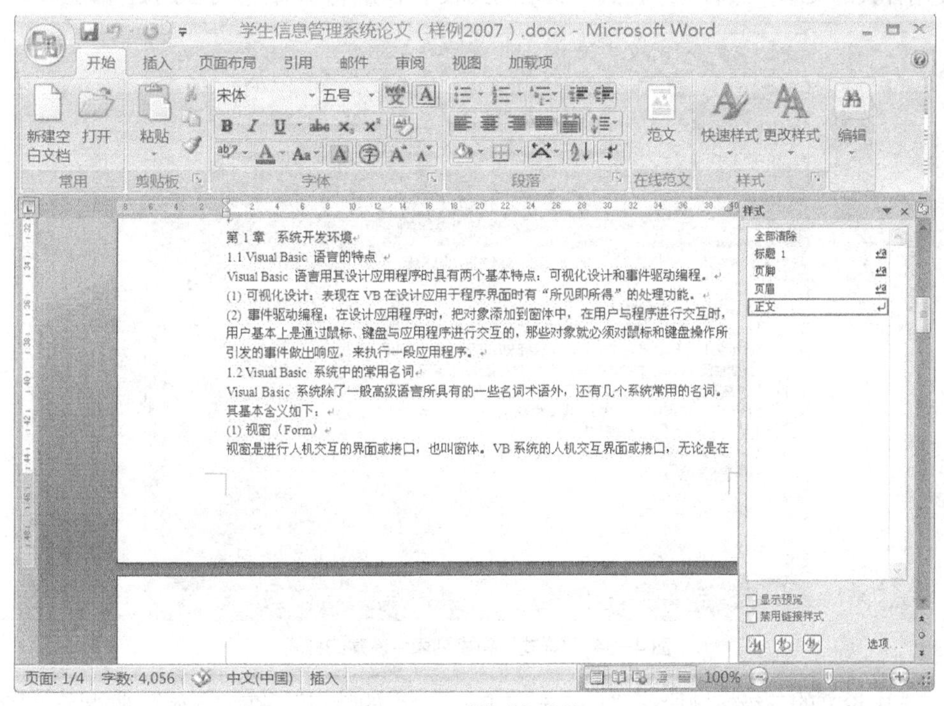

图 4-51　“样式”窗格

② 选中“第 1 章系统开发环境”，在“样式”窗格单击“新建样式”按钮，打开“根据格式设置创建新样式”对话框，如图 4-52 所示。

设置“名称”为“一级标题”，“样式类型”为“段落”，“样式基准”为“标题 1”，“后续段落样式”为“正文”，格式设为黑体，四号，居中，单击“格式”按钮，在弹出的“段落”对话框（见图 4-53）中，设置“段前”和“段后”距离为 13 磅，行距为 1.5 倍行距，单击“确定”按钮，完成新样式的创建。

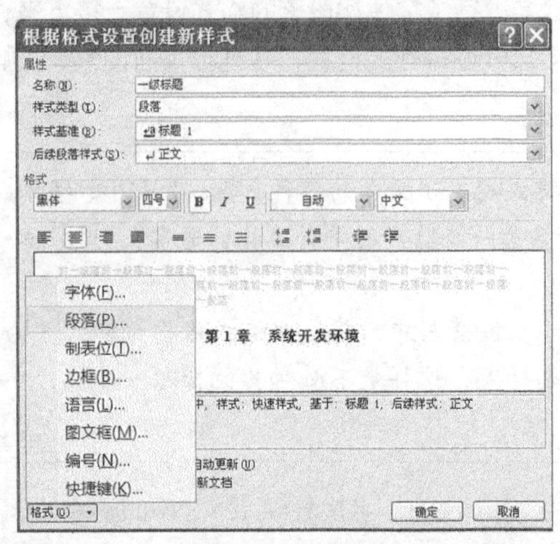

图 4-52 “根据格式设置创建新样式”对话框

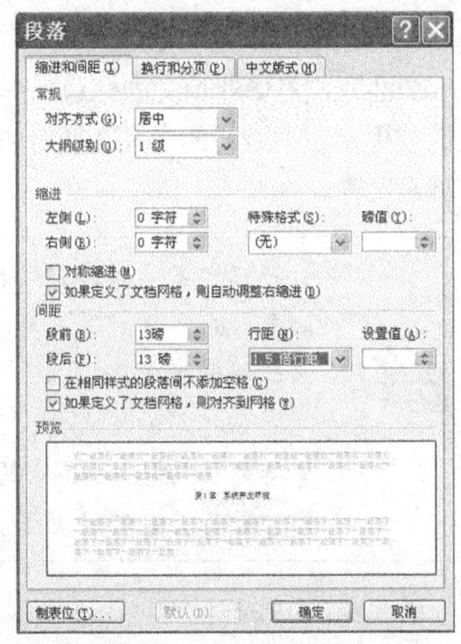

图 4-53 新样式“段落”设置

③ 新建的样式将出现在“样式”窗格的列表中（见图 4-54），创建好样式后，只需首先选择要使用样式的文本，然后在“样式”窗格的列表中单击样式名称即可应用新样式。

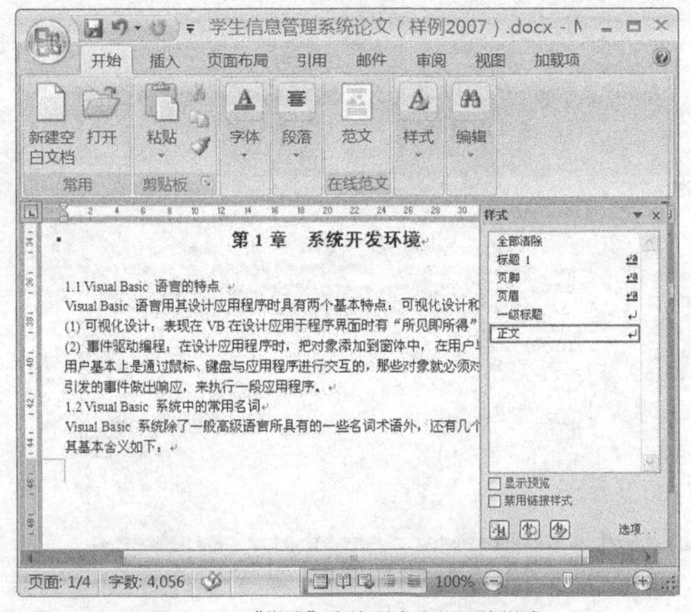

图 4-54 “样式”窗格列表中新建的样式

④ 选中论文的二级标题段落“1.1 Visual Basic 语言的特点”，在“开始”功能区，“字体”分组设置字体为黑体，小四。

⑤ 在选中论文的二级标题段落“1.1 Visual Basic 语言的特点”的同时，右键单击，弹出快捷菜单，执行“段落”菜单命令，在“缩进和间距”选项卡中设置“段前”和“段后”距离为 13 磅，行距为 1.5 倍行距，“大纲级别”为 2 级，如图 4-55 所示。单击“确定”按钮，完成二级标题段落格式的设置。

⑥ 此时在“样式”窗格的下拉列表中出现了一个新的样式名“黑体，小四，段前：13 磅，段后：13 磅，行距：1.5 倍行距”，如图 4-56 所示。

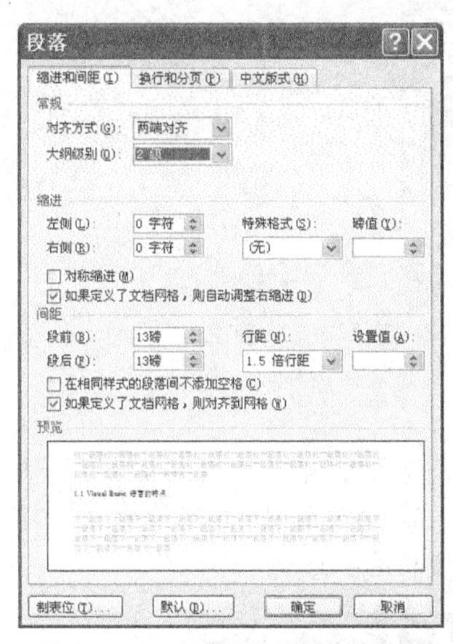

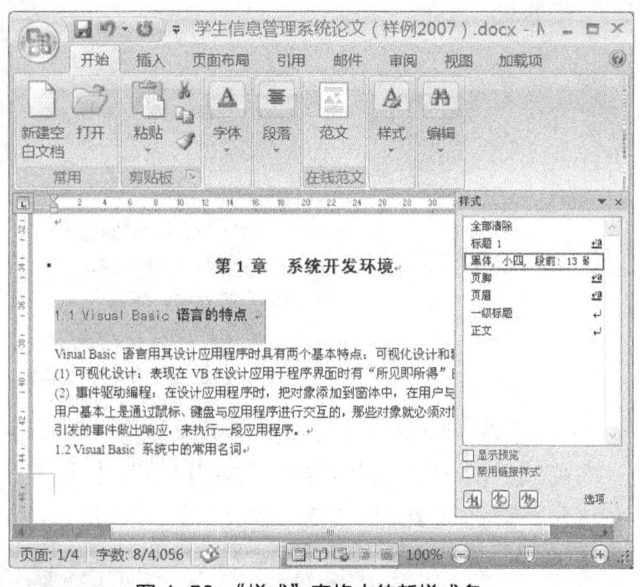

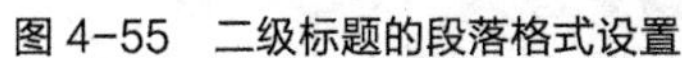
图 4-55 二级标题的段落格式设置

图 4-56 “样式”窗格中的新样式名

⑦ 接着为这个新的样式重命名，右键单击“样式”窗格下拉列表框中的新增样式“样式，黑体，小四，段前：13 磅，段后：13 磅，行距：1.5 倍行距”，在弹出的快捷菜单中选择“修改样式”菜单命令，在弹出的对话框中，输入样式名称“二级标题”，然后按 Enter 键，完成该样式的创建。在“样式”任务窗格中可以看到新增了“二级标题”样式名，如图 4-57 所示。

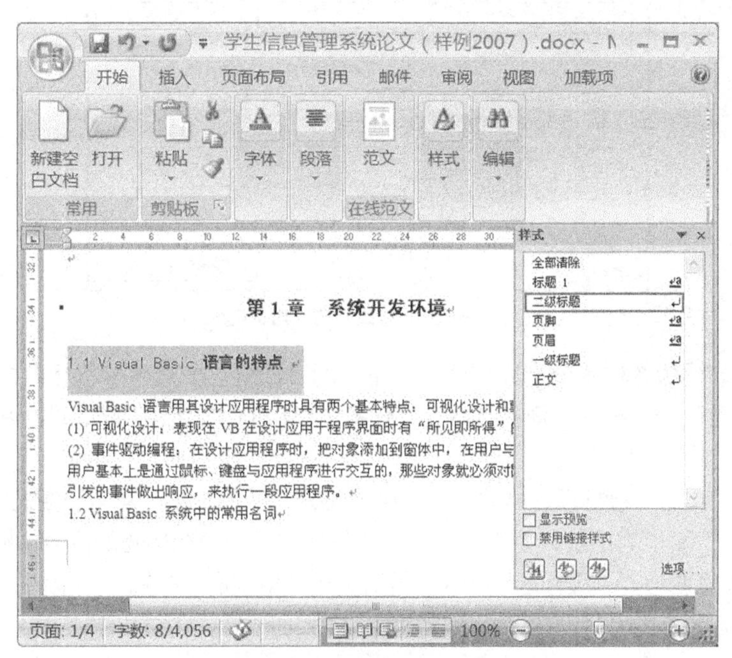

图 4-57 “二级标题”样式名

⑧ 选择论文内容的“1.3.1 面对对象的编程”，使用相同方法创建“三级标题”样式：黑体，小四，“段前”和“段后”距离为 13 磅，行距为 1.5 倍行距，“大纲级别”为 3 级。

⑨ 将鼠标指针移到“样式”任务窗格中的“正文”样式名处，并单击其右边的下三角，在弹出的菜单中选择“修改”命令，如图 4-58 所示。

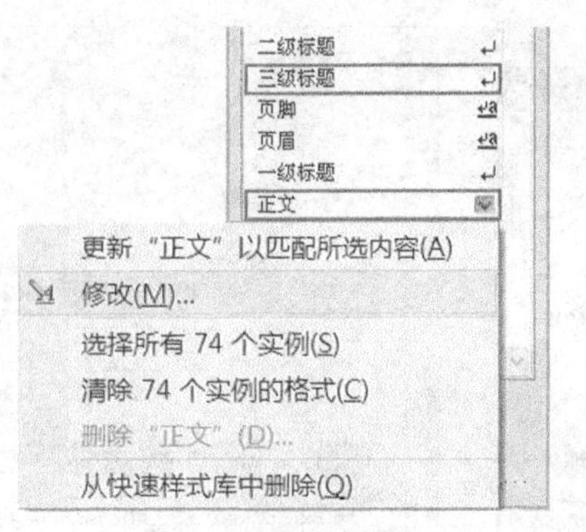

图 4-58　样式修改

⑩ 打开"修改样式"对话框，设置字体为"宋体"，字号为"小四"，如图 4-59 所示。单击"格式"按钮，在弹出的菜单中选择"段落"，打开"段落"对话框，设置"特殊格式"为"首行缩进"2 字符，行距为 1.5 倍，依次单击"确定"，完成正文样式的修改。

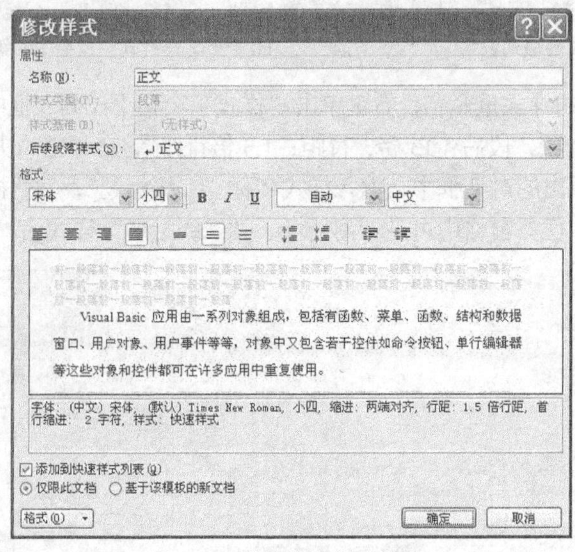

图 4-59　"修改样式"对话框

⑪ 将上面创建的各样式分别应用到毕业论文的各部分。如选中二级标题段落"1.1 Visual Basic 语言的特点"后，单击"样式和格式"任务窗格中的"二级标题"，即可将该样式应用到此二级标题段落。

⑫ 设置了论文中一级标题的样式后，选中设置好样式的标题，双击"格式刷"按钮，此时鼠标光标变成一把刷子的形状，将该"刷子"在其他需设为一级标题的段落上刷一遍，则刷子刷过的段落样式将变为"一级标题"样式，再次弹出"格式刷"按钮，将取消"格式刷"功能。

⑬ 用同样方法可以将所有的二级标题段落、三级标题段落、正文段落快速设置相应的样式。

小技巧

分栏：排版好样式的论文如果发表到杂志上，有时需要进行分栏排版。

分栏的操作方法如下。

第一步：选中正文的"1.1 Visual Basic 语言的特点"章节对应的 3 个段落。

第二步：单击"页面布局"－"页面设置"－"分栏"，在下拉菜单中选择需要的栏数，也可选择“更多分栏”，打开“分栏”对话框，如图 4-60 所示，选择“三栏”，选中“分隔线”复选框，单击“确定”。分栏效果如图 4-61 所示。

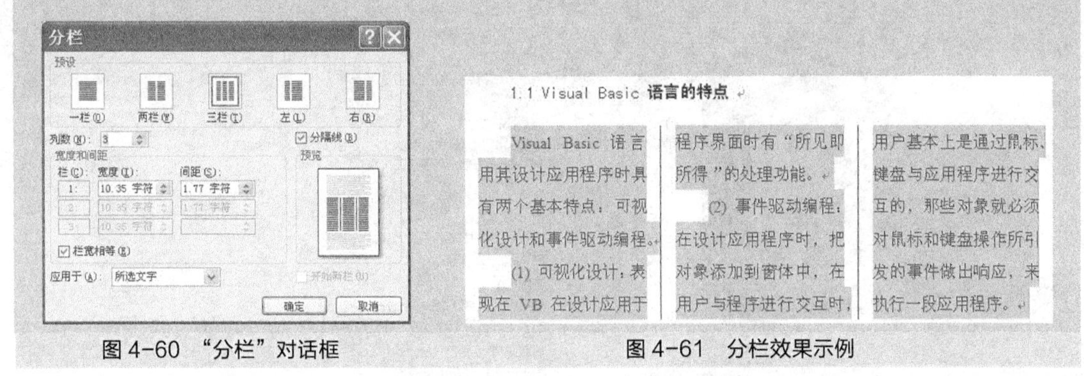

图 4-60 “分栏”对话框　　　　图 4-61 分栏效果示例

5. 目录生成

用 Word 2007 可自动生成目录，不但快捷，而且阅读查找内容时也很方便。只用按住 Ctrl 键单击目录中的某一章节就会直接跳转到该页，更重要的是便于今后修改，因为写完的文章难免多次修改、增加或删减内容。倘若用手工给目录标页，中间内容一改，后面页码全要改是一件让人头痛的事情。如果用 Word 自动生成目录，就可以任意修改文章内容，最后更新一下目录就会更改目录和页码上去。如图 4-62 所示。

图 4-62 论文“目录”示例

操作步骤如下。

① 用前面介绍的知识，设置好论文各级标题的大纲级别。

② 将光标定位于正文部分“第 1 章　系统开发环境”的前面一行，执行“页面布局” - “分隔符”，打开“分隔符”下拉列表，如图 4-63 所示。

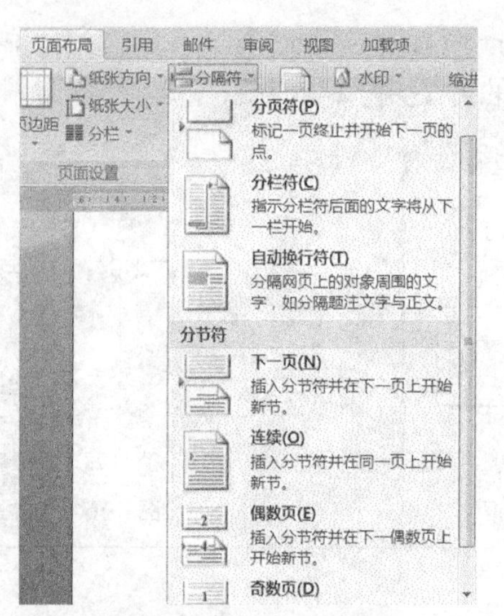

图 4-63 “分隔符”下拉列表

③ 在“分节符”栏，选择“下一页”，插入一个分节符（默认状态下是不可见的），使光标位置后面的内容分为新的一节，且该节从新的一页开始，实现既分节又分页的功能。

④ 光标定位在刚插入的分节符之前，按回车，在分节符的前一行输入“目录”两个字，设置字体为“黑体”、“小二”号、“居中”。

⑤ 新起一段，执行“引用”－“目录”－“目录”－“插入目录”，打开“目录”对话框，如图 4-64 所示。

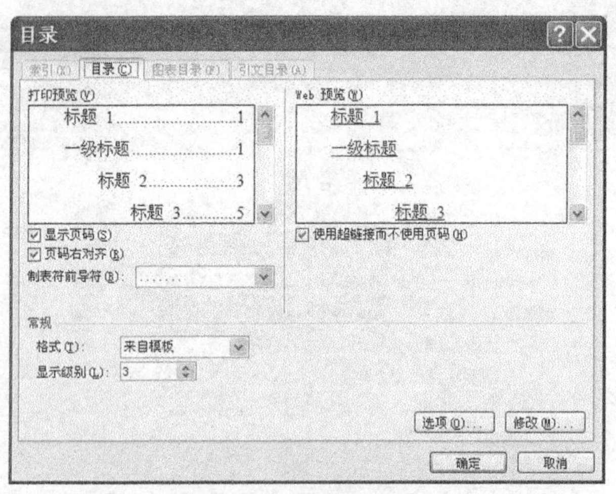

图 4-64 “目录”对话框

⑥ 单击“目录”选项卡，“显示级别”设为 3，单击“确定”，完成目录生成。

注　意

生成的目录和正文之间如果有空白页出现，则可适当删除空行或空格，注意不要删除分节符。

如果文中各级标题或内容的修改会影响目录的标题或页码，则可更新目录以适应修改：在目录上，右击鼠标，在弹出的快捷菜单中选择“更新域”，打开“更新目录”对话框，如图 4-65 所示，选择“更新整个目录”－“确定”。

注　意

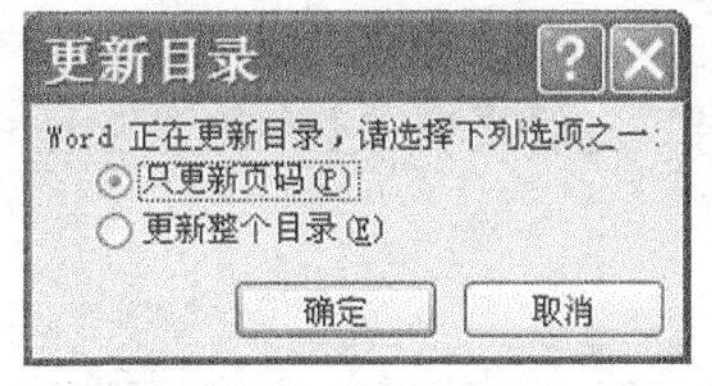

图 4-65 “更新目录”对话框

6．为毕业论文添加页眉页脚

说　明

页眉页脚：通常显示文档的附加信息，常用来插入时间、日期、页码、单位名称等。其中，页眉在页面的顶部，页脚在页面的底部。毕业论文的摘要、设计文档的目录部分和论文正文部分一般需要设置不同的页眉页脚。

操作步骤如下。

① 用前面介绍的插入分节符的方法，在目录前和设计文档前各插入一个分节符，这样，整个毕业论文分为内容摘要、设计文档、目录、正文四部分。

② 将光标定位在文档的开始处，执行“插入”－“页眉和页脚”－“页眉”－“编辑页眉”，窗口上方出现“页眉和页脚工具设计”上下文选项卡，进入页眉和页脚编辑状态界面，如图 4-66 所示。

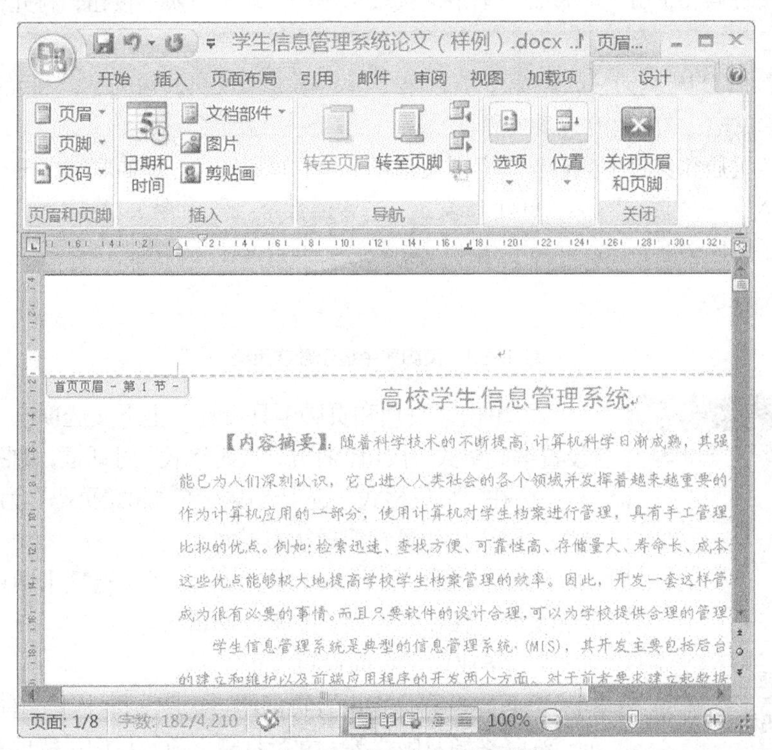

图 4-66 页眉和页脚编辑状态界面

③ 在页眉的左上角显示“首页页眉-第 1 节-”的提示，表示当前是设置第一节的页眉。因为本节不需设页眉，我们在“页眉和页脚工具设计”上下文选项卡中单击“下一节”，此时将显示并可设置下一节的页眉。第 2 节、第 3 节是设计文档和目录，同样不需要填写任何内容。

继续单击“下一节”按钮，将光标定位于第四节页眉处。

④ 单击“页眉和页脚工具设计”上下文选项卡中的“链接到前一条页眉”按钮，如图 4-67 所示，取消与前一节的链接，这时页眉右上角的“与上一节相同”提示将会消失，表明当前节的页眉将与前一节不同。

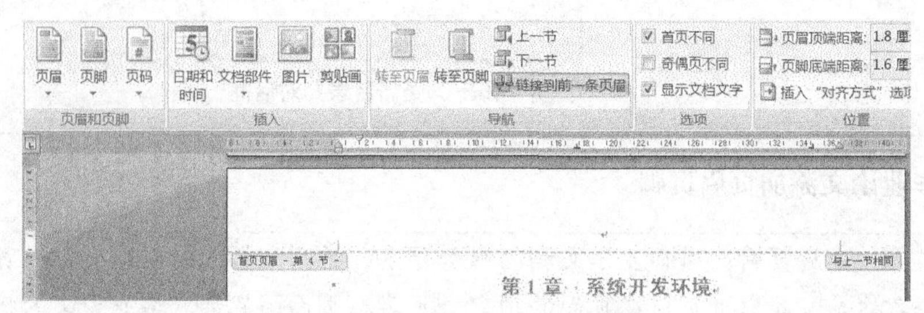

图 4-67 取消与前一节的链接

⑤ 在页眉居中输入文字“学生信息管理系统论文”，如图 4-68 所示。

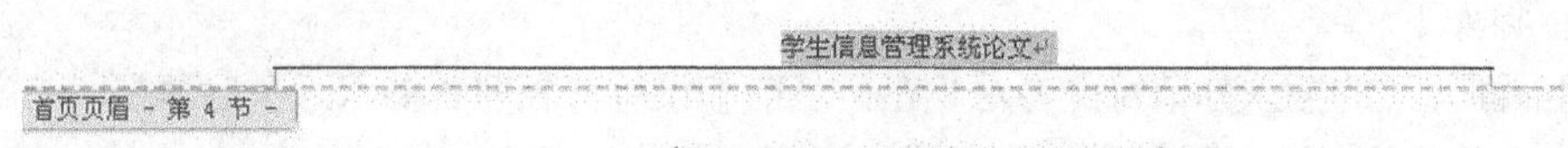

图 4-68 页眉居中输入文字

⑥ 单击“页眉和页脚工具设计”上下文选项卡中的“转至页脚”按钮，将光标定位到页脚区域。

用与设置页眉的相同方法，将第 1 节，第 2 节，第 3 节的页脚设为空。将光标定位在第 4 节页脚处，并单击“链接到前一条页眉”，取消“与上一节相同”。

⑦ 单击“页眉和页脚工具设计”上下文选项卡 - “页码” - “页面底端” - “普通数字 2”（或执行“插入” - “页码” - “页面底端” - “普通数字 2”命令），将插入一个居中显示的数字页码，如图 4-69 所示。

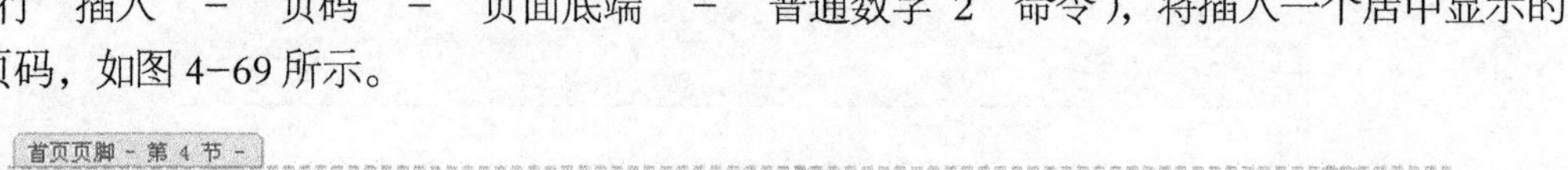

图 4-69 页脚居中显示数字页码

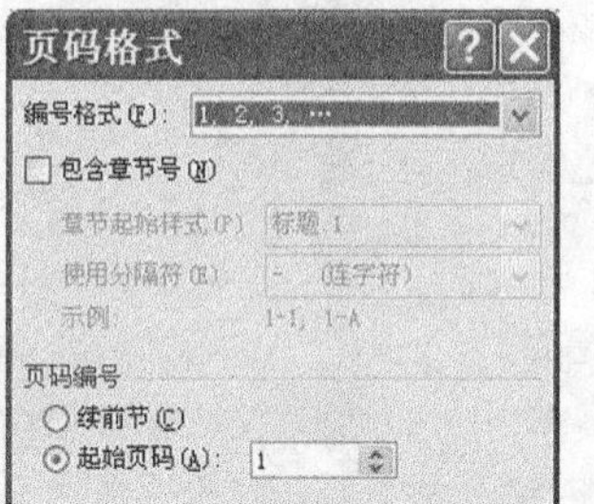

图 4-70 “页码格式”对话框

⑧ 单击“页眉和页脚工具设计”上下文选项卡 - “页码” - “设置编码格式”按钮，打开“页码格式”对话框，如图 4-70 所示。

⑨ 在“页码格式”选项卡中设置“起始页码”为 1，单击“确定”返回页眉和页脚编辑状态界面。

⑩ 在“页眉和页脚工具设计”上下文选项卡中单击“关闭页眉和页脚”按钮，退出页眉页脚编辑状态。

7．毕业论文页面设置

页面的设置是指设置页面的页边距（即上下左右边界等）、纸型、纸张来源及版式等，文章打印之前，我们一般要对文件的页面进行设置。

操作步骤如下。

① 执行“页面布局” - “页边距” - “自定义边距”命令，打开“页面设置”对话框，在“页边距”选项卡中，设置上边距为 2.5 厘米，下边距为 2 厘米，左边距为 2.5 厘米，右边距为

2 厘米，装订线为 1 厘米，应用于“整篇文档”，如图 4-71 所示，单击“确定”按钮。

② 单击“版式”选项卡，设置“页眉”为 1.8 厘米，“页脚”为 1.6 厘米，应用于“整篇文档”，如图 4-72 所示，单击“确定”按钮。

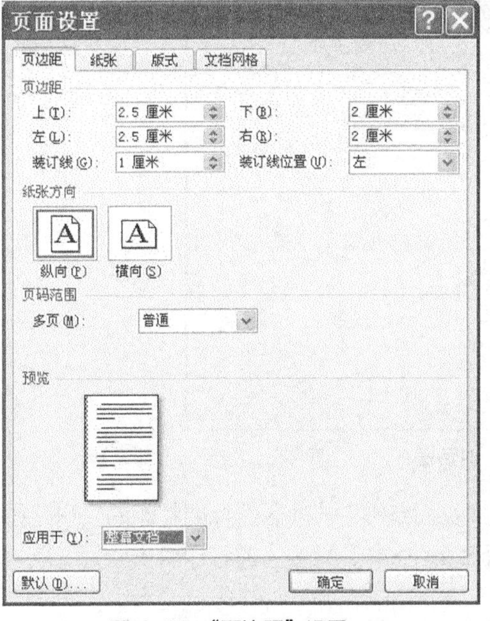

图 4-71 “页边距”设置

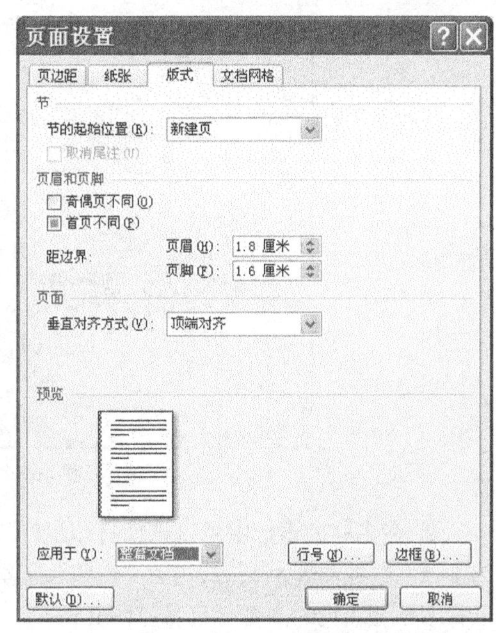

图 4-72 “页眉”“页脚”边距设置

③ 单击“纸张”选项卡，在“纸张大小”下拉列表框中选择一种纸张，并选择应用于“整篇文档”，如图 4-73 所示，这里使用默认的 A4 纸张，单击“确定”按钮。

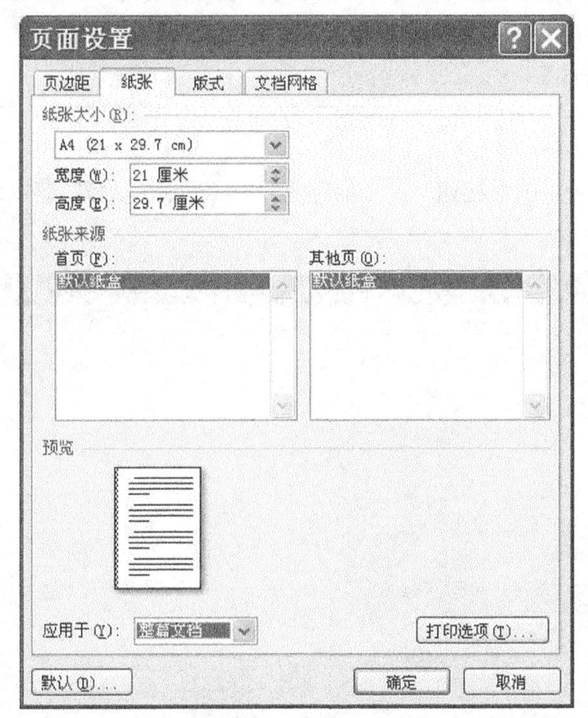

图 4-73 页面纸张设置

8．毕业论文打印

操作步骤如下。

① 单击“Microsoft Office 按钮” – “打印”命令,打开“打印”对话框，如图 4–74 所示。

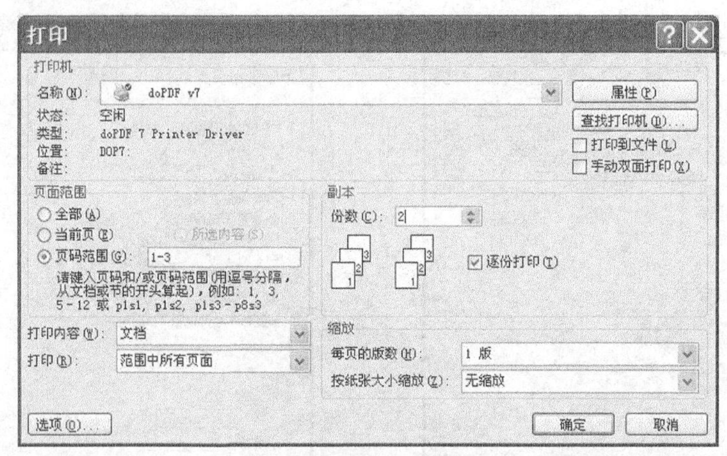

图 4–74 “打印”对话框

② 在名称列表框中可以选择打印机的型号，在“页面范围”选项区选择要打印的页码范围为 1–3（也可表达为 1，2，3），“份数”文本框中输入 2，这样，只要当前打印机安装好，就可以打印 1 至 3 页的内容，且各打印 2 份。

9．模板的设置和使用

如果将来要编辑其他同类型的毕业论文，则可使用“模板”功能。

说　明

模板：Word 2007 中采用 dotx 为扩展名的特殊文件，它由多个特定的样式组合而成，能为用户提供一种预先设置好的最终文档外观框架，也允许用户自己加入自己的信息。

操作步骤如下。

① 单击“Microsoft Office 按钮” – “另存为” – “Word 模板”菜单命令，打开“另存为”对话框，如图 4–75 所示。

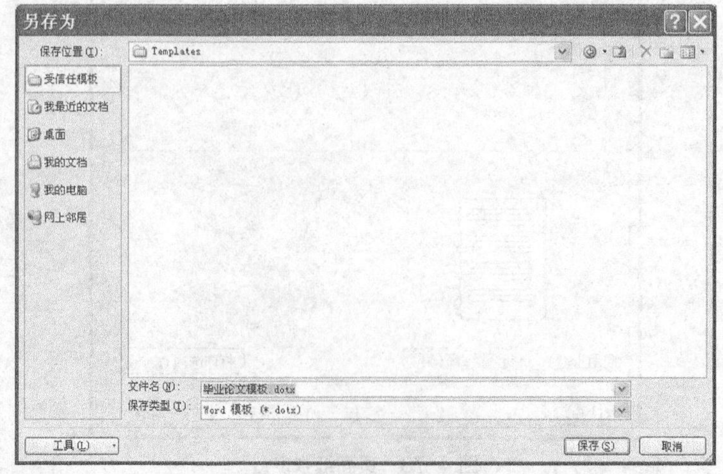

图 4–75 “模板”保存

② 选择保存位置，在“文件名”文本框中输入“毕业论文模板”，单击“保存”按钮，则模板文件就被保存好了。

说　明

若将模板保存位置设置为受信任模板，我们可以很方便地利用保存在这里的模板新建文档。

③ 单击“Microsoft Office 按钮” － “新建”，打开“新建文档”对话框（见图 4–76）。

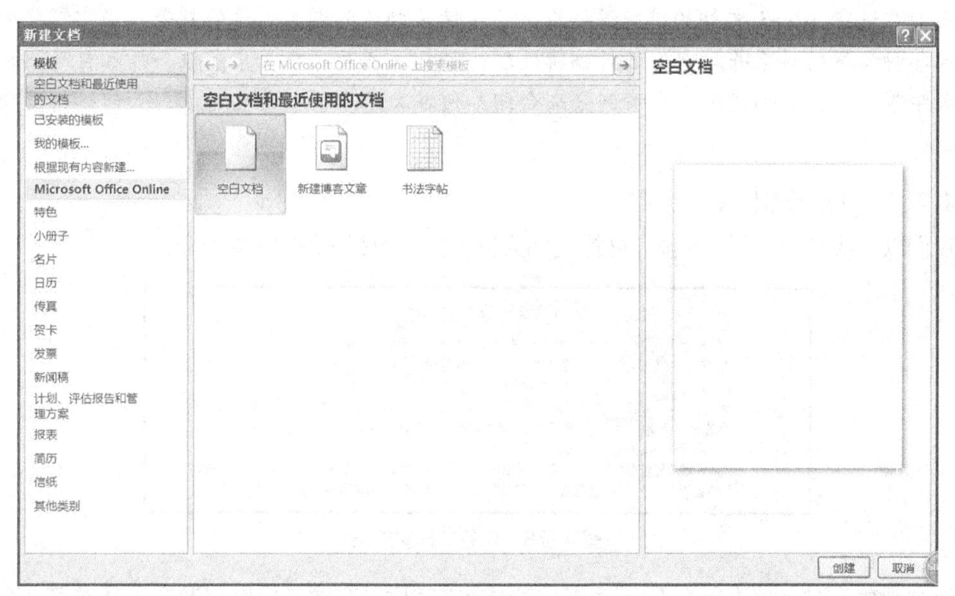

图 4–76　“新建文档”对话框

④ 在“新建文档”对话框中选择“我的模板”，打开“新建”对话框，如图 4–77 所示。在“我的模板”选项卡中选择“毕业论文模板.dotx”，在“新建”选项区中选择“文档”选项，单击“确定”按钮。

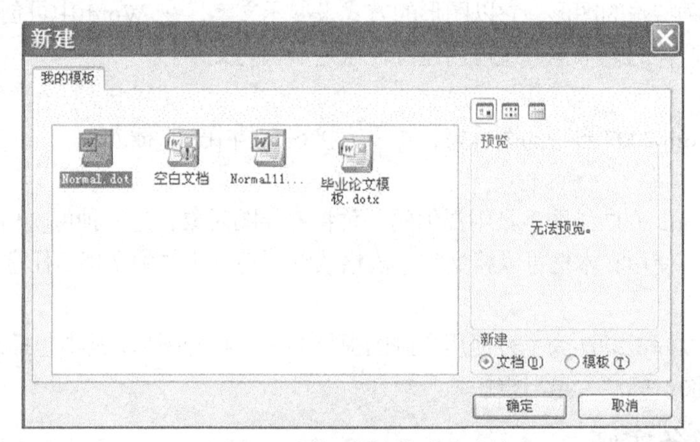

图 4–77　根据“模板”新建文档

在新文档中，标题、正文的样式都已经设置好了，可以直接在里面修改、加入新论文的内容，这样就可以快速地编排一篇文章。

4.1.4 任务总结

通过完成毕业论文排版这一任务，掌握 Word 2007 的基本用法，掌握字体格式设置、段落格式设置、项目符号设置、页面设置、模板样式等应用。

任务二　对象插入及图文混排

学习重点

我们在进行 Word 文档的排版过程中，为了使文档达到图文并茂的效果，经常需要向文档中插入各种各样的对象并对它们进行编辑处理，如插入图片、插入文本框、插入自选图形、插入艺术字等。下面我们通过一个案例分别介绍如何在文档中插入这些对象，如何编辑处理这些对象。

4.2.1 任务引入

我们以“济南的冬天–老舍”这篇文档为例，文档效果如图 4–78 所示。

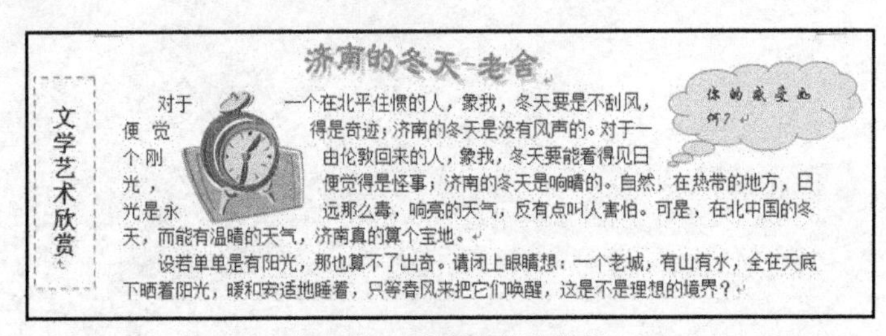

图 4–78　任务二样文效果

通过观察，对文档进行页面设置录入完正文文字后，文章的标题需要插入艺术字，在正文中需要插入图片，在左侧需要插入一个文本框，在正文的右上角需要插入云形标注的自选图形。

4.2.2 相关知识点

1．艺术字

艺术字是一种特殊的图形，它以图形的方式来展示文字，在 Word 中可创建带阴影的、斜体的、旋转的和拉伸的艺术字，还可创建符合预定形状的文字。

2．剪贴画

剪贴画是 Word 2007 自带的图片集，可以直接在文档中进行插入。

3．文本框

文本框是 Word 2007 绘图工具中提供的一种特殊绘图对象，是一种可以移动、大小可调的文本或图形容器。使用文本框可以将文字、表格或图形精确定位到文档中任意位置。

4．自选图形

自选图形是 Word 2007 为了方便用户画图提供的一类特殊图形，其中包括线条、基本形状、箭头总汇、流程图、标注、星与旗帜等。

4.2.3 任务实施

1．实现方法

① 在文章的标题插入艺术字“济南的冬天–老舍”，并对其进行编辑和样文中效果一样。

② 在正文中插入 Word 2007 自带的剪贴画“时钟”。

③ 在正文的左侧插入文本框，在其中输入文字“文学艺术欣赏”。

④ 在正文的右上角插入一个云形标注的自选图形，在其中输入文字“你的感受如何？”。

2．实施步骤

（1）插入艺术字

操作方法如下。

① 启动 Word 建立一个新文件。按图 4-78 样文录入文字内容，选中文档标题文字“济南的冬天-老舍”，选择“插入”选项卡，单击“文本”组中的“艺术字”按钮，在弹出的下拉列表中选择需要的艺术字样式，如图 4-79 所示。

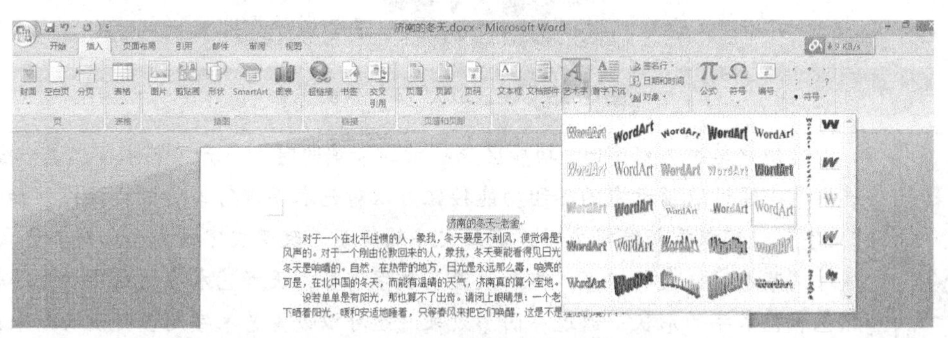

图 4-79 “艺术字样式”下拉列表

② 选择一种艺术字型，在此选择第三行第五列的这种字型，屏幕上将弹出“编辑艺术字文字”对话框。如图 4-80 所示。在此对话框中设置文字的格式为字体为隶书、字号 18，加粗。

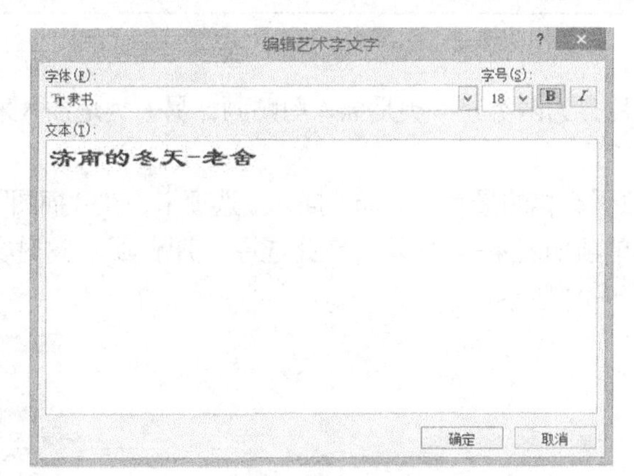

图 4-80 “编辑艺术字文字”对话框

③ 单击艺术字，这时会在功能区选项卡的末尾出现艺术字工具“格式”选项卡，如图 4-81 所示。

图 4-81 “艺术字工具格式”选项卡

通过艺术字“格式”选项卡可以对艺术字进行编辑，此处单击“艺术字样式”组中的“形状填充”按钮，在弹出的下拉列表中选择标准浅蓝色。单击“更改形状”按钮，在弹出的下拉列表中选择“弯曲”中的“两端近”选项，如图 4-82 所示。

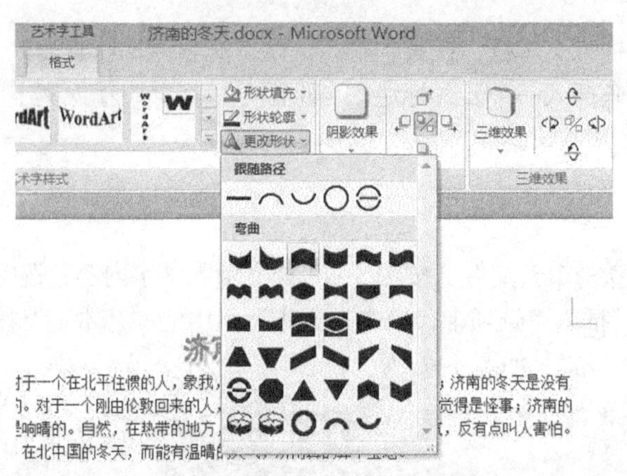

图 4-82 “更改形状”下拉列表

说　明

当用户单击艺术字时，功能区选项卡的末端同时也打开了艺术字工具“格式”选项卡。通过选项卡中的各组功能按钮可以对艺术字进行各类编辑操作，如通过“文字”组可以重新编辑文字，调整文字的间距，改变文字的方向和对齐方式等；通过“艺术字样式”组可以重新设置艺术字字型，设置艺术字的填充颜色、轮廓颜色和艺术字的形状；通过“阴影效果”组可以设置艺术字的各种阴影效果；通过“三维效果”组可以设置艺术字的各种三维效果；通过“排列”组可以设置艺术字在文档中的位置，改变艺术字与文档文字的环绕方式等；通过“大小”组可以精确设置艺术字的高度和宽度。

（2）插入图片

在文档中插入的图片分为两类：一类是插入剪贴画，另一类是插入来自外存的图形文件。操作方法如下。

① 首先将光标定位于文档的最后，选择“插入”选项卡，在“插图”组中选择“剪贴画”，这时屏幕显示其下拉菜单项如图 4-83 所示。在此选择“剪贴画”，这时窗口的右边会显示“剪贴画”任务窗格，如图 4-84 所示。

图 4-83 “插入”选项卡中“插图”组

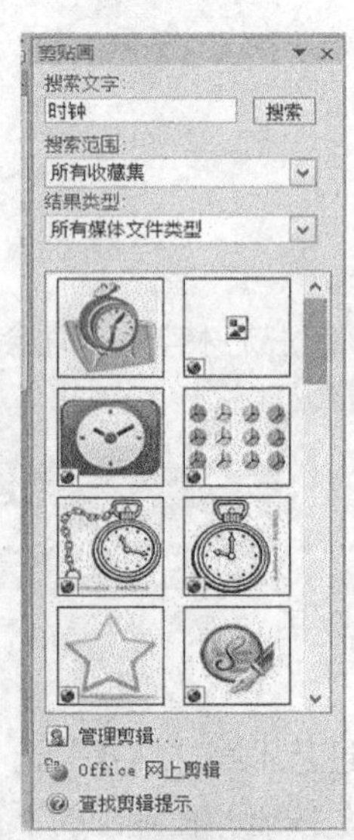

图 4-84 “剪贴画”任务窗格

② 在“搜索文字”文本框中输入要插入剪贴画的类型，如动物、建筑、交通工具、时钟等，此处输入“时钟”，单击“搜索”按钮，下面会显示所有与“时钟”有关的剪贴画，在此单击选择第一个，图片即插入到了指定的位置。

③ 对剪贴画进行编辑。插入剪贴画后，可以调整它的大小、亮度、对比度、文字环绕方式等格式属性，还可以对它进行裁剪、水平旋转、改变边框线型等操作，其中需要重点掌握的是文字环绕方式设置。

在文档中插入一个剪贴画后，这时会在功能区选项卡的末尾自动出现图片工具“格式”选项卡，如图 4-85 所示。

图 4-85 图片工具“格式”选项卡

此处我们要设置图片的环绕方式，在图片工具“格式”选项卡中选择“排列”组中的“文字环绕”按钮，这时屏幕上会显示其下拉列表项，如图 4-86 所示。在其中选择“紧密型环绕”或者“四周型环绕”，这时“图片”可以环绕放置在文本中的任何位置。按住图片四周的尺寸控制点改变图片的大小，将图片移动到文档中合适的位置。

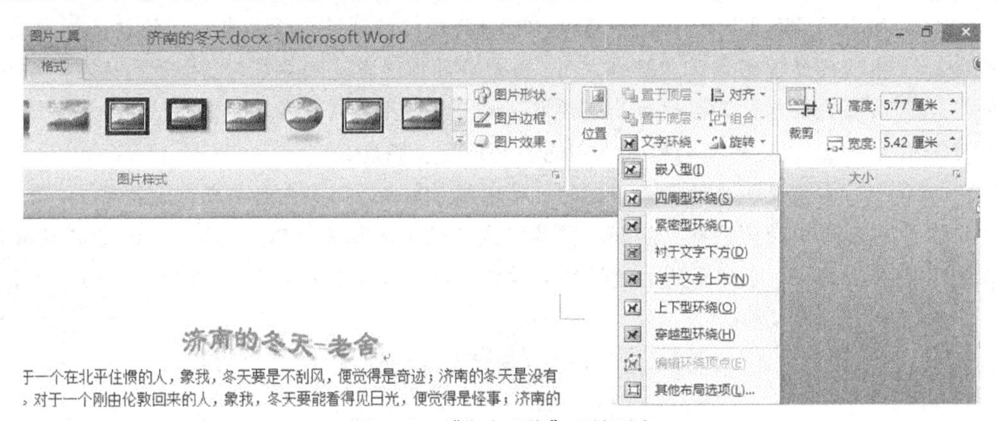

图 4-86 “文字环绕”下拉列表

图片在文本中的环绕方式有“嵌入型”、“四周型环绕”、“紧密型环绕”、“衬于文字下方”、“衬于文字上方”、“上下型环绕”、“穿越型环绕”。默认为“嵌入型”，如果想将图片放置在文字下方，则选择“衬于文字下方”。如果想将图片放置在文字上方，则选择“衬于文字上方”，这时图片下方的文字会被覆盖。“上下型环绕”方式类似于“嵌入型”，“穿越型环绕”方式类似于“紧密型环绕”。

如果插入来自外存文件的图片，则在图 4-83 中选择“插图”组中的“图片”按钮，此时，屏幕上将弹出“插入图片”对话框，如图 4-87 所示。找到要插入的图片文件，然后单击“插入”按钮，即可将图片文件插入到文档中的插入点位置。

对来自外存文件的图片进行编辑，和对剪贴画进行编辑方法一样，在此不再赘述。

图 4-87 “插入图片”对话框

对图片进行编辑，除了案例中涉及的设置文字的环绕方式之外，还可以调整图片的大小、裁剪图片，还可以改变图片的格式、颜色、对比度、亮度等，这些操作都可以在图片工具“格式”选项卡中完成。

① 缩放图片和裁剪图片。

图片缩放操作：单击图片，然后用鼠标拖动某个尺寸控制点来缩放图片，或者单击“格式”选项中的“大小”组来精确改变图片的缩放大小（见图 4-85）。

图片裁剪操作：选定要裁剪的图片，单击单击“格式”选项卡中的“大小”组中的“裁剪”按钮（见图 4-85），将鼠标移到某个操作点上，按住鼠标左键，拖动尺寸控制点到期望的方向，当裁剪的虚线框达到要求时，松开鼠标左键即可。裁剪完成后，单击空白处或按 Esc 键，鼠标指针恢复原始形状。

② 改变图片的格式、颜色、对比度、亮度。

说　明

需改变图片的格式、颜色、对比度、亮度等时，先选定图片，再单击“格式”选项卡中的“调整”组和“图片样式”组中的相关按钮（见图 4-85），或者在图片上右击，在弹出的右键快捷菜单中选择“设置图片格式”（见图 4-88），即可对图片进行编辑。

图 4-88 “设置图片格式”对话框

③ 插入图片水印。

Word 水印功能可以在文档中添加任意的图片和文字作为背景图片。操作方法如下。

在“页面布局”选项卡中选择“页面背景”组，单击“水印”按钮，在下拉列表中选择“自定义水印...”，弹出图 4-89 所示的“水印”对话框。如果要将某个图片作为水印，就选择“图片水印”；如果要将某些文字作为水印，就选择“文字水印”。

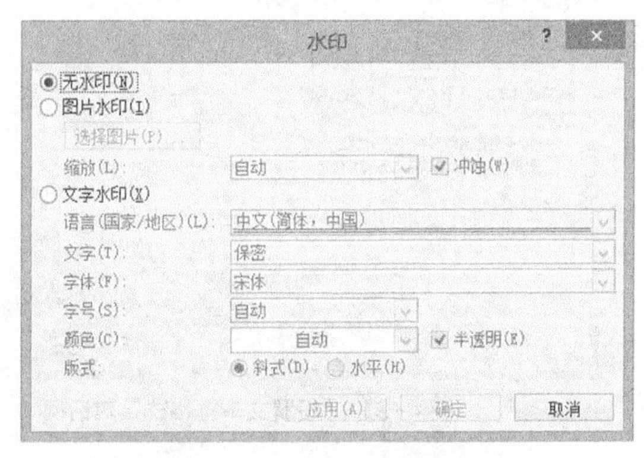

图 4-89 “水印”对话框

（3）插入文本框

Word 2007 内置了一些文本框样式，用户也可自己定义文本框，自定义的文本框有横排和竖排两种格式，在实际应用中可根据自己的需要进行选择。

操作方法如下。

① 选择“插入”选项卡，单击“文本”组中的“文本框”按钮，在弹出的下拉列表中选择“绘制竖排文本框”，如图 4-90 所示。此时鼠标指针也变为了十字光标，拖动鼠标绘制矩形方框。

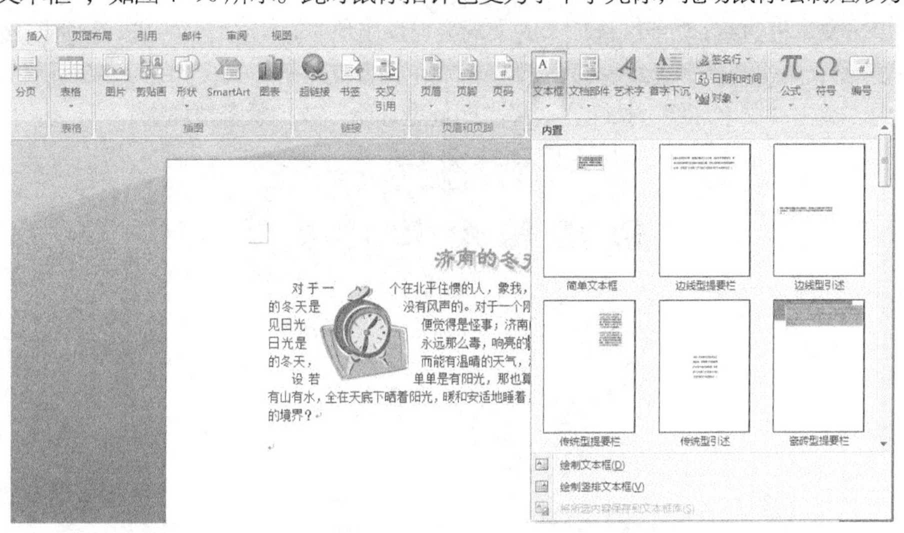

图 4-90 “文本框”下拉列表

② 在文本框中输入文字“文学艺术欣赏”，设置文字的格式为“宋体”，“四号”，“加粗”。

③ 移动鼠标到文本框四周的尺寸控制点上，当鼠标指针变为双箭头形状时，拖动鼠标调整文本框的大小。

④ 移动鼠标到文本框的边线上，当鼠标指针变为交叉的双向箭头时，右击，在弹出的右键快捷菜单中选择“设置文本框格式...”，打开“设置文本框格式”对话框，在其中选择“文本框”选项卡，设置垂直对齐方式为“居中”。如图 4-91 所示。设置完后单击“确定”按钮退出。

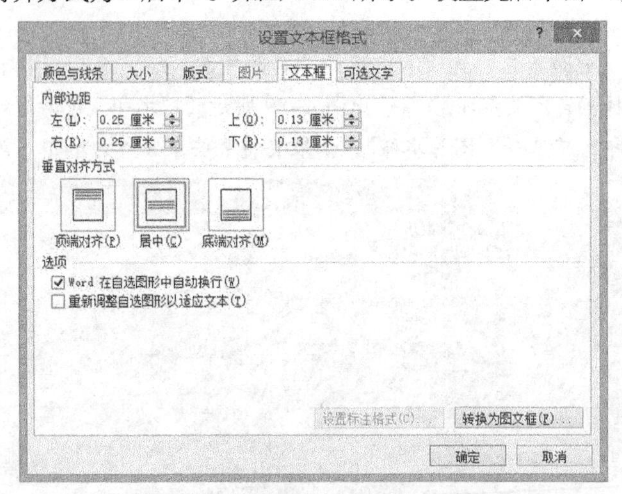

图 4-91 “设置文本框格式”对话框

⑤ 选择“开始”选项卡，单击“段落”组中的“水平居中对齐”按钮，如图 4-92 所示。此时文本框中的文字对齐方式已在水平及垂直方向都居中对齐。

图 4-92 “开始”选项卡中“段落”组

⑥ 单击文本框边线，功能区选项卡的末端会自动出现“文本框工具格式”选项卡，选择“文本框样式”组，单击选择“虚线轮廓-强调文字颜色 4”文本框样式，如图 4-93 所示。再选择“排列”组，单击“文字环绕”按钮，选择“四周型环绕”或“紧密型环绕”。

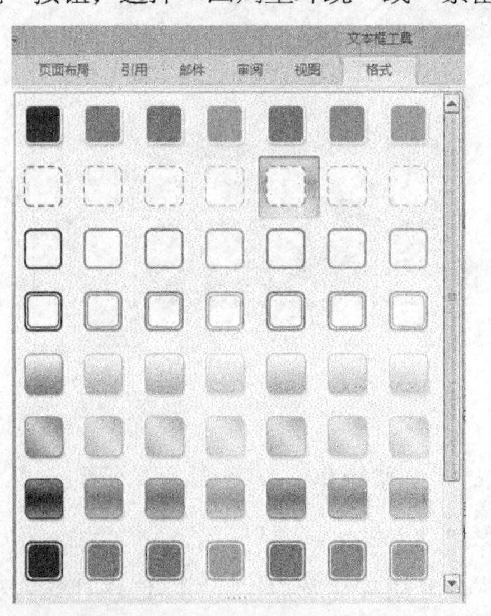

图 4-93 “文本框工具格式”选项卡中“文本框样式”组

说　明

由于文本框具有图形的属性，所以对其格式进行设置类似于图形的格式设置，只需将鼠标移到文本框的边上，单击文本框，出现“文本框工具格式”选项卡（见图 4-94），和设置艺术字格式、图片格式一样，可以设置文本框的填充颜色和线条颜色、阴影效果、三维效果、大小、环绕方式等。

图 4-94 “文本框工具格式”选项卡

（4）插入自选图形

操作方法如下。

① 选择“插入”选项卡，单击“插图”组中的“形状”按钮，在弹出的下拉列表中选择“标注”中的“云形标注”，如图 4-95 所示。此时鼠标指针也变为了十字光标，拖动鼠标可绘制出一个云形标注图形。

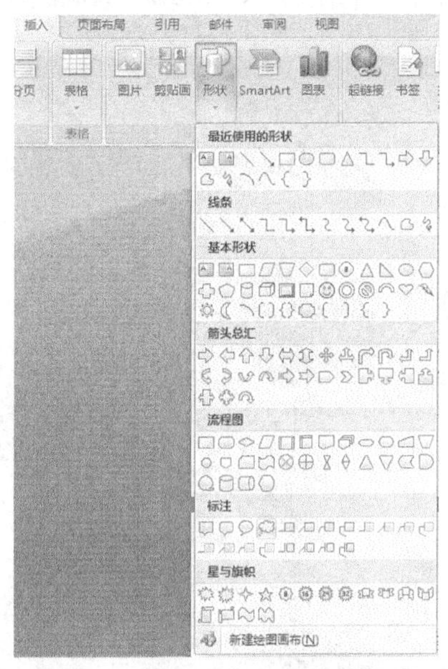

图 4-95 “形状”下拉列表中“标注”组

② 在标注内输入文字“你的感受如何？”，设置字体格式为“华文行楷”、“五号”。

③ 单击云形标注图形的边框，在功能区选项卡末端会出现 “文本框工具格式”选项卡（见图 4-94），选择“文本框样式”组，单击“形状填充”按钮，选择标准色黄色，单击“形状轮廓”按钮，选择标准色浅蓝色。选择“排列”组，单击“文字环绕”按钮，选择“紧密型”。

④ 将鼠标移动到云形标注图形的边框上，拖动鼠标使云形标注图形位于样文中合适的位置。

说　明

① 我们向文档中插入了对象后，选中此对象会在功能区选项卡的末端出现相应的对象工具格式选项卡，利用此选项卡可以设置该对象的基本格式。

② 对自选图形的格式进行设置类似于文本框格式设置，只需鼠标单击自选图形的边框，出现“文本框工具格式”选项卡，（见图 4-94），在其中设置即可，在此不再赘述。

关于自选图形的应用，会在下面的任务三中详细进行介绍。

4.2.4 任务总结

本任务介绍了在 Word 文档中为了实现最常见的图文混排的效果，如何插入和编辑艺术字、图片、文本框、自选图形这些对象，给出了具体的操作步骤和相关说明。

任务三 自选图形的应用

学习重点

Word 2007 为我们提供了各种各样的自选图形形状，选择“插入”选项卡中的“插图”组，单击“形状”按钮，如图 4-95 所示，我们可以很方便地使用这些自选图形来绘图。下面我们通过一个案例来介绍如何在 Word 文档中使用这些自选图形来绘制流程图。

4.3.1 任务引入

在日常工作中，为了表示某个业务的过程或流程，常常需要绘制流程图。接下来我们以绘制如下的岗位调整流程图为例，详细介绍使用 Word 2007 绘制流程图的方法，样图效果如图 4-96 所示。

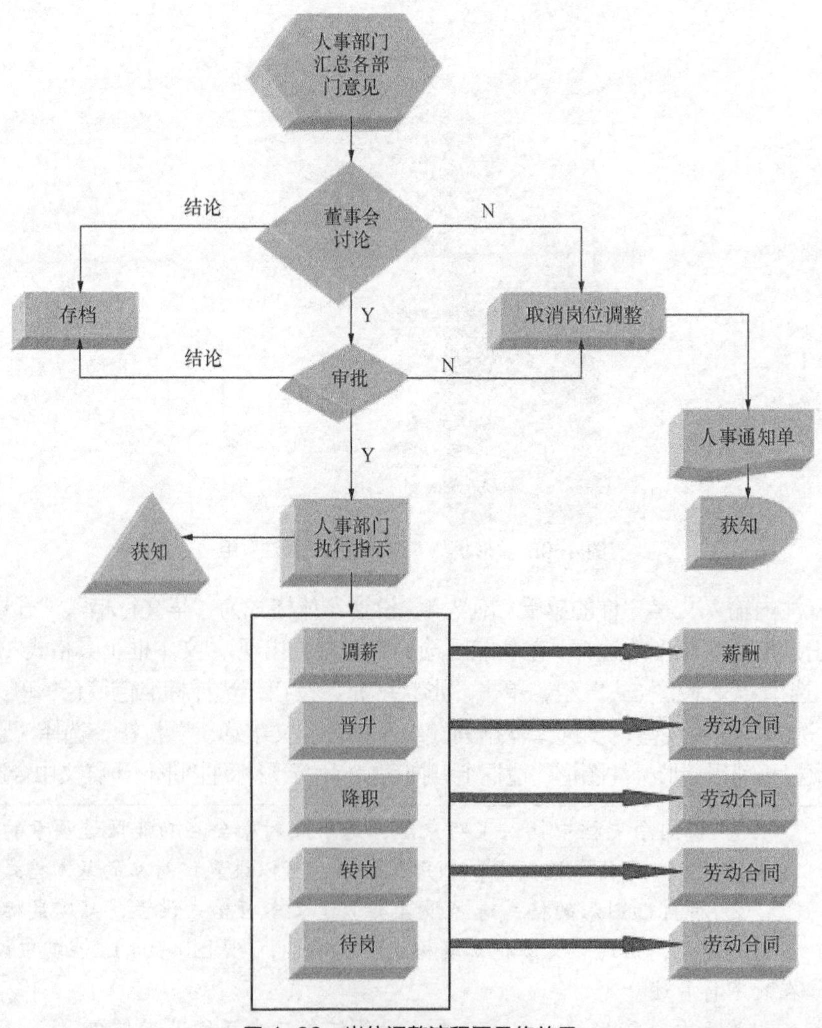

图 4-96 岗位调整流程图最终效果

4.3.2 相关知识点

在图 4-95 中，选择相应的图形，可以绘制线条、基本形状、箭头汇总、流程图、标注、星与旗帜等自选图形，还可以设置图形的颜色、阴影及三维效果等。如果有多个图形，还可以组合这些图形，设置它们的对齐方式、对图形进行旋转或翻转等操作。在此案例中，我们主要会用到其中的流程图和连接符工具等。

4.3.3 任务实施

1．实现方法

① 绘制流程图框架

② 美化流程图

③ 绘制连接符

2．实施步骤

（1）绘制流程图框架

操作方法如下。

① 启动 Word 建立一个新文件。为了有较大的流程图绘制空间，先对文档进行页面设置，选择“页面布局”选项卡，单击“页面设置”组中的“页边距”按钮，在弹出的下拉列表中选择“自定义边距...”，在弹出的“页面设置”对话框中选择“页边距”选项卡，设置上、下页边距为 2.54 厘米，左、右页边距为 2 厘米（见图 4-97），单击“确定”按钮退出。

② 选择“插入”选项卡中的“插图”组，单击“形状”按钮，如图 4-95 所示，选择“流程图”组中的“准备”图标，如图 4-98 所示。

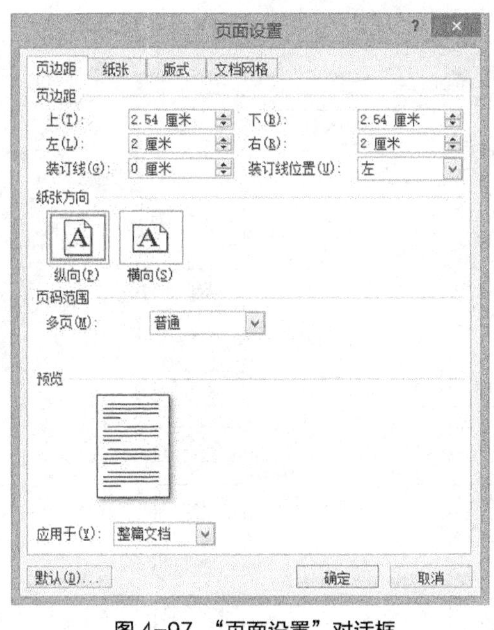

图 4-97 “页面设置”对话框

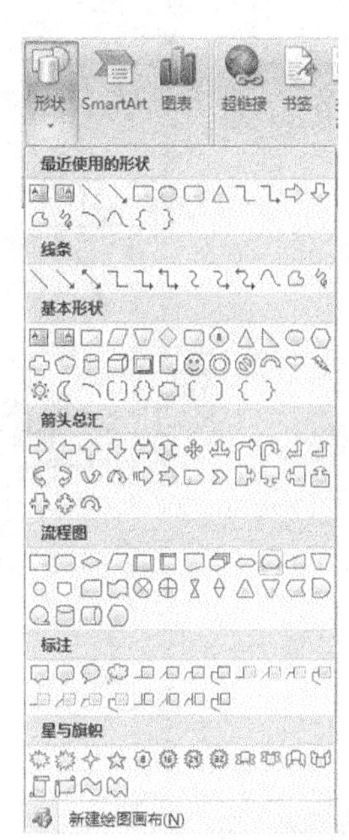

图 4-98 “形状”下拉列表中“流程图”组

③ 此时鼠标指针也变为了十字光标，拖动鼠标可绘制出一个“准备”图形。

④ 选中“准备”图形，单击鼠标右键，在弹出的快捷菜单中选择“添加文字”命令，然后在图形中输入文字“人事部门汇总各部门意见”，设置其对齐方式为“居中对齐”。

⑤ 用同样的方法，绘制其他图形，并在其中输入相应的文字，绘制同类型的其他图形时，

选中此图形，利用图形复制快捷键 Ctrl+D 进行复制，既快捷又可使图形大小形状一致，然后调整各图形到合适的位置。

（2）美化流程图

操作方法如下。

① 首先将图形调整齐。按住 Shift 键的同时选中中间一列的所有图形，选择功能区选项卡末端的“文本框工具格式”选项卡，在“排列”组中单击“对齐”按钮，在弹出的下拉列表中选择“左右居中”对齐，如图 4-99 所示。可将所有选中的图形左右居中对齐。

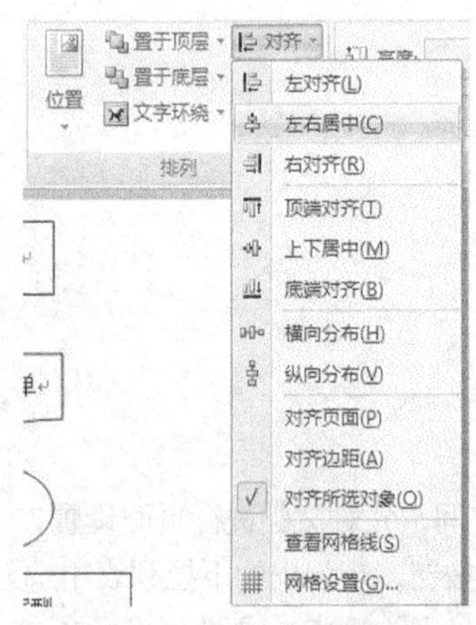

图 4-99 “对齐”下拉列表

② 以同样的方法将最右边一列的图形也设置为左右居中对齐。

③ 同时选中“存档”、“取消岗位调整”这两个图形，在“排列”组中单击“对齐”按钮，在弹出的下拉列表中选择“上下居中”对齐，让它们上下居中对齐。以同样的方法将“获知”、“人事部门执行指示”、“获知”3 个图形也设置成上下居中对齐。

④ 为了使文字看起来更醒目，可以设置每个图形内的文字为“粗体”。将流程图全部选中，然后单击“开始”选项卡的“字体”组中的“加粗”按钮即可。完成后的流程图如图 4-100 所示。

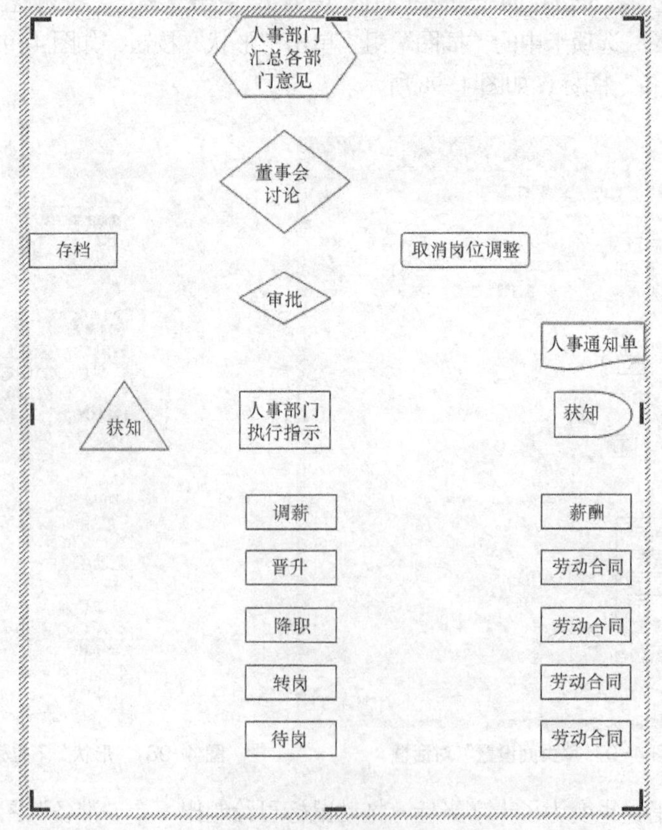

图 4-100 “流程图”效果

⑤ 为文本框设置样式。选择功能区选项卡末端的“文本框工具格式”选项卡，在“文本框样式”组中单击“对角渐变-强调文字颜色 5”按钮，如图 4-101 所示。

⑥ 为图形设置三维效果。按住 Shift 键的同时选中所有的图形，选择功能区选项卡末端的“文本框工具格式”选项卡，在“三维效果”组中单击“三维效果”按钮，在弹出的下拉列表中选择“平行”组中的“三维样式 3”，如图 4-102 所示。可以看到所有的图形都被应用了三维效果样式。

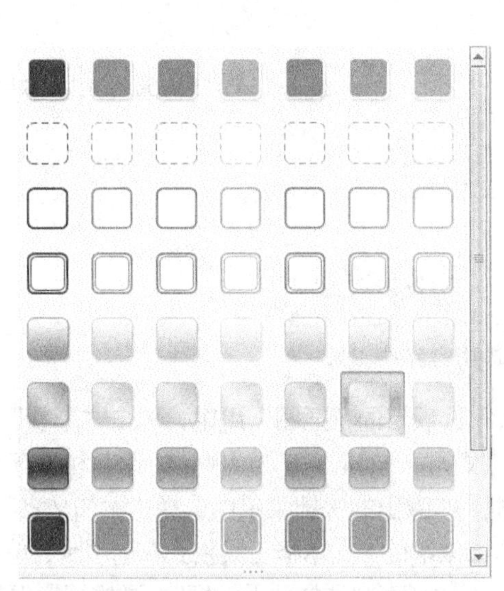

图 4-101 “文本框样式”下拉列表

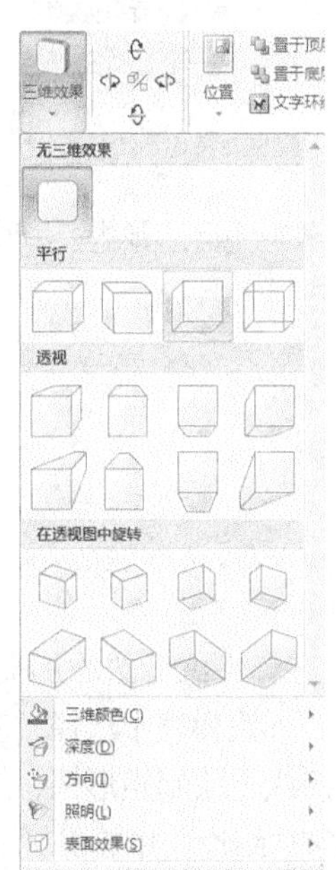

图 4-102 “三维效果”下拉列表中“平行”组

⑦ 在图 4-98 中选择“矩形”工具，为“调薪”、“晋升”、“降职”、“转岗”、“待岗”5 个图形添加一个矩形框，此时会发现矩形框将这 5 个图形覆盖住了。接下来右键单击矩形框，在弹出的快捷菜单中选择“叠放次序”-“置于底层”，或者在“文本框工具格式”选项卡，在“排列”组中单击“置于底层”按钮，在弹出的下拉列表中选择“置于底层”。

说　明

如果我们所绘制的图形具有层次结构，这时可以选择“文本框工具格式”选项卡，在“排列”组中选择相应的按钮来设置，或者右击图形，在弹出的快捷菜单中选择“叠放次序”来设置。

（3）绘制连接符

操作方法如下。

① 在“插入”选项卡的“插图”组中，单击“形状”按钮，在弹出的下拉列表中选择“线条”组中的“箭头”按钮，如图 4-103 所示。在需要添加箭头的两个图形之间拖动鼠标，即可将两个图形连接在一起，如图 4-104 所示。用同样的方法为其他图形间添加直线箭头连接符。

② 接下来我们添加肘形箭头连接符。图 4-103 中选择“肘形箭头连接符”，用鼠标从“董事会讨论”图形右方开始，拖动连接符到“取消岗位调整”图形的上方，然后拖动箭头连接线上的黄色菱形控制点，调整连接线箭头的方向，如图 4-105 所示。用同样的方法可以为“董事会讨论”和“存档”、“审批”和“存档”、“审批”和“取消岗位调整”、“取消岗位调整”和“人事通知单”添加四条肘形箭头连接符。

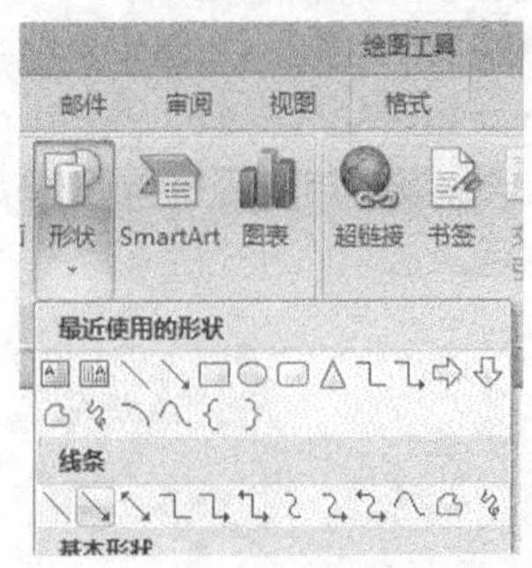

图 4-103 “形状”下拉列表中“线条”组

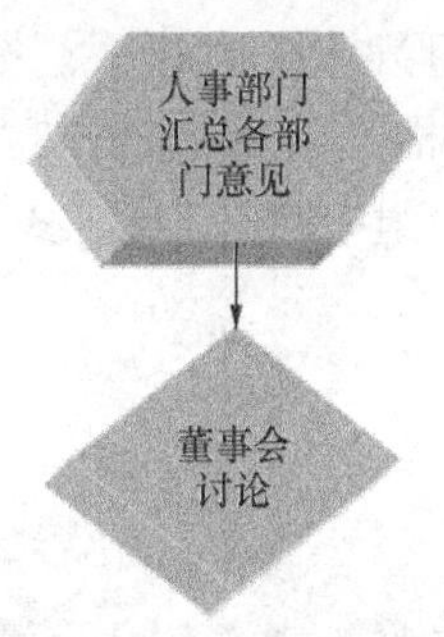

图 4-104 “绘制直线箭头”效果

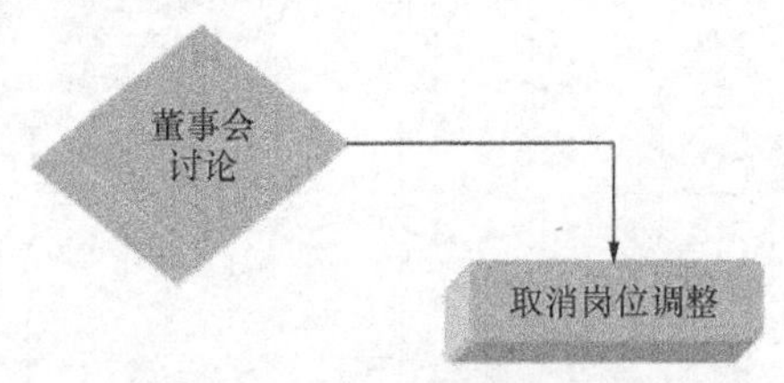

图 4-105 “绘制肘形箭头”效果

③ 在连接线旁边添加文字注释。在“插入”选项卡的“插图”组中，单击“形状”按钮，在弹出的下拉列表中选择“基本形状”组中的“矩形”按钮，在“董事会讨论”和“存档”图形的连接线上绘制矩形框，然后右键单击矩形框，在弹出的快捷菜单中选择“添加文字”命令，输入文字“结论”并加粗。然后选择功能区选项卡末端的“文本框工具格式”选项卡，单击“文本框样式”组中的“形状轮廓”按钮，在弹出的下拉列表中选择“无轮廓”，这样矩形框的边框线就隐藏了。用同样的方法也为其他的连接线添加文字注释。

④ 绘制箭头。在“插入”选项卡的“插图”组中，单击“形状”按钮，在弹出的下拉列表中选择“箭头总汇”组中的“右箭头”按钮，如图 4-106 所示。在“调薪”和“薪酬”之间按住鼠标拖动绘制箭头，用同样的方法可以为“晋升”和“劳动合同”、“降职”和“劳动合同”、“转岗”和“劳动合同”、“待岗”和“劳动合同”绘制箭头。

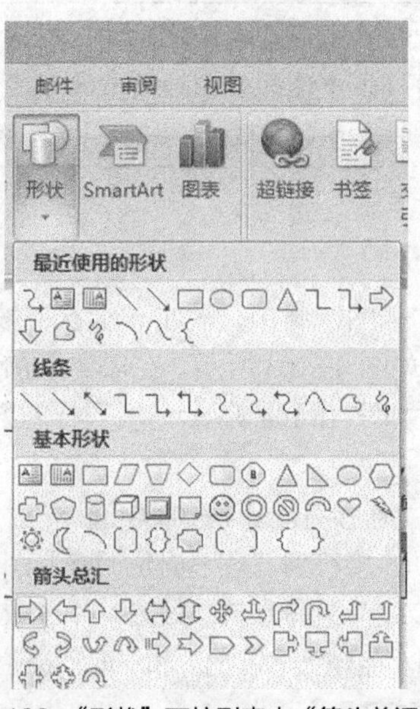

图 4-106 “形状”下拉列表中“箭头总汇”组

⑤ 设置连接线和箭头的颜色。选中这些右箭头，选择功能区选项卡末端的“绘图工具格式”选项卡，单击“形状样式”组中的“形状填充”按钮，在弹出的下拉列表中选择标准色蓝色。选中所有的连接线，选择“绘图工具格式”选项卡，单击“形状样式”组中的“形状轮廓”按钮，在弹出的下拉列表中选择标准色蓝色。

到此为止，我们的岗位调整流程图就全部绘制完成了。

说　明

① Word 2007 为我们提供了 3 种线形的连接符：直线、肘形线（折线）和曲线。在绘制连接符之前，为了能够让连接符更规范、美观，需要先将图形对齐。

② 在对图形的位置进行微调时，可以在图形上拖动鼠标的同时，按住 Alt 键。

4.3.4 任务总结

本任务介绍了自选图形的一个应用，如何使用自选图形中的流程图工具和连接符工具来绘制岗位调整流程图，详细地介绍了实现的步骤，对相关知识做出了说明和补充。

任务四 表格的设计与应用

学习重点

在办公事务处理中，表格制作是一项经常性的工作，特别是在组织一些复杂分栏信息或一组相关的数据信息时，比如个人简历表、班级课程表、工资表、工作进度表等，很自然会想到用表格来进行处理。由于这类表格的编辑和修饰功能较强，而计算、统计和分析能力相对较弱，我们可以使用 Word 2007 提供的强大的表格功能来制作这些表格。下面我们通过一个案例来介绍如何在 Word 文档中插入表格，如何对表格进行编辑和修饰处理，如何对表格进行一些简单的计算。

4.4.1 任务引入

每个学期学生都会有新课程表，接下来我们以制作班级课程表为例，样表效果如图 4-107 所示。

班级课程表

星期 时间		星期一		星期二		星期三		星期四		星期五	
		课程	教室	课程	教室	课程	教室	课程	教室	课程	教室
上午	第一节										
	第二节										
	第三节										
	第四节										
下午	第五节										
	第六节										
	第七节										
	第八节										

图 4-107 “班级课程表”效果

4.4.2 相关知识点

在 Word 2007 的表格中，一行和一列的交叉位置称为一个单元格，表格的信息包含在各个单元格中，可以在单元格中输入文本和图形。单元格结束标记标识出单元格中内容的结束位置，而行结束标记标识出每一行的结束位置。

4.4.3 任务实施

1．实现方法

① 先对文档进行页面设置，设置页面的方向为横向。

② 为表格录入标题“班级课程表”。

③ 建立表格的框架，插入一个 10 行 12 列的表格。

④ 对表格中某些单元格进行合并。

⑤ 在单元格中录入文字，设置单元格中文字的对齐方式。

⑥ 在表格左上角单元格中绘制斜线表头。

⑦ 调整表格对齐方式、表格大小、表格行高和列宽。

⑧ 设置表格的边框和底纹效果。

2．实施步骤

（1）制作表格标题

操作方法如下。

① 启动 Word 建立一个新文件。先对文档进行页面设置，选择“页面布局”选项卡，单击“页面设置”组中的“纸张方向”按钮，在弹出的下拉列表中选择“横向”。

② 在文档的第一行为表格输入标题“班级课程表”，设置字体格式为“宋体”、“三号”。

（2）建立表格框架

操作方法如下。

插入表格。选择“插入”选项卡，单击“表格”组中的“表格”按钮，在弹出的下拉列表中选择“插入表格...”，这时弹出“插入表格”对话框，如图 4-108 所示。在“列数”和“行数”数值框中分别输入 12 和 10，单击“确定”按钮退出，此时表格便插入到了文档中。

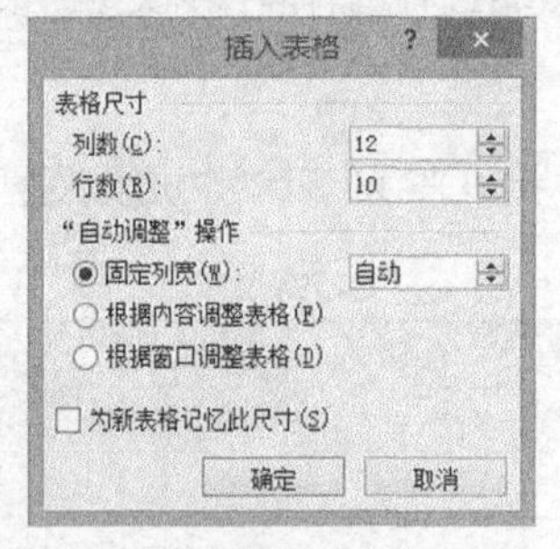

图 4-108 “插入表格”对话框

说明

Word 2007 自带了一些表格的样式，如果需要快速更改表格样式，选中表格，在功能区选项卡末端会出现“表格工具设计”选项卡，单击“表样式”组中对应的表格样式按钮，如图 4-109 所示，可自动套用此表格样式。

当表格行数少于 10 列并且行数少于 8 行时，在“插入”选项卡的“表格”组中“单击”表格按钮，在下拉列表的示意表格中拖动鼠标，可快速插入一个表格。如图 4-110 所示。

除此之外，还可以手动绘制表格，在图 4-110 中单击“表格”组，在弹出的下拉列表中单击“绘制表格”按钮，这时鼠标指针变成了一支画笔，可以像在纸上绘制表格一样，绘制出任意的表格。

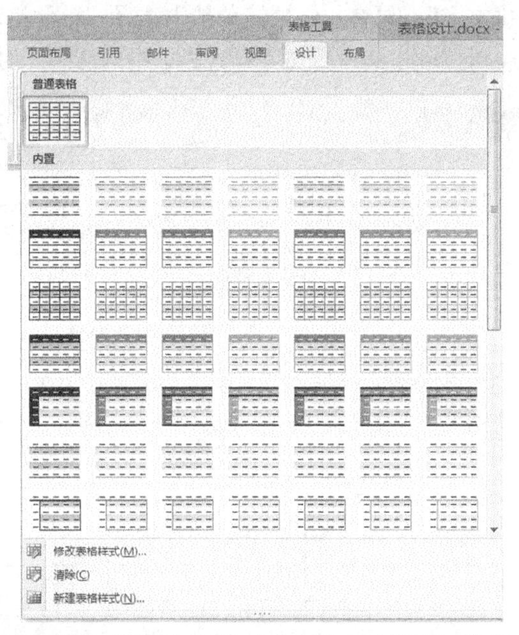

图 4-109 “表格工具设计”选项卡中“表格样式”组

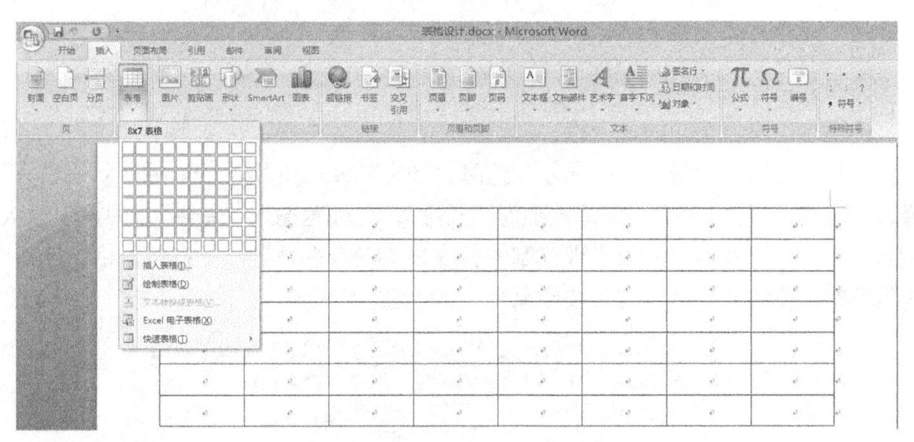

图 4-110 “插入”选项卡中“表格”组

（3）单元格合并

操作方法如下。

观察样表，对表格中某些单元格进行合并。用鼠标选中要合并的单元格，选择“表格工具布局”选项卡，在“合并”组中单击“合并单元格”按钮，如图 4-111 所示，或者选中要合并的单元格，单击鼠标右键，在弹出的右键快捷菜单中选择“合并单元格”。

如果要拆分单元格，则在刚才的操作中选择“拆分单元格”。

（4）设置单元格中文字的对齐方式

操作方法如下。

① 观察样表，在相应的单元格中输入文字，设置字体格式为“宋体”、“五号”。

② 设置单元格文字对齐方式。先选中文字“上午”、“下午”，单击图 4-111 中“对齐方式”组中的“文字方向”按钮，此时其左边的对齐按钮也会相应变化，选择其中的“中部居中”对齐按钮；或者选中文字后，单击右键，在弹出的右键快捷菜单中选择“文字方向”，在弹出的

对话框中选择“竖排文字”，再在右键快捷菜单中选择“单元格对齐方式” – “中部居中”。其他单元格中的文字也可按此方法设置对齐方式为“中部居中”对齐。

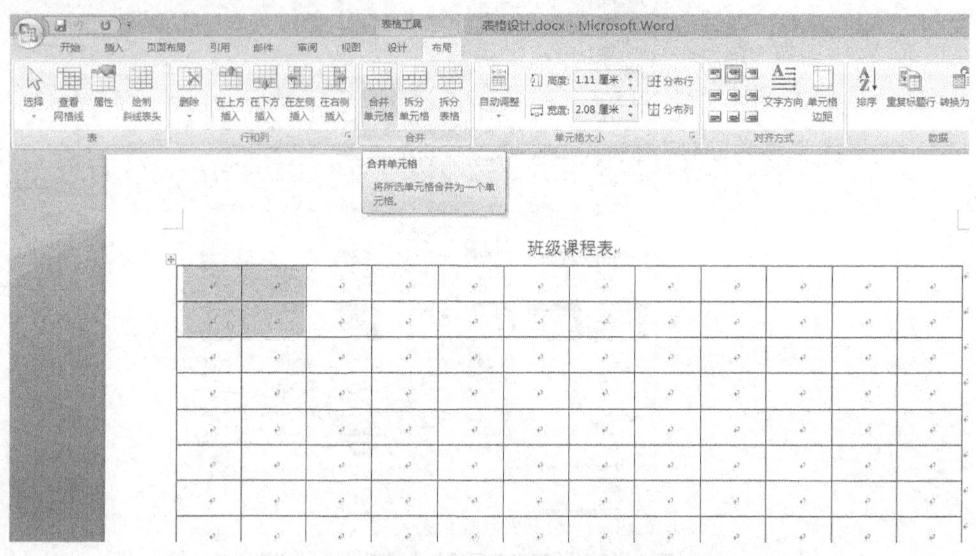

图 4-111 “表格工具布局”选项卡中“合并”组

（5）绘制斜线表头

操作方法如下。

选中表格中左上角的单元格，再选择“表格工具布局”选项卡中的“表”组，单击“绘制斜线表头”按钮，如图 4-112 所示，这时会弹出图 4-113 所示的“插入斜线表头”对话框。选择表头样式为“样式一”，字体大小为“五号”，行标题输入“星期”，列标题输入“时间”，最后单击“确定”按钮。如果发现绘制的斜线表头没有很好地显示在单元格内部，可以手动对其进行调整，在调整时可以同时按住鼠标和 Alt 键进行微调。

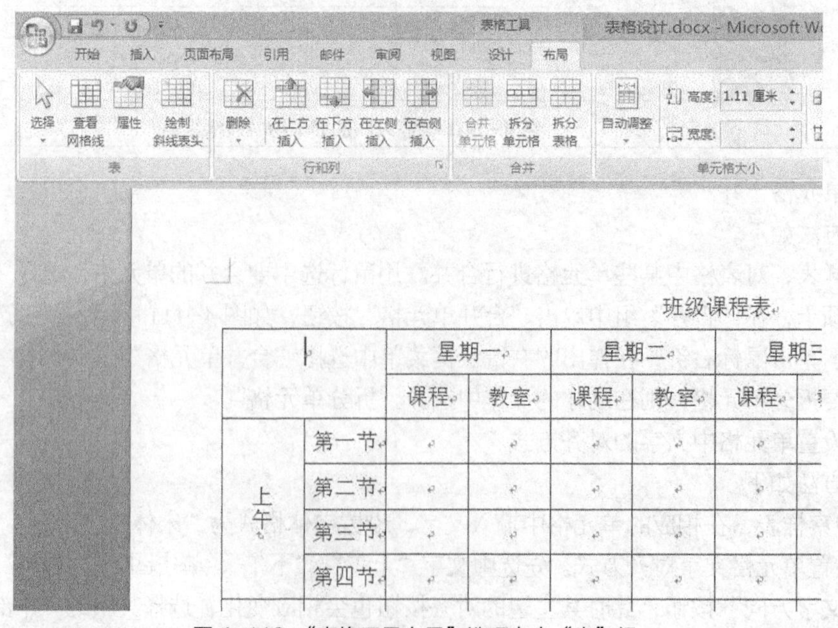

图 4-112 “表格工具布局”选项卡中“表”组

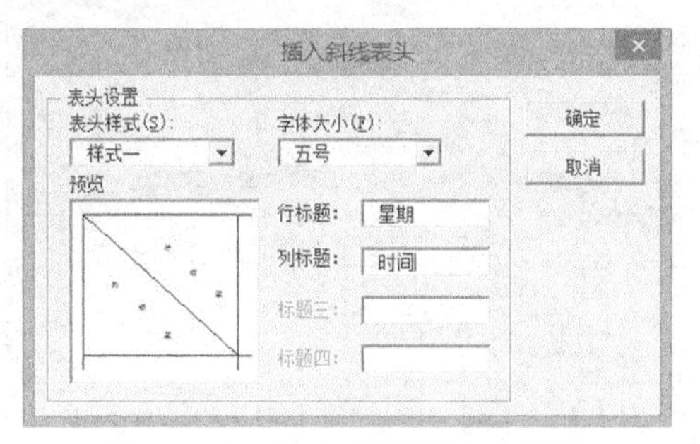

图 4-113 “插入斜线表头”对话框

说　明

还可以手工制作斜线表头，操作步骤如下。

① 手工画出斜线。如果要在单元格中画出对角线，可以直接使用图 4-110“表格”组中的“绘制表格”按钮，或者在“表格工具设计”选项卡中单击“绘图边框”组中的“绘制表格”按钮，在单元格中画出斜线。如果要在单元格中画出多条斜线，可以通过选择“插入”选项卡“绘图”组中的“形状”按钮，在下拉列表中选择“直线”工具画出所需斜线。

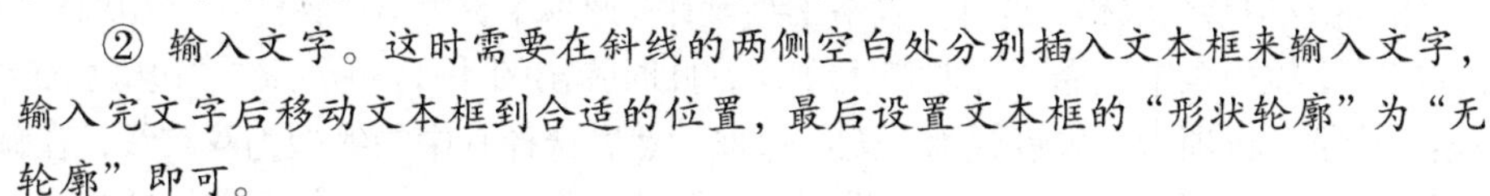

② 输入文字。这时需要在斜线的两侧空白处分别插入文本框来输入文字，输入完文字后移动文本框到合适的位置，最后设置文本框的“形状轮廓”为“无轮廓”即可。

（6）调整表格对齐方式、大小、行高和列宽

操作方法如下。

① 调整表格的对齐方式。在表格的左上角有个“田”字图标，用鼠标指针对准该图标单击即可选中整个表格，然后选择“开始”选项卡，单击“段落”组的“居中”对齐按钮，将整个表格相对整个页面居中对齐。

② 调整表格大小。将鼠标放在表格的右下角，当鼠标指针变成这种双箭头↘时，按住鼠标左键拖动，将表格调整到合适的大小即可。如果要将表格调整到特定的大小，则需要调整表格的行高和列宽。

③ 调整行高和列宽。

可以使用以下方法进行调整。

方法 1：将指针停留在要更改其高度的行的边框上，直到指针变为÷时，然后拖动表格线即可调整表格的行高。如果要调整列宽，就将指针停留在要更改其宽度的列的边框上，直到指针变为◂||▸时，然后拖动边框，直到得到所需的列宽为止。

方法 2：如果想要精确地调整行高和列宽，则单击行中某个单元格，选择“表格工具布局”选项卡，单击“表”组中的“属性”按钮，或者右击单元格，从弹出的快捷菜单中选择“表格属性”命令，这时会显示“表格属性”对话框，如图 4-114 所示。如果要调整表格的宽度，就选择“表格”选项卡进行设置；如果要调整行高，就选择“行”选项卡进行设置；如果要调整列宽，就选择“列”选项卡进行设置；如果要调整单元格的宽度，就选择“单元格”选项卡进行设置。

（7）设置表格的边框和底纹

根据样表图 4-107 所示，设置表格的外框线为双实线，内框线为单实线；设置表格中有文字的单元格的底纹颜色为水绿色，强调文字颜色 5，淡色 60%。

图 4-114 “表格属性”对话框

操作方法如下。

① 先选中整个表格，选择“表格工具设计”选项卡，单击“表样式”组中的“边框”按钮，在弹出的下拉列表中选择“边框和底纹...”，此时弹出图 4-115 所示的“边框和底纹”对话框，单击“边框”选项卡，先设置为“无”边框，然后选择其中的线型为双实线，在预览框中分别单击表格的上、下、左、右边缘，设置表格的外框线为双实线，接着选择单实线，在预览框中分别单击表格的两条内框线，设置表格的内框线为单实线。最后单击“确定”按钮，表格的边框就设置好了。

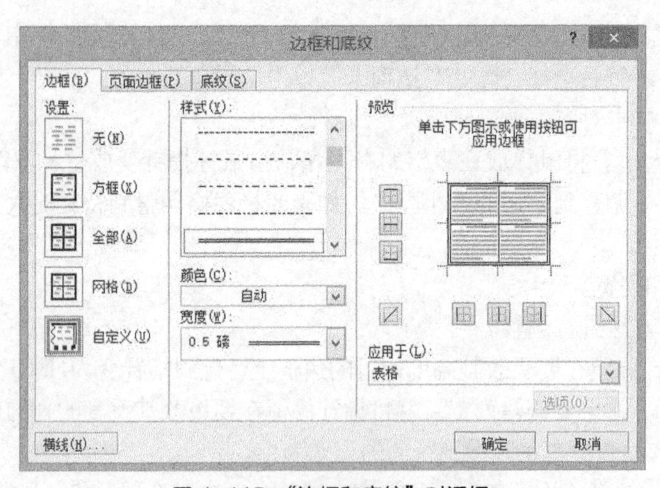

图 4-115 “边框和底纹”对话框

② 选中表格中的文字单元格，在图 4-115 的“边框和底纹”对话框中单击“底纹”选项卡，或者选择“表格工具设计”选项卡，单击“表样式”组中的“底纹”按钮，在填充颜色中单击“水绿色，强调文字颜色 5，淡色 60%”，最后单击“确定”按钮，表格的底纹颜色就设置好了。

设置表格的边框和底纹，也可以右键单击表格，在右键快捷菜单中选择“边框和底纹...”来操作。除此之外还可以选择“表格工具设计”选项卡，单击“绘图边框”组中的“绘制表格”按钮，如图 4-116 所示，选择相应的线型来手动绘制边框线。

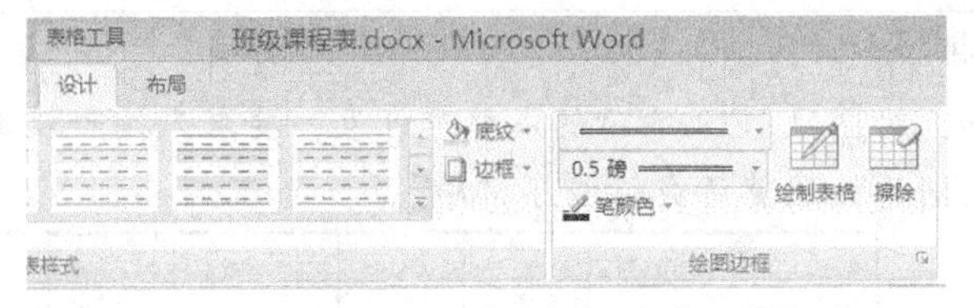

图 4-116 “表格工具设计”选项卡中“绘图边框”组

到此为止，我们的班级课程表就制作完成了。

说　明

（1）选定单元格、行、列、整个表格

要对表格进行编辑操作时，通常需要首先选择操作的对象，可以选择“表格工具布局”选项卡，在“表”组单击“选择”按钮，在下拉子菜单中对应地选择表格、列、行、单元格，也可使用以下方法选择这些对象。

① 选择一个单元格：把鼠标放置在该单元格的左侧，当指针呈现指向右侧的黑色实心箭头时，单击鼠标即可选定该单元格。

② 选择一行：单击该行的左侧，即可选定该行。

③ 选择一列：把鼠标放置在该列的上方，当指针呈现指向下方的黑色实心箭头时，单击鼠标即可选定该列。

④ 选择整个表格：在表格的左上角有个“田”字图标，用鼠标指针对准该图标单击即可选定整个表格。

（2）表格行、列、单元格的添加与删除

表格中添加行和列，可用以下方法操作。

① 选定与所添加之处相邻的行或列或者单元格。

② 选择“表格工具布局”选项卡，在“行和列”组中选择相应的按钮操作，如图 4-117 所示。

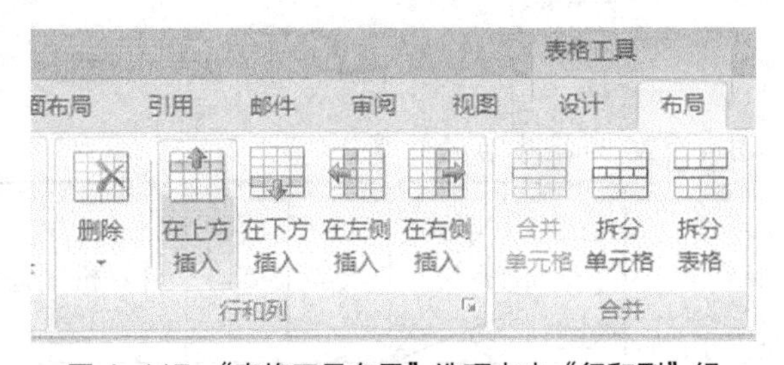

图 4-117 “表格工具布局”选项卡中“行和列”组

单击“在上方插入”按钮则在所选定的单元格的上方添加新行。

单击“在下方插入”按钮则在所选定的单元格的下方添加新行。

单击“在左侧插入”按钮则在所选定的单元格的左侧添加新列。

单击“在右侧插入”按钮则在所选定的单元格的右侧添加新列。

对表格、行、列、单元格的删除也可仿照以上操作，只需在图 4-117 中单击“删除”按钮，在弹出的下拉列表选择相应的项操作即可。

（3）表格的排序、计算

对于 Word 中表格数据，我们也可以进行排序和简单的计算。

① 排序

例如，对图 4-118 所示的成绩统计表，要求先按照数学成绩降序排序，数学成绩相同再按照英语成绩降序排序。

课程 成绩 姓名	数学	英语	计算机	总分	平均分
黎娟	80	87	78		
赵勇	84	81	98		
吴小莉	90	58	43		
黄雅梅	80	83	67		

图 4-118　成绩统计表

操作方法如下。

选定表格，选择“表格工具布局”选项卡，在“数据”组中单击“排序”按钮，会出现“排序”对话框，相应的设置如图 4-119 所示，单击“确定”按钮即可。

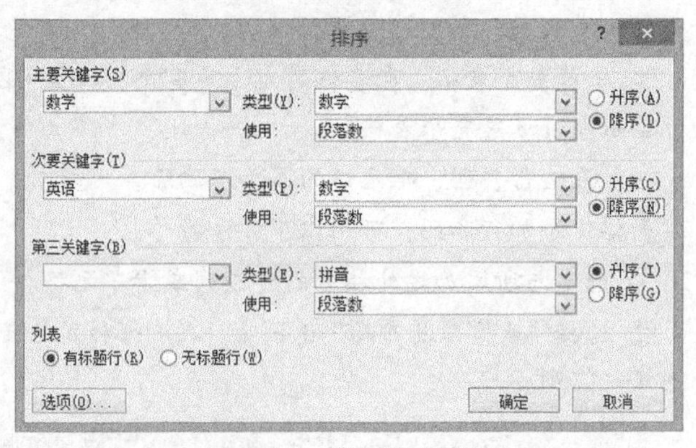

图 4-119　“排序”对话框

图 4-120 为排序后的结果。

课程 成绩 姓名	数学	英语	计算机	总分	平均分
吴小莉	90	58	43		
赵勇	84	81	98		
黎娟	80	87	78		
黄雅梅	80	83	67		

图 4-120　排序后的“成绩统计表”

注　意

对 Word 表格中数据进行排序时，最多可以对三列进行排序。

② 计算。

在 Word 的表格中，提供了对表中数字进行自动求和、求平均数等公式运算功能，给表格的统计带来很大的方便。

例如：求图 4–118 中每个学生三门课程的总分和平均分。

操作方法如下。

a. 先把光标放到总分列相应的单元格。

b. 选择“表格工具布局”选项卡，在“数据”组中单击“公式”按钮，系统打开图 4–121 所示的“公式”对话框。

图 4–121 “公式”对话框

c. 在“公式”文本框中输入=SUM（LEFT）或者=SUM（B2，C2，D2）或者=SUM（B2：D2），或者在“粘贴函数”下拉列表框中选择 SUM 函数，输入相关参数，单击“确定”按钮即可得到求和结果。

d. 求平均分的操作与求总分操作相似，仅将“公式对话框”中的函数由“SUM”，改成“AVERAGE”即可。

计算后的结果如图 4–122 所示。

课程 / 成绩 / 姓名	数学	英语	计算机	总分	平均分
黎娟	80	87	78	245	81.67
赵勇	84	81	98	263	87.67
吴小莉	90	58	43	191	63.67
黄雅梅	80	83	67	230	76.67

图 4–122 计算后的“成绩统计表”

说　明

① 若选定的单元格位于一行数值的右端，则 Word 将自动在“公式”文本框中显示=SUM（LEFT），其含义是对其左边的数值求和；若选定的单元格位于一列数值的底端，则 Word 将自动在“公式”文本框中显示=SUM（ABOVE），其含义是对其上的数值求和。

② 在计算时，规定表格中的“列”用英文大写字母 A、B、C…表示，“行”用阿拉伯数字 1，2，3…表示，单元格用列、行标记混合表示。比如 C5 表示第三列第五行的单元格，=AVERAGE（B3：D3），表示求 B3 到 D3 所有单元格数据的平均值。

4.4.4 任务总结

本任务介绍了使用 Word 2007 的表格绘制功能制作一个班级课程表，通过此任务我们学会了表格的制作过程，掌握了如何在表格中绘制斜线表头，以及如何对表格的数据进行排序和计算等。

任务五 邮件合并

学习重点

日常工作中，经常需要将信件或报表发送给不同单位或个人，这些信件或报表的主要内容基本相同，只是称谓或具体数据等有所不同。为了减少重复工作，提高效率，可以使用 Word 提供的邮件合并功能。下面我们通过一个案例介绍如何在 Word 中应用邮件合并的功能，重点掌握邮件合并的操作方法。

4.5.1 任务引入

每年各类院校招生，都要为新生发放录取通知书。我们利用邮件合并来成批制作录取通知书，每份通知书中既有共同的文字，也含有不同信息，如新生姓名、被录取的学院和专业等，如图 4-123 和表 4-1 所示。

录取通知书

同学：

你已被天津大学学院的专业录取。请于 9 月 4 日到 8 日到校报到。

天津大学招生办

2000 年 8 月 19 日

图 4-123 录取通知书主文档

表 4-1 学生信息表

姓名	学院	专业
马力兵	电子信息	通信
李丽华	电子信息	电子
刘刚伟	建筑工程	建筑
王萍	建筑工程	环境

接下来我们要做的任务就是如何用邮件合并的功能将下面数据表中的可变的数据行信息自动地分别插入到上面文档中的合适位置，制作成批的录取通知书。

4.5.2 相关知识点

邮件合并的思想是首先建立两个文档，一个是数据源文档，它包括信件或报表中需要变化的信息，如姓名、邮编、地址等，另一个是主文档，它包括信件或报表中共有的内容及合并域（代表信件或报表中的变化内容），然后将两个文档进行合并，即用数据源文档的具体信息替换主文档中的合并域，从而生成大量信件或报表。

邮件合并需要以下 4 个步骤。

① 创建主文档，并输入文档中共有的内容。

② 创建或打开数据源文档。存放信件或报表中变化的信息。

③ 在主文档中插入合并域，以此代表信件或报表中的变化内容。

④ 执行合并操作，用数据源文档替换主文档中的合并域，生成一个合并文档，如果需要可将合并结果打印输出。

4.5.3　任务实施

1. 实现方法

① 创建主文档，文档内容如图 4-123 所示。

② 创建新生信息的数据源文档，文档内容如表 4-1 所示。如数据源已有，可无需创建。

③ 在主文档中插入合并域，合并文档。

2. 实施步骤

（1）创建主文档

操作方法如下。

① 启动 Word 建立一个新文件。先对文档进行页面设置，选择“页面布局”选项卡，在“页面设置”组中单击“纸张方向”按钮，在弹出的下拉列表中选择“横向”。

② 录入图 4-123 中的文字内容，设置字体格式为“宋体”、“一号”。

（2）创建数据源文档，邮件合并

操作方法如下。

① 启动 Word，插入一个表格，表格内容如表 4-1 所示，将此作为数据源文件（如果数据源已有，此步可不做）。

② 在主文档中选择“邮件”选项卡，在“开始邮件合并”组中单击“选择收件人”按钮，在弹出的下拉列表中选择“使用现有列表”，如图 4-124 所示。这时会弹出“选取数据源”对话框，如图 4-125 所示。选取第①步创建的表格文档为数据源文件。

图 4-124 “邮件”选项卡中“开始邮件合并”组

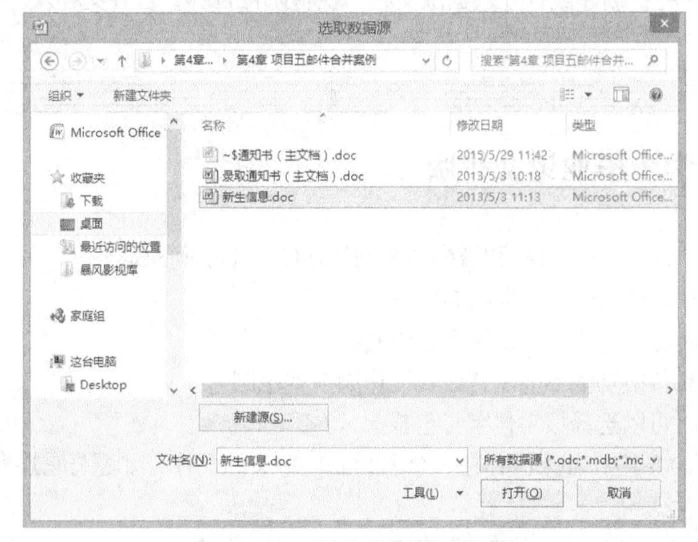

图 4-125 “选取数据源”对话框

③ 接下来插入合并域。选择“邮件”选项卡，在“编写和插入域”组中单击“插入合并域”按钮，如图 4-126 所示。分别将“姓名”域、“学院”域、“专业”域插入到主文档的合适位置。插入完成后，主文档如图 4-127 所示。

④ 完成合并。选择“邮件”选项卡，在“完成”组中单击“完成并合并”按钮，在弹出的下拉列表中选择“编辑单个文档...”，会弹如图 4-128 所示的“合并到新文档”对话框，选择“全部”，单击“确定”按钮即可。

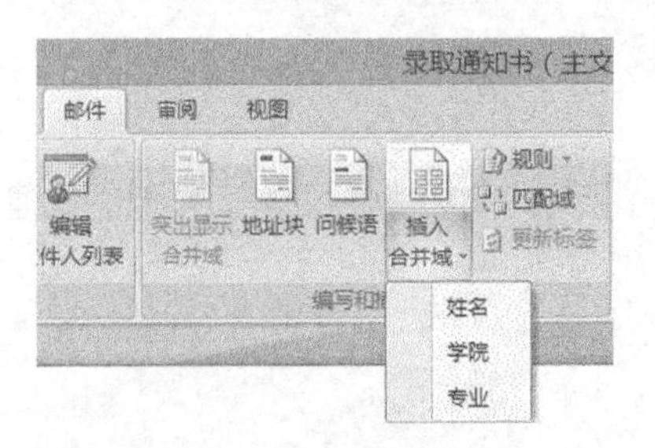

图 4-126 “邮件”选项卡中“编写和插入域”组

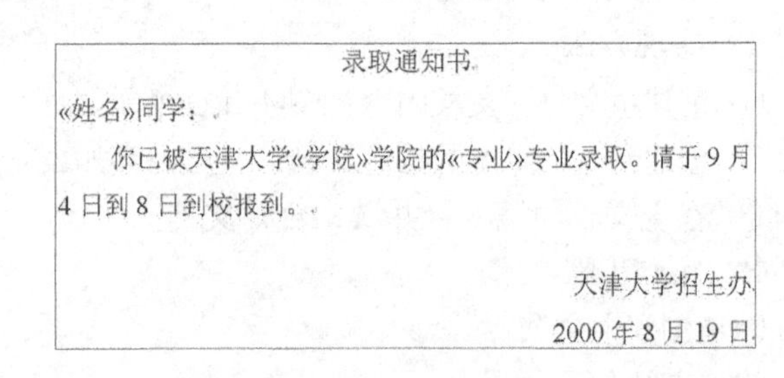

录取通知书

«姓名»同学：

你已被天津大学«学院»学院的«专业»专业录取。请于 9 月 4 日到 8 日到校报到。

天津大学招生办

2000 年 8 月 19 日

图 4-127 插入域后的主文档

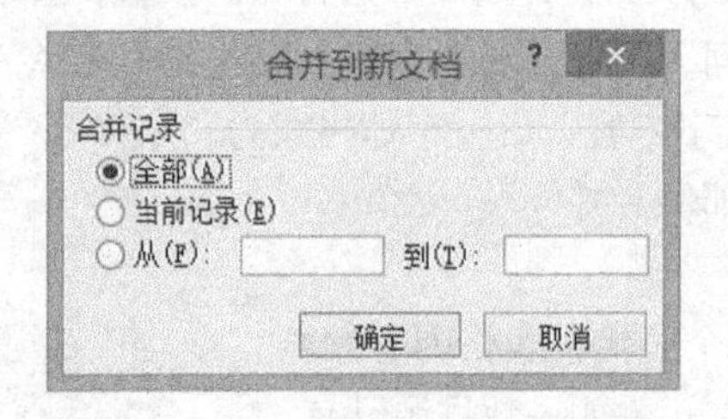

图 4-128 “合并到新文档”对话框

⑤ 将合并生成的新文档保存。

到此为止，我们就利用邮件合并功能制作出了成批的录取通知书。

4.5.4 任务总结

本任务介绍了利用 Word 2007 邮件合并的功能制作成批录取通知书的过程，掌握操作的 3 个步骤：创建主文档；创建或打开数据源文档；执行邮件合并，合并文档。

课后习题

任务一 学生毕业论文排版

一、选择题

1. 以下关于 Word 2007 查找和替换功能的叙述中，不正确的是______。

   A. 查找和替换功能可以提高编辑效率

   B. Ff 用字母 q 替换后，结果会变成 Qq

   C. 查找和替换功能不能以“公式”作为查找范围

   D. 查找时可以选择按字体字号查找

2. 在 Word 2007 中，如果已存在一个名为 rkb.docx 的文件，要想将它换名为 ceiaec.docx，可以选择命令______。

   A. 另存为　　B. 保存　　C. 发送　　D. 新建

3. 以下关于 Word 2007 文档窗口的叙述中，正确的是______。

A. 可以同时打开多个文档窗口，此时不会有活动窗口

B. 可以同时打开多个文档窗口，被打开的窗口都是活动窗口

C. 可以同时打开多个文档窗口，但其中只有一个是活动窗口

D. 可以同时打开多个文档窗口，但屏幕上只能见到一个文档窗口的内容

4. 在退出 Word 2007 时，如果有工作文档尚未存盘，则系统会______。

A. 直接退出

B. 自动保存该文档然后退出

C. 会弹出对话框供用户决定保存与否

D. 自动在桌面保存文档

5. Word 2007 可以同时打开多个文档窗口，但是，文档窗口打开的越多，占用的内存会______。

A. 越少，因而处理速度会更慢　　B. 越少，因而处理速度会更快

C. 越多，因而处理速度会更快　　D. 越多，因而处理速度会更慢

6. 如果要使用 Word 2007 编辑的文档可以用 Word 2003 打开，以下方法正确的是______。

A. 执行操作"另存为"→"Word 2003 文档

B. 将文件后缀名直接改为".doc"

C. 将文档直接保存即可

D. 按"Alt+Ctrl+S"组合进行保存

7. 小王需要将毕业论文用 A4 规格的纸输出，在打印预览中，发现最后一页只有一行。她想要把这一行提到上一页，可行的办法是______。

A. 增大行间间距　　B. 增大页边距

C. 减小页边距　　D. 将页面方向改为横向

8. Word 定时自动保存功能可以______。

A. 在指定时刻自动执行保存　　B. 再过某一指定时间自动执行保存

C. 每做一次编辑自动执行一次保存　　D. 每隔一定时间自动执行一次保存

9. 在 Word 文本编辑状态下，如果选定的文字中含有不同的字体，那么在格式栏"字体"框中会显示______。

A. 所选文字中第一种文体的名称

B. 显示所选文字中最后一种字体的名称

C. 显示所选文字中字数最多的那种文体的名称

D. 空白

10. 下列关于 Word 文本编辑的叙述中，不正确的是______。

A. 移动文本数将文本从一个位置转移到另一个位置，属于文本的绝对移动

B. 复制文本是将该文本的副本移动到其他位置，属于文本的相对移动

C. 将光标定位在需要删除文本的结尾处，按 BackSpace 键可从前往后删除文本

D. 多次使用撤销命令可以依次撤销刚做的多次操作

11. 下列关于 Word 文本格式设置的叙述中，不正确的是______。

A. 字母度量单位主要包括"号"与"磅"两种

B. 字体中的上标功能可以缩小并抬高指定的文字

C. 纵横混排是将选中的字符按照上下两排的方式进行显示

D. 除可使用系统自带的水印效果外，还可以自定义图片水印和文字水印效果

12. 下列关于 Word 分栏设置的叙述中，不正确的是______。

A. 文档中不能单独对某段文本进行分栏设置

B. 用户可以根据板式需求设置不同的栏宽

C. 设置栏宽时，间距值会自动随栏宽值的变动而改变

D. 分栏下的偏左命令可将文档竖排划分，且左侧的内容比右侧少

13. Word 2007 默认的文件扩展名是______。

A. dot　　B. doc　　C. docx　　D. dacx

14. 在 Word 的编辑状态下，连续进行了多次“插入”操作，当单击一次“撤销”命令后，则______。

A. 多次插入的内容都会被撤销　　B. 第一次插入的内容会被撤销

C. 最后一次插入的内容会被撤销　　D. 多次插入的内容都不会被撤销

15. 当前已打开一个 Word 文档，若再打开一个 Word 文档，则______。

A. 已打开的 Word 文档被自动关闭

B. 后打开的 Word 文档内容在先打开的 Word 文档中显示

C. 无法打开，应先关闭已打开的 Word 文档

D. 两个 Word 文档会同时打开，后打开的 Word 文档当前文档

二、操作题

1. 用 Word 软件录入以下文字。按题目要求完成后，用 Word 的保存功能直接存盘。

春

盼望着，盼望着，东风来了，春天的脚步近了。

一切都像刚睡醒的样子，欣欣然张开了眼。山朗润起来了，水涨起来了，太阳的脸红起来了。

小草偷偷地从土里钻出来，嫩嫩的，绿绿的。院子里，田野里，瞧去，一大片一大片满是的。坐着，躺着，打两个滚，踢几脚球，赛几趟跑，捉几回迷藏。风轻悄悄的，草软绵绵的。

要求：

① 将标题“春”字符缩放 200%，并居中；

② 将正文的第一自然段设置为左、右各缩进 2 字符，首行缩进 2 字符；

③ 把正文的第二自然段段前、段后间距设置为 1 行；

④ 将正文第二自然段最后一句话（山朗润……脸红起来了。）格式设置为斜体、加粗；

⑤ 页面设置，纸型设置为 B5 纵向，设置页边距上下左右各为 3 厘米。

2. Word 软件录入以下文字，按照题目要求完成排版后，用 Word 的保存功能直接存盘。

中国特色社会主义道路是民族复兴的必由之路

一部中国近现代史，是中国人民为求得国家富强、民族独立不懈奋斗的历史。中国共产党把马克思列宁主义的普遍原理同中国革命和建设的具体实际相结合，带领人民推翻了帝国主义、封建主义、官僚资本主义的统治，成功缔造了新中国，确立了社会主义制度，为当代中国的发展进步奠定了基础，又实行改革开放，引领中国人民走上实现民族复兴的伟大道路。历史已雄辩地证明，只有社会主义才能救中国，只有中国特色社会主义才能发展中国。

要求：

① 将纸型设置为 A4、高度为 21cm、宽度为 29.7cm；

② 将段落标题设置为幼圆、三号、红色、居中，正文文字设置为仿宋、四号、行距为 1.2 倍；

③ 将正文中的“中国特色”加粗，并设置为红色；

④ 为文档添加页脚，内容为“复兴之路”，并将页脚的文字字体设置为宋体、五号、加粗、居中、浅蓝色，文字效果为阴文。

3. 用 Word 软件录入以下文字，按照题目要求完成排版后，用 Word 的保存功能直接存盘。

哈萨克族

哈萨克族渊源流长。西汉时，天山北部的乌孙即是哈萨克族的先民。“哈萨克”这一名称最初见于十五世纪中叶，是从金帐汗国分裂出来的操突厥语的一些游牧部落的集合体。这些东迁的牧民得名“哈萨克”，意即“避难者”或“脱离者”。

哈萨克有自己的语言，属阿尔泰语系突厥语族。原有以阿拉伯字母为基础的文字。１９５９年设计了以拉丁字母为基础的文字。哈萨克族民间流传许多古老的诗歌、故事、谚语、格言。著名的史诗《萨里海与萨曼》、《阿尔卡勒克英雄》等流传于世。

要求：

① 设定纸张大小为自定义格式：10cm（W）×15cm（E），上、下、左、右页面边距均为1.5cm。

② 将标题设置为“标题 1”，黑体，三号、居中，其余文字内容设置为宋体，四号，段前距、段后距均为 1 行。

③ 将正文内容分为三栏，栏与栏间有分隔线，栏宽相等。

④ 为文档添加页脚，内容为“中国民族——哈萨克族”。

任务二 对象插入及图文混排

一、选择题

1. 在用 Word 编辑文本时，为了使文字绕着插入的图片排列，下列操作正确的是______。

A. 插入图片，设置环绕方式

B. 插入图片，调整图形比例

C. 建立文本框，插入图片，设置文本框位置

D. 插入图片，设置叠放次序

2. 在 Word 2003 的编辑状态中，不可以插入______。

A. 图片　　B. 可执行文件　　C. 表格　　D. 文本

3. 在 Word 2003 中，为使插入的图片具有水印效果，应选择______环绕方式。

A. 嵌入型　　B. 四周型

C. 浮于文字上方　　D. 衬于文字下方

4. 要在 Word 中插入一幅剪贴画，既可以使用菜单栏中的插入\图片\剪贴画命令，也可以通过单击______工具栏上的剪贴画工具完成。

A. 常用　　B. 格式

C. 绘图　　D. 窗体

5. 图文混排是 Word 的特色功能之一，下列叙述中，不正确的是______。

A. 可以在文档中插入剪贴画　　B. 可以在文档中插入图形

C. 可以在文档中使用文本框　　D. 可以在文档中复制配色方案

6. 在 Word 文档中，为了能看到被图形覆盖的文字，可以______。

A. 重新输入文字　　B. 设置文字为粗体

C. 改变叠放次序　　D. 设置图形为不可见

二、操作题

1. 请在 Word 软件中按照题目要求制作“庆祝教师节”贺卡。用 Word 的保存功能直接存盘。

要求：

① 贺卡标题“庆祝教师节”为艺术字；

② 贺卡内容

世界因为有了你，显得分外美丽！

一个小小的问候

一份浓浓的真意

祝教师节日快乐！

③ 贺卡中插入一幅水印画。

参考图如题图 4-1 所示。水印画、字体、编排可以自己创意。

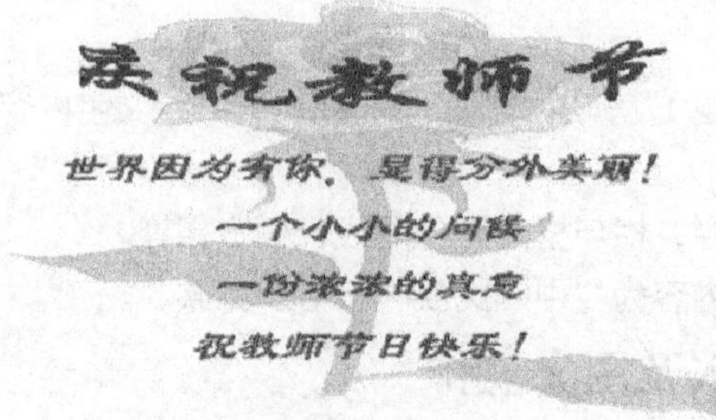

题图 4-1

2. 制作如题图 4-2 所示的版面，并以 Word 文件格式存盘。文字的格式自行选取，与题目基本一致。

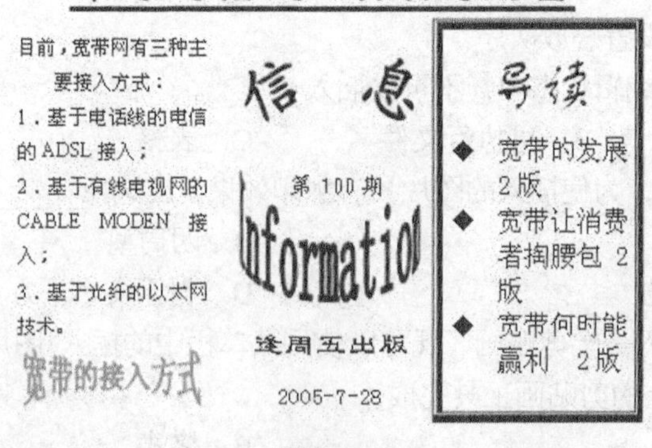

题图 4-2

3. 制作如题图 4-3 所示的版面，按题目要求完成后，直接用 Word 的保存功能存盘。

要求：

① 绘制的图示版面、形状、颜色、线条保持与所给图示的一致。

② 版面高度不超过 24cm，宽度不超过 40cm。

③ 将“北京 2008 年奥运会”文字字体设置为黑体、小三号、红色。

④ 将北京简介文字字体设置为宋体、小四号、黑色，并插入符合环境的图片。

⑤ “目标与理念”文字字体设置为黑体、四号、蓝色、居中，内容设置为宋体、五号、黑色，插入的项目符号与图示的一致。

⑥ 其余文字字体设置为宋体、五号、黑色。

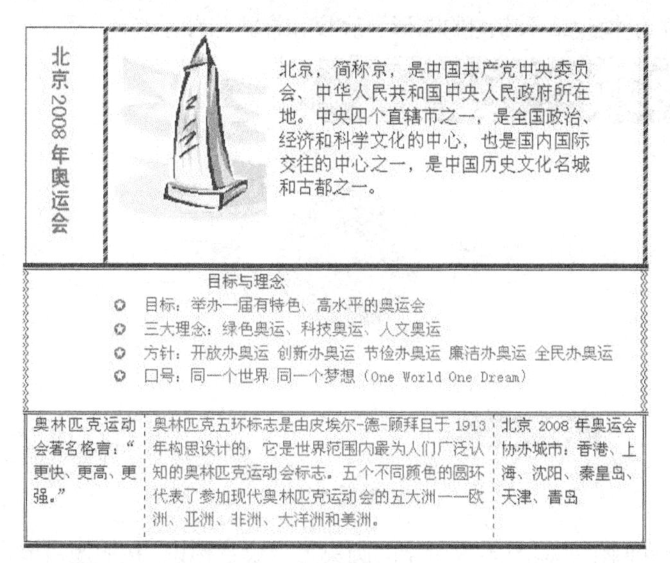

题图 4-3

任务三　自选图形的应用

一、选择题

1. 使用 Word 中“绘图”工具栏上的各个工具按钮可以绘制多种图形，椭圆就是其中的一种。如果想绘制一个标准的正圆，应该在单击“椭圆”按钮后再按住______键进行绘制。

A. Shift　　B. Crtl　　C. Alt　　D. Tab

2. 利用 Word 2003 的绘图工具绘制了多个图形后，可使用______命令把这些图形统一成一个整体。

A. 组合　　B. 打包

C. 改变叠放次序　　D. 设置图形格式

3. Word 中有多种工具栏，下面各个工具栏中______是“绘图”工具栏。

A.

B.

C. 正文　宋体　五号

D. 绘图(R)　自选图形(U)

二、操作题

1. 用 Word 软件制作如题图 4-4 所示的机构改革示意图。按题目要求完成后，用 Word 的保存功能直接存盘。

要求：

① 利用自选图形绘制如题图 4-4 所示的机构改革示意图；

② 将标题“组建国家新闻出版广电总局”的文字设置为宋体、小三、白色、加粗，图中的“国家新闻出版广电总局”和“国家版权局”文字设置为宋体、小四、白色、加粗，“加挂:”和

"牌子"文字设置为宋体、小四、灰色-40%、加粗,"不再保留国家广播电影电视总局、国家新闻出版总署"文字设置为宋体、小四、灰色-50%、加粗,其他文字设置为宋体、小四、红色、加粗;

③ 绘制完成的机构改革示意图的图形、底纹和样式与图示基本一致。

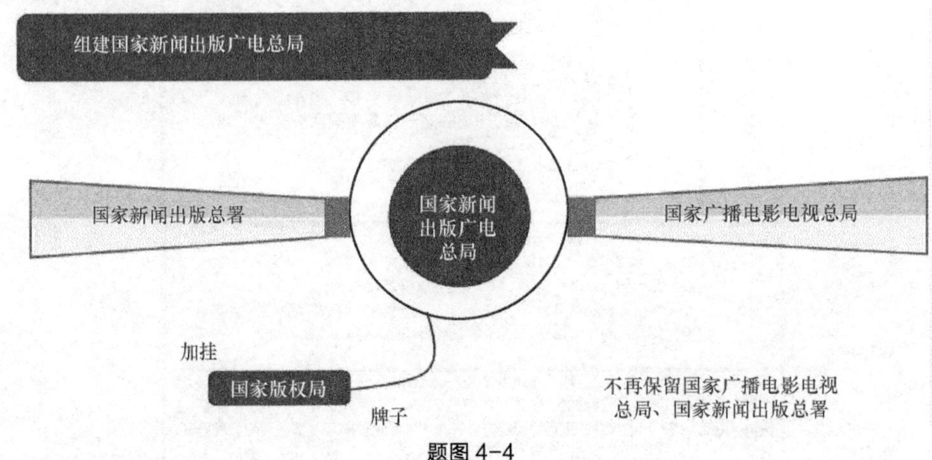

题图 4-4

2. 用 Word 软件制作如题图 4-5 所示的圆桌形会议室标识,按照题目要求完成后,用 Word 的保存功能直接存盘。

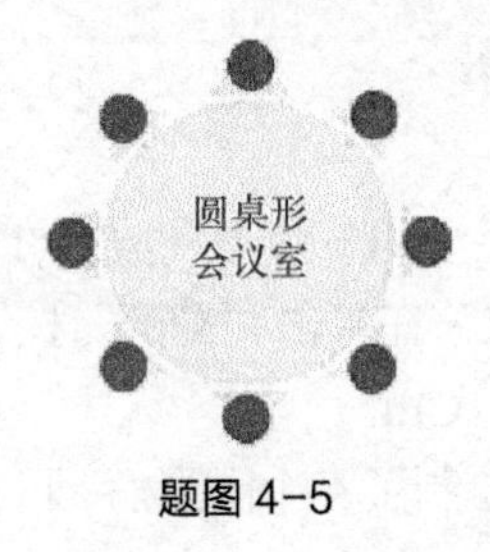

题图 4-5

要求:

① 利用自选图形工具,绘制圆桌形会议标识;

② 将小圆填充为红色,其他图形填充为黄色;

③ 将小圆的线条颜色设置为红色,其他线条颜色设置为黄色;

④ 将"圆桌形会议室"文字字体设置为宋体、黑色、小四、加粗;

⑤ 制作完成的圆桌会议室标识与题目中的基本一致。

3. 用 Word 软件制作如题图 4-6 所示的报考流程图,按照题目要求完成后,用 Word 的保存功能直接存盘。

要求:

① 利用自选图形工具中的矩形、圆角矩形、圆角矩形标注、平行四边形、菱形、箭头制作如图所示的报考流程图。

② 设置流程图中的矩形、圆角矩形、圆角矩形标注、平等四边形、菱形填充颜色分别为黄色、黄色、粉红色、红色和青绿色。

③ 设置流程图中的箭头粗细为 3 磅。

④ 设置流程图中的文字字体为宋体、五号、居中。

⑤ 制作完成的报考流程图与图示基本一致。

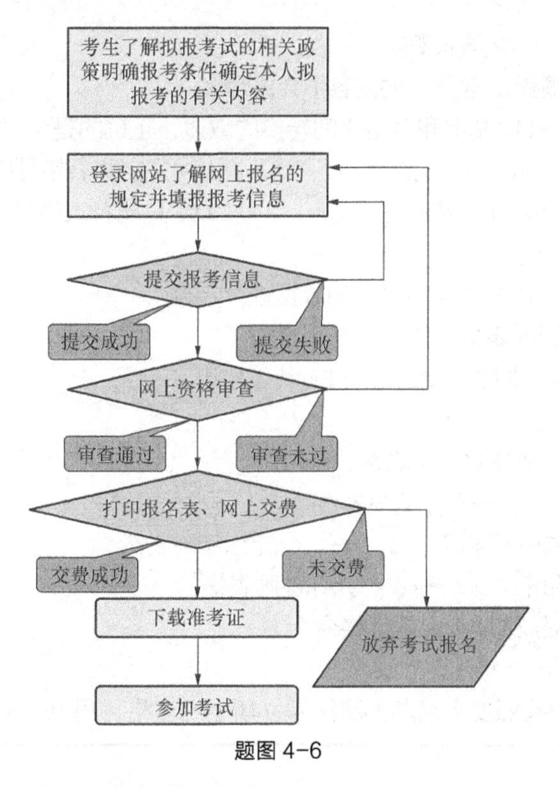

题图 4-6

任务四 表格的设计与应用

一、选择题

1. 下列关于 Word 2003 表格的叙述中，不正确的是______。
   A. 表格中可以输入各种文本和数据
   B. 表格的单元格中不可以插入图片
   C. 可以用复制、剪切和删除等操作对单元格的内容进行编辑
   D. 当表格中的内容放大字号超过原行高时，Word 会自动改变这一行的高度
2. 下列关于 Word 表格处理的叙述中，不正确的是______。
   A. 可以平均分布各行或各列
   B. 对表格中的数据只能进行升序排列
   C. 可以对表格进行拆分或合并
   D. 可以将表格转换成文本
3. 在 Word 中，下列关于表格自动套用格式的叙述中，正确的是______。
   A. 只能直接用自动套用格式生成表格
   B. 每种自动套用的格式已固定，不能对其进行任何形式的修改
   C. 在套用一种格式后，不能更改为其他格式
   D. 可在生成新表时使用自动套用格式或插入表格后使用自动套用格式
4. 在 Word 的编辑状态下，选中整个表格并执行“表格”菜单中的“删除行”命令，则______。
   A. 整个表格被删除
   B. 表格中的第一行被删除

C. 表格中的第一行内容被删除

D. 只是表格被删除，表格中的内容不会被删除

5. 下列关于在 Word 中文字和表格之间转换的叙述，正确的是______。

A. 文字和表格不能进行转换　　B. 文字和表格可以相互转换

C. 只能将文字转换成表格　　D. 只能将表格转换成文字

6. 下列叙述中，正确的是______。

A. Word 中不能用公式对表格中的数据进行计算

B. Word 中绘制的表格不能自动套用格式

C. 可以在 Word 中插入 Microsoft Excel 工作表

D. Word 中的文字不能垂直排列

7. 在 Word 2007 中要建立一个表格，方法是______。

A. 用↑、↓、→、←光标键画表格

B. 用 Atl 键、Ctrl 键和↑、↓、→、←光标键画表格

C. 用 Shift 键和↑、↓、→、←光标键画表格

D. 选择“插入”选项卡中的表格命令

二、操作题

1. 在 Word 软件中按照要求绘制如题图 4-7 所示的表格，用 Word 的保存功能直接存盘。

时间 地点	1、2 节	3、4 节	
304 教室	英语	计算机	
205 教室	经济学	电子商务	
108 教室	高数	C 语言	备注：教学楼图片

题图 4-7

要求：

① 表格外框线为红色线条，内部均为蓝色线条，表格底纹设置为灰色-30%；

② 表格中的内容设置为宋体、五号、居中；

③ 为“304 教室、205 教室、108 教室”添加“礼花绽放”动态效果；

④ “备注：教学楼图片”上单元格插入一张合适的剪贴画。

2. 用 Word 软件制作题图 4-8 所示成绩表，按照题目要求完成后，用 Word 的保存功能直接存盘。

成　绩　表						
学号	姓名	语文	数学	英语	政治	总分
1	张红	80	85	82	90	
2	李力	56	56	69	66	
3	王刚	82	71	77	70	
4	赵晓虹	93	90	92	99	
5	郭丽	88	100	84	98	
平均分						

题图 4-8

要求：

① 利用绘制表格工具制作成绩表，并将线条绘制为红色双实线，大小设置为 0.25 磅。

② 将“成绩表”文字字体设置为隶书、二号、蓝色。

③ 将列标题和“平均分”文字字体设置为华文行楷、小四。

④ 用公式计算总分和平均分，并将计算结果放入相应的单元格中。

3. 在 Word 中绘制如题图 4-9 所示的课程表，按照题目要求完成后，用 Word 的保存功能直接存盘。

要求：

① 绘制的课程表样式、线条形状、线条颜色与所给图示一致；

② 将表格外部线条粗细设置为 3 磅 mw 部，线条粗细设置为 0.5 磅 get 格，底纹设置为灰色-20%；

软件工程专业课程表

时间	课程 日期	星期一	星期二	星期三	星期四	星期五
上	1、2 节	C++	组成原理		组成原理	高等数学
	8:00~10:00	C++	组成原理		组成原理	高等数学
	3、4 节	高等数学		JAVA	C++	
午	10:20~12:00	高等数学		JAVA	C++	
下	1、2 节	体育	英语	编译原理	英语	体育
	14:00~16:20	体育	英语	编译原理	英语	体育
	3、4 节		JAVA	高等数学		
午	16:40~18:30		JAVA	高等数学		
晚	1、2 节				大学语文	
上	19:30~21:20				大学语文	

题图 4-9

③ 将“软件工程专业课程表”字体设置为宋体、24 号；

④ 将课程列的文字字体设置为黑色、宋体、小五号、居中，时间列表示时间的字体设置为红色、Times New Roman、五号、居中，其他字体设置为黑色、宋体、五号、居中，日期行的文字字体设置为黑色、宋体、五号、居中。

任务五　邮件合并

利用邮件合并功能完成成批打印学生家庭通知书，其样本如题图 4-10 所示。

学号	姓名	物流学导论	高等数学	大学英语	地　理	应用文写作	体　育
321142001	黎彩娟	90	87	78	65	86	67
321142002	赵　勇	84	81	98	47	90	86
321142003	马旭娜	90	58	43	64	95	62
321142004	黄雅梅	86	83	67	82	40	80
321142005	阳少勤	88	87	98	83	98	81
321142006	韦小艺	85	65	40	88	67	80
321142007	蓝　波	55	75	95	75	87	70
321142008	王文婕	98	76	95	76	65	63
321142009	梁文浩	50	46	90	46	46	86
321142010	唐尚龙	75	82	86	65	76	87

（a）数据源

学生家庭通知书

尊敬的家长：

本学期教学工作已结束，为了使学校和家庭教育紧密结合，现将________本学期期末考试成绩单抄送您，请您积极配合学校教育好子女，使之全面发展，成长为现代化建设有用之才。

此致

敬礼！

南方职业技术学院
2008 年 1 月 20 日

附：_______ 在校表现情况：

<table>
<tr><td rowspan="2">学习情况</td><td>考试课程</td><td>物流学导论</td><td>高等数学</td><td>大学英语</td><td>应用文写作</td><td>地理</td><td>体育</td><td>总分</td><td>平均分</td></tr>
<tr><td>成绩</td><td></td><td></td><td></td><td></td><td></td><td></td><td></td><td></td></tr>
<tr><td>班主任评语</td><td colspan="9">班主任签章：</td></tr>
</table>

（b）学生家庭通知书样本

题图 4-10

PART 5

项目五 电子表格知识（Excel 2007）应用

任务一　学生成绩表制作

学习重点

本任务以学生成绩表的数据处理为例，介绍 Excel 的数据采集、数据处理和数据输出，其中包括数据录入、单元格设置、公式与函数、数据排序、数据筛选、数据图表等内容。

5.1.1　任务引入

新学期开始了，班主任陈老师交给班长李明一个任务，将上学期末各位老师给出的考试成绩单（大学英语、应用文写作、高等数学和计算机应用基础）进行整理，得到“各科成绩表”（见图 5-1），并计算出每人的总分、平均分，从高到低排列（见图 5-2），并查找出满足条件的记录（见图 5-3），为即将进行的奖学金评定做充分准备。

各科成绩表

学号	姓名	性别	大学英语	计算机应用	高等数学	应用文写作
020121601	杨海	男	78	89	91	75
020121602	张南洋	男	52	60	60	73
020121603	余华峰	男	85	80	88	90
020121604	叶钱军	男	70	55	60	60
020121605	吴星云	女	85	95	77	72
020121606	彭俊俊	男	60	62	55	60

图 5-1　各科成绩表成绩录入后

	A	B	C	D	E	F	G	H	I
1	各科成绩表								
2	学号	姓名	性别	大学英语	计算机应用	高等数学	应用文写作	总分	平均分
3	020121609	简丽平	男	89	85	95	92	361	90.3
4	020121614	樊兵	男	90	84	92	95	361	90.3
5	020121624	邱圣兰	女	90	87	85	93	355	88.8
6	020121631	丁一	女	89	90	85	80	344	86.0
7	020121603	余华峰	男	85	80	88	90	343	85.8

图 5-2　各科成绩表总分排序

各科成绩表

学号	姓名	性别	大学英语	计算机应用	高等数学	应用文写作	总分	平均分
020121626	黄莉	女	78	75	68	79	300	75.0
020121629	卢倩倩	女	67	77	72	69	285	71.3
020121620	蔡玉琼	女	78	67	77	60	282	70.5
020121610	李丽琴	女	65	72	60	76	273	68.3
020121627	赖琴琴	女	61	76	64	70	271	67.8
020121636	金瑶	女	65	66	73	62	266	66.5

图 5-3　用“自动筛选”查找出满足条件的记录

起初李明觉得很简单，但当他去完成任务时，手忙脚乱地忙活了半天都达不到要求，硬着头皮逐个输入，工作量非常大且很容易出错，不得已他把遇到的问题进行总结后，向熟悉 Excel 的张老师请教。

① 最高位是 0 的学号录入，输入“020121601”会变为“20121601”。

② 逐个计算总分、平均分，工作量太大。

③ 数据输入完成后，文字对齐的位置不同、标题太长致使列太宽。

④ 数据排序结果不正确。

⑤ 查找记录不成功，常常一个记录也没有。

经过张老师的指点，他快速、准确、漂亮地完成了这个任务。以下是张老师的解决方案。

张老师告诉他，首先建立一个新的 Excel 工作簿，并在一张空白工作表中输入数据，如果是有电子表格的成绩单，可将相应的工作表复制到新建工作簿中，如果是纸质的成绩单，则要将所有数据一一录入。

5.1.2 相关知识点

1．常用数据类型及输入技巧

在 Excel 中数据有多种类型，最常用的数据类型有文本型、数值型、日期型等。

文本型数据包括字母、数字、空格和符号，其对齐方式为左对齐；数值型数据包括 0～9、( )、+、-等符号，其对齐方式为右对齐。

快速输入有很多技巧，如利用填充柄自动填充、自定义序列、按 Ctrl+Enter 键可以在不相邻的单元格中自动填充重复数据等。

2．单元格的格式化设置

单元格的格式化包括设置数据类型、单元格对齐方式、设置字体、设置单元格边框及底纹等。

3．多工作表的操作

多工作表的操作，包括对工作表的重命名，工作表之间的复制、移动、插入、删除等，对工作表操作时一定要先选定工作表标签。

工作表之间数据的复制、粘贴、单元格引用等，都是在工作表单元格之间进行的。

4．公式和函数的使用

Excel 中的“公式”是指在单元格中执行计算功能的等式，所有公式都必须以“=”号开头，“=”后面是参与计算的运算数和运算符。

Excel 函数是一种预定义的内置公式，它使用一些称为参数的特定数值按特定的顺序或结构进行计算，然后返回结果。

5．数据的排序

排序方式有升序和降序，升序中数字按照从小到大的顺序排列，降序按照从大到小的顺序排列，空格总在后面。

排序并不是针对某一列进行的，而是以某一列的大小为顺序，对所有的记录进行排序。无论怎么排序，每一条记录的内容都不容改变，改变的只是它在数据清单中显示的位置。

6．数据筛选

数据筛选是使数据清单中只显示满足指定条件的数据记录，而将不满足条件的数据记录在视图中隐藏起来。

5.1.3　任务实施

在本节中，我们将利用 Excel 完成图 5-1 的创建工作和图 5-2、图 5-3 的简单数据处理工作。

① 利用各种输入技巧，建立图 5-1 中的“各科成绩表”，并对单元格进行格式化设置。

② 利用公式与函数进行总分、平均分的计算。

③ 对计算完成后的数据进行由高到低的排序，得到图 5-2 所示的排序结果。

④ 从图 5-2“各科成绩表”的数据中，利用数据筛选找出满足条件的记录，得到图 5-3 所示的自动筛选及高级筛选结果。

1．输入各科成绩表

（1）工作簿的建立

新建 Excel 工作簿“各科成绩表.xlsx”，操作步骤如下。

① 启动 Excel。

② 单击左上角的“Office 按钮”，在打开下拉菜单中选择“另存为”，在弹出的“另存为”对话框中将文件名由“Book1.xlsx”改为“各科成绩表”，单击对话框的“保存”按钮，将文件保存在个人文件夹中。

说　明

一个 Excel 工作簿就是一个磁盘文件，在 Excel 中处理的各种数据最终都是以工作簿文件的形式存储在磁盘上。

每个工作簿通常都是由多张工作表组成，启动 Excel 时，自动创建的工作簿“Book1”中默认包含“Sheet1”、“Sheet2”、“Sheet3”3 张工作表。用户可以根据实际需求插入或删除工作表。

每个工作表都是一个由若干行和列组成的二维表格。行号用数字表示（1～1 048 576 行），列标用大写英文字母表示（A，B，AA，AB，…，AZ，BA，BB，…，IV，共 16 834 列）。由行和列相交叉的区域称为单元格。每个单元格用其所在的列标和行号标识，称为单元格地址。例如 B 列 5 行交叉处的单元格用 B5 表示。单元格名为 C6 的表示第 6 行和第 C 列交叉处的单元格。

每个工作表可以有 16 384×1 048 576 个单元格，但全部被应用的情况是罕见的，通常只用到其中的一部分，甚至只是一小部分，如图 5-4 所示。

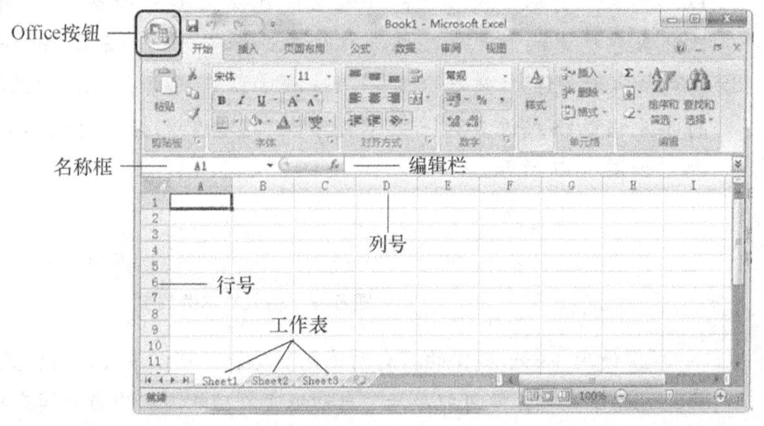

图 5-4　Excel 工作界面

（2）在工作表“Sheet1”中输入数据

工作表“Sheet1”中，输入图 5-1 所示的标题及表头数据，操作步骤如下。

① 在当前工作表“Sheet1”中，选中单元格 A1，输入标题“各科成绩表”，按 Enter 键。

② 在单元格 A2 中，输入“学号”，并按向右光标键→，使 B2 单元格成为当前单元格。

③ 输入“姓名”，也可按 Tab 键，使 C2 单元格成为当前单元格。用同样的方法依次输入表头的其他内容，输入完成后如图 5-5 所示。

	A	B	C	D	E	F	G	H	I
1	各科成绩表								
2	学号	姓名	性别	大学英	计算机	高等数	应用文写作		

图 5-5　输入标题及表头文字

输入“学号”列数据，操作步骤如下。

① 鼠标单击 A3 单元格，在 A3 单元格中，输入学号“020121601”，按 Enter 键后会发现单元格中的内容为“20121601”，说明在自动格式中以数字方式显示，所以数据前面的“0”被忽略。正确的输入方法是：首先输入英文标点单引号“'”，然后输入学号“020121601”。

② 鼠标指针指向 A3 单元格的“填充柄”(位于单元格右下角的小黑块)，此时鼠标指针变为黑十字，按住鼠标向下拖动填充柄，拖动过程中填充柄的右下角出现填充的数据，拖至目标数据时释放鼠标，填充效果如图 5-6 所示。

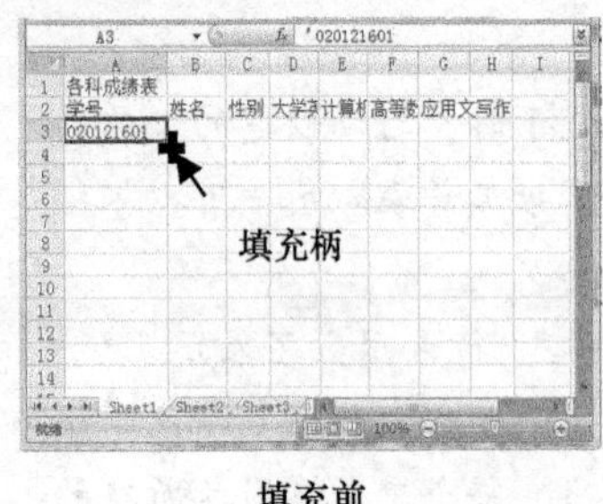

填充前

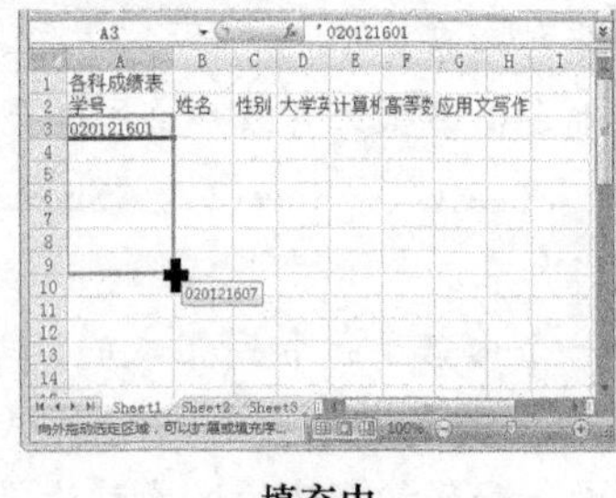

填充中

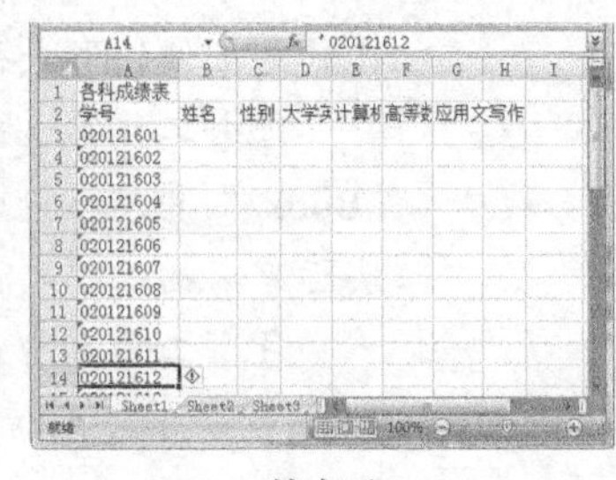

填充后

图 5-6　用填充柄填充数据

说　明

① 在实际工作中，像学号、电话号码、身份证号码、银行账号等数字信息并不需要参与数学运算，但又需要将数字显示出来，对于这类数字，我们可以“文本”的形式对待。除了在数字前交上英文标点“'”外，还可以选择要改变数字格式的单元格，在菜单栏中选择“格式—单元格”命令，打开“单元格格式”对话框，选择“数字”选项卡，在“分类”栏中选择“文本”选项，将单元格的格式设置为“文本类型”，这些单元格即可输入以上类型的数字信息，如图 5-7 所示。

	A	B	C	D
1	学号	电话号码	身份证号	银行账号
2	020121601	13912345678	360101199001011234	6225887912345678

图 5-7　输入文本型数字

② 使用 Excel 提供的“自动填充”功能，可以极大地减少数据输入的工作量。通过拖动填充柄，就可以激活“自动填充”功能。利用自动填充功能可以进行文本、数字、日期等序列的填充和数据的复制，也可以进行公式复制，如图 5-8 所示。

说　明

	A	B	C	D	E	F	G
1	星期一	星期二	星期三	星期四	星期五	星期六	星期日
2	一月	二月	三月	四月	五月	六月	七月

图 5-8　自动填充星期、月份

输入“姓名”列数据，操作步骤如下。

① 选择 B3 单元格，在 B3 单元格中输入姓名“杨海”，按 Enter 键。

② 在 B4 单元格中，输入姓名“张南洋”，按 Enter 键。

③ 用同样的方法依次输入姓名列的其他内容。

输入“性别”列数据，操作步骤如下。

① 选择 C3 单元格，在 C3 单元格中输入“女”。

② 鼠标指针指向 C3 单元格的填充柄，当鼠标指针变为黑十字时，双击“填充柄”，这时“性别”列的内容全部填充为“男”。但在实际情况中，“性别”列有些单元格的内容应该为“女”。

③ 选择第一个应该修改为“女”的单元格如 D5，在按住 Ctrl 键的同时，分别单击其他应修改的单元格。

④ 在被选中的最后一个单元格中输入“女”。

⑤ 同时按 Ctrl+Enter 键，可以看到，所有被选中单元格的内容都变为“女”，如图 5-9 所示。

C14　　fx　女

	A	B	C	D	E	F	G	H
1	各科成绩表							
2	学号	姓名	性别	大学英	计算机	高等数	应用文写作	
3	020121601	杨海	男					
4	020121602	张南洋	男					
5	020121603	余华峰	男					
6	020121604	叶钱军	男					
7	020121605	吴星云	女					
8	020121606	彭俊俊	男					
9	020121607	张骏鹏	男					
10	020121608	邓丽婷	女					
11	020121609	简丽平	男					
12	020121610	李丽琴	女					
13	020121611	邓冬林	女					
14	020121612	吴书明	女					

Sheet1　Sheet2　Sheet3

图 5-9　在多个不连续的单元格内输入相同的数据

小技巧

① 双击活动单元格的“填充柄”，若其下有空白的竖列单元格，则活动单元格中的内容会在竖列单元格内复制。自动产生的序列数由前一列向下直至遇到空白单元格为止的单元格个数决定，这种方法对于要填充的单元格区域较大(如超过一屏)的情况，显得极为方便。但如果前一列全部为空白单元格，则双击填充柄无效。遇到这种情况，只能使用向下拖动填充柄的方法实现。

② 如果想在多个单元格中输入相同的数据，只要选择所有需要包含此信息的单元格，在输入数值、文本或公式后，同时按住 Ctrl+Enter 键，则同样的信息会输入到被选择的所有单元格中。

（3）单元格计算

计算所有学生的“总分”（总分=大学英语+计算机应用+高等数学+应用文写作），操作步骤如下。

① 在 H2 单元格输入“总分”。

② 选择目标单元格 H3，在单元格中先输入“=”，表明后面输入的内容是公式。

③ 在“=”后，输入“D3+E3+F3+G3”，此时 H3 单元格及公式编辑栏中的公式为：“=D3+E3+F3+G3”，并且所引用的 4 个单元格被不同颜色的框线框起，如图 5-10 所示。

	A	B	C	D	E	F	G	H	I	J	K
1	各科成绩表										
2	学号	姓名	性别	大学英语	计算机应用	高等数学	应用文写作	总分			
3	020121601	杨海	男	78	89	91	75	=d3+e3+f3+g3			
4	020121602	张南洋	男	52	60	60	75				
5	020121603	余华峰	男	85	80	88	90				
6	020121604	叶钱军	男	70	55	60	60				
7	020121605	吴星云	女	85	95	77	72				
8	020121606	彭俊俊	男	60	62	55	60				

图 5-10　输入公式

④ 按 Enter 键或单击编辑栏中的“输入”按钮✓确定，此时 H3 单元格中将显示计算结果。

⑤ 鼠标指针指向 H3 单元格的填充柄，当鼠标指针变为黑十字时，双击填充柄，可将 H3 单元格的计算公式自动复制到 H4、H5 等其他单元格中。

注　意

① 在 Excel 的公式中最好包含单元格的引用，如“=D3+E3+F3+G3”，而不直接使用数值，如“=78+89+91+75”。因为在 Excel 中，用公式进行自动计算时，公式中的单元格引用都会被替换成相应的数值进行计算，即使对公式进行复制后，公式中的单元格引用也会自动调整，这样具有较强的通用性。但如果在公式中直接使用数值，则复制公式后公式中的数值都不会自动改变的。

② 在按 Enter 键或单击编辑栏中的“输入”按钮✓完成公式计算之前，千万不要用鼠标单击公式中不应包含的其他单元格，否则 Excel 会自动用选择的单元格来替换现有的公式引用。

说　明

① Excel 中的“公式”是指在单元格中执行计算功能的等式。公式可以在单元格中直接输入，也可以在编辑栏中输入。Excel 中所有公式都必须以“=”开头，若无“=”，则 Excel 会将其理解为正文，所以“=”是公式中绝对不可缺少的一个运算符。“=”后面是参与计算的运算数和运算符，每个运算数可以是常量、单元格或区域引用、单元格名称或函数等。

② Excel 提供了 4 种类型的运算符：算术运算符、比较运算符、文本运算符和引用运算符。

- 算术运算符：+（加）、-（减）、*（乘）、/（除）、^（乘方）、%（百分号）等，用于完成基本的数学运算。
- 比较运算符：=（等于）、<（小于）、>（大于）、<=（小于等于）、>=（大于等于）、<>（不等于），用于完成对两个数值的比较，并返回一个逻辑值 TRUE 或 FALSE。
- 文本运算符：&，用于连接字符串。
- 引用运算符：冒号“:”（区域运算符）、逗号“,”（联合运算符），用于对指定的区域引用进行合并计算。例如：

A1：B2 表示 A1、A2、B1、B2 共 4 个单元格参加运算；

说　明

A1，B2 表示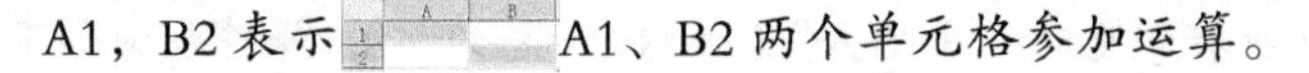A1、B2 两个单元格参加运算。

③ 运算符的优先级由高到低依次为：引用运算符、算术运算符、文本运算符、比较运算符。如果是相同优先级的运算符，按照从左到右的顺序进行运算；若要改变运算符顺序可以采用括号“( )”。

小技巧

以上总分的求和运算可以采用“公式”选项卡中的“自动求和”Σ按钮进行快速求和，方便快捷，不易出错，操作步骤如下。

① 选择目标单元格 H3，单击“公式”选项卡中的“自动求和”Σ按钮，单元格中出现了求和函数 SUM，Excel 自动选择范围 D3：G3，在函数下方还会出现函数的输入格式提示，如图 5-11 所示。如果自动选择的范围正确，按 Enter 键或单击“输入”✓按钮确认，H3 单元格中显示计算结果，如果自动选择的范围不正确，则需要修改引用的范围，再进行确认。

SUM　=SUM(D3:G3)

	A	B	C	D	E	F	G	H
1	各科成绩表							
2	学号	姓名	性别	大学英语	计算机应用	高等数学	应用文写作	总分
3	020121601	杨海	男	78	89	91	75	=SUM(D3:G3)
4	020121602	张南洋	男	52	60	60	73	SUM(number1, [number2], ...)
5	020121603	余华峰	男	85	80	88	90	
6	020121604	叶钱军	男	70	55	60	60	
7	020121605	吴星云	女	85	95	77	72	
8	020121606	彭俊俊	男	60	62	55	60	
9	020121607	张骏鹏	男	70	58	72	58	

图 5-11　SUM 函数计算总分

② 鼠标指向 H3 单元格右下方的填充柄，当鼠标指针变成黑十字时，双击填充柄即可得出每位同学的总分。

说　明

① 求和是表格中一种最常见的数据运算，因此 Excel 提供了快捷的自动求和方法，就是使用“公式”选项卡中的“自动求和”Σ按钮。它将自动的对活动单元格上方或左侧的数据进行求和计算。其实Σ按钮对应的就是一个 SUM 函数。

② 所有函数都包含 3 个部分：函数名、参数、圆括号。以求和函数 SUM 来说明。

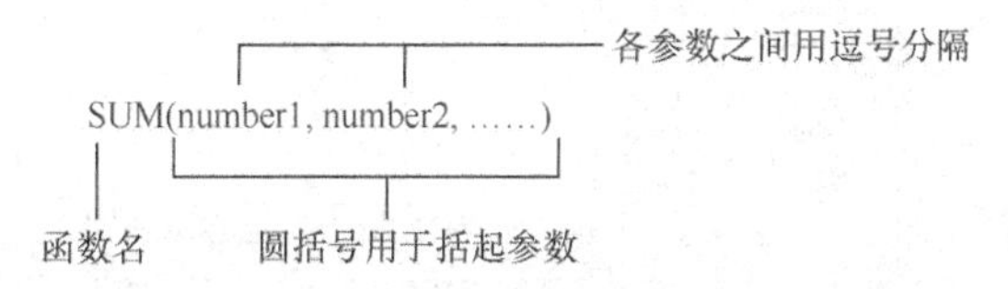

- SUM 是函数名称，从名称大略可知该函数的功能及用途是求和。
- 在函数中圆括号是不可以省略的。
- 参数是函数在计算时所必须使用的数据。函数的参数可以是数值、字符、逻辑值或是单元格引用，如 SUM(6，3)，SUM(D2：G2)等。

计算所有学生的“平均分”(平均分=总分/4)，操作步骤如下。

① 在I2单元格输入“平均分”。

② 选择目标单元格I3，在单元格中输入“=H3/4”，如图5-12所示。

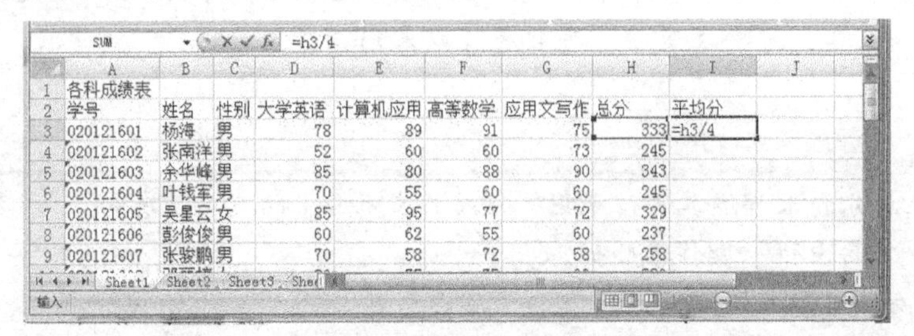

图5-12 输入平均分公式

说 明

③ 按Enter键或单击“输入”✓按钮确认，I3单元格中显示计算结果。

④ 鼠标指向I3单元格右下方的填充柄，当鼠标指针变成黑十字时，双击填充柄可得出每位同学的平均分，如图5-13所示。

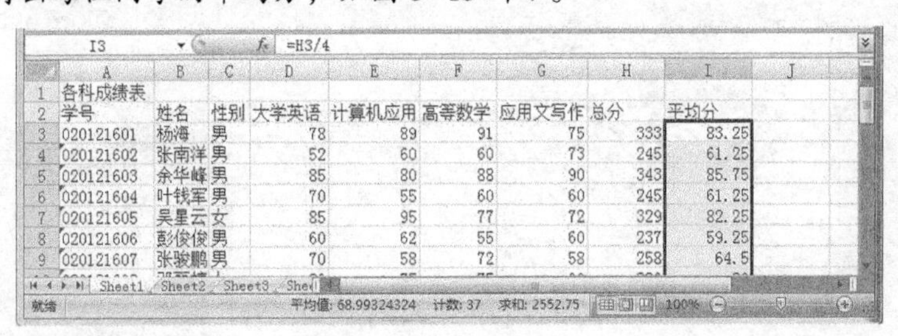

图5-13 公式填充后

求平均也是表格中一种常见的数据运算，也可使用“公式”选项卡中的“自动求和”Σ按钮，进行平均数的运算需要选择Σ按钮旁的下拉箭头，在列表选项中选择“平均值”，函数即自动填入选定单元格中。如I3单元格需要求平均值，如图5-14所示选择。

注 意

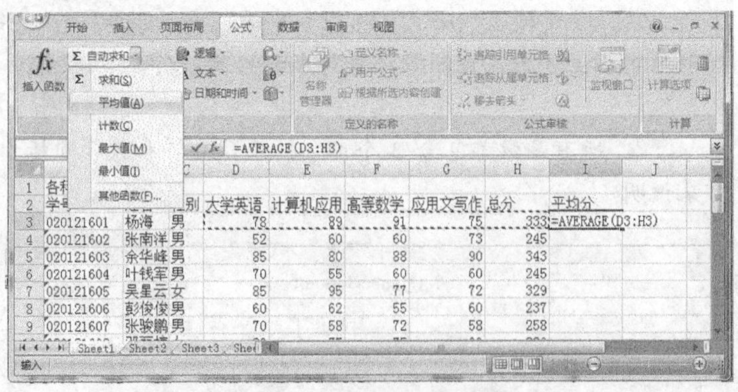

图5-14 “平均值”计算平均分

Excel自动选择的范围是活动单元格上方或左侧的数据进行计算，而I3单元格左侧的单元格包括了总分H3单元格，因此自动选择的范围不正确，需要修正为“=AVERAGE(D3:G3)”，才能得到正确的结果，如图5-15所示。

注 意

SUM =AVERAGE(D3:H3)

	A	B	C	D	E	F	G	H	I
1	各科成绩表								
2	学号	姓名	性别	大学英语	计算机应用	高等数学	应用文写作	总分	平均分
3	020121601	杨海	男	78	89	91	75	333	=AVERAGE(D3:H3)
4	020121602	张南洋	男	52	60	60	73	245	
5	020121603	余华峰	男	85	80	88	90	343	
6	020121604	叶钱军	男	70	55	60	60	245	
7	020121605	吴星云	女	85	95	77	72	329	
8	020121606	彭俊俊	男	60	62	55	60	237	
9	020121607	张骏鹏	男	70	58	72	58	258	

=AVERAGE(D3:G3)

图 5-15 修正公式

（4）单元格格式设置

将标题字体设置为“黑体、加粗、18 号”，并使标题在 A1：I1 区域内合并及居中，操作步骤如下。

① 选择 A1 单元格，在选项卡行中选择“开始”选项卡，在“开始”选项卡的“字体”功能组 “字体”列表框中选择“黑体”，在“字号”列表框中选择“18”，并单击“B”按钮加粗，如图 5-16 所示。

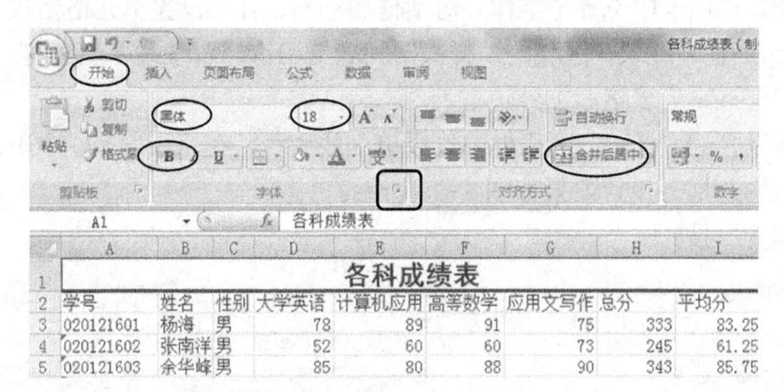

图 5-16 “开始”选项卡

以上操作也可通过对话框启动器进行设置，单击“字体”右下角的字体对话框启动器，在弹出“设置单元格格式”对话框，进行字体、字形和字号的设置，如图 5-17 所示。

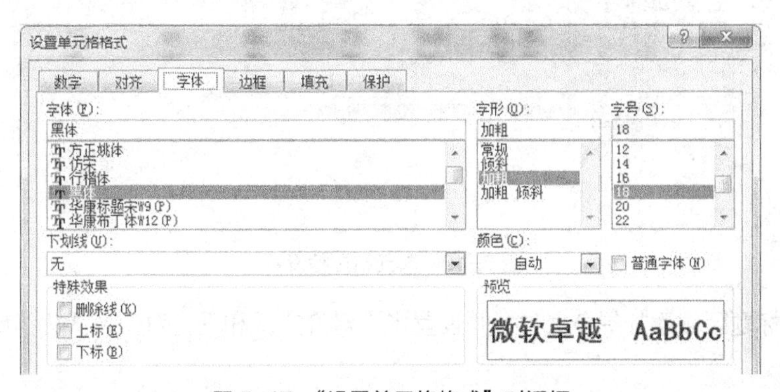

图 5-17 “设置单元格格式”对话框

② 选择单元格 A1：I1，同样在“开始”选项中，单击“合并及居中”按钮，这时选中的单元格区域合并为一个单元格，并且居中显示单元格中包含的内容。

将数据区域所有单元格的字号设置为“10”，水平对齐方式和垂直对齐方式设置为“居中”，

操作步骤如下。

① 选择单元格区域 A3：I39，在“开始”选项卡的“字号”下拉列表框中选择字号为“10”。

② 在“开始”选项卡“对齐方式”功能组中选择“水平居中”和“垂直居中”按钮。如图 5-18 所示。

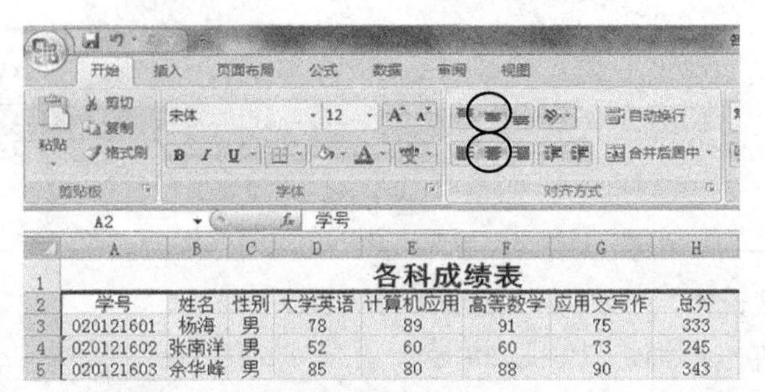

图 5-18　设置“垂直居中”和“水平居中”

将表格的外边框设置为双细线，内框线设置为单细线，操作步骤如下。

① 选择单元格区域 A3：I39。

② 在“开始”选项卡中选择“字体”对话框启动器，在“设置单元格格式”对话框中切换至“边框”选项卡，在“线条”区域的“样式”列表框中选择双细线═══，在“预置”栏中单击“外边框”按钮▢，为表格添加外边框。

③ 在“线条”区的“样式”列表框中选择单细线——，在“预置”栏中单击“内部”按钮田，为表格添加内边框。设置效果如图 5-19 所示。

④ 单击“确定”按钮。

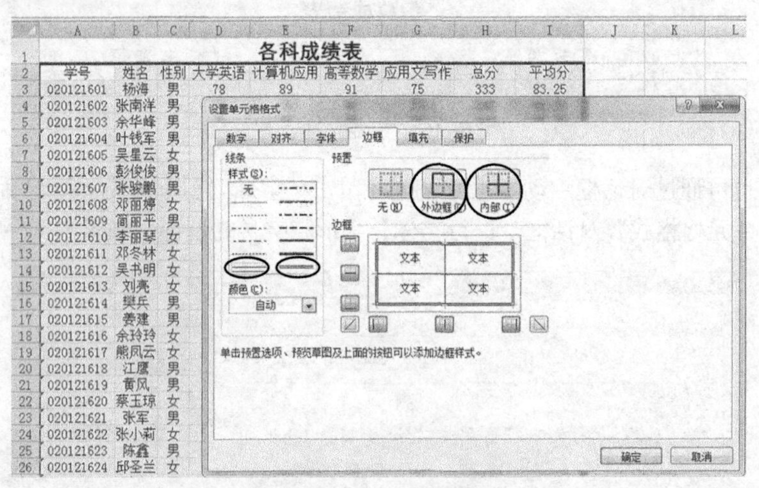

图 5-19　单元格边框设置

将表格列标题区域添加绿色底纹，并设置水平对齐方式和垂直对齐方式为“居中”，操作步骤如下。

① 选择表格列标题单元格区域 A2：I2。

② 在“开始”选项卡中选择“字体”对话框启动器，在“设置单元格格式”对话框中切换至“填充”选项卡，在“填充”的“背景色”栏中选择“绿色”，如图 5-20 所示。

③ 在“对齐”选项卡中分别在“水平对齐”、“垂直对齐”为“居中”。

图 5-20 单元格底纹设置

④ 单击“确定”按钮。

将表格列标题区行的行高设置为 30.00（40 像素），将各列列宽调整为最合适的列宽，操作步骤如下。

① 选择表格列标题单元格区域 A2：I2。

② 在“开始”选项卡中选择“单元格—格式”下拉列表框中“行高”，在“行高”对话框中填入 30，如图 5-21 所示。

图 5-21 行高设置

③ 单击“确定”按钮，行高设置完成。

④ 选择表格多列 A～I 列（选择列标 A，按住鼠标左键拖至列标 I 即可）。

⑤ 在“开始”选项卡中选择“单元格—格式”下拉列表中“自动调整列框”，完成列宽的设置。

小技巧

如果表格列宽设置同表格行高设置相同，为一个固定的数值，如 5，则表格会出现图 5-22 所示的情况，列标题文字不能完全显示，为了在列宽变窄的情况下能正常显示单元格内的文本，可以在一个单元格内将文本分两行显示，操作步骤如下。

① 选择“大学英语”所在单元格 D2，双击 D2 单元格，使该单元格处于编辑状态，将闪动的插入点定位在“大学”之后（需要换行的位置）。

② 同时按下 Alt+Enter 键，单元格中的文本被分为两行。

③ 重复①、②，可以对“计算机应用”、“高等数学”、“应用文写作”进行相同的换行操作，结果如图 5-22 所示。

也可以在“开始”选项卡中选择“字体”对话框启动器，在“设置单元格格式”中切换至“对齐”选项卡，在“文本控制”栏中选中“自动换行”复选框，如图 5-23 所示，可以将超出单元格宽度的文本自动换到下一行。但这种方法与使用 Alt+Enter 键换行的不同之处在于，前者只有当文本超出单元格宽度时才被换行，后者则不管文本是否超出单元格宽度，都会在指定位置强行换行。

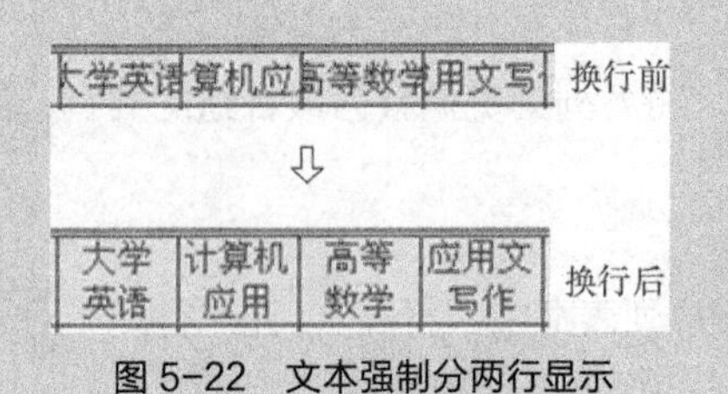

图 5-22 文本强制分两行显示

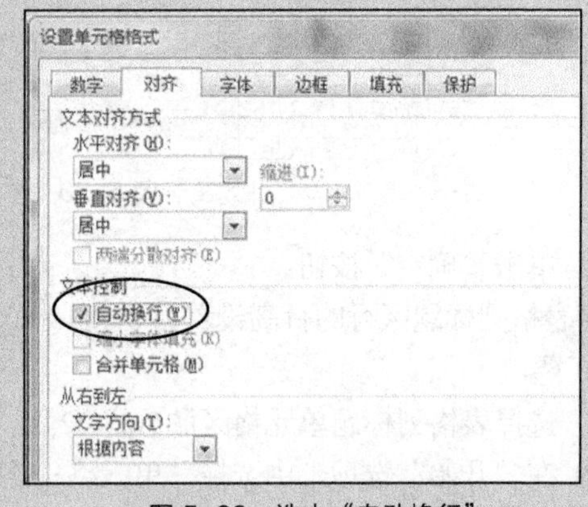

图 5-23 选中“自动换行”

将“平均分”的结果以保留一位小数的形式显示，操作步骤如下。

① 选择单元格区域 I3：I39。

② 在“开始”选项卡中选择“字体”对话框启动器，在“设置单元格格式”对话框中切换至“数字”选项卡，在“分类”列表框中选择“数值”，在“小数位数”数字框中选择或输入“1”，如图 5-24 所示。

③ 单击“确定”按钮。

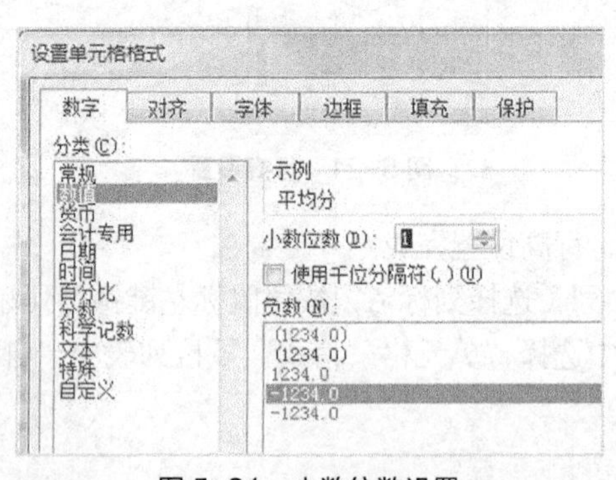

图 5-24 小数位数设置

说明

① “常规”数字格式是默认的数字格式。大多数情况下，“常规”格式的数字格式以输入的方式显示。但是，如果单元格的宽度不足以显示整个数字，则“常规”格式将对含有小数点的数字进行舍入，并对较大数字使用科学记数法。

② Excel 中包含许多可供选择的内置数字格式。“数字”选项卡中列出了这些数字格式。各分类的选项显示在“分类”列表的右边。在左边的分类框中将显示所有的格式，其中包括“会计专用”、“日期”、“时间”、“分数”、“科学记数”和“文本”等。如图 5-25 所示。

说　明

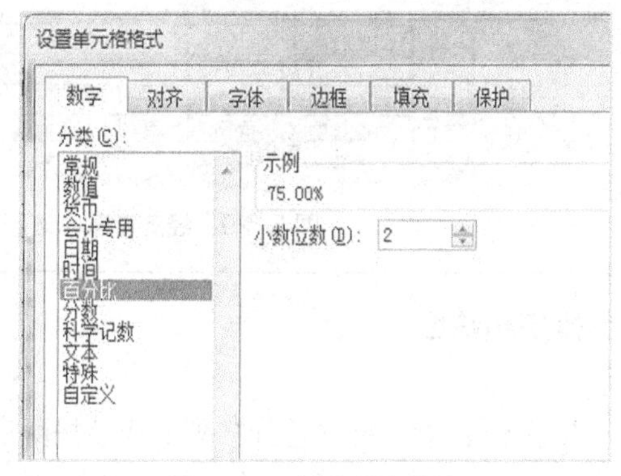

图 5-25　其他数字格式

（5）工作表更名

将当前工作表的名称“Sheet1”更名为“经济管理 1 班”，操作步骤如下。

① 用鼠标右键单击工作表“Sheet1”标签，弹出图 5-26 所示快捷菜单，选择“重命名”命令。

② 工作表标签出现反白时，输入新工作表名“经济管理 1 班”。

③ 按 Enter 键确认。

选择“重命名”命令

重命名中

重命名后

图 5-26　重命名工作表

说　明

对工作表的操作，常用的还有“插入”、“删除”、“移动或复制工作表”，都可以通过右键单击工作表标签弹出的快捷菜单来完成。例如“移动或复制工作表”，可用图 5-27、图 5-28 所示对话框来完成操作，效果如图 5-29 所示。

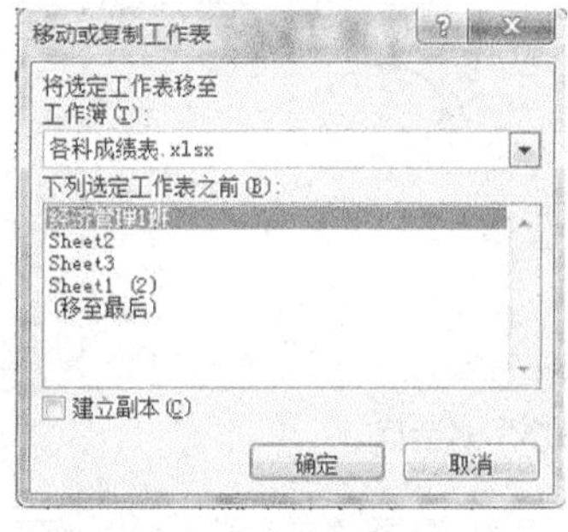

图 5-27　移动或复制工作表

图 5-28　选择目标工作表位置

说　明

18	020121616	余玲玲	女	80	62	43	65
19	020121617	熊凤云	女	60	61	76	64
20	020121618	江鹰	男	72	60	75	64
21	020121619	黄风	男	49	缺考	55	61

经济管理1班 / Sheet2 / Sheet3 / 经济管理1班 (2)

就绪

图 5-29　经济管理 1 班副本

2．各科成绩表的排序和筛选

（1）排序

在“经济管理 1 班”工作表中，将“总分”列的成绩按降序排列，操作步骤如下。

① 在“经济管理 1 班”工作表中，单击“总分”列中的任一单元格。

② 在“开始”选项卡“编辑”功能组的“排序和筛选”列表中选择“降序”命令，“总分”列成绩由高到低的降序方式进行排列。

注　意

对工作表中的某一列进行排序时，只需要单击该列中的任一单元格，而不能全选该列。否则，排序将只发生在选定列，其他列的数据将保持不变，这样做的结果可能会破坏原始工作表的数据结果，造成数据的错行。

说　明

① 常用的排序有升序和降序两种。在按升序排序时，Excel 按照这样的次序排序：数字从最小的负数到最大的正数进行排序；文本按 0～9、空格、各种符号、A～Z 的次序排序；空白单元格始终排在最后；在按降序排序时，除空白单元格总是在最后外，其他的排序次序相反。

② 使用“数据”选项卡中“排序和筛选”功能组的“升序”按钮和“降序”按钮可以快速将数据中的某一列进行排序，但是对多列进行排序时，就必须使用“排序”对话框。

在“经济管理 1 班（2）”工作表中，以“总分”为主要关键字按降序排列，以“学号”为次要关键字升序排列，操作步骤如下。

① 在“经济管理 1 班（2）”工作表中，单击数据中的任一单元格。

② 使用“数据”选项卡中“排序和筛选”功能组的“排序”按钮，打开“排序”对话框，如图 5-30 所示。

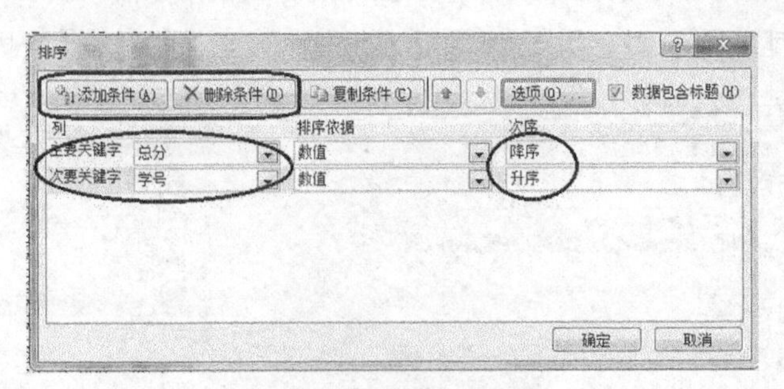

图 5-30　“排序”对话框

③ 在“排序”对话框的“主关键字”下拉列表中选择“总分”字段，在“次序”的下拉列表中选择“降序”；单击“添加条件”按钮，在“次要关键字”下拉列表中选择“学号”字段，

在“次序”的下拉列表中选择“升序”。

④ 单击“确定”按钮。排序后如图 5-31 所示。

各科成绩表

学号	姓名	性别	大学英语	计算机应用	高等数学	应用文写作	总分	平均分
020121609	简丽平	男	89	85	95	92	361	90.3
020121614	樊兵	男	90	84	92	95	361	90.3
020121624	邱奎三	女	90	87	85	93	355	88.8
020121631	丁一	女	89	90	85	80	344	86.0
020121603	余华峰	男	85	80	88	90	343	85.8

先按总分的降序排序，总分相同的，按学号的升序排序

图 5-31　按总分、学号排序后

说　明

工作表中如果有多个关键字排序，先按主要关键字排序，对于主关键字相同的记录，再按次要关键字排序，对于主要关键字和次要关键字都相同的记录，最后再按第三关键字排序，以此类推，不同于 Office 2003，Office 2007 版本支持一次对多个关键字排序。

（2）自动筛选

数据筛选是使数据区域中只显示满足指定条件的数据记录，而将不满足条件的记录在视图中隐藏起来。Excel 提供了“自动筛选”和“高级筛选”两种方式，“自动筛选”适用于简单条件筛选，“高级筛选”适用于复杂条件的筛选。

将“经济管理 1 班（2）”工作表更名为“自动筛选”，在“自动筛选”工作表中筛选出“总分”在 200～300 分之间（包括 200 和 300），“性别”为“女”的记录，操作步骤如下。

① 选择“经济管理 1 班（2）”工作表，重命名为“自动筛选”。

② 在“自动筛选”工作表中数据区域选择任一单元格。

③ 在“数据”选项卡中“排序和筛选”功能组中选择“筛选”按钮，如图 5-32 所示，此时数据区域的标题列自动出现下拉箭头。

④ 单击“总分”列旁的下拉列表箭头，在下拉列表中选择“数字筛选—自定义筛选”，打开“自定义自动筛选方式”对话框。

⑤ 在对话框中，设置第一个条件为“大于或等于”、“200”；设置第二个条件为“小于或等于”、“300”，并选择两个条件中间的单选按钮“与”，对话框设置如图 5-33 所示。

图 5-32　选择“筛选”按钮

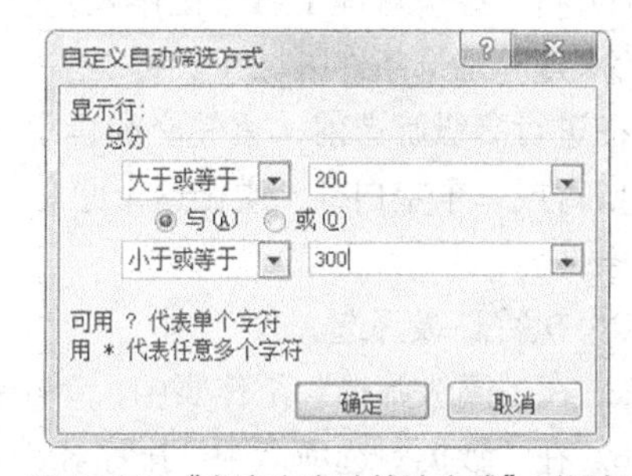

图 5-33　“自定义自动筛选方式”对话框

⑥ 单击“确定”按钮，“总分”的筛选完成。

⑦ 单击“性别”列旁的下拉列表箭头，在下拉列表框中选择“女”，如图 5-34 所示，工作表立即显示筛选的结果，如图 5-35 所示。

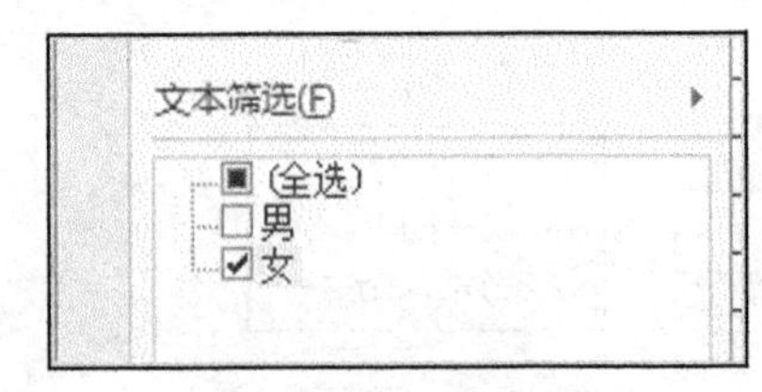

图 5-34　性别筛选

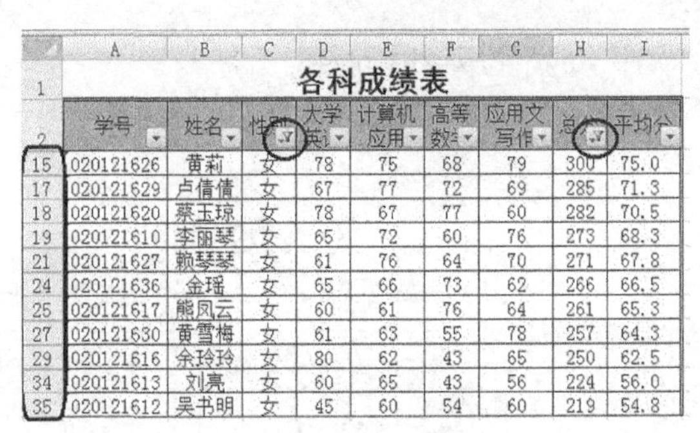

	A	B	C	D	E	F	G	H	I
1	各科成绩表								
2	学号	姓名	性别	大学英语	计算机应用	高等数学	应用文写作	总分	平均分
15	020121626	黄莉	女	78	75	68	79	300	75.0
17	020121629	卢倩倩	女	67	77	72	69	285	71.3
18	020121620	蔡玉琼	女	78	67	77	60	282	70.5
19	020121610	李丽琴	女	65	72	60	76	273	68.3
21	020121627	赖琴琴	女	61	76	64	70	271	67.8
24	020121636	金瑶	女	65	66	73	62	266	66.5
25	020121617	熊凤云	女	60	61	76	64	261	65.3
27	020121630	黄雪梅	女	61	63	55	78	257	64.3
29	020121616	余玲玲	女	80	62	43	65	250	62.5
34	020121613	刘亮	女	60	65	43	56	224	56.0
35	020121612	吴书明	女	45	60	54	60	219	54.8

图 5-35　筛选结果

说　明

① 在步骤④中出现的“自定义自动筛选方式”对话框中，单选按钮“与”表示上下两个条件必须同时满足；单选按钮“或”表示上下两个条件满足之一即可。

② 每个标题列的下拉列表里都有“升序排列”、“降序排列”、“按颜色排序”，如果要取消某一列的筛选，可选中列表框中的“全部”复选框返回到未筛选前的结果。

③ 一个工作表中的数据区域可进行多次筛选，下一次的筛选对象是上一次筛选的结果，最后筛选结果受所有筛选条件的影响，它们之间的逻辑关系是“与”的关系。

④ 取消所有列的筛选，在“数据”选项卡中“排序和筛选”功能组中再次单击“筛选”按钮即可。

（3）高级筛选

从前面的操作可以看出，自动筛选可以实现同一字段之间的“与”运算和“或”运算，通过多次筛选，也可以实现不同字段之间的“与”运算，但无法实现多个字段之间“或”运算。例如要从各科成绩表中筛选出所有单科成绩不及格的学生，就无法用自动筛选实现，只有使用高级筛选才能完成。

先将“经济管理 1 班”工作表复制一份，并将复制后的工作表更名为“高级筛选”，在“高级筛选”工作表中筛选出总分小于 200 分的男生或总分大于等于 300 分的女生的记录，操作步骤如下。

① 将“经济管理 1 班”工作表复制一份，并重命名为“高级筛选”。

② 建立筛选条件区域（关键）。

在进行高级筛选前，首先必须指定一个条件区域，条件区域与数据清单之间至少应留有一个空白行或一个空白列。遵循这个原则，我们在数据区后的 A41：B43 区域，输入图 5-36 所示筛选条件。

③ 执行高级筛选。

a. 在“高级筛选”工作表中，单击数据区中的任一单元格。

b. 在“数据”选项卡中“排序和筛选”功能组中单击“高级”按钮，打开“高级筛选”对话框，同时数据区域被自动选定，数据区域周围出现虚线选定框，表示默认为定义查询的“列表区域”。

c. 单击“条件区域”编辑框旁边的折叠按钮，拖动鼠标选中条件区域$A$41：$B$43，“高级筛选”对话框的设置如图 5-37 所示。

41	性别	总分
42	男	<200
43	女	>=300

图 5-36 建立条件区域

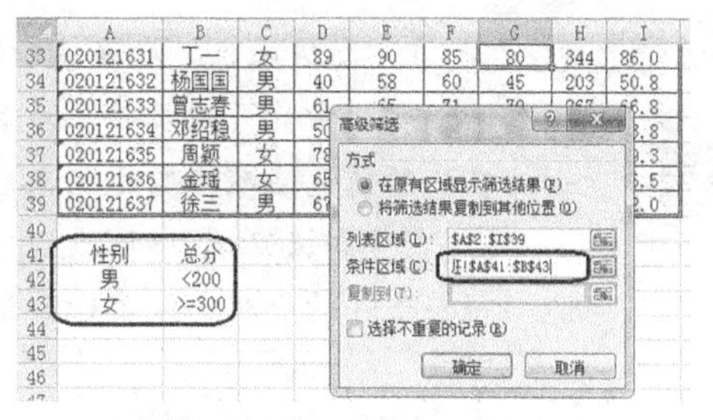

图 5-37 “高级筛选”列表区域、条件区域的选择

d. 在“高级筛选”对话框中，选择“将筛选结果复制到其他位置”单选按钮，激活“复制到”编辑框，选择一个起始单元格 A45，对话框的设置如图 5-38 所示。

e. 单击“确定”按钮，数据记录最后筛选结果如图 5-39 所示。

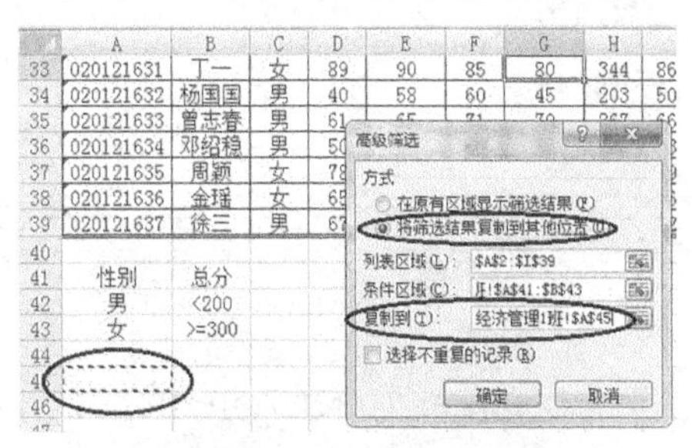

图 5-38 高级筛选对话框

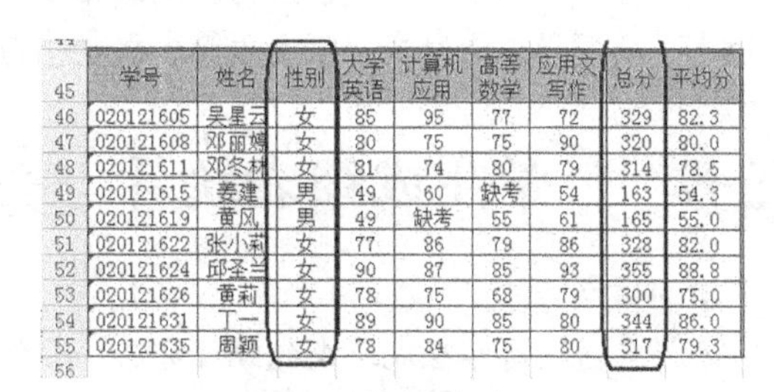

学号	姓名	性别	大学英语	计算机应用	高等数学	应用文写作	总分	平均分
020121605	吴星云	女	85	95	77	72	329	82.3
020121608	邓丽婷	女	80	75	75	90	320	80.0
020121611	邓冬林	女	81	74	80	79	314	78.5
020121615	姜建	男	49	60	缺考	54	163	54.3
020121619	黄风	男	49	缺考	55	61	165	55.0
020121622	张小莉	女	77	86	79	86	328	82.0
020121624	邱圣兰	女	90	87	85	93	355	88.8
020121626	黄莉	女	78	75	68	79	300	75.0
020121631	丁一	女	89	90	85	80	344	86.0
020121635	周颖	女	78	84	75	80	317	79.3

图 5-39 高级筛选结果

说明

① 在高级筛选中，主要是定义 3 个单元格区域：“列表区域”、“条件区域”、“复制到”。这些区域都定义好了，便可以进行高级筛选。

② 在高级筛选中，条件区域的构建最为复杂，条件的设置必须遵循以下原则。

- 条件区域与数据区域之间用空白行或空白列隔开。
- 条件区域至少应该有两行，第一行用来设置字段名，第二行及第二行以后则设置筛选条件。
- 条件区域的字段名必须与数据区域的字段名完全一致，最好通过复制来设置，如果设置的字段名有误则筛选不出任何记录，得到 0 条记录。
- 同一行的条件表示关系“与”，不同行的条件表示关系“或”。

例如：

从各科成绩表中筛选出所有单科成绩不及格的学生，应按图 5-40 所示设置条件。逻辑条件的含义是：大学英语<60 OR 计算机应用<60 OR 高等数学<60 OR 应用文写作<60。

从各科成绩表中筛选出所有各科成绩都大于等于 80 分的学生，应按图 5-41 所示设置条件，逻辑条件的含义是：大学英语>=80 AND 计算机应用>=80 AND 高等数学>=80 AND 应用文写作>=80。

大学英语	计算机应用	高等数学	应用文写作
<60			
	<60		
		<60	
			<60

图 5-40 “所有单科成绩不及格”条件

大学英语	计算机应用	高等数学	应用文写作
>=80	>=80	>=80	>=80

图 5-41 “所有各科成绩都大于等于 80 分”条件

③ 在“高级筛选”对话框中选择“将筛选结果复制到其他位置”时，在“复制到”编辑框中只要选择将要放置位置的左上角单元格即可，不需要指定区域，因为在筛选前无法确定筛选结果。

说　明

④ 在“高级筛选”对话框中选择“在原有区域显示筛选结果”，可以通过隐藏不符合条件的数据行来显示筛选的记录。

5.1.4　任务总结

经过张老师的讲解，李明圆满地完成了陈老师交给他的任务，且掌握了工作表的基本操作，如 Excel 的基本输入方法，工作表的格式化，单元格的复制、移动，工作表的插入、删除、重命名、移动和复制等，简单公式和函数的计算，数据的排序和筛选等内容。

通过任务一的学习，我们还可以对日常工作中的学习情况表、考试报名表、工资表、销售数据表、公司员工信息表、考勤表等各种表格进行计算和分析。

任务二　学生成绩表统计

学习重点

本任务通过对学生成绩表的统计分析，介绍 Excel 中的逻辑函数（AND/OR/IF）、统计函数（COUNT/COUNTIF/COUNTIFS）、条件格式的使用及 Excel 中的图表制作。

5.2.1　任务引入

李明完成了“各科成绩表”的制作，现在陈老师根据学生平时的表现打出了操行分，把评定奖学金的任务交给了李明，要求按平均分占 70%，操行分占 30%的比例计算出到班级同学的综合素质测评分，并根据综合素质测评分数排名评定出一、二、三等奖学金，完成“奖学金评定表”。此外为了解学生学习各门功课的情况，还需要根据“各科成绩表”制作“成绩统计表”及“各分数段人数统计图”，以便对全班的成绩进行统计分析。

现在他又遇到麻烦了，面对统计众多的数据，无从下手，于是他再次向张老师请教，经过张老师的指点，他顺利完成了对全部成绩的统计分析工作。

张老师告诉李明，要计算综合素质测评分很简单，只要自己编写公式，然后进行公式填充即可，至于奖学金评定，可以使用 IF 函数来完成，统计人数可以使用 COUNT、COUNTIF 等函数来完成。

5.2.2　相关知识点

1．排名函数 RANK

RANK 函数返回一个数字在数字列表中的排位。

2．逻辑判断函数 IF

IF 函数的功能是：判断给出的条件是否满足，如果满足返回一个值，如果不满足则返回另一个值。

3．统计函数 COUNTIF、COUNTIFS

COUNTIF、COUNTIFS 函数用来统计指定区域内满足给定条件的单元格数目。

4．条件格式

条件格式的功能是突出显示满足特定条件的单元格。如果单元格中的值发生了改变而不满足设定的条件时，Excel 会暂停突出显示的格式。

5．图表

利用工作表中的数据制作图表，可以更加清晰、直观和生动的表现数据。图表比数据更易于表达数据之间的关系及数据变化的趋势。

5.2.3　任务实施

在本任务中，我们将利用 Excel 完成经济管理 1 班奖学金的评定及成绩的统计工作。

① 利用公式计算出综合素质测评分。

② 利用 RANK 函数排名。

③ 利用 IF 函数进行奖学金评定。

④ 利用统计函数 COUNTIF 和 COUNTIFS，对成绩表中的各分数段人数进行统计。

⑤ 利用统计函数 COUNTIF 和 COUNT，对成绩表中各科及格率和优秀率进行统计。

⑥ 对统计数据建立“成绩统计图”。

1．制作“奖学金评定表”

（1）准备工作

打开“各科成绩表.xlsx”工作簿，将文件另存为“统计表.xlsx”，将“自动筛选”、“高级筛选”工作表删除。

选择“经济管理 1 班”工作表，将标题“各科成绩表”更名为“奖学金评定表”，在“平均分”列后增加“操行分”列标题，并输入班级每位学生操行分数。如图 5-42 所示。

	A	B	C	D	E	F	G	H	I	J
1	奖学金评定表									
2	学号	姓名	性别	大学英语	计算机应用	高等数学	应用文写作	总分	平均分	操行分
3	020121601	杨海	男	78	89	91	75	333	83.3	90
4	020121602	张南洋	男	52	60	60	73	245	61.3	70
5	020121603	余华峰	男	85	80	88	90	343	85.8	95
6	020121604	叶钱军	男	70	55	60	60	245	61.3	70
7	020121605	吴星云	女	85	95	77	72	329	82.3	90
8	020121606	彭俊俊	男	60	62	55	60	237	59.3	60
9	020121607	张骏鹏	男	70	58	72	58	258	64.5	70
10	020121608	邓丽婷	女	80	75	75	90	320	80.0	90
11	020121609	简丽平	男	89	85	95	92	361	90.3	95

图 5-42　准备工作

（2）公式、函数计算

在“操行分”列标题后增加“综合素质测评分”列标题，按照平均分占 70%、操行分占 30% 计算出所有学生综合素质测评分，操作步骤如下。

① 选择 K2 单元格，输入文字“综合素质测评分”。

② 选择目标单元格 K3，在单元格中输入“=I3*0.7+J3*0.3”，如图 5-43 所示。

	A	B	C	D	E	F	G	H	I	J	K	L
1	奖学金评定表											
2	学号	姓名	性别	大学英语	计算机应用	高等数学	应用文写作	总分	平均分	操行分	综合素质测评分	
3	020121601	杨海	男	78	89	91	75	333	83.3	90	=I3*0.7+J3*0.3	
4	020121602	张南洋	男	52	60	60	73	245	61.3	70		
5	020121603	余华峰	男	85	80	88	90	343	85.8	95		
6	020121604	叶钱军	男	70	55	60	60	245	61.3	70		

图 5-43　输入公式

③ 按 Enter 键或单击“输入”✓按钮确认，K3 单元格中显示计算结果。

④ 鼠标指向 K3 单元格右下方的填充柄，当鼠标指针变成黑十字时，双击填充柄可得出每位同学的综合素质测评分。

在“综合素质测评分”列标题后增加“排名”列标题，并利用 RANK 函数计算综合素质测评分排名，操作步骤如下。

① 在 L2 单元格中输入“名次”。

② 选择目标单元格 L3，单击“公式”选项卡最左边的“插入函数”按钮 f_x，打开“插入函数”对话框，在“或选择类别”下拉框中选择“统计”，如图 5-44 所示。

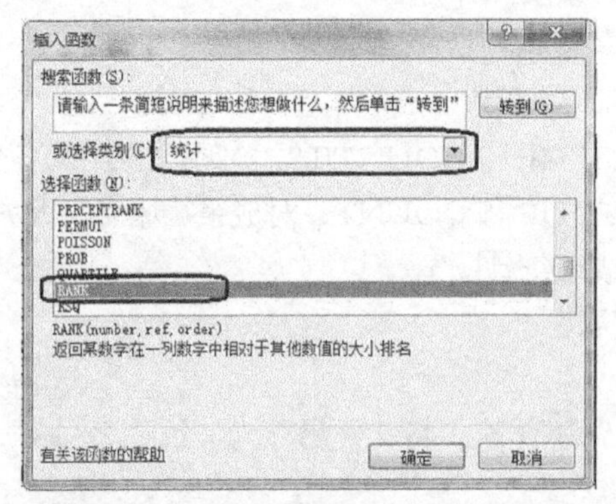

图 5-44　插入函数“选择类别”和“选择函数”

③ 在“选择函数”列表框中选择“RANK”函数，单击“确定”按钮，打开“函数参数”对话框。或者在“公式”选项卡中的“其他函数”下拉列表中选择“统计”，找到“RANK”函数，也可打开“函数参数”对话框，如图 5-45 所示。

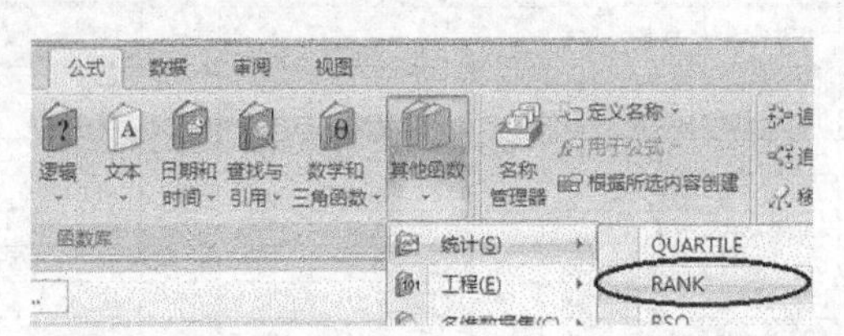

图 5-45　其他函数中选择“统计”找到 RANK

④ 在对话框中，将插入点定位在第一个参数“Number”处，从当前工作表中选择“K3”单元格；再将插入点定位在第二个参数“Ref”处，从当前工作表中选择单元格区域“K3：K39”，如图 5-46 所示。

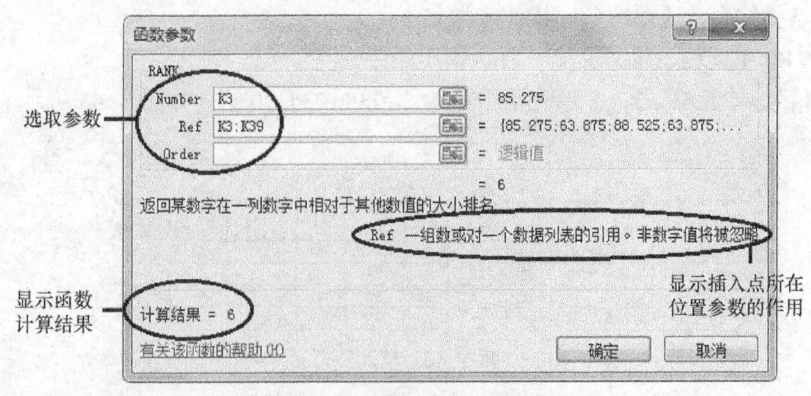

图 5-46　“函数参数”对话框

⑤ 单击“确定”按钮，在K3单元格中返回计算结果“6”，双击填充柄。排名结果如图5-47所示。

A	B	C	D	E	F	G	H	I	J	K	L
奖学金评定表											
学号	姓名	性别	大学英语	计算机应用	高等数学	应用文写作	总分	平均分	操行分	综合素质测评分	排名
020121601	杨海	男	78	89	91	75	333	83.3	90	85.28	6
020121602	张南洋	男	52	60	60	73	245	61.3	70	63.88	27
020121603	余华峰	男	85	80	88	90	343	85.8	95	88.53	4
020121604	叶钱军	男	70	55	60	60	245	61.3	70	63.88	26
020121605	吴星云	女	85	95	77	72	329	82.3	90	84.58	5
020121606	彭俊俊	男	60	62	55	60	237	59.3	60	59.48	28
020121607	张骏鹏	男	70	58	72	58	258	64.5	70	66.15	22
020121608	邓丽婷	女	80	75	75	90	320	80.0	90	83.00	6

图5-47　排名结果

说　明

RANK函数是排定名次的函数，用于返回一个数值在一组数值中的排序，排序时不改变该数值原来的位置。

语法格式为：RANK（number，ref，order）

- number：为需要找到排位的数字。
- ref：为数字列表组或数字列表的引用。
- order：为一数字，指明排位的方式。为0或省略，按照降序排列；不为0，按照升序排列。

检查“排名”列的结果，我们会发现排名不正确。同样是第6名，但是平均分却不同，为什么不同的分数排名却相同呢？我们来看看两个第6名的计算公式：

双击L3单元格，公式显示=RANK(K3,K3:K39)

双击L10单元格，公式显示=RANK(K10,K10:K46)

检查RANK函数的第1个参数，确实为综合素质测评分所在单元格，而第2个参数本来应该是所有学生的综合素质测评分单元格区域“K3：K39”，但到了L10单元格为什么变成了“K10：K46”呢？

这是因为在设置了目标单元格L3的排名后使用了填充柄的原因。填充柄的作用就是对公式进行复制，Excel会自动将粘贴区域的公式调整为与该区域有关的相对位置。我们查看通过填充柄复制的公式如下：

L3=RANK(K3，K3：K39)

L4=RANK(K4，K4：K40)

L5=RANK(K5，K5：K41)

……

L10=RANK(K10，K10：K46)

……

从这些填充的公式可以看到，第2个参数单元格区域“K3：K39”，它不应该随着单元格的复制而变化。在Excel中，公式所在的位置发生了变化，公式中的单元格引用也会有相应得变化，这是“相对引用”，也是Excel默认的引用方式。要保证在复制公式时单元格区域“K3：K39”固定不便，就必须使用“绝对引用”。

“绝对引用”总是指向固定的单元格或单元格区域，无论公式怎么复制也不会改变引用位置。使用“绝对引用”的方法很简单，只要在“相对引用”的基础上，在列字母和行数字之前分别加上美元符号“$”就可以了。例如：把“K3：K39”改为绝对引用“$K$3：$K$39”。

于是，对L3单元格公式进行修改，双击L3单元格，光标定位到第2格参数位置，按F4键，将选定区域切换成绝对引用“$K$3：$K$39”，如图5-48所示，然后按Enter键或单击“输入”✓按钮确认，双击填充柄可得到正确的排名。

奖学金评定表

学号	姓名	性别	大学英语	计算机应用	高等数学	应用文写作	总分	平均分	操行分	综合素质测评分	排名
020121601	杨海	男	78	89	91	75	333	83.3	90	85.28	=RANK(K3,$K$3:$K$39)
020121602	张南洋	男	52	60	60	73	245	61.3	70	63.88	27
020121603	余华峰	男	85	80	88	90	343	85.8	95	88.53	4
020121604	叶钱军	男	70	55	60	60	245	61.3	70	63.88	26
020121605	吴星云	女	85	95	77	72	329	82.3	90	84.58	5

图5-48　相对引用切换为绝对引用

➢ 相对引用：公式中的相对单元格引用是基于包含公式和单元格引用的单元格的相对位置。如果公式所在单元格的位置改变，引用也随之改变。如果多行或多列地复制公式，引用会自动调整。默认情况下，新公式使用相对引用。例如，如果将单元格B2中的相对引用复制到单元格B3，将自动从“=A1”调整到“=A2”。

➢ 绝对引用：单元格中的绝对单元格引用（如$A$1）总是在指定位置引用单元格。如果公式所在单元格的位置改变，绝对引用保持不变。如果多行或多列地复制公式，绝对引用将不作调整。默认情况下，新公式使用相对引用，需要将它们转换为绝对引用。例如，如果将单元格B2中的绝对引用复制到单元格B3，则在两个单元格中一样，都是$A$1。

➢ 混合引用：混合引用具有绝对列和相对行，或是绝对行和相对列。绝对引用列采用$A1、$B1等形式。绝对引用行采用A$1、B$1等形式。如果公式所在单元格的位置改变，则相对引用改变，而绝对引用不变。如果多行或多列地复制公式，相对引用自动调整，而绝对引用不作调整。例如，如果将一个混合引用从A2复制到B3，它将从“=A$1”调整到“=B$1”。

	A	B
1		
2		=A1
3		=A2

相对引用

	A	B
1		
2		=$A$1
3		=$A$1

绝对引用

	A	B	C
1			
2		=A$1	
3			=B$1

混合引用

在“排名”列标题后增加“奖学金”列标题，排名在1～3名评定为“一等”，排名在4～7名评定为“二等”，排名在8～12名评定为“三等”，操作步骤如下。

① 在M2单元格中输入“奖学金”。

② 选择目标单元格M3，输入公式：“=IF(AND(L3>=1,L3<=3),"一等","")”，如图5-49所示。

RANK　=IF(AND(L3>=1,L3<=3),"一等","")

奖学金评定表

学号	姓名	性别	大学英语	计算机应用	高等数学	应用文写作	总分	平均分	操行分	综合素质测评分	排名	奖学金
020121601	杨海	男	78	89	91	75	333	83.3	90	85.28	6	=IF(AND(L3>=1,L3<=3),"一等","")
020121602	张南洋	男	52	60	60	73	245	61.3	70	63.88	28	
020121603	余华峰	男	85	80	88	90	343	85.8	95	88.53	4	

图5-49　评定一等奖学金公式输入

③ 按 Enter 键或单击“输入”✓按钮确认，双击填充柄，得到“一等”的评定。

④ 重新选择单元格 M3，在编辑栏中修改公式为：“=IF(AND(L3>=1,L3<=3),"一等",IF(AND(L3>=4,L3<=7),"二等",""))”，如图 5-50 所示，按 Enter 键或单击“输入”✓按钮确认，双击填充柄，得到“一等”及“二等”的评定。

=IF(AND(L3>=1,L3<=3),"一等",IF(AND(L3>=4,L3<=7),"二等",""))

IF(logical_test, [value_if_true], [value_if_false])

奖学金评定表

性别	大学英语	计算机应用	高等数学	应用文写作	总分	平均分	操行分	综合素质测评分	排名	奖学金
男	78	89	91	75	333	83.3	90	85.28	6	=IF(AND(L3>=1,L3<=3),"一等",IF(AND(L3>=4,L3<=7),"二等",""))
男	52	60	60	73	245	61.3	70	63.88	28	
男	85	80	88	90	343	85.8	95	88.53	4	

图 5-50 评定一等、二等奖学金公式修改

⑤ 再重新选择单元格 M3，在编辑栏中修改公式为：“=IF(AND(L3>=1,L3<=3),"一等",IF(AND(L3>=4,L3<=7),"二等",IF(AND(L3>=8,L3<=12),"三等",""))），如图 5-51 所示，按 Enter 键或单击“输入”✓按钮确认，双击填充柄，奖学金“一等”、“二等”、“三等”的评定完成，如图 5-52 所示。

RANK =IF(AND(L3>=1,L3<=3),"一等",IF(AND(L3>=4,L3<=7),"二等",IF(AND(L3>=8,L3<=12),"三等","")))

IF(logical_test, [value_if_true], [value_if_false])

奖学金评定表

学号	姓名	性别	大学英语	计算机应用	高等数学	应用文写作	总分	平均分	操行分	综合素质测评分	排名	奖学金
020121601	杨海	男	78	89	91	75	333	83.3	90	85.28	6	=IF(AND
020121602	张南洋	男	52	60	60	73	245	61.3	70	63.88	28	
020121603	余华峰	男	85	80	88	90	343	85.8	95	88.53	4	二等

图 5-51 评定一等、二等、三等奖学金公式修改

	A	B	C	D	E	F	G	H	I	J	K	L	M
1	奖学金评定表												
2	学号	姓名	性别	大学英语	计算机应用	高等数学	应用文写作	总分	平均分	操行分	综合素质测评分	排名	奖学金
3	020121601	杨海	男	78	89	91	75	333	83.3	90	85.28	6	二等
4	020121602	张南洋	男	52	60	60	73	245	61.3	70	63.88	28	
5	020121603	余华峰	男	85	80	88	90	343	85.8	95	88.53	4	二等
6	020121604	叶钱军	男	70	55	60	60	245	61.3	70	63.88	28	
7	020121605	吴星云	女	85	95	77	72	329	82.3	90	84.58	7	二等
8	020121606	彭俊俊	男	60	62	55	60	237	59.3	60	59.48	33	
9	020121607	张骏鹏	男	70	58	72	58	258	64.5	70	66.15	25	
10	020121608	邓丽婷	女	80	75	75	90	320	80.0	90	83.00	9	三等
11	020121609	简丽平	男	89	85	95	92	361	90.3	95	91.68	1	一等
12	020121610	李丽琴	女	65	72	60	76	273	68.3	70	68.78	21	
13	020121611	邓冬林	女	81	74	80	79	314	78.5	80	78.95	11	三等

图 5-52 评定一等、二等、三等奖学金结果

说 明

① IF 函数是条件函数，如果指定条件的计算结果为 TRUE，IF 函数将返回某个值；如果该条件的计算结果为 FALSE，则返回另一个值。

语法格式为：IF（logical_test，value_if_true，value_if_false）

- logical_test：要检查的条件。
- value_if_true：条件为真时返回的值。
- value_if_false：条件为假时返回的值。

② AND 函数是逻辑函数，所有参数的逻辑值为真时，返回 TRUE；只要一个参数的逻辑值为假，即返回 FALSE。

语法：

AND（logical1,logical2, ...）

- logical1, logical2...：是 1 到 255 个待检测的条件。

例如：

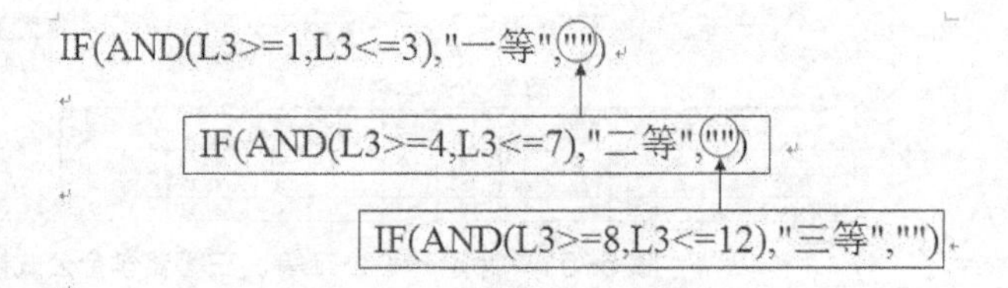

③ 在步骤②中，输入的公式“=IF(AND(L3>=1,L3<=3),"一等","")”，表示 L3 单元格的值大于等于 1 并且小于等于 3 为真时，返回“一等”，为假时返回""（空字符串）。

可按如下步骤来书写及修改公式，以判断 L3 单元格为例：

排名在 1–3 名评定为“一等”：IF(AND(L3>=1,L3<=3),"一等","") ---------①

排名在 4–7 名评定为“二等”：IF(AND(L3>=4,L3<=7),"二等","") ---------②

排名在 8–12 名评定为“三等”：IF(AND(L3>=8,L3<=12),"三等","")---------③

将②式嵌套入①式中为假的部分，即""部分，再将③式嵌套入②式中为假的部分，如图 5-53 所示。

IF(AND(L3>=1,L3<=3),"一等","")

IF(AND(L3>=4,L3<=7),"二等","")

IF(AND(L3>=8,L3<=12),"三等","")

图 5-53　公式修改步骤

完整的公式是：=IF(AND(L3>=1,L3<=3),"一等",IF(AND(L3>=4,L3<=7),"二等",IF(AND(L3>=8,L3<=12),"三等","")))。

IF 函数多重嵌套一般情况下可以将它看做分段函数，IF 嵌套书写前，首先要理解要求，并将要求数学化，也就是使用数学的模式表达出来，那么问题就很容易解决了。

注　意

① 其中的符号如逗号和引号皆为英文(也就是半角)。

② IF 的右括号放在了条件的后面，有几个 IF 语句。公式最后就应该有几个右括号“)”，不要漏掉，这是在多个条件使用 if 函数进行嵌套时非常容易犯的错误。

奖学金评定后，对表格格式进行格式化，操作要点如下。

① 单元格区域 A1：M1，重新合并并居中。

② 单元格区域 A2：M39，字体为“宋体”、“10”磅。

③ “综合素质测评分”列数值保留 2 位小数。

④ 单元格区域 A2：M39，列宽为“最合适列宽”。

⑤ 表格外框线设置为双实线，内框线设置为单实线。

格式化后，效果图如图 5-54 所示。

2．用统计函数与公式制作“成绩统计表”

（1）准备工作

选择工作表“Sheet2”，重命名为“成绩统计表”，建立图 5-55 所示表格。

奖学金评定表												
学号	姓名	性别	大学英语	计算机应用	高等数学	应用文写作	总分	平均分	操行分	综合素质测评分	排名	奖学金
020121601	杨海	男	78	89	91	75	333	83.3	90	85.28	6	二等
020121602	张雨洋	男	52	60	60	73	245	61.3	70	63.88	28	
020121603	余华峰	男	85	80	88	90	343	85.8	95	88.53	4	二等
020121604	叶领军	男	70	55	60	60	245	61.3	70	63.88	28	
020121605	吴昊云	女	85	95	77	72	329	82.3	90	84.58	7	二等
020121606	彭俊俊	男	60	62	55	60	237	59.3	60	59.48	33	
020121607	张晓毅	男	70	58	72	58	258	64.5	70	66.15	25	
020121608	邓丽婷	女	80	75	75	90	320	80.0	90	83.00	9	三等
020121609	简丽平	男	89	85	95	92	361	90.3	95	91.68	1	一等
020121610	李丽琴	女	65	72	60	76	273	68.3	70	68.78	21	
020121611	邓冬林	女	81	74	80	79	314	78.5	80	78.95	11	三等
020121612	吴书明	女	45	60	54	60	219	54.8	70	59.33	34	
020121613	刘亮	女	60	65	43	56	224	56.0	60	57.20	36	
020121614	龚兵	男	90	84	92	95	361	90.3	90	90.18	3	一等
020121615	龚建	男	49	60	60	缺考	169	56.3	70	60.43	32	
020121616	余玲玲	女	80	62	43	65	250	62.5	70	64.75	27	
020121617	熊凤云	女	60	61	76	64	261	65.3	70	66.68	24	
020121618	江嵩	男	72	60	75	64	271	67.8	80	71.43	18	
020121619	黄风	男	49	60	缺考	61	170	56.7	70	60.67	31	
020121620	熊玉琼	女	78	67	77	60	282	70.5	80	73.35	16	
020121621	张军	男	45	59	60	54	218	54.5	70	59.15	35	
020121622	张小莉	女	77	86	79	86	328	82.0	90	84.40	8	三等
020121623	李鑫	男	75	83	63	82	303	75.8	85	78.53	12	三等
020121624	邱孟兰	女	90	87	85	93	355	88.8	95	90.63	2	一等
020121625	谢力	男	65	67	71	65	268	67.0	70	67.90	22	
020121626	黄莉	女	78	75	68	79	300	75.0	80	76.50	13	
020121627	魏琴琴	女	61	76	64	70	271	67.8	80	71.43	18	
020121628	张加金	男	55	60	56	61	232	58.0	70	61.60	30	
020121629	卢倩倩	女	67	77	72	69	285	71.3	80	73.88	15	
020121630	黄雪梅	女	61	63	55	78	257	64.3	80	68.98	20	
020121631	丁一	女	89	90	85	80	344	86.0	90	87.20	5	二等
020121632	杨国国	男	40	58	60	45	203	50.8	70	56.53	37	
020121633	曾志泰	男	61	65	71	70	267	66.8	70	67.73	23	
020121634	邓绍艳	男	50	67	67	71	255	63.8	70	65.63	26	
020121635	周薇	女	78	84	75	80	317	79.3	90	82.48	10	三等
020121636	金瑶	女	65	66	73	62	266	66.5	85	72.05	17	
020121637	徐三	男	67	78	64	79	288	72.0	80	74.40	14	

图 5-54　奖学金评定完成后

成绩统计表				
课程	大学英语	计算机应用	高等数学	应用文写作
班级平均分				
班级最高分				
班级最低分				
90-100(人)				
80-89(人)				
70-79(人)				
60-69(人)				
59以下(人)				
及格率				
优秀率				

图 5-55　准备工作

（2）跨工作表的单元格引用

在“成绩统计表”工作表中统计出各科成绩的“班级平均分”、“班级最高分”、“班级最低分”，操作要点如下。

① 在“成绩统计表中”选择目标单元格 B3。

② 在“公式”选项卡中选择“插入函数”，在“输入函数”对话框中选择函数“AVERAGE”，单击确定。

③ 选择“经济管理 1 班”工作表，并选定单元格区域“D3：D39”，选定后，“输入函数”对话框中“Number1”后将自动填入选定的区域，如图 5-56 所示。

④ 在“输入函数”对话框中选择“确定”按钮。

⑤ 使用填充柄，将公式复制至 C3、D3、E3 单元格，结果如图 5-57 所示。

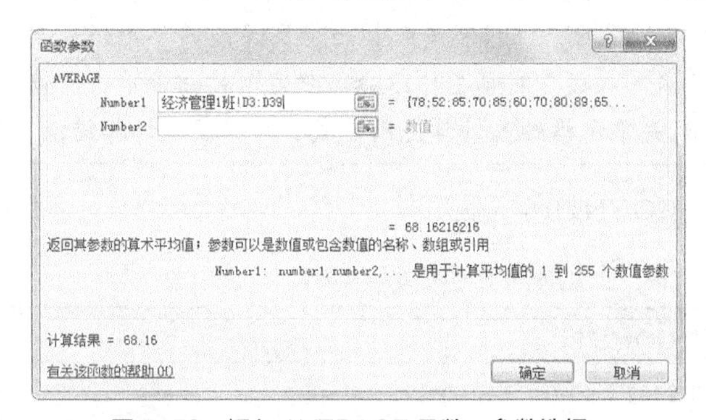

图 5-56　插入 AVERAGE 函数，参数选择

	A	B	C	D	E
1	成绩统计表				
2	课程	大学英语	计算机应用	高等数学	应用文写作
3	班级平均分	68.16	70.95	69.47	71.50
4	班级最高分				
5	班级最低分				
6	90-100(人)				
7	80-89(人)				
8	70-79(人)				
9	60-69(人)				
10	59以下(人)				

图 5-57　公式复制

⑥ 在“成绩统计表中”选择目标单元格 B4。

⑦ 在“公式”选项卡中选择“插入函数”，在“输入函数”对话框中选择函数“MAX”，

单击“确定”按钮。选择“经济管理 1 班”工作表，并选定单元格区域“D3：D39”，选定后，在“输入函数”对话框中选择“确定”按钮。使用填充柄，将公式复制至 C3、D3、E3 单元格。

⑧ 在“成绩统计表中”选择目标单元格 B5。

⑨ 在“公式”选项卡中选择“插入函数”，在“输入函数”对话框中“选择类别”选择“统计”，选择函数列表框中选择“MIN”，单击“确定”按钮。选择“经济管理 1 班”工作表，并选定单元格区域“D3：D39”，选定后，在“输入函数”对话框中选择“确定”按钮。使用填充柄，将公式复制至 C3、D3、E3 单元格。

“班级平均分”、“班级最高分”、“班级最低分”统计结果如图 5-58 所示。

	A	B	C	D	E
1	成绩统计表				
2	课程	大学英语	计算机应用	高等数学	应用文写作
3	班级平均分	68.16	70.95	69.47	71.50
4	班级最高分	90	95	95	95
5	班级最低分	40	55	43	45
6	90-100(人)				
7	80-89(人)				
8	70-79(人)				
9	60-69(人)				
10	59以下(人)				
11	及格率				
12	优秀率				

图 5-58　平均分、最高分、最低分统计结果

说　明

① MAX 函数：返回一组值中的最大值。语法格式：MAX(number1,number2,...)。

② MIN 函数：返回一组值中的最小值。语法格式：MIN(number1,number2,...)。

③ 如果要引用同一个工作簿中其他工作表的单元格，可以在单元格地址前面加上工作表名称。跨工作表引用的一般格式为“工作表名！单元格地址”。例如：在“成绩统计表”的 B3 单元格的公式“=AVERAGE(经济管理 1 班！D3：D39)”，表明对经济管理 1 班工作表的 D3：D39 单元格区域求平均值，“！”是工作表和区域引用之间的分隔符。

注　意

① 在“成绩统计表中”，能够使用填充柄复制 4 门课程的“班级平均分”“班级最高分”“班级最低分”的前提条件是：“成绩统计表”中 4 门课程的顺序和“经济管理 1 班”中的 4 门课程顺序一致，否则将会导致错误的结果。

② 在进行跨工作表单元格引用时，注意不要选择与范围无关的单元格或单元格区域，选定区域后，在“输入函数”对话框中选择“确定”按钮或单击“输入”✓按钮进行确认，以避免无关单元格纳入计算范围造成公式错误或计算错误。

（3）统计函数 COUNT、COUNTIF、COUNTIFS 的使用

表 5-1　COUNT、COUNTIF、COUNTIFS 函数功能说明

COUNT	
功能	返回包含数字以及包含参数列表中的数字的单元格的个数
语法	COUNT(value1,value2,...)
说明	Value1, value2, ... 为包含或引用各种类型数据的参数（1～30 个），但只有数字类型的数据才能被计算

续表

COUNTIF	
功能	统计制定区域内满足条件的单元格数目
语法	COUNTIF(Range,Criteria)
说明	Range 指定单元格区域，Criteria 表示指定的条件表达式，条件表达式的形式可以使数字、表达式或文本
COUNTIFS	
功能	统计一组给定条件所指定的单元格数
语法	COUNTIFS(Range1, Criteria1, Range2, Criteria2, ...)
说明	Range 指定单元格区域，Criteria 表示指定的条件表达式，与 COUNTIF 不同的是该函数可以对满足多个条件的单元格数目进行统计

用 COUNTIF 函数，将“经济管理 1 班”各科成绩各分数段人数的统计结果放置到“成绩统计表”的相应单元格，操作要点如下。

① 在“成绩统计表”中，选择目标单元格 B6(对应“90-100(人)”)。

② 在“公式”选项卡中选择“插入函数”，打开“输入函数”对话框，在“或选择类别”下拉列表框中选择“统计”，在“选择函数”列表框中选择“COUNTIF”函数，单击“确定”按钮，打开“函数参数”对话框。

③ 在“函数参数”对话框中，将插入点定位在第 1 个参数“Range”处，再单击“经济管理 1 班”工作表，并选定单元格区域“D3：D39”；将插入点定位到第 2 个参数“Criteria”处，输入统计条件“">=90"”，如图 5-59 所示。在“输入函数”对话框中选择“确定”按钮。

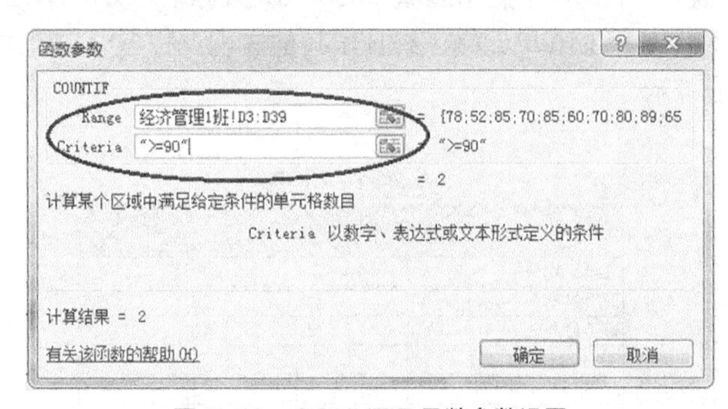

图 5-59　COUNTIF 函数参数设置

④ 在“成绩统计表”中，选择目标单元格 B10(对应“59 以下(人)”)。

⑤ 在编辑栏处输入“=COUNTIF(经济管理 1 班!D3:D39,"<60")”，单击“输入”✓按钮进行确认。

⑥ 在“成绩统计表”中，选择目标单元格 B7(对应“80-89(人)”)。

⑦ 在“公式”选项卡中选择“插入函数”，打开“输入函数”对话框，在“或选择类别”下拉列表框中选择“统计”，在“选择函数”列表框中选择“COUNTIFS”函数，单击“确定”按钮，打开“函数参数”对话框。

⑧ 在“函数参数”对话框中，将插入点定位在第 1 个参数“Range1”处，再单击“经济管理 1 班”工作表，并选定单元格区域“D3：D39”；将插入点定位到第 2 个参数“Criteria1”处，

输入统计条件“">=80"”，再将插入点定位在第 3 个参数“Range2”处，再单击“经济管理 1 班”工作表，并选定单元格区域“D3：D39”；将插入点定位到第 4 个参数“Criteria2”处，输入统计条件“"<=89"”，如图 5-60 所示。在“输入函数”对话框中选择“确定”按钮。最后使用填充柄，将公式复制至 C7、D7、E7 单元格。

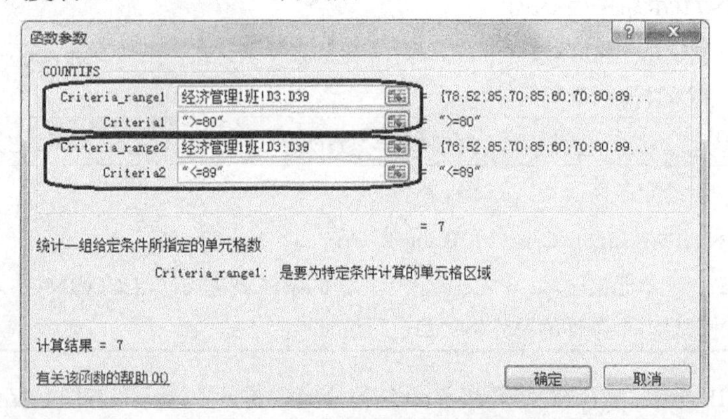

图 5-60　COUNTIFS 函数参数设置

⑨ 在“成绩统计表”中，选择目标单元格 B8(对应“70-79(人)”)。

⑩ 在编辑栏处输入“=COUNTIFS(经济管理 1 班!D3:D39,">=70",经济管理 1 班!D3:D39,"<=79")”，按 Enter 键确认。

⑪ 在“成绩统计表”中，选择目标单元格 B9(对应“60-69(人)”)。

⑫ 在编辑栏处输入“=COUNTIFS(经济管理 1 班!D3:D39,">=60",经济管理 1 班!D3:D39,"<=69")”，按 Enter 键确认。

⑬ 在“成绩统计表”中，选择单元格区域 B6：B10，鼠标指向 B10 单元格右下角的填充柄，当鼠标变成**+**时，向右拖动至 E10 单元格，统计出其他 3 门课程各分数段人数。

完成后如图 5-61 所示。

	A	B	C	D	E
1	成绩统计表				
2	课程	大学英语	计算机应用	高等数学	应用文写作
3	班级平均分	68.16	70.95	69.47	71.50
4	班级最高分	90	95	95	95
5	班级最低分	40	55	43	45
6	90-100(人)	2	2	3	5
7	80-89(人)	7	8	4	4
8	70-79(人)	9	7	12	11
9	60-69(人)	11	16	11	12
10	59以下(人)	8	4	6	4
11	及格率				
12	优秀率				

图 5-61　各分数段人数统计结果

注　意

COUNTIF 函数的第二个参数“Criteria”如果是表达式，应该为">=60"的形式，表示在第一个参数 Range 的范围内统计处满足“Criteria”给定条件的单元格数目。注意：必须在表达式或字符串两边加上西文双引号。

用 COUNTIF 和 COUNT 函数，将“经济管理 1 班”各科成绩的及格率和优秀率统计结果放置到“成绩统计表”的相应单元格，操作要点如下。

① 在“成绩统计表”中，选择目标单元格 B11。

② 先使用 COUNTIF 函数计算出大学英语大于等于 60 分的人数（>=60），使用函数对话框完成（步骤略）或在编辑栏输入公式“=COUNTIF(经济管理 1 班!D3:D39,">=60")”。

③ 在计算出及格人数后，修改公式，在公式的最后添加除号“/”。

④ 在除号后添加参加大学英语考试的总人数，使用 COUNT 函数进行计数，可使用函数对话框完成（步骤略）或在编辑栏修改公式为“=COUNTIF(经济管理 1 班!D3:D39,">=60")/COUNT(经济管理 1 班!D3:D39)”。如图 5-62 所示。

B11 =COUNTIF(经济管理1班!D3:D39,">=60")/COUNT(经济管理1班!D3:D39)

图 5-62 B11 单元格填写公式

⑤ 优秀率统计的是成绩大于等于 90 分的人数所占参加考试的人数的比率，重复步骤②③④，只需将 COUNTIF 函数里的条件部分改为“>=90”即可，完整计算公式如图 5-63 所示。

B12 =COUNTIF(经济管理1班!D3:D39,">=90")/COUNT(经济管理1班!D3:D39)

图 5-63 B12 单元格填写公式

⑥ 对计算结果进行格式化，选择目标单元格区域 B11:E12，打开“开始”选项卡中 “数字”对话框启动器，在“设置单元格格式”对话框的“数字”选项卡中选择“百分比”，小数位数 2 位，按 Enter 键确认。设置完成后如图 5-64 所示。

成绩统计表

课程	大学英语	计算机应用	高等数学	应用文写作
班级平均分	68.16	70.95	69.47	71.50
班级最高分	90	95	95	95
班级最低分	40	55	43	45
90-100(人)	2	2	3	5
80-89(人)	7	8	4	4
70-79(人)	9	7	12	11
60-69(人)	11	16	11	12
59以下(人)	8	4	6	4
及格率	78.38%	89.19%	83.33%	88.89%
优秀率	5.41%	5.41%	8.33%	13.89%

图 5-64 及格率和优秀率统计结果

说 明

在数据处理和数据统计中经常会用到一些逻辑函数、数学函数、日期时间函数和文本函数，常用函数使用方法参看表 5-2～表 5-5。

➢ 逻辑函数：OR、NOT。

表 5-2 逻辑函数 OR、NOT 功能说明

OR	
功能	所有参数的逻辑值为真时，返回 TRUE；只要一个参数的逻辑值为假，即返回 FALSE
语法	OR(logical1, logical2,...)
说明	logical1, logical2...：是 1 到 255 个待检测的条件

续表

NOT	
功能	对参数的逻辑值求反，参数为 TRUE 时，返回 FALSE，参数为 FALSE 时，返回 TRUE
语法	NOT (Logical)
说明	Logical 是待检测的条件

例如：

	A	B		结果显示
1	85	=OR(A1>80,A2>80)	- - ->	TRUE
2	76	=AND(A1>80,A2>80)	- - ->	FALSE
3		=NOT(B1)	- - ->	TRUE

➢ 数学函数。

说　明

表 5-3　　数学函数 ABS、INT、ROUND、PRODUCT、MODE 功能说明

ABS	
功能	返回数字的绝对值
语法	ABS(number)
说明	number 为需要计算其绝对值的实数
INT	
功能	将数字向下舍入到最接近的整数
语法	INT(number)
说明	number 为需要进行向下舍入取整的实数
ROUND	
功能	返回某个数字按指定位数取整后的数字
语法	ROUND(number,num_digits)
说明	number 为需要进行四舍五入的数字，num_digits 为指定的位数，按此位数进行四舍五入 • 如果 num_digits 大于 0，则四舍五入到指定的小数位 • 如果 num_digits 等于 0，则四舍五入到最接近的整数 • 如果 num_digits 小于 0，则在小数点左侧进行四舍五入
PRODUCT	
功能	将所有以参数形式给出的数字相乘，并返回乘积值
语法	PRODUCT(number1,number2,...)
说明	number1, number2,... 为 1～30 个需要相乘的数字参数

续表

MODE	
功能	返回在某一数组或数据区域中出现频率最多的数值
语法	MODE (number1,number2,...)
说明	number1, number2,... 是用于众数计算的 1 到 30 个参数，也可以使用单一数组（即对数组区域的引用）来代替由逗号分隔的参数

例如：

	A	B		结果显示
1	-6.5	=ABS(A1)	--->	6.5
2	7.9	=INT(A2)	--->	7
3	-7.9	=INT(A3)	--->	-8
4	2.139	=ROUND(A4,1)	--->	2.1
5	-1.475	= ROUND(A5,2)	--->	-1.48
6	21.5	= ROUND(A6,-1)	--->	20
7	2	2		
8	4	2		
9	6	=PRODUCT(A7:A9)	--->	48
10	1	=MODE(A7:B9)	--->	2

➢ 日期时间函数。

表 5-4 日期时间函数 DAY、MONTH、YEAR、WEEKDAY 功能说明

DAY	
功能	返回以序列号表示的某日期的天数，用整数 1～31 表示
语法	DAY(serial_number)
说明	serial_number 要查找的日期
MONTH	
功能	返回以序列号表示的日期中的月份
语法	MONTH(serial_number)
说明	serial_number 表示要查找的月份的日期
YEAR	
功能	返回某日期对应的年份
语法	YEAR(serial_number)
说明	serial_number 为一个日期值，其中包含要查找年份的日期
WEEKDAY	
功能	返回某日期为星期几
语法	WEEKDAY(serial_number,return_type)
说明	serial_number 表示一个顺序的序列号，代表要查找的那一天的日期 sreturn_type 为确定返回值类型的数字 • 1 或省略：数字 1（星期日）到数字 7（星期六） • 2：数字 1（星期一）到数字 7（星期日） • 3：数字 0（星期一）到数字 6（星期日）

例如：

	A	B
1	2015-5-23	=DAY(A1)
2	2015-5-23	=MONTH(A2)
3	2015-5-23	=YEAR(A3)
4	2015-5-23	=WEEKDAY(A4)
5	2015-5-23	=WEEKDAY(A5,2)
6	2015-5-23	=WEEKDAY(A6,3)

结果显示
23
5
2015
7
6
5

➢ 文本函数。

表 5-5　　文本函数 LEN、LEFT、RIGHT、MID 功能说明

LEN	
功能	返回文本字符串中的字符数
语法	LEN(text)
说明	text 是要查找其长度的文本。空格将作为字符进行计数
LEFT	
功能	根据所指定的字符数，LEFT 返回文本字符串中第一个字符或前几个字符
语法	LEFT(text,num_chars)
说明	text 是包含要提取的字符的文本字符串 num_chars 指定要由 LEFT 提取的字符的数量 • num_chars 必须大于或等于零 • 如果 num_chars 大于文本长度，则 LEFT 返回全部文本 • 如果省略 num_chars，则假设其值为 1
RIGHT	
功能	RIGHT 根据所指定的字符数返回文本字符串中最后一个或多个字符
语法	RIGHT(text,num_chars)
说明	text 是包含要提取字符的文本字符串 num_chars 指定要由 RIGHT 提取的字符的数量 • num_chars 必须大于或等于零 • 如果 num_chars 大于文本长度，则 RIGHT 返回所有文本 • 如果省略 num_chars，则假设其值为 1
MID	
功能	MID 返回文本字符串中从指定位置开始的特定数目的字符，该数目由
语法	MID(text,start_num,num_chars)
说明	text 是包含要提取字符的文本字符串 start_num 是文本中要提取的第一个字符的位置。文本中第一个字符的 start_num 为 1，以此类推 num_chars 指定希望 MID 从文本中返回字符的个数 • 如果 start_num 大于文本长度，则 MID 返回空文本("")。 • 如果 start_num 小于文本长度，但 start_num 加上 num_chars 超过了文本的长度，则 MID 只返回至多直到文本末尾的字符 • 如果 start_num 小于 1，则 MID 返回错误值#VALUE! • 如果 num_chars 是负数，则 MID 返回错误值#VALUE!

例如：

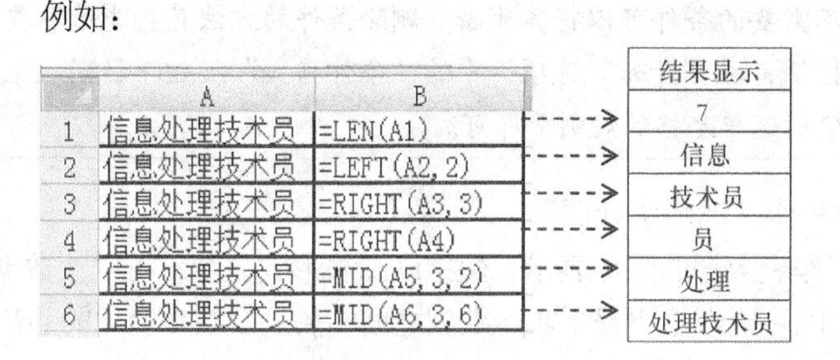

	A	B	结果显示
1	信息处理技术员	=LEN(A1)	7
2	信息处理技术员	=LEFT(A2, 2)	信息
3	信息处理技术员	=RIGHT(A3, 3)	技术员
4	信息处理技术员	=RIGHT(A4)	员
5	信息处理技术员	=MID(A5, 3, 2)	处理
6	信息处理技术员	=MID(A6, 3, 6)	处理技术员

（4）条件格式

经过统计后，发现 60 以下的人数还比较多，特别是大学英语课程。因此为了解哪些学生哪些课程不及格，需要在成绩表中突出显示，我们使用条件格式来显示。

条件格式的功能是突出显示满足条件的单元格。如果单元格中的值发生了改变而不满足设定的条件时，Excel 会暂停突出显示的格式。

在“经济管理 1 班”工作表中，利用条件格式将课程成绩不及格的单元格设置为“黄色底纹红色加粗字体”，并将所有“缺考”的单元格设置为“绿色底纹蓝色加粗字体”，操作要点如下。

① 在“经济管理 1 班”工作表中，选择目标单元格区域 D3：G39。

② 在“开始”选项卡中的“条件格式”按钮下拉列表框中选择“新建规则”，打开“新建格式规则”对话框。

③ 在“新建格式规则”对话框的“选择规则类型”中选择“只为包含以下内容的单元格设置格式”，在“编辑规则说明”中，选择“单元格数值”选项，接着选定比较关系“小于”，然后在右侧的编辑栏中输入“60”。如图 5-65 所示。

④ 单击“格式”按钮，打开“设置单元格格式”对话框，在“字体”选项卡中选择“红色”、“加粗”，在“填充”选项卡中选择“黄色”，单击“确定”按钮，返回“新建格式规则”对话框。

⑤ 单击“确定”按钮，完成课程不及格的条件单元格设置。

⑥ 重复步骤②、③，在“新建格式规则”对话框的“编辑规则说明”中，设置为“单元格数值”，“等于”，“缺考”；字体颜色为“蓝色”、“加粗”，填充颜色为“绿色”。

⑦ 单击“确定”按钮，完成缺考的条件格式的设置。条件格式设置效果如图 5-66 所示。

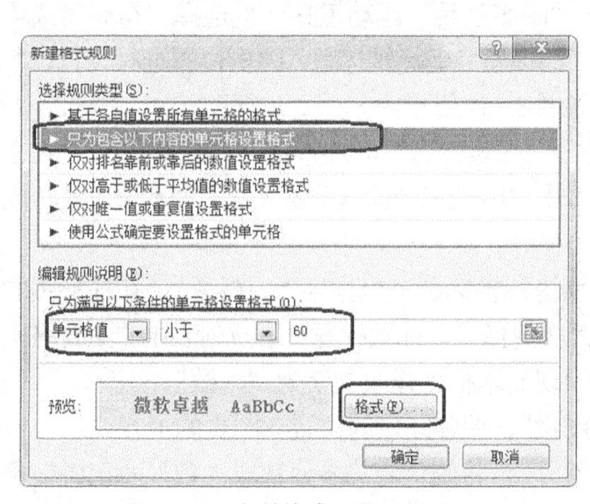

图 5-65　条件格式设置

奖学金评定表

学号	姓名	性别	大学英语	计算机应用	高等数学	应用文写作	总分	平均分
020121601	杨海	男	78	89	91	75	333	83.3
020121602	张南洋	男	52	60	60	73	245	61.3
020121603	余华峰	男	85	80	88	90	343	85.8
020121604	叶钱军	男	70	55	60	60	245	61.3
020121605	吴星云	女	85	95	77	72	329	82.3
020121606	彭俊俊	男	60	62	55	60	237	59.3
020121607	张骏鹏	男	70	58	72	58	258	64.5
020121608	邓丽婷	女	80	75	75	90	320	80.0
020121609	简丽平	男	89	85	95	92	361	90.3
020121610	李丽琴	女	65	72	60	76	273	68.3
020121611	邓冬林	女	81	74	80	79	314	78.5
020121612	吴书明	女	45	60	54	60	219	54.8
020121613	刘亮	女	60	65	43	56	224	56.0
020121614	樊兵	男	90	84	92	95	361	90.3
020121615	姜建	男	49	60	60	缺考	169	56.3
020121616	余玲玲	女	80	62	43	65	250	62.5
020121617	熊凤云	女	60	61	76	64	261	65.3
020121618	江鹰	男	72	60	75	64	271	67.8
020121619	黄风	男	49	60	缺考	61	170	56.7
020121620	蔡玉琼	女	78	67	77	60	282	70.5
020121621	张军	男	45	59	60	54	218	54.5

图 5-66　条件格式设置效果

说　明　若有不需要的条件可以将其删除。删除条件的方法是：先选取要删除条件格式的单元格区域，在“开始”选项卡中的“条件格式”按钮下拉列表框中选择“清除规则—清除所选单元格的规则”即可。

3．使用图表向导制作“成绩统计图”

数据图表是基于工作表数据的图形表示。数据以图表形式显示，可以使数据更加有趣，生动，易于阅读和评价。图表比数据更易于表达数据之间的关系及数据变化的趋势。

（1）使用“图表向导”创建图表

在“成绩统计表”工作表中，根据各分数段的人数制作成绩统计图。

要求：图表类型为“簇状柱形图”，数据系列产生在“列”，图表标题为“成绩统计图”，分类（X）轴为“分数段”，数值（Y）轴为“人数”，图例显示在图表上方，各柱条显示对应的人数数据。操作要点如下。

① 在“成绩统计表”工作表中，同时选择成绩统计表列标题区域 A2：E2 和数据区域 A6：E10（按住 Ctrl 键），如图 5-67 所示。

② 单击“插入”选项卡中图表功能组的“柱形图—簇状柱形图”按钮，如图 5-68 所示。

③ 在插入位置显示默认的簇状柱形图，此时选项卡自动的切换至“图表工具”的浮动工具面板，在浮动的工具面板“设计”选项卡中选择“数据”功能组的“切换行/列”，使得数据系列产生在“列”。

	A	B	C	D	E
1	成绩统计表				
2	课程	大学英语	计算机应用	高等数学	应用文写作
3	班级平均分	68.16	70.95	69.47	71.50
4	班级最高分	90	95	95	95
5	班级最低分	40	55	43	45
6	90-100(人)	2	2	3	5
7	80-89(人)	7	8	4	4
8	70-79(人)	9	7	12	11
9	60-69(人)	11	16	11	12
10	59以下(人)	8	4	6	4
11	及格率	78%	89%	83%	89%
12	优秀率	5%	5%	8%	14%

图 5-67　不连续数据区域选择

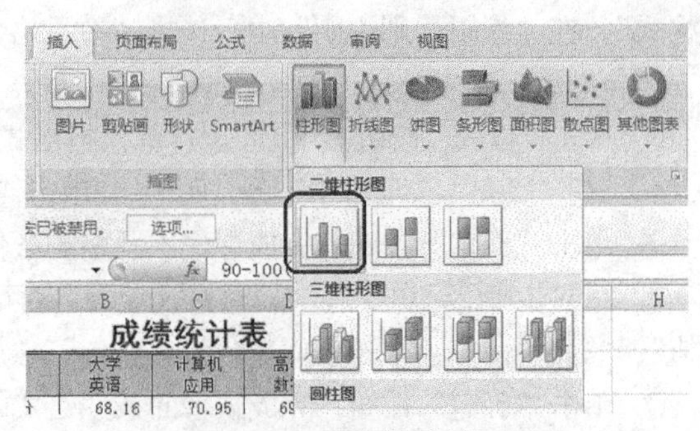

图 5-68　图表类型选择

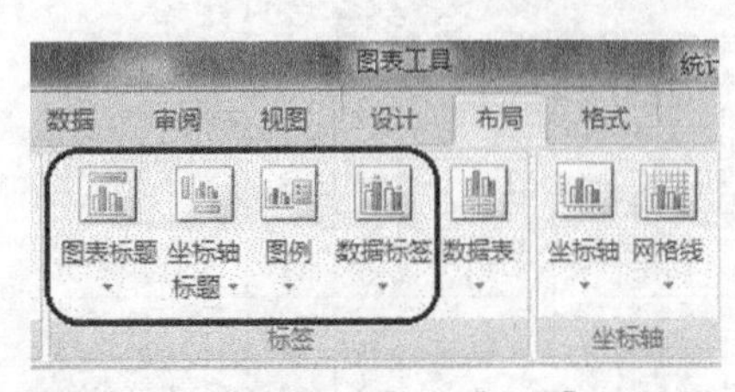

图 5-69　“图表工具”中“布局”选项卡

④ 在“图表工具”浮动工具面板选择“布局”选项卡，对图表的标题、坐标轴标题、图例位置进行设置，各设置按钮如图 5-69 所示。

⑤ 选择“图表标题”下拉列表中“图表上方”，则在图表的上方出现图表标题输入的文本框，修改文字为“成绩统计图”。

⑥ 选择“坐标轴标题”下拉列表中“主要横坐标轴标题—坐标轴下方标题”，在柱形图的横坐标下方出现文本框，修改文字为“课程”。再次选择“坐标轴标题”下拉列表中“主要纵坐标轴标题—竖排标题”，在柱形图的纵坐标左侧出现文本框，修改文字为“人数”。

⑦ 选择“图例”下拉列表中“在顶端显示图例”，调整图例的位置在图表的上方。

⑧ 选择“数据标签”下拉列表中“数据标签外”，将统计表的各分数段人数显示在各柱条上方。设置完成后，图表效果如图 5-70 所示。

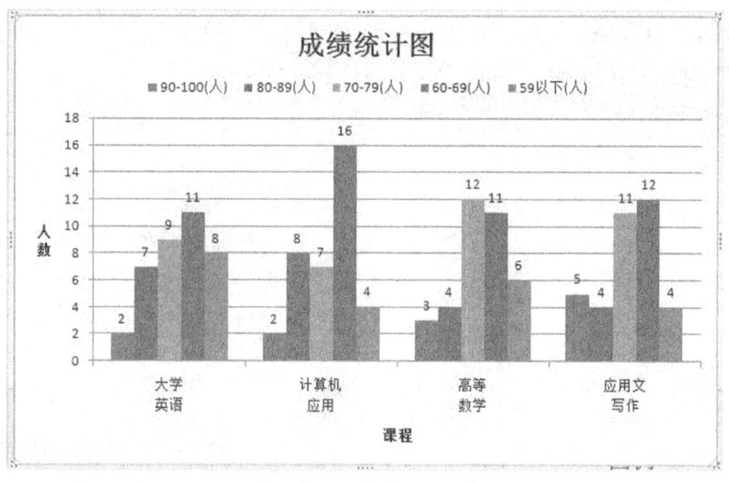

图 5-70　成绩统计柱形图

说　明

① 为图表选择源数据时，如果要选择不连续的区域，应该在选择数据区域的同时，按 Ctrl 键。

② “切换行/列”选项，主要目的是用来选择图表，强调的是数据表中的列数据还是行数据，图例中显示的是每个数据系列使用的名字和颜色。

③ 从图中可以看到，Excel 2007 图表的灵活性很大，位置、大小、格式都可以进行调整。调整图表大小的方法是：单击图表，使图表处于选中状态，将鼠标指针置于图表外框上的“...”控制点上，按住鼠标左键，左右上下移动进行缩放。移动图表的方法是：单击图表中的“图表区”的任意位置，按住鼠标拖动，将图表移动到目标位置后，释放鼠标。

④ Excel 2007 中的图表类型非常丰富，标准类型有 11 种。每种图表类型中又提供了包含二维、三维在内的若干子类型。不同类型的图表可适用于不同特性的数据。对于不同的数据表，一定要选择最合适的图表类型才能使数据更加生动形象。几种常用标准类型图表的简要说明如下。

柱形图，用于显示某一段时间内数据的变化，或比较各数据之间的差异。分类在水平方向，数据在垂直方向，以强调相对于时间的变化。

条形图，用于显示各数据之间的比较。分类在垂直方向，而数据在水平方向，使用户的注意力集中在数据的比较上，而不在时间上。

折线图，用于显示各数据之间的变化趋势。分类在水平方向，而数据在垂直方向，以强调相对于时间的变化。

饼图，用于显示组成数据系列的各数据项与数据项总和的比例。饼图只适用于单个数据系列间数据的比较。

（2）更改“图表”图表类型，美化图表

图表制作完成后，如果感到不满意，可以更改图表的类型、源数据、图表选项及图表的位置等，使图表变动更加美观、完善。

在“成绩统计表”工作表中，对图表进行如下修改：将图表类型修改为“条形图”，修改图表背景为“花束”，绘图区背景为“”。操作要点如下。

① 在“成绩统计表”工作表中，选择图表使之处于选中状态，自动出现“图表工具”浮动工具面板。

② 在“图表工具”浮动工具面板“设计”选项卡中单击“更改图表类型”，在弹出的“更

改图表类型”对话框中选择“条形图—簇状条形图”，单击“确定”按钮，完成图表类型的更改，“更改图表类型”对话框选择如图 5-71 所示，效果图如图 5-72 所示。

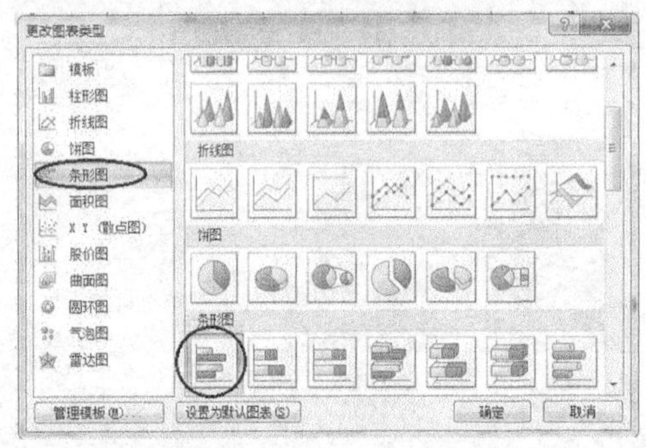

图 5-71 “更改图表类型”选项卡

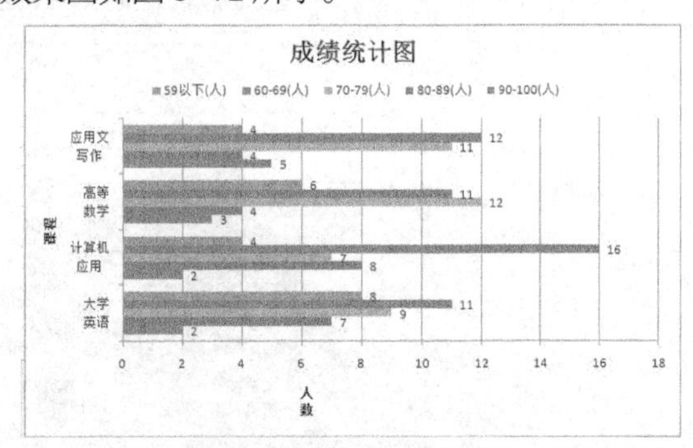

图 5-72 成绩统计条形图

③ 选择整个图表使之处于选中状态，在“图表工具”浮动工具面板“格式”选项卡中单击“形状填充”下拉列表中的“纹理—花束”图案。

④ 选择图表中的绘图区，使之处于选中状态，在“图表工具”浮动工具面板“格式”选项卡中单击“形状填充”下拉列表中的“主题颜色”中的“橄榄色，淡色 60%”。美化后效果图如图 5-73 所示。

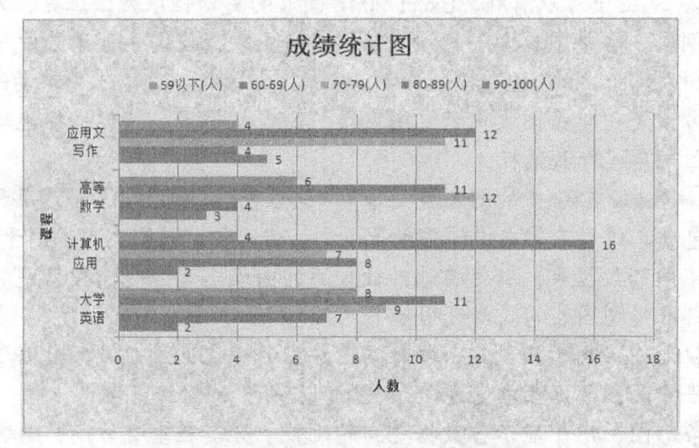

图 5-73 成绩统计条形图美化效果

说 明

选择图表对象进行各项设置，我们应该清楚知道图表的每个部分的名称，才能相应地找到该部分的设置按钮，图表各部分的名称如图 5-74 所示。

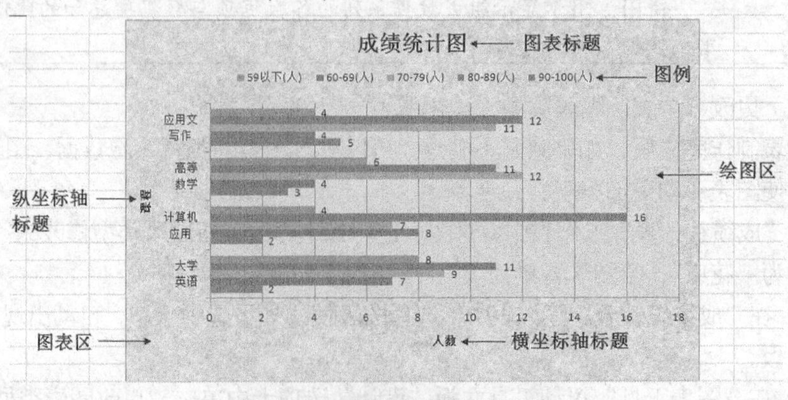

图 5-74 成绩统计图各部分名称

注　意　激活图表时，"图表工具"浮动面板通常会自动弹出，如果"图表工具"浮动面板没有出现，用鼠标在图表的任意位置双击，即可马上切换至"图表工具"浮动面板的"设计"选项卡。

5.2.4　任务总结

经过张老师的详细讲解，李明再次圆满地完成了陈老师交给他的任务，且掌握了工作表的统计应用，如 Excel 的公式计算，RANK、IF、COUNT、COUNTIF、COUNTIFS 函数的应用，条件格式设置及数据图表制作等内容。

通过任务二的学习，我们可以处理各个领域中的统计工作，如统计考勤、统计销售情况、计算工资所得税、计算销售提成等，并可根据需要生成各种统计图。

课后习题

一、选择题

1. Excel 规定可以使用的运算符中，没有______运算符。

A. 算术　　B. 逻辑　　C. 关系　　D. 字符

2. 一个 Excel 工作簿中可以包含______工作表。

A. 最多 1 个　　B. 最多 2 个

C. 不超过 3 个　　D. 超过 3 个

3. 选中某单元格输入 123，回车后此单元格的显示内容为￥123，则可知此单元格的格式被设置成了______。

A. 数值　　B. 人民币　　C. 科学记数　　D. 货币

4. 编辑栏中的名称框显示的 B10 表示当前工作表的活动单元格是______。

A. 第 2 行第 10 列　　B. 第 2 列第 2 行

C. 第 10 列第 2 行　　D. 第 10 列第 10 行

5. 设在工作表的单元格 C2 中有公式"=A2+B2"，将 C2 单元格的公式复制到 C3，那么单元格 C3 中的公式是______。

A. =A2+B2　　B. =A3+B3

C. =B2+C2　　D. =B3+C3

6. 如果要输入的文本全部为数字，比如电话号码、邮政编码、学号等，为了避免让 Excel 误认为输入的是数值型数据，可以先输入______，再输入这些数字。

A. ’　　B. ”　　C. ,　　D. ;

7. 快捷功能按钮 Z↓A 的功能是______。

A. 降序排列　　B. 升序排列

C. 改为大写字母　　D. 改为小写字母

8. 在 Excel 中，"Sheet1!$A$1:$E$1,Sheet1!$B$3:$D$3,Sheet1!$C$5"共选定了______个单元格。

A. 9　　B. 7　　C. 8　　D. 6

9. 在 Excel"单元格格式"对话框的"对齐"选项卡中，"垂直对齐"选项中不包括______。

A. 居中　　B. 靠下　　C. 靠左　　D. 两端对齐

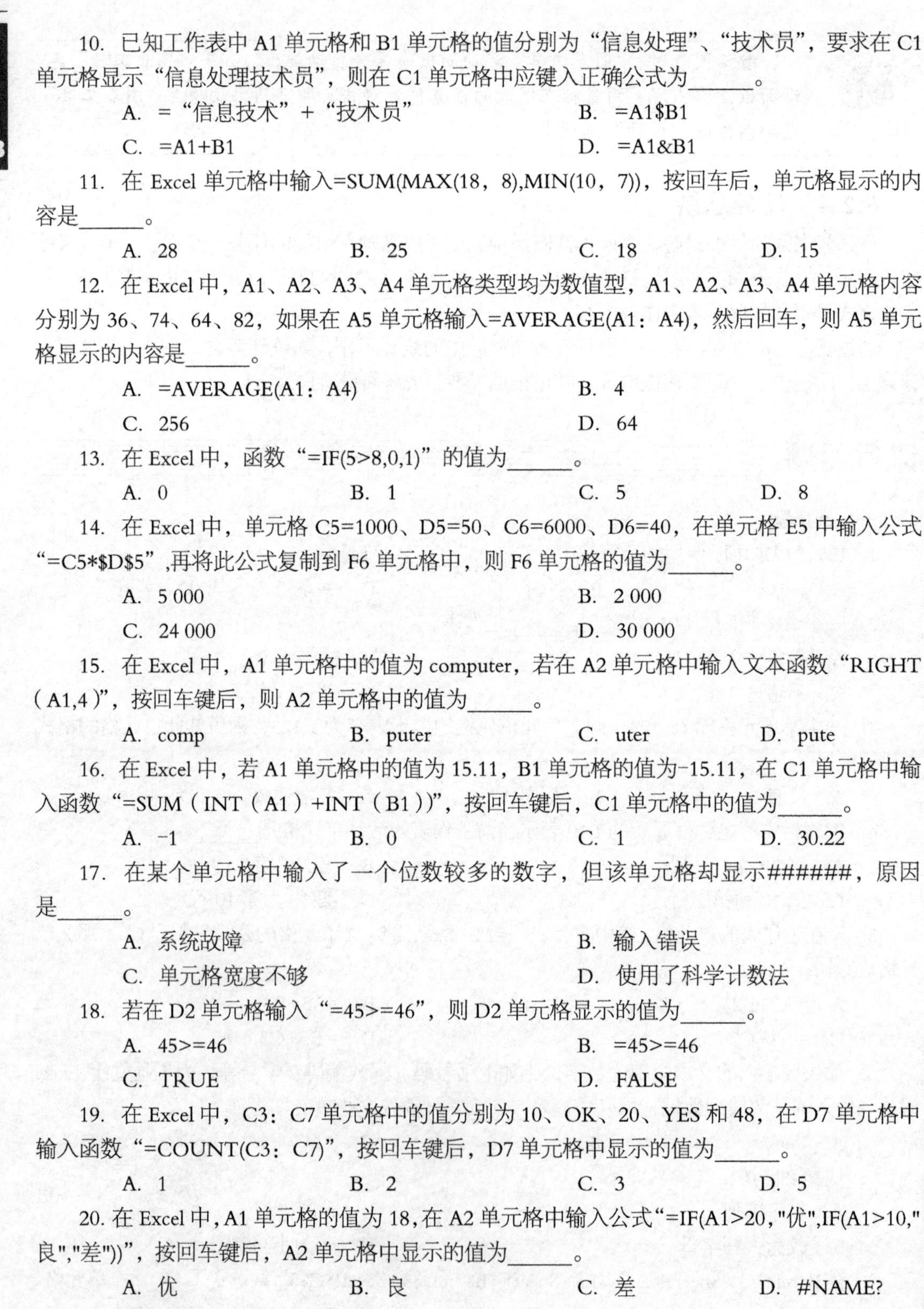

10. 已知工作表中A1单元格和B1单元格的值分别为“信息处理”、“技术员”，要求在C1单元格显示“信息处理技术员”，则在C1单元格中应键入正确公式为______。

A. =“信息技术”+“技术员”　　B. =A1$B1

C. =A1+B1　　D. =A1&B1

11. 在Excel单元格中输入=SUM(MAX(18，8),MIN(10，7))，按回车后，单元格显示的内容是______。

A. 28　　B. 25　　C. 18　　D. 15

12. 在Excel中，A1、A2、A3、A4单元格类型均为数值型，A1、A2、A3、A4单元格内容分别为36、74、64、82，如果在A5单元格输入=AVERAGE(A1：A4)，然后回车，则A5单元格显示的内容是______。

A. =AVERAGE(A1：A4)　　B. 4

C. 256　　D. 64

13. 在Excel中，函数“=IF(5>8,0,1)”的值为______。

A. 0　　B. 1　　C. 5　　D. 8

14. 在Excel中，单元格C5=1000、D5=50、C6=6000、D6=40，在单元格E5中输入公式“=C5*$D$5”,再将此公式复制到F6单元格中，则F6单元格的值为______。

A. 5 000　　B. 2 000

C. 24 000　　D. 30 000

15. 在Excel中，A1单元格中的值为computer，若在A2单元格中输入文本函数“RIGHT（A1,4）”，按回车键后，则A2单元格中的值为______。

A. comp　　B. puter　　C. uter　　D. pute

16. 在Excel中，若A1单元格中的值为15.11，B1单元格的值为-15.11，在C1单元格中输入函数“=SUM（INT（A1）+INT（B1））”，按回车键后，C1单元格中的值为______。

A. -1　　B. 0　　C. 1　　D. 30.22

17. 在某个单元格中输入了一个位数较多的数字，但该单元格却显示######，原因是______。

A. 系统故障　　B. 输入错误

C. 单元格宽度不够　　D. 使用了科学计数法

18. 若在D2单元格输入“=45>=46”，则D2单元格显示的值为______。

A. 45>=46　　B. =45>=46

C. TRUE　　D. FALSE

19. 在Excel中，C3：C7单元格中的值分别为10、OK、20、YES和48，在D7单元格中输入函数“=COUNT(C3：C7)”，按回车键后，D7单元格中显示的值为______。

A. 1　　B. 2　　C. 3　　D. 5

20. 在Excel中，A1单元格的值为18，在A2单元格中输入公式“=IF(A1>20,"优",IF(A1>10,"良","差"))”，按回车键后，A2单元格中显示的值为______。

A. 优　　B. 良　　C. 差　　D. #NAME?

二、操作题

1. 用Excel创建“年度考核表”（内容见题表5-1），按照题目的要求完成，并保存在D盘根目录下，命名为“年度考核.xlsx”。

题表 5-1

年度考核表							
姓名	第一季度考核成绩	第二季度考核成绩	第三季度考核成绩	第四季度考核成绩	年度考核总成绩	排名	是否应获年终奖金
方大为	94.5	97.5	92	96			
王小毅	83	82	94.6	83.6			
高敏	90	88	96	87.4			
李栋梁	83	90	93.4	84.6			
姚平	100	98	99	100			
年度考核平均成绩							

要求：

① 表格绘制为单实线边框；

② 用函数计算年度考核总成绩，计算结果保留一位小数；

③ 用 RANK 函数计算排名；

④ 用 IF 函数计算是否获年终奖金，其中年终奖金是否获得的判定标准是年度考核总成绩是否大于等于 350；

⑤ 用函数计算年度考核平均成绩。

2. 用 Excel 创建“汽车销售完成情况表”（内容见题表 5-2 所示），按照题目要求完成后，保存在 D 盘根目录下，命名为“销售情况表.xlsx”。

题表 5-2　　汽车销售完成情况表

2014年5月汽车销售完成情况		2015年5月汽车销售完成情况			
类型	5月销售	5月销售	4月销售	环比	同比
轿车	720077	696505	1100746		
MPV	43845	79051	54575		
SUV	144851	141217	235080		
总计					

要求：

① 为表格绘制蓝色双线边框，并将表中的内容全部设置为宋体、12 磅、居中；

② 根据表中数据，用函数计算“总计”，并填入对应的单元格中；

③ 根据表中数据，用公式计算“环比”增减量，计算结果保留两位小数，并用百分比表示；

④ 根据表中数据，用公式计算“同比”增减量，计算结果保留两位小数，并用百分比表示。

PART 6 项目六 演示文稿知识（PowerPoint 2007）应用

任务一　个人简历演讲稿制作

学习重点

本任务以制作“个人简历”为例，介绍在 PowerPoint 2007 中幻灯片的基本操作和技巧，主要内容包括：幻灯片的创建、文本的输入和编辑、图形对象的插入和编辑、幻灯片的添加和删除等操作。

6.1.1　任务引入

小明同学要去面试，为了向面试考官更好地介绍自己，他想到了在计算机应用基础课程中所学的工具软件 PowerPoint。利用 PowerPoint 能够将已搜集的各种文本和数据制作出图文并茂、生动活泼的演示文稿，并通过投影仪放映出来，这正符合自己的需求。因此小明需要根据自己的演讲内容创建好演示文稿，具体制作过程如下。

① 创建 PowerPoint 演示文稿；

② 插入新幻灯片，输入文字、表格和图形；

③ 复制、移动、删除幻灯片，重新排序；

④ 编辑幻灯片内容，设置格式。

6.1.2　相关知识点

1. PowerPoint 2007 界面

图 6-1 所示的窗口就是 PowerPoint 2007 的操作界面。

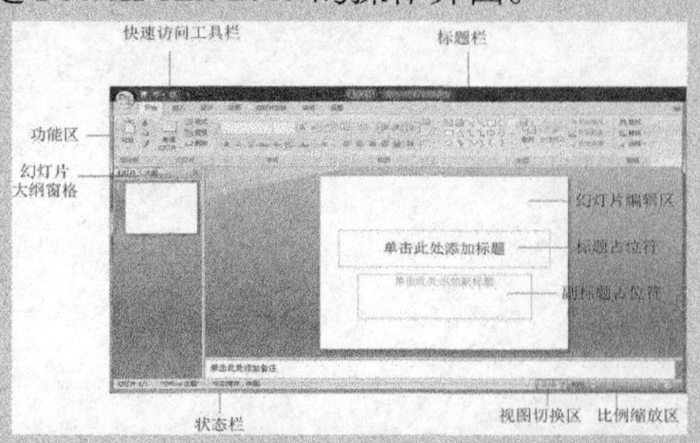

图 6-1　PowerPoint 2007 的窗口组成

2．PowerPoint 2007 视图

PowerPoint 2007 可用于编辑、打印和放映演示文稿的视图，有普通视图、幻灯片浏览视图、备注页视图、母版视图 4 种显示方式。

（1）普通视图

它是主要的编辑视图，常在该视图下制作演示文稿，它有两个选项卡。

①“幻灯片”选项卡。此视图是理想的设计幻灯片内容的场所，编辑时，以缩略图大小的图像在演示文稿中观看幻灯片。在这里，可以方便地对幻灯片进行各种操作。

②“大纲”选项卡。以大纲形式显示幻灯片文本，能方便地在左边窗格中移动幻灯片和文本。

（2）幻灯片浏览视图

幻灯片浏览视图方便查看缩略图形式的幻灯片；同时，可以轻松地改变演示文稿的顺序。

（3）备注页视图

备注页视图以整页格式查看和使用备注。

（4）母版视图

母版视图包括幻灯片母版视图、讲义母版视图和备注母版视图。母版视图中包括背景、颜色、字体、效果、占位符大小和位置。

3．对象

对象是幻灯片中的基本组成部分，幻灯片中的文字、图表、组织结构图及其他可插入元素，都是以对象的形式出现在幻灯片中。用户可以选择对象，修改对象的内容或大小，移动、复制或删除对象；还可以改变对象的属性，如颜色、阴影、边框等。

4．占位符

占位符是指幻灯片上一种带有虚线或阴影线边缘的框。绝大部分幻灯片版式中都有这种框。在这些框内可以放置标题、正文、图片、图表和表格等对象。

5．演示文稿的创建方法

一般情况下，启动 PowerPoint 2007 时会自动创建一个空白演示文稿，如图 6-1 所示。

在演示文稿窗口中，单击左上角图标，在弹出的菜单中选择“新建”菜单，会打开图 6-2 所示的窗口，可以在左上角“模板”列表中选择“空白文档和最近使用的文档”“已安装的模板”“已安装的主题”“我的模板”“根据现有内容新建”“Microsoft Office Online”等多种方式新建演示文稿。

图 6-2　新建演示文稿

6．幻灯片操作

幻灯片操作包括选定幻灯片、插入新幻灯片、删除幻灯片、复制和移动幻灯片。

7．幻灯片内容的编辑，格式的设置

单击占位符所在文本框，输入幻灯片的具体内容，选中相应内容，进行具体格式设置。

6.1.3 任务实施

1．启动 PowerPoint，创建演示文稿

① 启动 PowerPoint，创建演示文稿。选择“开始”—“所有程序”—“Microsoft Office”—“Microsoft PowerPoint 2007”命令，启动 PowerPoint 2007，进入图 6-1 所示的 PowerPoint 工作界面，此时即创建了演示文稿。

② 单击 PowerPoint 2007 左上角图标，在弹出的菜单中选择“保存”，会弹出图 6-3 所示“另存为”对话框。在文件名中输入“个人简历演讲稿”，单击“保存”按钮保存文稿。

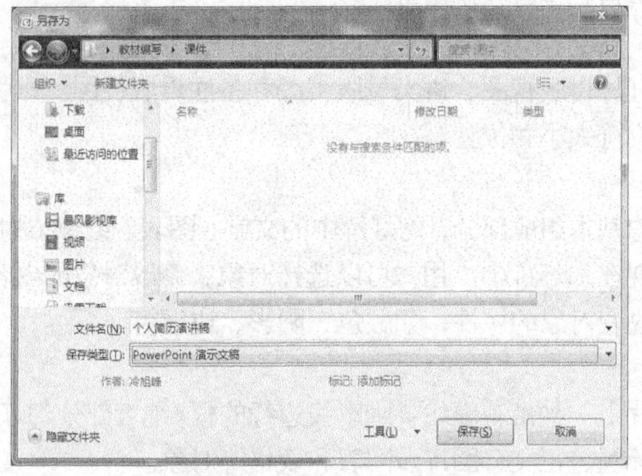

图 6-3 “另存为”对话框

2．制作幻灯片

（1）制作封面幻灯片（第 1 张）

在图 6-1 所示的窗口中，在标题占位符位置单击，输入标题文本“个人简历”，在副标题占位符位置单击，输入副标题“应聘人：小明”。

（2）制作第 2 张幻灯片

按 Enter 键，PowerPoint 会添加第 2 张幻灯片。此时可以看到第 2 张幻灯片的版式和第 1 张不同，这种版式名称为“标题和内容”，单击标题占位符位置，输入“个人基本信息”，在“单击此处添加文本”文本框中输入图 6-4 所示的具体内容。

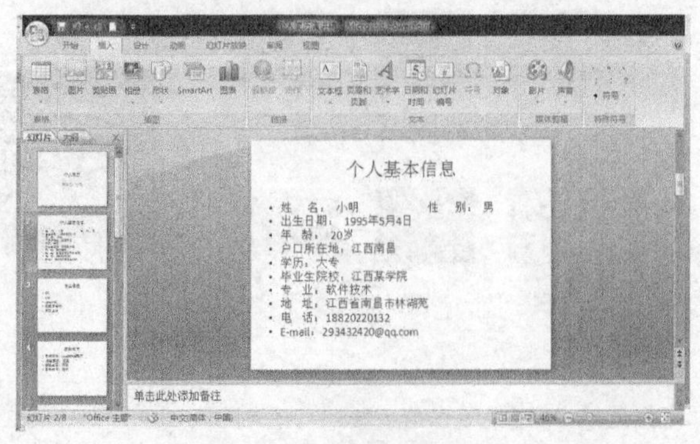

图 6-4 第 2 张幻灯片内容

（3）制作第 3 张幻灯片

按 Enter 键，添加第 3 张幻灯片。单击标题占位符位置，输入“专业课程”，在“单击此处添加文本”文本框中输入图 6-5 所示的具体内容。

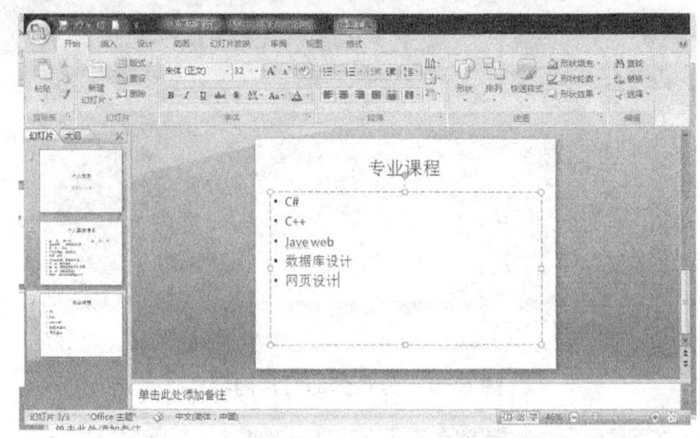

图 6-5 第 3 张幻灯片内容

（4）制作第 4 张幻灯片

按 Enter 键，添加第 4 张幻灯片。单击标题占位符位置，输入“求职意向”，在“单击此处添加文本”文本框中输入图 6-6 所示的具体内容。

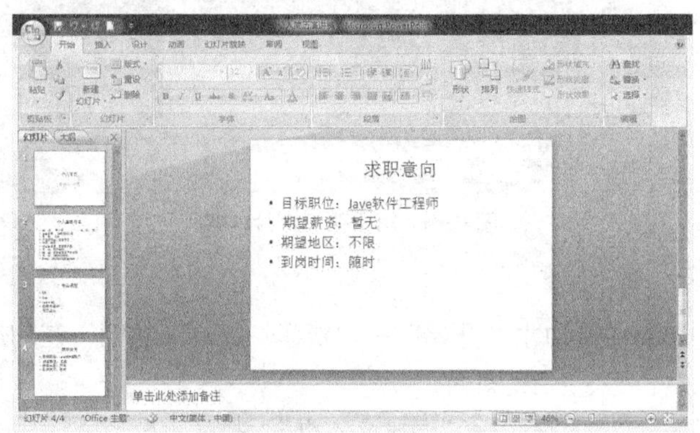

图 6-6 第 4 张幻灯片内容

（5）制作第 5 张幻灯片

按 Enter 键，添加第 5 张幻灯片。单击标题占位符位置，输入“实训经历”，在“单击此处添加文本”文本框中输入图 6-7 所示的具体内容。

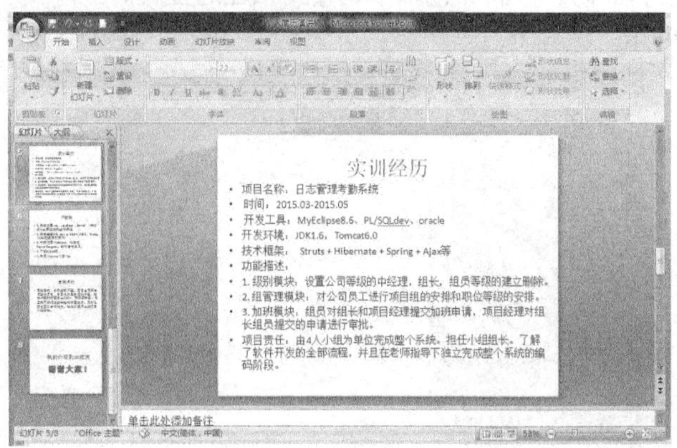

图 6-7 第 5 张幻灯片内容

（6）制作第 6、7 张幻灯片

按照上述所示方法，分别制作图 6-8、图 6-9 所示的第 6、7 张幻灯片内容。

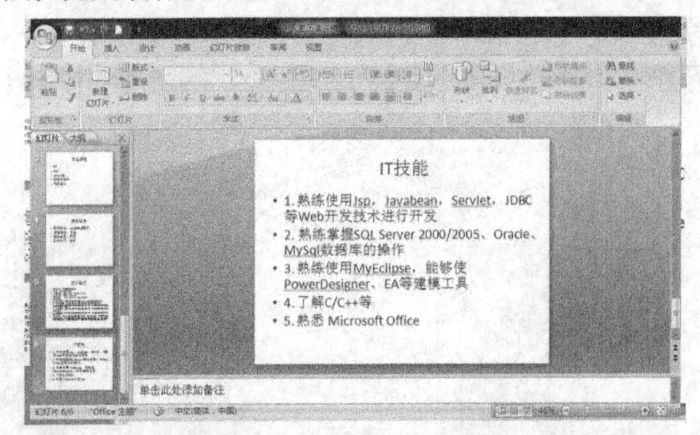

图 6-8　第 6 张幻灯片内容

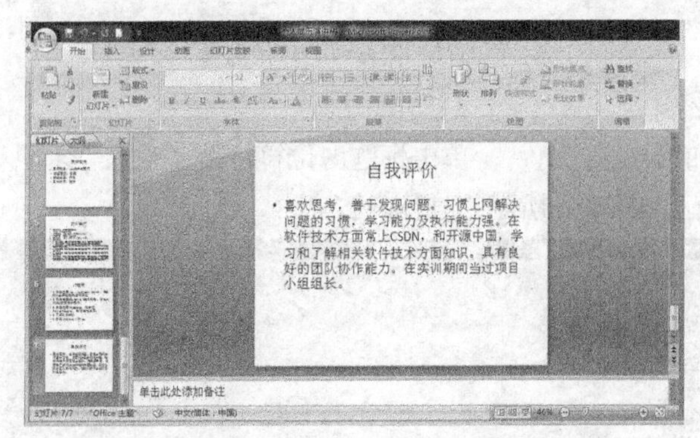

图 6-9　第 7 张幻灯片内容

（7）制作最后一张幻灯片

① 在图 6-9 的窗口中，单击“开始”—“新建幻灯片”按钮，在幻灯片版式列表中选择“空白”版式，插入最后一张空白幻灯片。

② 单击“插入”—“文本框”—“横排文本框”，将文本框放入最后一张空白幻灯片中的相应位置，单击该文本框，添加文本　“我的介绍到此结束”。

③ 选中添加的文本，将字体设置为“宋体，54”，并居中。

④ 单击“插入”—“艺术字”，从中选择“填充-文本 2，轮廓-背景 2”样式，输入内容“谢谢大家!”，大小设置为 80 磅，并将该艺术字调整到相应的位置。

效果如图 6-10 所示。

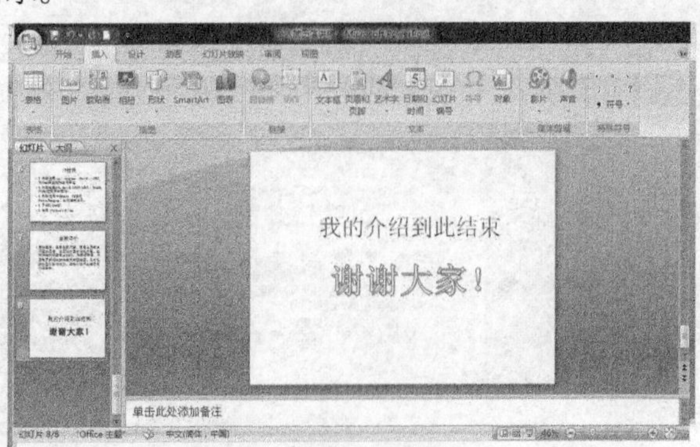

图 6-10　第 8 张幻灯片内容

3．幻灯片的编辑

（1）文本的设置

在普通视图的幻灯片选项卡中，单击第 1 张幻灯片，选中标题文本，设置为“华文彩云、80 磅、红色、加粗”。

单击第 3 张幻灯片，选中内容文本，添加图 6-11 所示的标号，并将其段落间距设置为 20 磅。

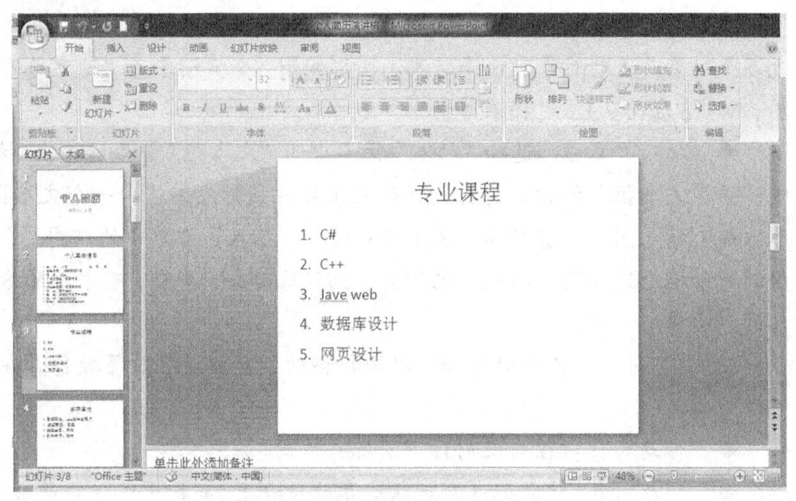

图 6-11　添加标号

（2）对象及其操作

在普通视图中的幻灯片选项卡中，单击第 2 张幻灯片，用鼠标在文本“性别”前面单击，将文本“性别：男”移动到下一行。

单击“插入”菜单中的“图片”命令，打开插入图片对话框，在对话框中选择目录“E:\素材”下的“picture1”图片，单击“插入”按钮，将图片插入到内容文本框中，然后用鼠标调整图片到相应的大小。效果如图 6-12 所示。

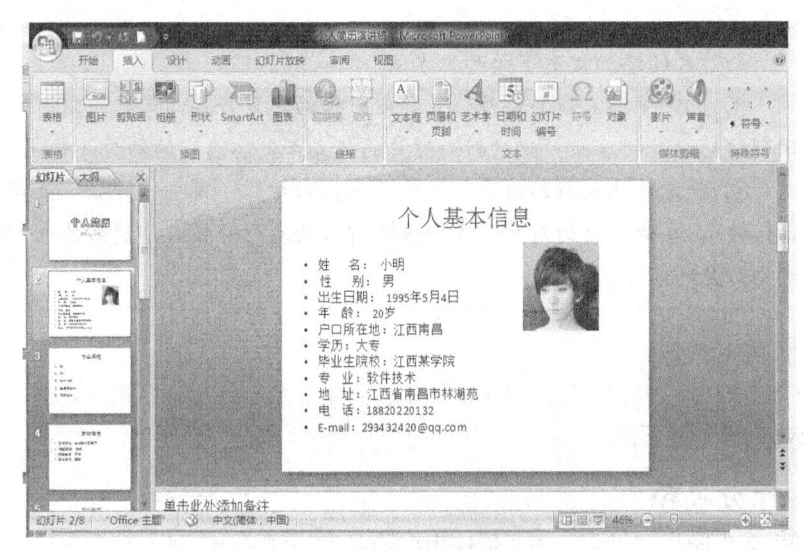

图 6-12　添加相片

各种对象的操作一般都是在普通视图的幻灯片选项卡中进行，操作方法也基本相同。具体的操作方法如下。

① 选择或取消对象。对象的选择方法是单击对象，对象被选中后四周将显示一个方框，方框上有 8 个控点。对象被选中后，其所有的内容等都被看做一个整体来处理。

当在被选择对象区域外单击或选择其他对象时，先选择的对象将被自动取消。

② 插入对象。为了使幻灯片的内容更加丰富多彩，可以在幻灯片上增加一个或多个对象。这些对象可以是文本、图形和图片、声音和影片、艺术字、组织结构图、Word 表格、Excel 图表等。

说　明

◆ 插入文本框：选择“插入”菜单中的“文本框”命令，单击“横排文本框”或“竖排文本框”按钮，再在合适位置上按住鼠标左键拖出一个文本区域。

◆ 插入图片、剪贴画和艺术字：选择“插入”菜单中的“图片”命令，在弹出的对话框中选择所需要插入的图片，插入剪贴画、声音、艺术字的方法和插入图片的方法基本相同。

③ 编辑对象。各种对象都可以进行移动、复制、删除等操作。在操作前要先选择对象。

◆ 移动对象：在对象内按下鼠标并拖动。

◆ 缩放对象：将鼠标放在对象边界的控点上，鼠标变成双向箭头时拖动鼠标。

◆ 删除对象：选中要删除的对象，按 Delete 键。

（3）添加、删除幻灯片

选中第 2 张幻灯片，按回车键，这样就添加了一张新幻灯片；同时，原来第 3 张及后面的幻灯片则依次往后移动。

选中第 3 张幻灯片，按 Delete 键，可以删除它，也可以单击右键，在弹出的菜单中选择“删除幻灯片”。

幻灯片的添加常用下面两种方法。

① 选定要插入新幻灯片位置的前一张幻灯片，按回车键，则新的幻灯片将插入到该幻灯片的后面，此时新幻灯片的版式和之前选定的幻灯片相同。

说　明

② 选定要插入新幻灯片位置的前一张幻灯片，单击“开始”菜单中的“新建幻灯片”，在弹出的幻灯片版式中选择所需的幻灯片版式，则新的幻灯片将插入到该幻灯片的后面。

（4）移动幻灯片位置

选中第 4 张幻灯片，按住鼠标左键不放，拖动到第 7 张幻灯片下面松开。这样就可以将第 4 张幻灯片移动到第 7 张下面。

6.1.4 任务总结

本任务通过实例制作简单的演示文稿让用户熟悉 PowerPoint 2007 基本操作，掌握幻灯片的基本编辑方法。

任务二 演讲稿的美化

学习重点

演示文稿的美化、动态效果的设置和幻灯片放映设置。

6.2.1 任务引入

任务一中制作的演示文稿不美观，并没有真正体现 PowerPoint 的特点和优势，为了制作效果更好的演示文稿，小明决定对制作好的演示文稿进行美化及放映设置。具体操作包括：

① 应用 PowerPoint 主题；

② 背景的设置；

③ 更改幻灯片的版式；

④ 对多张幻灯片统一修改；

⑤ 设置超链接；

⑥ 设置幻灯片的动画效果；

⑦ 设置幻灯片切换效果；

⑧ 幻灯片放映设置。

6.2.2 相关知识点

1．主题

主题是一套统一的设计元素和配色方案，是为文档提供的一套完整的格式集合，包括主题颜色（配色方案的集合）、主题字体（标题字体和正文字体）和相关主题（包括线条和填充效果）。

PowerPoint 提供了多种设计主题，包括协调配色方案、背景、字体样式和占位符位置。使用 PowerPoint 所提供的主题，可以快捷地更改演示文稿的整体外观。

2．背景

幻灯片的背景是每张幻灯片底层的色彩和图案，在背景之上，可以放置其他的图片或对象。利用“背景”对话框，可以调整幻灯片背景，可以改变整张或所有幻灯片的视觉效果。

3．幻灯片版式

幻灯片版式包含要在幻灯片上显示的全部内容的格式设置、位置和占位符。版式也包含幻灯片的主题、字体、效果。

PowerPoint 2007 包含 11 种内置幻灯片版式，也可以通过设计母版来创建满足特定需求的自定义版式。

4．幻灯片母版

幻灯片母版是模板的一部分，存储有关演示文稿的主题和幻灯片版式的信息，包括背景、颜色、字体、效果、占位符的大小和位置。

幻灯片母版可以理解为一个系列的标准，在对母版进行一次设置后，以后的每一页全部都与母版的版式一样，这使整个演示文稿看起来统一、美观。

5．超链接

用户可以在演示文稿中添加超链接，利用它跳转到不同的位置。可以在任何文本或对象上创建超链接，超链接只有在放映时才有效，激活超链接的方法就是用鼠标单击。

6．自定义动画

自定义动画指的是在演示一张幻灯片时，随着演示的进展，逐步显示幻灯片的不同层次、不同对象的动画内容。通过自定义动画，可以设置对象的动画效果的顺序、类型和持续时间，甚至声音效果，从而帮助演示者吸引观众的注意力、突出重点。

7．幻灯版切换

幻灯版切换效果是在演示期间从一张幻灯片移到下一张幻灯片时出现的切换效果，可以为每一张幻灯片设计不同的切换效果，也可以为全部幻灯片设计相同的切换效果。演示者可以通过设计控制切换效果的速度、添加声音。

8．幻灯片放映

幻灯片放映有两种方式：一种是直接启动幻灯片放映（按 F5 键从第一张开始放映，按 Shift+F5 从所选中的那张开始放映），另一种是自定义幻灯片放映，控制部分幻灯片放映，隐藏不需要观众浏览的信息。

9．排练计时

排练计时是在正式放映幻灯片之前，对播放进行彩排，记录每张幻灯片的放映时间和整个演示文稿的播放时间，并在正式播放时，使用已经设定好的幻灯片播放时间来放映幻灯片。

6.2.3　任务实施

1．美化演示文稿

（1）应用主题

① 选中第 1 张幻灯片，单击“设计”—“主题”—“其他”按钮，在弹出的下拉列表中选中“视点”效果（见图 6-13），单击鼠标右键，在弹出的菜单中选择“应用于选定幻灯片”。

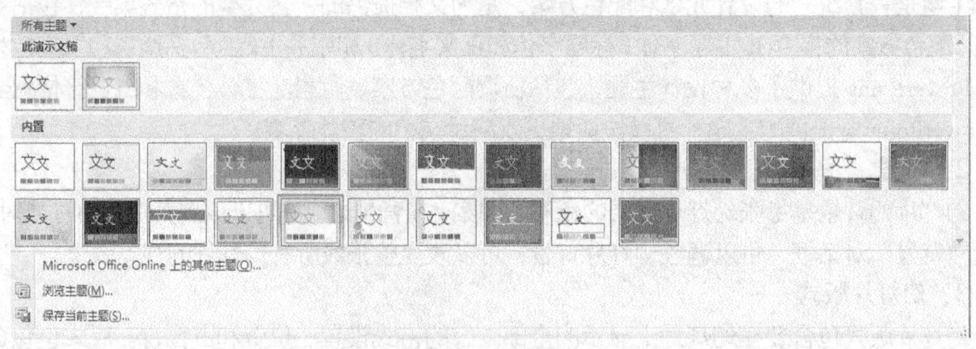

图 6-13　主题效果

② 此时，发现文本“应聘人：小明”字体显得太小，所以，将它的字体大小调整为“32”，效果会更好。

③ 选中第 2 张幻灯片，在图 6-13 所示的主题效果中选中“龙腾四海”，单击鼠标右键，在弹出的菜单中选择“应用于相应幻灯片”。此时，剩余的幻灯片都设置为这种效果。

（2）背景

① 选中第 8 张幻灯片，单击“设计”—“背景”—按钮，会弹出图 6-14 所示的“设置背景格式”对话框。

② 单击“填充”—“图片或纹理填充”，单击 文件(F)... 按钮，在弹出的“插入图片”对话框中选中“E:\素材\校园风光”图片，单击“插入”按钮，即可以将图片设置为第 8 张幻灯片的背景。

③ 通过背景设置，用户还可以为幻灯片设置不同的颜色、图案或者纹理背景、各种填充等效果，从而使幻灯片产生更精致的效果。本演示文稿中没做其他设置，用户可自行设计。

图 6-14　设置背景格式

在设置背景格式对话框中的填充选项卡中，有下面 4 个选项。

① 纯色填充。

在“纯色填充”选项中，选择某个颜色，可以将背景改为该颜色，调节透明度到相应的百分比。

② 渐变填充。

选中第 1 张幻灯片，在图 6-15 所示的对话框中，在“预设颜色”中选择“红日夕阳”效果，类型中选择“射线”，方向中选择“中部辐射”，渐变光圈中选择“光圈 2”，结束位置中调整到 46%，颜色中选择“橙色，强调文字颜色 1，淡色 40%”，透明度调整为 17%。

说　明

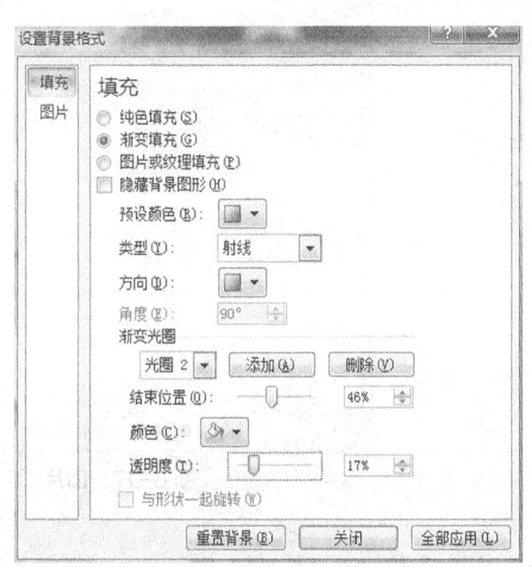

图 6-15　渐变填充

③ 图片或纹理填充。

选中第 3 张幻灯片，在图 6-16 所示的对话框中，在“纹理”项选择“水滴”，选中“将图片平铺为纹理”，将透明度调整为 22%。

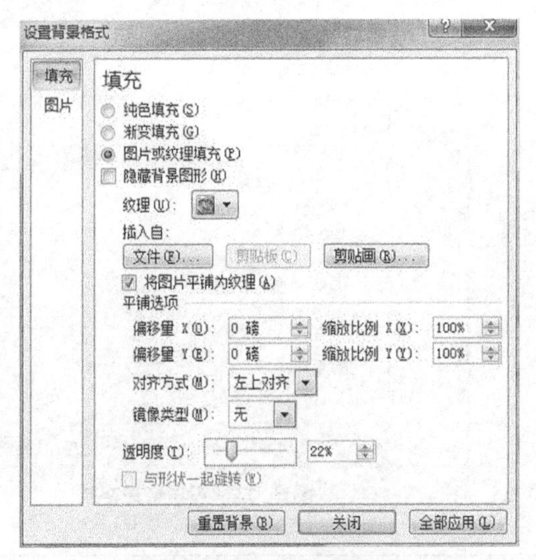

图 6-16　图片或纹理填充

说　明

④ 隐藏背景图形。

选中第 8 张幻灯片，在图 6-16 所示的对话框中，选中“隐藏背景图形”，可以将第 8 张幻灯版的背景图片隐藏。

在设置背景格式对话框中的图片选项卡中，选中第 8 张幻灯片，在图 6-17 所示的对话框中，在“重新着色“选项中，选择“强调文字颜色 6，深色”，亮度调整为 13%，对比度调整为 53%。

图 6-17　图片

（3）幻灯片版式

① 在制作好的演示文稿中，如果发现幻灯片的版式不合适，可以更改版式。本演示文稿中，

更改第 6 张幻灯片的版式。

② 选中第 6 张幻灯片，单击“开始”—“版式”，在打开图 6-18 所示的“Office 主题”中选择“垂直排列标题与文本”。

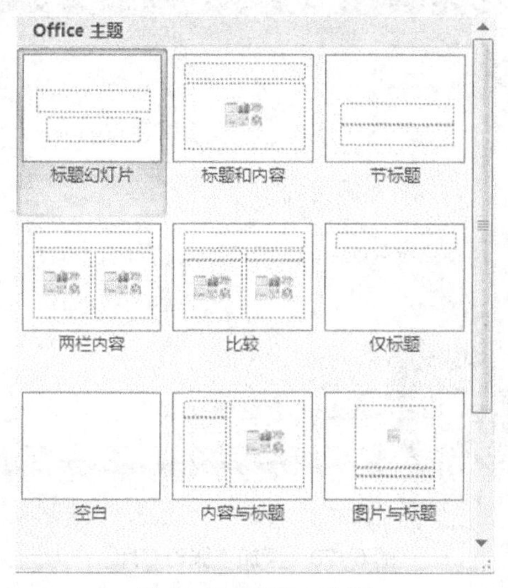

图 6-18 Office 主题

（4）幻灯片母版

给第 2~8 张幻灯片的正下方添加编号，具体操作步骤如下。

① 单击“视图”—“幻灯片母版”，弹出图 6-19 所示的“幻灯片母版视图”，将左边空格中的垂直流动条拖动下来，找到有标号 2，显示文字“龙腾四海 幻灯片母版：由幻灯片 2~8 使用”的那张母版幻灯片。

② 单击“插入”—“文本框”—“绘制横排文本框”，用鼠标拖动文本框为相应大小，放在幻灯片的正下方位置。

③ 光标在文本框中闪烁，单击“插入”—“幻灯片编号”。

④ 单击“关闭母版视图”，回到普通视图下，可以看到第 2~8 张幻灯片都加了编号。

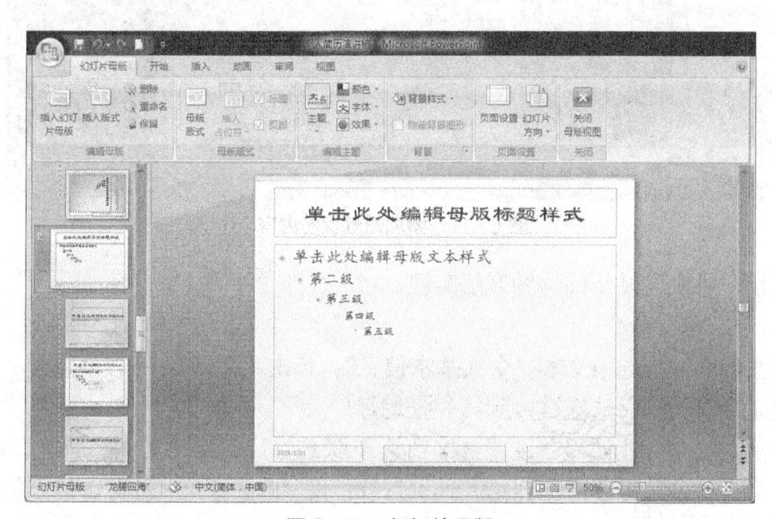

图 6-19 幻灯片母版

（5）超链接

在第 1 张和第 2 张幻灯片之间添加 1 张幻灯片。具体操作步骤如下。

① 选中第 1 张幻灯片，单击回车键，出现图 6-20 所示窗口。

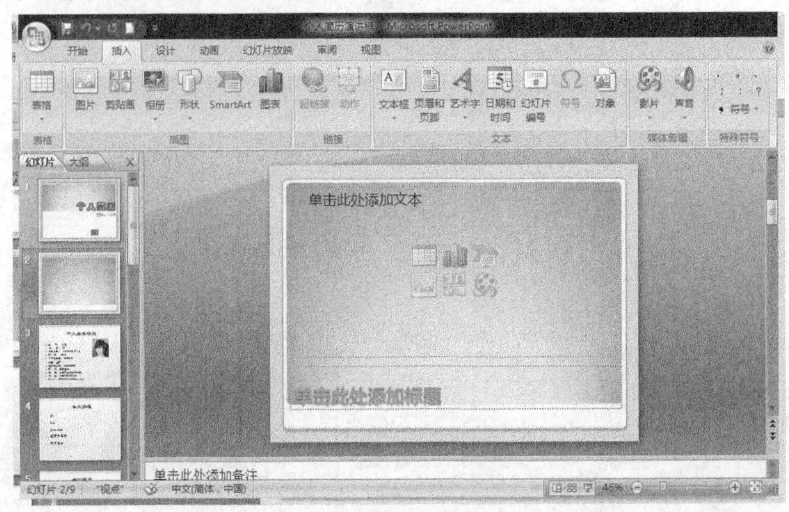

图 6-20　添加 1 张幻灯片

② 调整标题和文本的占位符位置，使它们刚好调换位置。

③ 单击标题占位符，输入“介绍内容”，单击内容占位符，输入具体内容，添加的新幻灯片效果如图 6-21 所示。

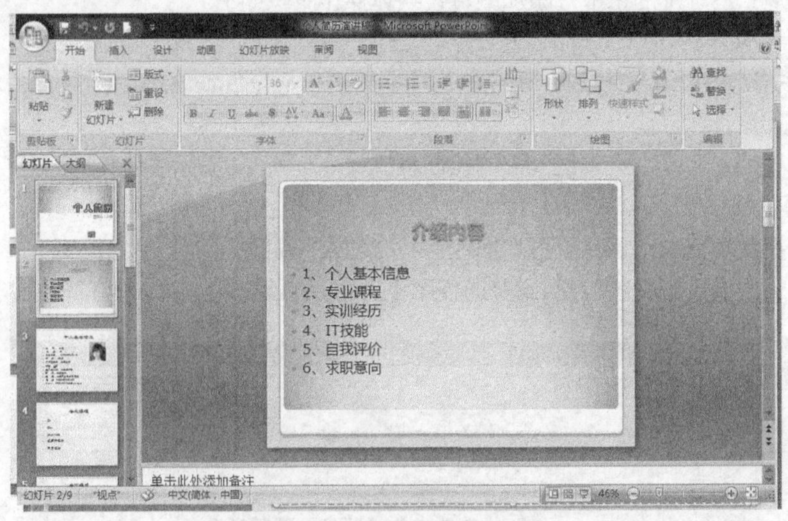

图 6-21　添加幻灯片的内容

设置超链接，可以通过下面两种方法实现。

① 使用“超链接”命令。

单击第 2 张幻灯片，选中文本“个人基本信息”，单击“插入”—“超链接”，打开图 6-22 所示的编辑超链接对话框，选择链接到第 3 张幻灯片。

按上述方法，将“专业课程”设置链接到第 4 张幻灯片，将“实训经历”设置链接到第 5 张幻灯片，将“IT 技能”设置链接到第 6 张幻灯片，将“自选评价”设置链接到第 7 张幻灯片，将“求职意向”设置链接到第 8 张幻灯片。

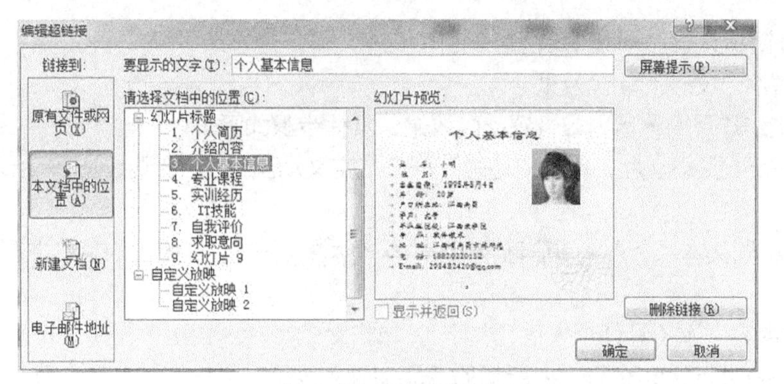

图 6-22 编辑超链接

② 使用“动作按钮”。

给第 1、2 张幻灯片设置动作按钮：单击“视图”—“幻灯片母版视图”，添加图 6-23 所示的动作按钮，分别将其设置为链接到上一张幻灯片和后一张幻灯片。

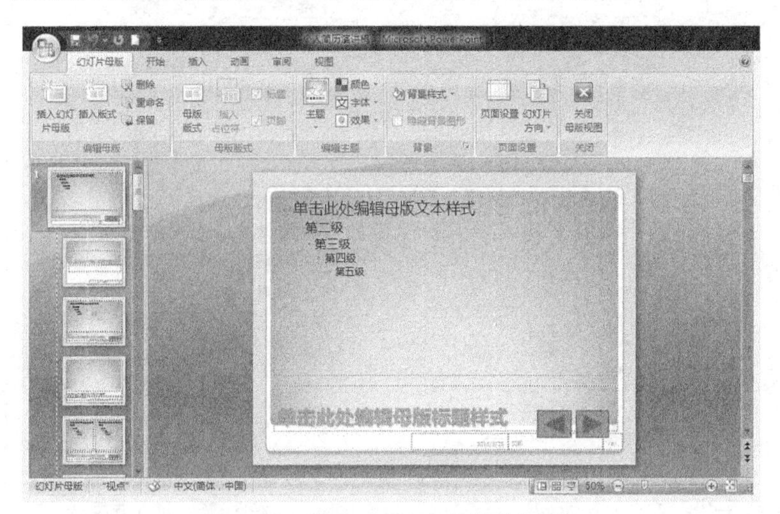

图 6-23 第 1、2 张幻灯片的动作按钮

按上述方法，给其他张幻灯也设置相同的动作按钮，效果如图 6-24 所示。

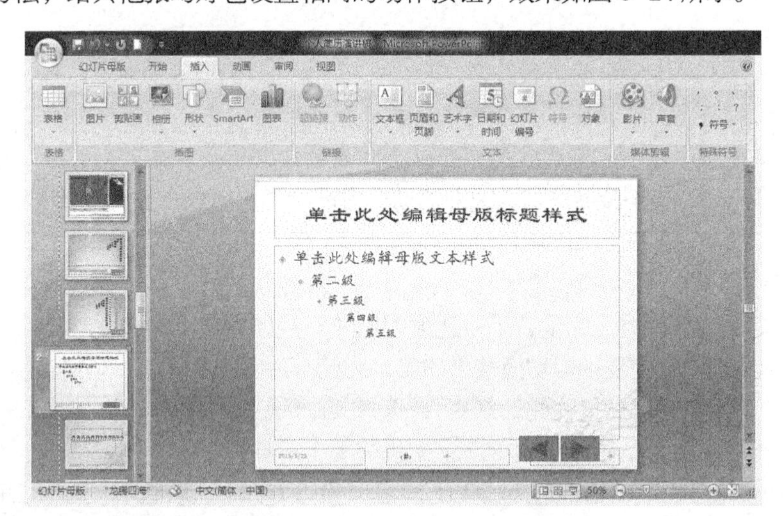

图 6-24 其他张幻灯片的动作按钮

2．设置演示文稿的动态效果

（1）设置演示文稿的动画效果

为第 2 张幻灯片的整体内容设置动画效果，具体步骤如下。

① 选中第 2 张幻灯片，单击“动画”—“自定义动画”，会出现图 6-25 所示的“自定义动画”窗格。

② 选中标题文本“个人基本信息”，单击 添加效果 按钮，在弹出的菜单中选择“进入”—“飞入”效果。

③ 选中内容文本（具体个人信息文字），单击 添加效果 按钮，在弹出的菜单中选择“进入”—“其他效果”，弹出图 6-26 所示的“添加进入效果”窗格，在“基本型”中选择“向内溶解”效果。

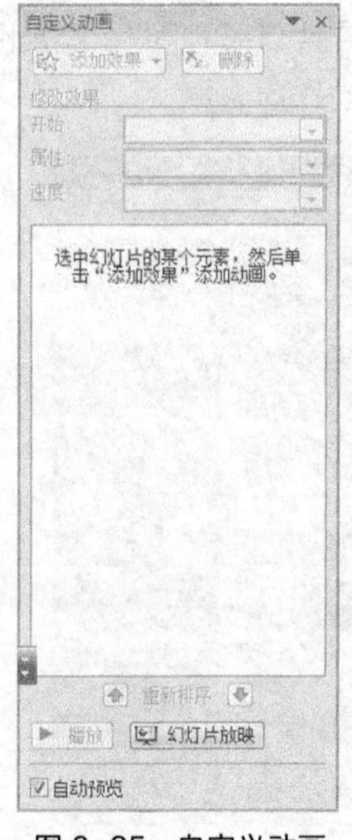

图 6-25　自定义动画

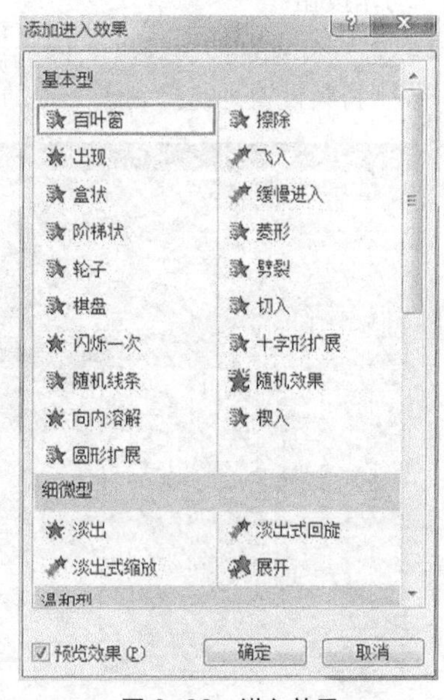

图 6-26　进入效果

④ 选中图片，单击 添加效果 按钮，在弹出的菜单中选择“强调”—“放大/缩小”效果。

说　明

添加了动画效果的对象，会出现“1”，“2”，“3”等编号，表示各对象动画播放的顺序。在设置了多个对象动画效果的幻灯片中，若想改变某个对象的动画在整个幻灯片中的播放顺序，可以选定该对象，单击“自定义动画”窗格中“重新排序”的两个按钮和来调整，同时对象前的编号会随着位置的变化而变化。

（2）幻灯片切换

为所有幻灯片设置相同的切换效果，速度为中速。具体操作步骤如下。

① 在演示文稿中选定要设置切换效果的第 1 张幻灯片。

② 单击“动画”—“切换到此幻灯片”，选择其中的“水平百叶窗”效果，并单击“全部应用”按钮，即可将设置的效果应用于演示文稿的所有幻灯片。

③ 在“切换速度”选项组中选择“中速”。在“换片方式”选项组中，选中“单击鼠标时”。效果如图 6-27 所示。

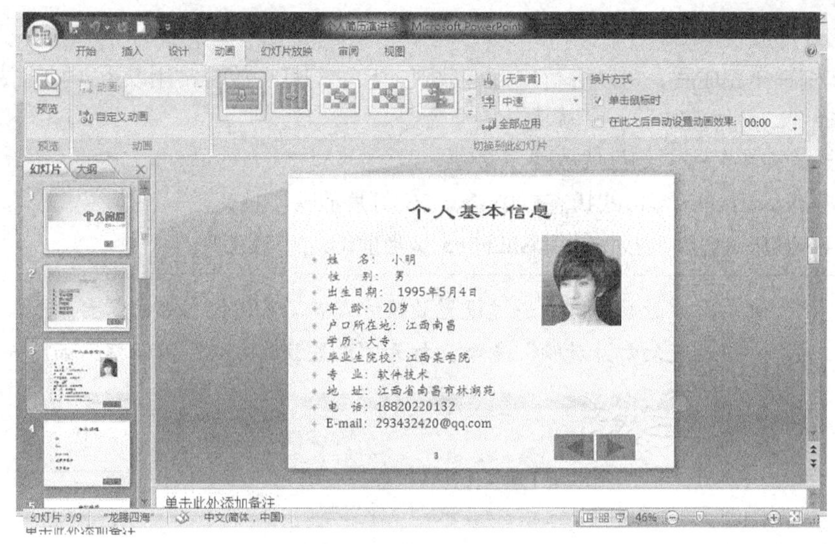

图 6-27　幻灯片切换效果

3．演示文稿的放映设置

（1）排练计时

给每张幻灯片设置放映时间为 12 秒，具体操作步骤如下。

① 单击“幻灯片放映”—“排练计时”命令，会打开图 6-28 所示的“预演”对话框。

图 6-28　预演对话框

② 当时间到达 12 秒时，单击“➡”按钮，进行第 2 张幻灯片的排练计时，按照相同方法，将每张幻灯片的预演时间都设置为 12 秒。

③ 如果发现某张幻灯片的预演时间不是 12 秒，可以单击“⮌”按钮，重新对该张幻灯片计时。“⮌”按钮右边显示的是整个演示文稿的放映时间。

④ 预演结束时，将弹出“是否保存已设定好的排练计时”对话框，单击“是”按钮即可保存排练计时。在幻灯片放映时，PowerPoint 会按照排练好的时间自动地放映整个演示文稿。效果如图 6-29 所示。

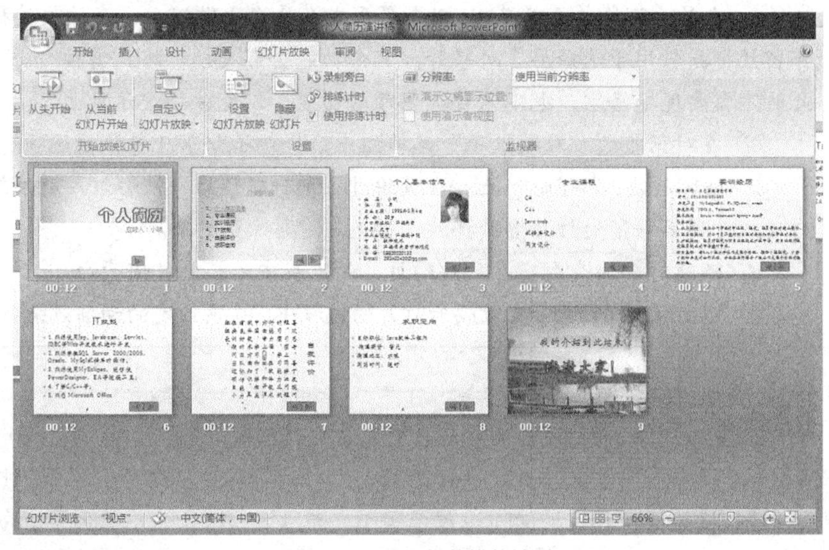

图 6-29　设置好的排练计时

（2）幻灯片放映

演示文稿制作完成后，可以进行幻灯片放映，启动幻灯片放映常用以下 4 种方法。

① 选择“幻灯片放映”—“从头开始”命令。

② 选择“视图”—“幻灯片放映”命令。

③ 单击 PowerPoint 窗口的状态栏中 “幻灯片放映”按钮。

④ 按 F5 键从头放映，按快捷键 Shift+F5 从当前幻灯开始放映。

说　明

在幻灯片放映前可以通过设置放映方式满足不同使用者的需要。选择“幻灯片放映”—“设置幻灯片放映”命令，打开“设置放映方式”对话框，如图 6-30 所示。

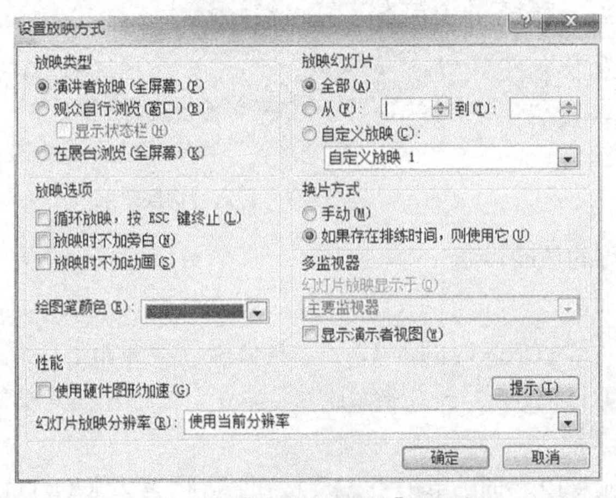

图 6-30 “设置放映方式”对话框

① 在对话框的“放映类型”选项组中有如下 3 种放映方式。

a. 演讲者放映（全屏幕）：以全屏幕形式显示，可以通过快捷菜单或 PageDown、PageUp 键显示不同的幻灯片，也可以通过单击鼠标来实现；提供了绘图笔进行标记。

b. 观众自行浏览（窗口）：此方式可以在标准窗口中放映幻灯片。在放映幻灯片时，可以拖动右侧的滚动条，或滚动鼠标的滚轮来实现幻灯版的放映。

c. 在展台浏览（全屏幕）：以全屏形式在展台上做演示，在放映过程中，除了保留鼠标指针用于选择屏幕对象外，其余功能全部失效（终止需按 Esc 键），因为此时不需要现场修改，也不需要提供额外功能，以免破坏演示画面。

② 在对话框的“放映选项”选项组中，提供了如下 3 种放映选项。

a. 循环放映，按 Esc 终止：在放映过程中，当最后一张幻灯片放映结束后，会自动跳转到第一张幻灯片继续播放，按 Esc 键则终止放映。

b. 放映时不加旁白：在放映幻灯片的过程中不播放任何旁白。

c. 放映时不加动画：在放映幻灯片的过程中，先前设定的动画效果将不起作用。

6.2.4 任务总结

本任务介绍了演示文稿的美化、动态效果设置和幻灯片放映设置，包括 PowerPoint 主题的应用、设置背景、更改幻灯片版式、对多张幻灯片统一修改、设置超链接、设置幻灯片的动画效果、设置幻灯片切换效果、幻灯片放映设置等操作。通过这些操作真正体现了 PowerPoint 的特点和优势，使演示文稿更加的生动和引人入胜。

课后习题

一、选择题

1. 在 PowerPoint 中，执行插入新幻灯片的操作后，被插入的幻灯片将出现在______。

A. 当前幻灯片之前　　B. 当前幻灯片之后　　C. 最前　　D. 最后

2. PowerPoint 2007 演示稿默认的文件扩展名是______。

A. ppt　　B. pps　　C. pptx　　D. htm

3. 以下关于 PowerPoint 背景命令的叙述中，正确的是______。

A. 背景命令只能为一张幻灯片添加背景

B. 背景命令只能为所有幻灯片添加背景

C. 背景命令可以对一张或所有幻灯片添加背景

D. 背景命令只能对首末幻灯片添加背景

4. 在 PowerPoint 中，幻灯片中占位符的作用是______。

A. 标示文本长度　　B. 为文本、图形预留位置

C. 标示图形大小　　D. 限制插入对象的数量

5. PowerPoint“设置放映方式”不能设置______。

A. 演示文稿循环放映　　B. 演示文稿的放映类型

C. 幻灯片的换片方式　　D. 幻灯片切换的声音效果

6. 下列关于演示文稿和幻灯片的叙述中，不正确的是______。

A. 一张幻灯片对应演示文稿中的一页

B. 每个对象由若干张幻灯片组成

C. 一个演示文稿对应一个文件

D. 一个演示文稿由若干张幻灯片组成

7. 在幻灯片的状态栏中显示“幻灯片 1/4”的含义是______。

A. 共有 4 张幻灯片，目前只编辑了其中的第 1 张

B. 共有 4 张幻灯片，目前正在编辑其中的第 1 张

C. 共有 5 张幻灯片，目前显示的是第 4 张

D. 共有 5 张幻灯片，目前显示的是第 1 张

8. 某 PowerPoint 文档共有 10 张幻灯片，先选中第 6 张幻灯片，再改变背景设置，单击“全部应用”命令后，则第______张幻灯片的背景被改变。

A. 6　　B. 1～6　　C. 6～10　　D. 1～10

9. 在 PowerPoint 中，要使幻灯片在放映时，从第 3 张直接跳转到第 5 张，应使用______命令进行设置。

A. 动作设置　　B. 幻灯片放映

C. 动画效果　　D. 幻灯片设计

10. 下列关于 PowerPoint 的叙述中，正确的是______。

A. 自绘的图形不能插入到幻灯片中

B. 幻灯片的剪辑库中不包括视频媒体

C. 在幻灯片中可以播放 CD 乐曲

D. 在幻灯片中插入的图片，只能从 PowerPoint 的图片剪辑库中选取

11. 为使 PPT 文件在放映时具有定时播放效果，可在放映前预先用______命令进行设置。
    A. 幻灯片切换　　B. 动画方案　　C. 排练计时　　D. 自定义动画
12. 如果某张幻灯片中叠合多个数据图表，比较好的处理方法是______。
    A. 用动画分批展示数据图表　　B. 缩小图表，以便在一张幻灯片中显示
    C. 采用不同颜色区分图表　　D. 改变幻灯片的视图方式
13. 下列关于演示文稿和幻灯片的叙述中，不正确的是______。
    A. 一个演示文稿对应一个文件，文件的扩展名为 ppt
    B. 每一张幻灯片只能由一个对象组成
    C. 一个演示文稿由若干张幻灯片组成
    D. 一张幻灯片对应演示文稿中的一页
14. 下列关于演示文稿布局的叙述中，不正确的是______。
    A. 一张幻灯片中的数据较多又不能减少时，可用动画分批展示
    B. 幻灯片布局要根据演讲的内容进行设计与调整
    C. 演示文稿的制作要构思平淡，一马平川
    D. 可通过背景设置和动画效果等技巧来达到演示文稿布局的起伏变化
15. ______视图方式下能实现一个屏显示多张幻灯片。
    A. 普通视图　　B. 幻灯片浏览视图
    C. 备注页视图　　D. 幻灯片放映视图

二、上机操作题

利用系统提供的资料，用 PowerPoint 创意制作演示文稿。按照题目要求完成后，用 PowerPoint 的保存功能直接存盘。

党纪国法　不容违逆

古人说："凡善怕者，必身有所正、言有所规、行有所止。"一个人只有敬畏法纪，才能慎初、慎微、慎行。反之，如果目无法纪，必然迷心智、乱言行、丢操守。纵观一些落马的贪官，无不是让贪欲蒙蔽了理智，让权势淹没了敬畏，一步失守法纪的防线，最终走向蜕变腐化、违法犯罪的深渊。这警示每一个党员干部，在党纪国法面前，要心存敬畏，不要心存侥幸。心怀敬畏，才能慎始敬终；警钟长鸣，才能警笛不响。

要求：

1. 标题设置为 40 磅、楷体、黑色、居中；
2. 正文内容设置为 24 磅、宋体、黑色；
3. 选好演示文稿的模板、版式；
4. 演示文稿设置为飞入动画效果；
5. 为演示文稿页脚插入日期。

PART 7 项目七 数据库知识（Access 2007）应用

任务一　数据库和表的建立与管理

学习重点

本任务以学生信息的数据处理为例，介绍利用 Access 对学生、课程、成绩等数据的录入、修改及表的维护操作。

7.1.1　任务引入

新学期开始了，系里要获取学生的各项综合信息。李辅导员接到这个任务后有点沮丧，因为和学生成绩相关的各种信息都是杂乱地存放的，信息工程系的张老师知道了他的困惑后，建议他利用 Access 数据库管理系统软件来对和学生相关的信息进行统一的管理，具体措施如下。

① 将 D 盘或其他盘作为数据盘，不要将数据文件放在 C 盘中，因为 C 盘一般作为系统盘，专门用于安装系统程序和各种应用软件。

② 在选好的非系统盘（如 D 盘）中建立学生管理系统文件夹，此文件夹专门用来保存 Access 中创建的文件。

③ 在 Access 中创建学生管理数据库，并保存在指定的学生管理系统文件夹中。

④ 在建好的学生管理数据库中创建相应的表文件，并将学生的各类信息，如学生信息、成绩信息和课程信息等录入到表中。

7.1.2　相关知识点

1．数据库技术基本概念

（1）数据库技术

数据库技术解决了计算机信息处理过程中有效地组织和储存大量数据的问题，其研究和管理的对象是数据，通过对数据的统一组织和管理，按照指定的结构创建相应的数据库，利用数据库管理系统实现对数据库中的数据进行添加、修改、删除、处理、分析、理解、打印等多种功能。

（2）数据库技术的发展

数据管理技术是对数据进行分类、组织、编码、输入、存储、检索、维护和输出的技术。其发展大致经历了人工管理、文件系统和数据库系统 3 个阶段。

① 人工管理阶段。20 世纪 50 年代中期之前，计算机的软硬件均不完善。硬件存储设备只

有磁带、卡片和纸带，软件方面还没有操作系统，当时的计算机主要用于科学计算。这个阶段由于还没有软件系统对数据进行管理，程序员在程序中不仅要规定数据的逻辑结构，还要设计其物理结构，包括存储结构、存取方法、输入输出方式等。当数据的物理组织或存储设备改变时，用户程序就必须重新编制。由于数据的组织面向应用，不同的计算程序之间不能共享数据，使得不同的应用之间存在大量的重复数据，很难维护应用程序之间数据的一致性。这一阶段的主要特征为：计算机中没有支持数据管理的软件；数据依赖特定的程序，缺乏独立性即数据不能共享；各程序间存在大量的重复数据，数据冗余严重。

② 文件系统阶段阶段。这一阶段的主要标志是计算机中有了专门管理数据库的软件——操作系统（文件管理）。

20 世纪 50 年代中期到 60 年代中期，由于计算机大容量存储设备（如硬盘）的出现，推动了软件技术的发展，而操作系统的出现标志着数据管理步入一个新的阶段。在文件系统阶段，数据以文件为单位存储在外存，且由操作系统统一管理。操作系统为用户使用文件提供了友好界面。文件的逻辑结构与物理结构脱钩，程序和数据分离，使数据与程序有了一定的独立性。用户的程序与数据可分别存放在外存储器上，各个应用程序可以共享一组数据，实现了以文件为单位的数据共享。但由于数据的组织仍然是面向程序，所以存在大量的数据冗余，而且数据的逻辑结构不能方便地修改和扩充，数据逻辑结构的每一点微小改变都会影响到应用程序。由于文件之间互相独立，因而它们不能反映现实世界中事物之间的联系，操作系统不负责维护文件之间的联系信息。如果文件之间有内容上的联系，那也只能由应用程序去处理。这一阶段的主要特征为：在程序中要规定数据的逻辑结构和物理结构，数据与程序不独立；数据处理方式——批处理。

③ 数据库管理阶段。20 世纪 60 年代后期，数据处理的数量达到了前所未有的程度，单纯依靠文件管理系统来管理数据已经不能满足用户的要求了，各个厂家开发了大量的数据处理系统。数据库管理系统就是在这个大背景下产生的，数据库管理系统充分实现了数据的共享，具有较高的数据独立性。

（3）数据和信息

数据（Data）是数据库系统研究和处理的对象。数据的形式包括数字、文字、图形、图像、声音、语言等。而信息是对现实世界中的事物的存在方式或运动状态的反映，是一种有意义的数据，是一种被加工成特定形式的数据。

（4）数据库

数据库（Database，DB）是指长期存储在计算机内、有组织且可共享的数据集合。数据库中的数据按一定的数据模型组织、描述和存储，具有较小的冗余度，较高的数据独立性和易扩展性，并且可为多个用户共享。

（5）数据库管理系统

数据库管理系统（Database Management System，DBMS）是对数据库进行管理的系统软件，它的职能是有效地组织和存储数据，获取和管理数据，接受和完成用户提出的各种数据访问请求。数据库管理系统主要实现以下功能。

① 数据定义功能。DBMS 提供了数据定义语言（Data Definition Language，DDL），用户可利用它定义数据库中的对象。

② 数据操纵功能。DBMS 提供了数据操纵语言（Data Manipulation Language，DML），用户可利用它实现数据的各种操作，包括查询、插入、修改、删除等。

③ 数据查询功能。DBMS 提供了数据查询语言（Data Query Language，DQL），用户可以利用它实现对数据库中的数据进行查询的操作。

④ 数据控制功能。DBMS 提供了数据控制语言（Data Control Language，DCL），用户可以利用它实现数据库运行控制功能，包括并发控制（即处理多个用户同时使用某些数据时可能产生的问题）、安全性检查、完整性约束条件的检查和执行，以及数据库的内部维护。

（6）数据库应用系统

数据库应用系统（Database application system，DBAS）是在数据库管理系统支持下面向某一类实际应用而开发的软件系统。

（7）数据库系统

数据库系统（Database System，DBS）是指拥有数据库技术支持的计算机系统。它可以实现有组织地、动态地存储大量相关数据，提供数据处理和信息资源共享服务的功能。数据库系统由图 7-1 所示的硬件系统、操作系统、数据库管理系统及相关软件、数据库系统组成。

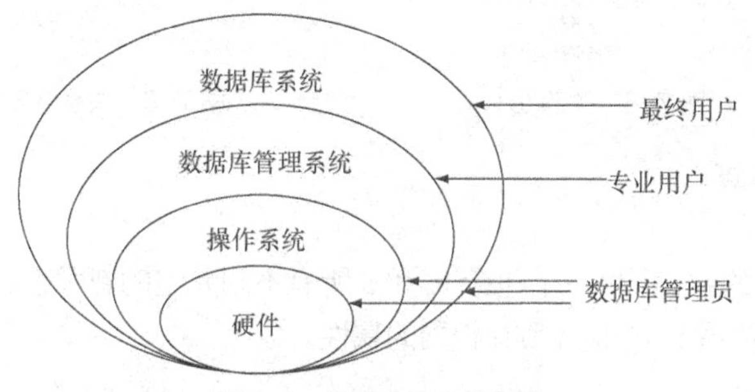

图 7-1　数据库系统的组成

从数据库管理系统角度看，数据库系统由外模式、模式和内模式的三级模式构成。

（8）数据模型

数据的组织形式称为数据模型，它反映了数据库中数据之间联系的方式。数据模型有 3 类。

① 层次模型。层次模型中的数据联系是以树型结构为基础，每个数据元素可以与下面一层的多个数据元素发生联系，但只与它上一层的一个数据库元素发生联系，如图 7-2 所示。

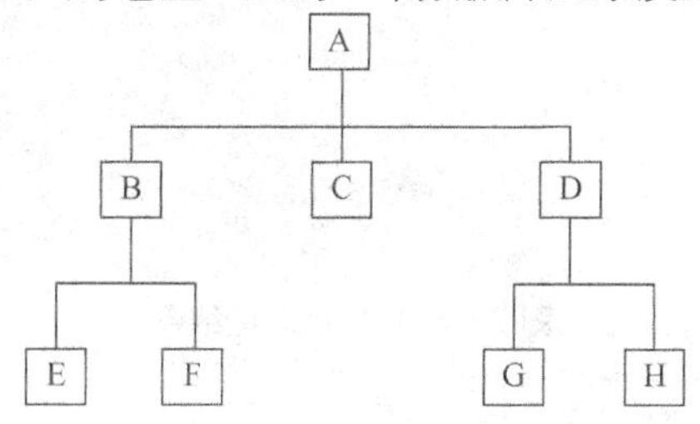

图 7-2　层次模型

② 网状模型。网状型是指数据元素之间的联系以网络结构为基础，网上的节点表示数据元素，网上的连线表示数据元素之间的联系，如图 7-3 所示。

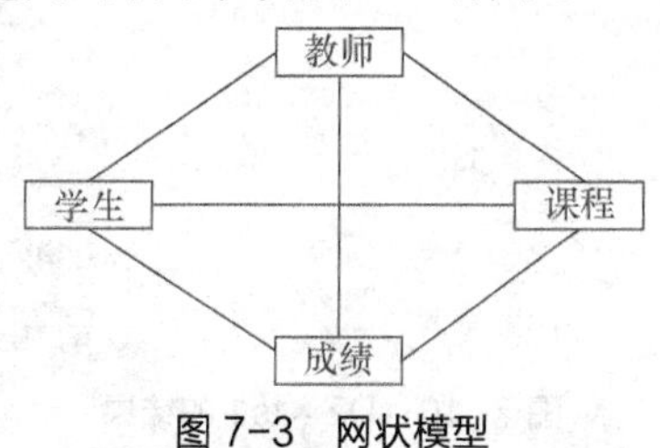

图 7-3　网状模型

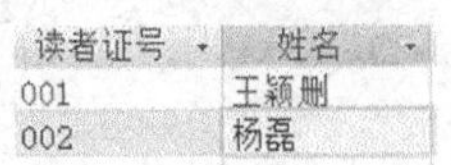

读者证号	姓名
001	王颖删
002	杨磊

图 7-4　关系模型

③ 关系模型。关系型数据模型是用二维表格结构表示数据之间的联系，图 7-4 所示为关系名为 DZ 的关系。一个关系就是一张二维表，表中的列用来描述事物的属性，称为字段（Fields），表中的行是某一数据元组属性值的集合，称为记录（Record）。VFP 表最多可以包括 255 个字段，最多可以达到 70 亿条记录。

关系数据库系统采用关系模型作为数据的组织方式，现在的数据库管理系统都是在关系模型的基础上构建的。Access 就是简单的桌面关系数据库管理系统软件。

（9）关系代数运算

关系代数的运算对象是关系，运算结果也为关系。关系代数的运算按运算符的不同可分为传统的集合运算和专门的关系运算两类。图 7-5 所示为关系 ts1，图 7-6 所示为关系 ts2。

条形码	书名
P001	李白全集
P002	杜甫全集
P003	王安石全集
P004	龚自珍全集

图 7-5　关系 ts1

条形码	书名
P001	李白全集
P002	杜甫全集
P008	游园惊梦二十
P009	新亚遗译

图 7-6　关系 ts2

① 传统的集合运算。

- 并

关系 R 与关系 S 的并，产生一个包含 R 和 S 所有不同元组的新关系，记作 R∪S，如图 7-7 所示。参加并运算的关系 R 与 S 必须有相同的属性。

- 交

关系 R 与关系 S 的交，是既属于 R 也属于 S 的元组组成的新关系，记作 R∩S，如图 7-8 所示。参加交运算的关系 R 与 S 必须有相同的属性。

- 差

关系 R 与关系 S 的差，是所有属于 R 但不属于 S 的元组组成的新关系，记作 R−S，如图 7-9 所示。参加差运算的关系 R 与 S 必须有相同的属性。

条形码	书名
P001	李白全集
P002	杜甫全集
P003	王安石全集
P004	龚自珍全集
P008	游园惊梦二十
P009	新亚遗译

图 7-7　ts1∪ts2 的结果

条形码	书名
P001	李白全集
P002	杜甫全集

图 7-8　ts1∩ts2 的结果

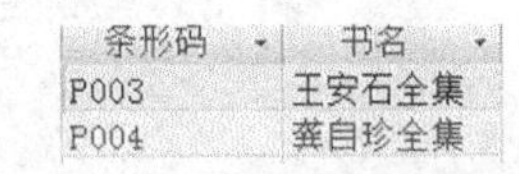

条形码	书名
P003	王安石全集
P004	龚自珍全集

图 7-9　ts1−ts2 的结果

- 笛卡尔积

关系 R 与关系 S 的笛卡尔积，是 R 中每个元组与 S 中每个元组连接组成的新关系，记作 R×S，如图 7-10 所示。

读者证号	姓名	条形码	书名
001	王颖删	P001	李白全集
001	王颖删	P002	杜甫全集
001	王颖删	P003	王安石全集
001	王颖删	P004	龚自珍全集
002	杨磊	P001	李白全集
002	杨磊	P002	杜甫全集
002	杨磊	P003	王安石全集
002	杨磊	P004	龚自珍全集

图 7-10　DZ×ts1 的结果

② 专门的关系运算。

- 选择

从关系中选出满足给定条件的元组的操作称为选择。选择是从行的角度进行运算，在水平方向选出满足条件的元组。新关系的关系模式不变，元组是原关系的一个子集。

- 投影

从关系中选出若干属性组成新的关系称为投影。投影是从列的角度进行运算，在垂直方向抽取若干属性或重新排列属性。新关系的属性个数通常比原关系少，或者属性的排列顺序不同。

- 联接

联接是把两个关系中的元组按联接条件横向结合，拼接成一个新的关系。最常见的联接运算是自然联接，它是利用两个关系中的公共字段或者具有相同语义的字段，把该字段值相等的记录联接起来。

2．Access 2007 的基本操作

Access 是一个功能强大的、使用灵活方便的关系型的桌面数据库管理系统，利用它可以帮助用户轻松地对各种事务管理工作中的大量数据进行有效的保存和管理，并可满足各种数据查询的需要。

（1）启动 Access

Access 是 Windows 环境中的应用程序，可以使用 Windows 环境中启动应用程序的一般方法启动 Access。常用的方法如下。

- 选择“开始”—“所有程序”—“Microsoft Office 2007”—“Microsoft Access 2007”命令，可以启动 Access。
- 如果 Windows 桌面上创建了 Access 快捷方式图标，那么双击该图标也可以启动 Access。
- 在 Windows 环境中使用打开文件的一般方法：打开 Access 创建的数据库文件，可以启动 Access，同时可以打开该数据库文件。

（2）认识 Access 的工作界面

当打开 Access 2007 时，将出现图 7-11 所示的工作界面。

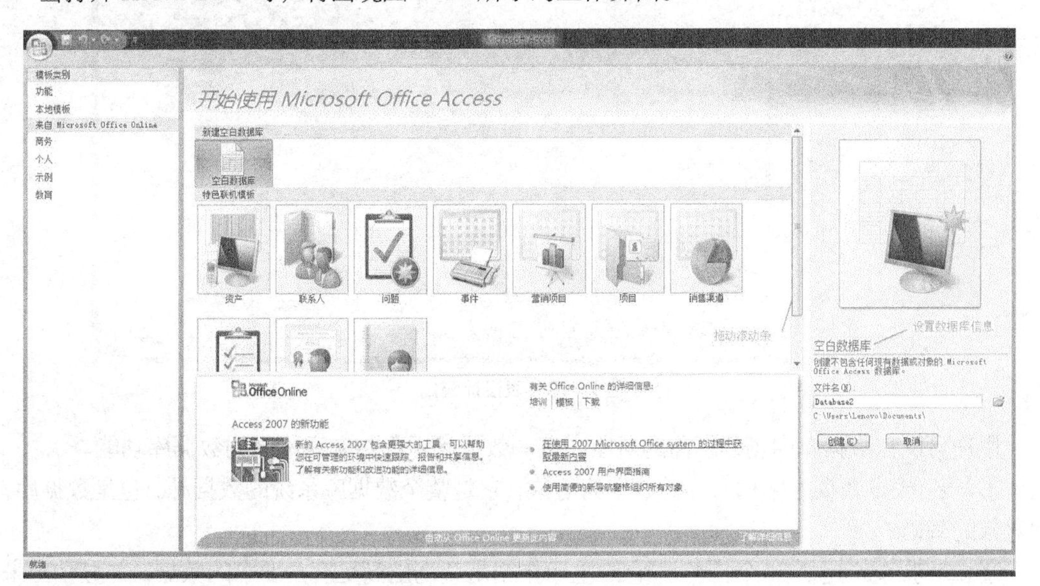

图 7-11 Access 的工作界面

● 在上图中拖动滚动条单击“空白数据库”用来创建一个空白数据库，同时在右边窗格中设置数据库的路径和文件名。创建空白的数据库后进入 Access 2007 的主操作界面，如图 7-12 所示。

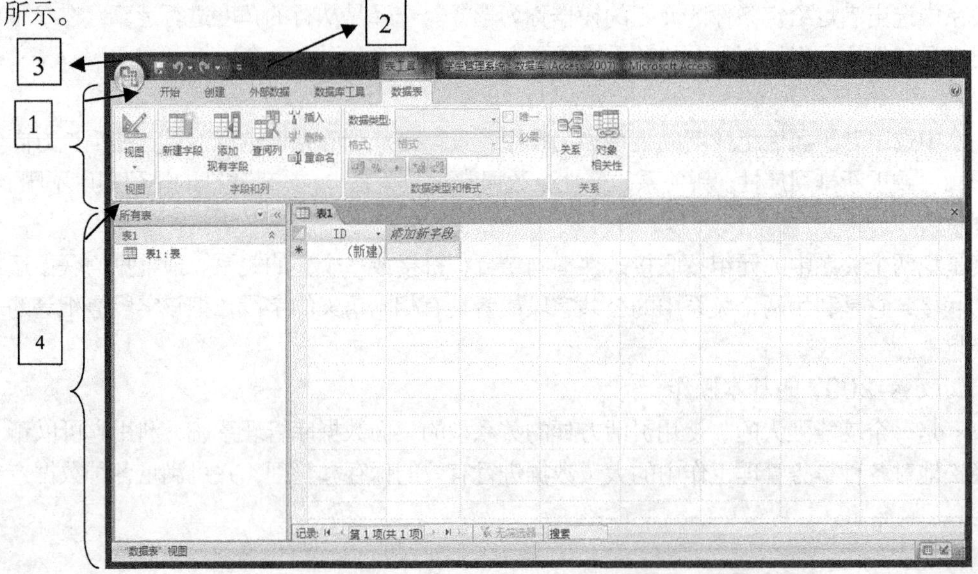

图 7-12　Access 2007 的主界面

其中，“1”为功能区，“2”为快速访问工具栏，“3”为 Office 按钮，“4”为导航窗格。导航窗格仅显示数据库中正在使用的内容。表、窗体、报表和查询都在此处显示，使工作时更加方便。Access 2007 的对象主要包括表、查询、窗体、报表、页、宏和模块。在图 7-12 中单击“创建”再选择相应的对象可创建所选的对象，如图 7-13 所示，单击“表”可创建表对象。

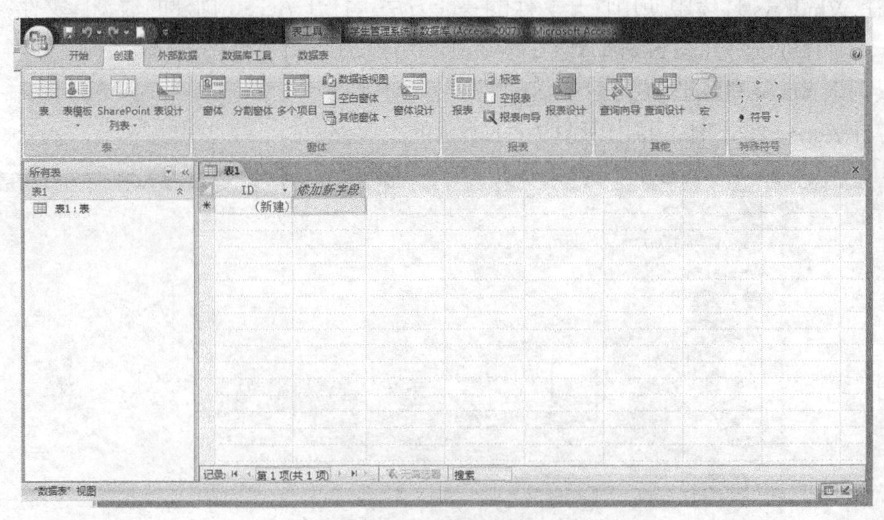

图 7-13　表设计窗口

用户可以在数据库中创建所需的对象，每一数据库对象将实现不同的数据库功能。

① 表。表是数据库中用来存储数据的对象，它是整个数据库系统的数据源，也是数据库其他对象的基础。

② 查询。查询也是一个“表”，它的主要作用是查询出满足客户要求的数据，并显示出来。

③ 窗体。窗体是用户的操作界面。在表中直接输入或修改数据不直观，而且容易出现错误，

为此我们可以专门设计一个窗口，用于输入数据。

④ 报表。报表的作用就是将数据以格式化的方式打印出来，报表中大多数信息来自表、查询或 SQL 语句。

⑤ 宏。宏是若干个操作的组合，用来简化一些经常性的操作。通过触发一个宏可以更为方便地在窗体或报表中操作数据，如它可以执行打开表或窗体、运行查询、运行打印等操作。

⑥ 模块。模块是用 Access 2007 提供的 VBA 语言编写的程序段。VBA（Visual Basic for Applications）语言是 Microsoft Visual Basic 的一个子集。在一般情况下，用户不需要创建模块，除非要建立比较复杂的应用程序，或者为了更加方便地实现某些功能。

- 模板提供了用于满足用户需要的预建数据库。在“开始使用 Microsoft Office Access”页上，请选择一个数据库模板类别，如“商务”“个人”或“教育”。如图 7-14 所示，在该窗格中，用户可以为数据库选择一个名称，而该名称是将模板下载到计算机后看到的名称。

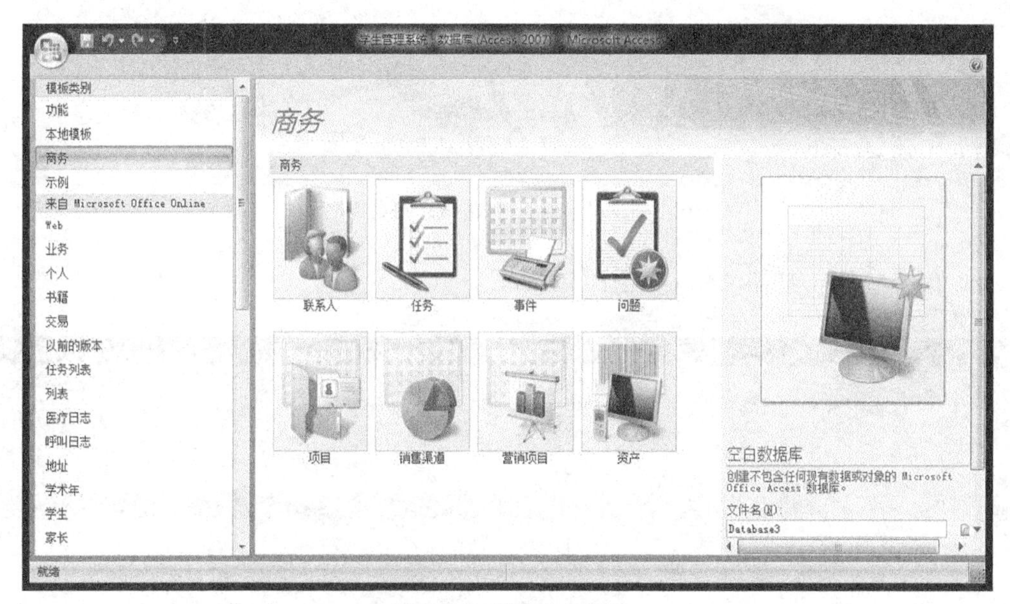

图 7-14　数据库主窗口

（3）退出 Access

使用 Windows 环境中退出应用程序的一般方法，即可方便地退出 Access。常用的方法如下。

- 单击 Access 主窗口中的“关闭”按钮，可以关闭主窗口，同时退出 Access。
- 双击主窗口的 Office 图标，可以关闭主窗口，同时退出 Access。

7.1.3　任务实施

1．创建“学生管理”数据库

（1）启动 Access 程序

选择“开始”—“所有程序”—“Microsoft Office 2007”—“Microsoft Access 2007”命令，启动 Access，进入 Access 工作界面。

（2）新建“学生管理”数据库文件

① 单击窗格中的“空白数据库”按钮，在窗口右侧输入数据库文件名“学生管理”，并单击文件夹按钮设置存储路径为 D 盘的学生管理系统文件夹，如图 7-15 所示。

图 7-15 “新建空白数据库”任务窗格

② 单击“创建”按钮，Access 工作界面如图 7-16 所示。

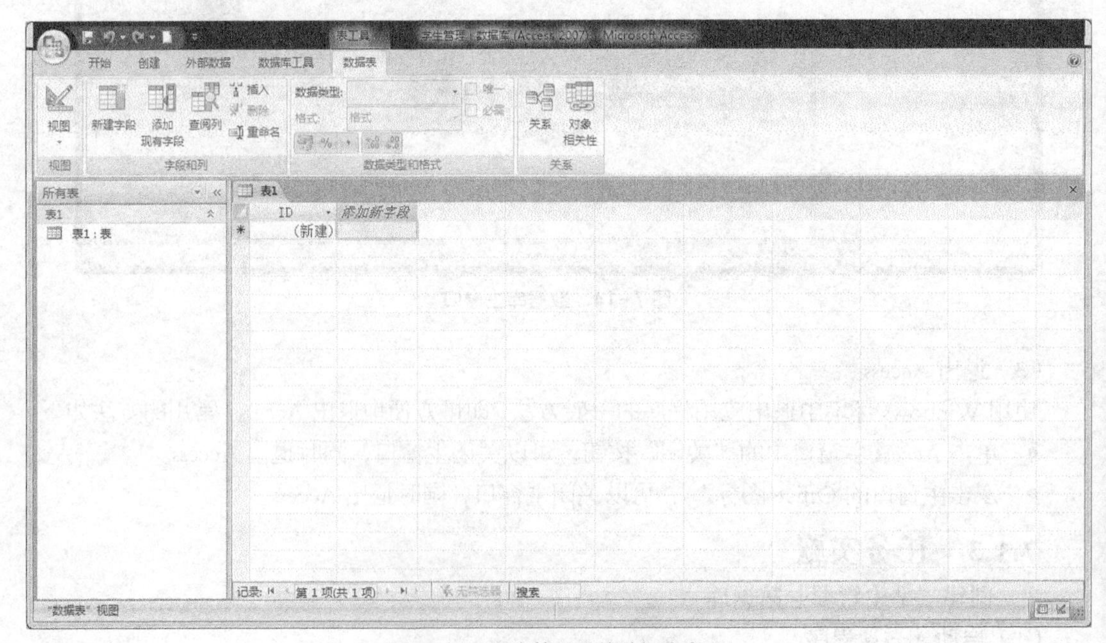

图 7-16 学生管理系统数据库窗口

注 意

保存文件时，一定要注意文件的“三要素”，即文件的位置、文件名和文件类型。否则以后将不易找到该文件。

说　明

按照上面的步骤在 D 盘的学生管理系统文件夹中就创建好了“学生管理”数据库，打开文件夹可看到图 7-17 所示窗口。要特别注意的是用 Access 创建的数据库都将以.accdb 为文件扩展名加以保存，并且在数据库创建之后可以随时修改或扩展数据库所包含的内容。

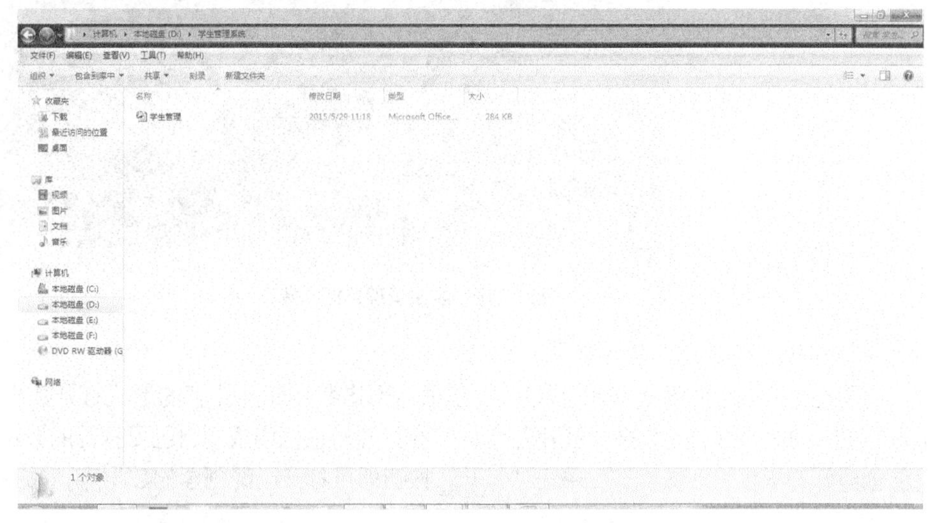

图 7-17　学生管理数据库图标

（3）关闭数据库

① 单击主窗口的 Office 图标选择“关闭数据库”命令，将关闭“学生管理”数据库文件，如图 7-18 所示。

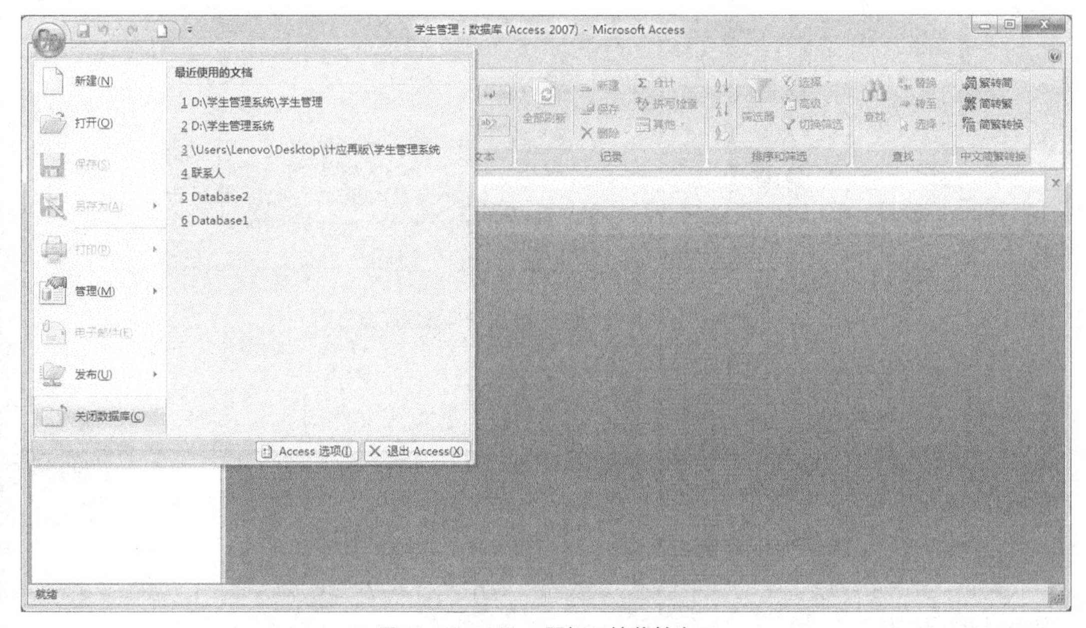

图 7-18　Office 图标下拉菜单窗口

② 也可点击学生管理数据库窗口中的按钮，如图 7-19 所示。

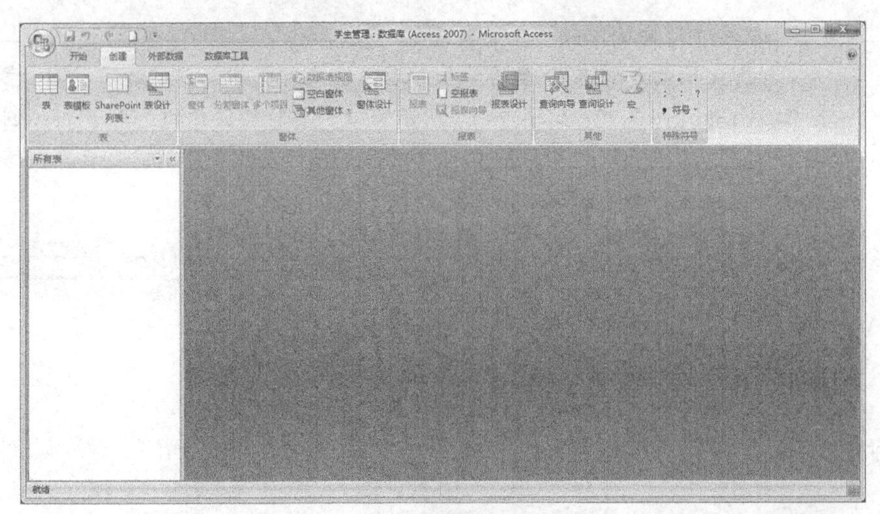

图 7-19　学生管理数据库窗口

（4）打开已经创建的数据库

对于已经在磁盘中建好的数据库，可以通过双击数据库文件名的形式打开数据库或者单击主窗口的 Office 图标选择“打开”命令，在打开对话框中找到自己要打开的数据库文件，如之前创建好的学生管理数据库，单击“打开”按钮即可打开已经创建的数据库，如图 7-20 所示。

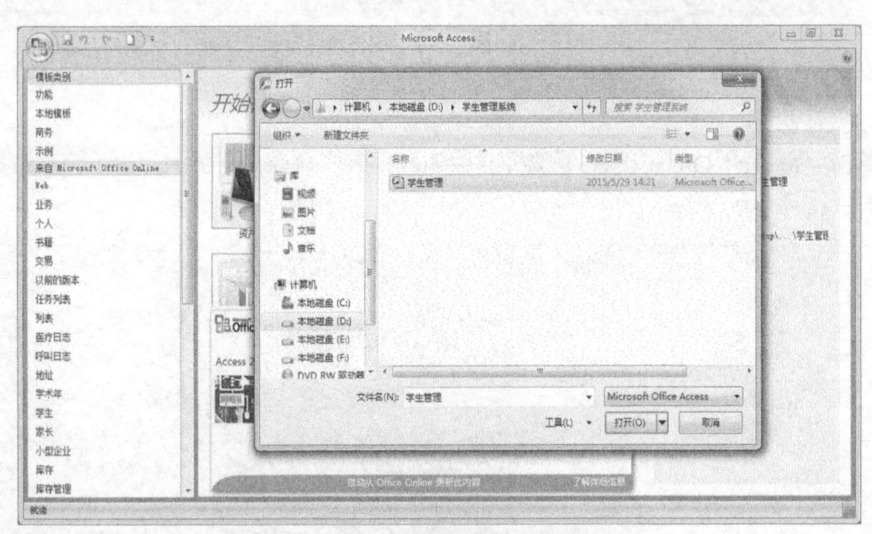

图 7-20　打开已创建的学生管理数据库窗口

（5）重命名数据库

① 定位到“D:\学生管理系统”中的“学生管理”数据库文件。

② 鼠标右键单击该文件，从弹出的快捷菜单中选择“重命名”命令，输入新的数据库文件名后按 Enter 键即可。

2．在学生管理数据库中创建“学生”表、“成绩”表和“课程”表

“学生”表用来存放学生的基本信息，“成绩”表用来存放学生的成绩信息，“课程”表用来存放学生的课程信息。

（1）创建“学生”表的结构

该表的结构如表 7-1 所示。

表 7-1　　“学生”表结构

字段名称	数据类型	字段名称	数据类型
学号	文本	党员否	是/否
姓名	文本	班级	文本
性别	文本	联系电话	文本
出生日期	日期/时间		

① 打开前面已经创建好的“学生管理”数据库。

② 单击“创建”菜单，单击“表设计”对象，如图 7-21 所示，将打开图 7-22 所示的表设计窗口，窗口分为上下两部分，上半部分用来输入各个字段的名称及数据类型，下半部分用来为当前字段设置各种属性。

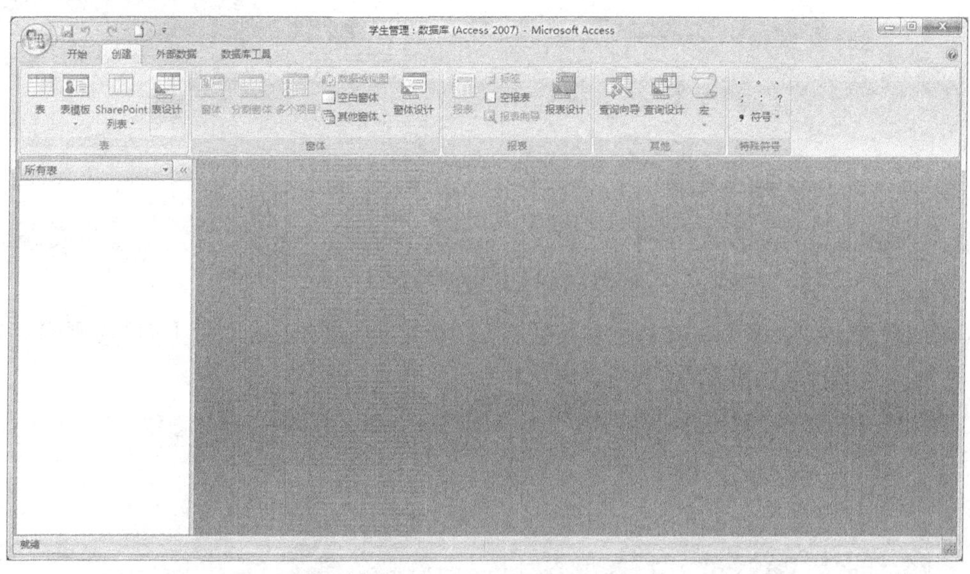

图 7-21　“创建”菜单窗口

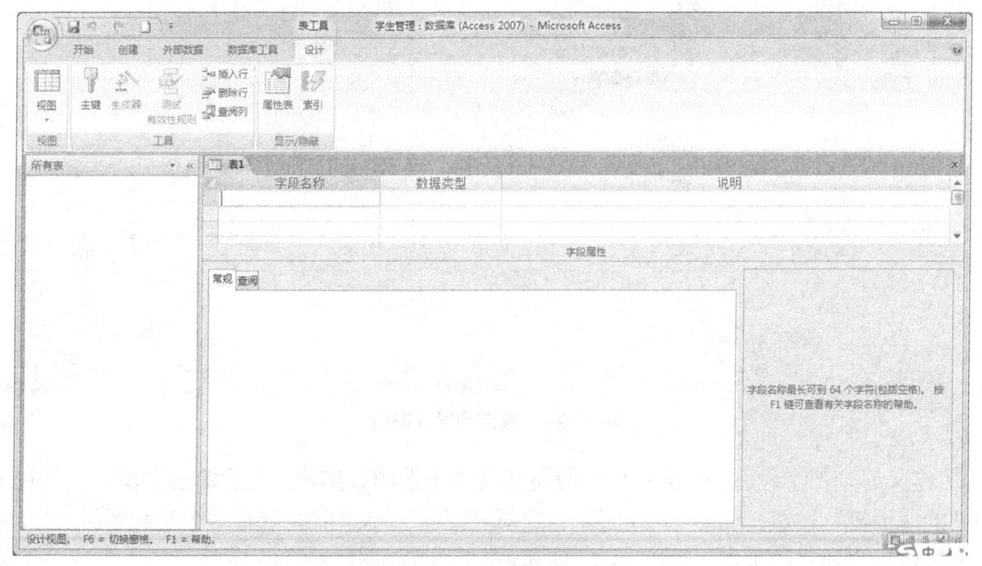

图 7-22　表结构设计窗口

③ 单击上方“字段名称”列的第一列，在其中输入“学号”；单击该行的“数据类型”列，然后单击右侧出现的下拉箭头，在下拉箭头中选择“文本”。如图 7–23 所示。

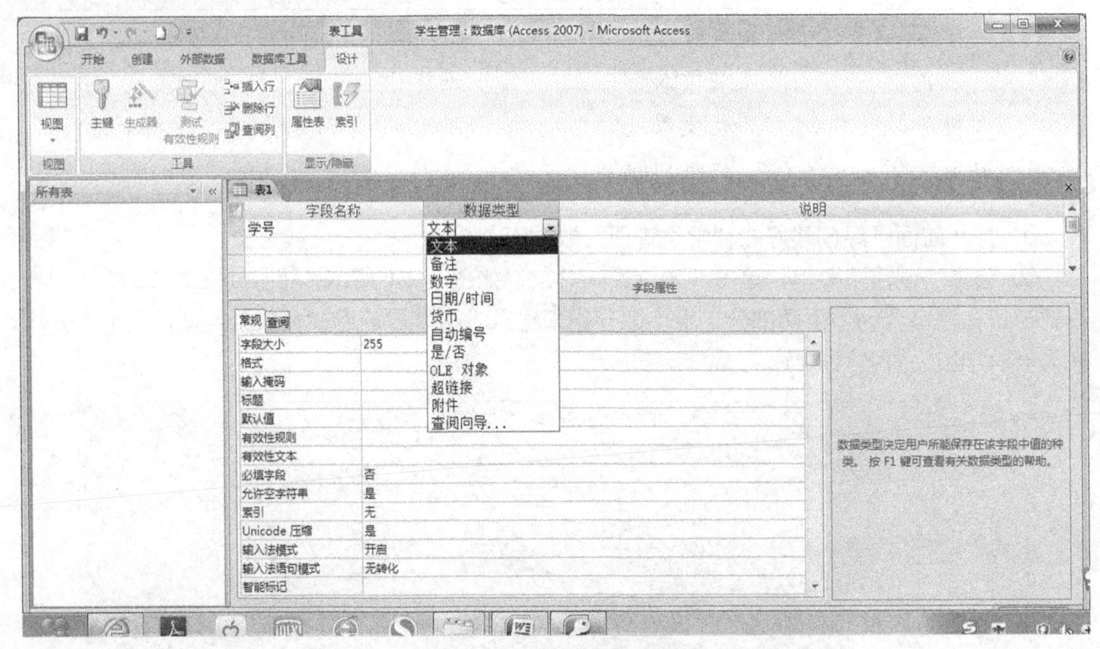

图 7–23　表结构设计窗口

④ 依据表 7–1 中所列的字段名称及数据类型，按照所列顺序，重复上面的步骤分别定义其他各个字段。如图 7–24 所示。

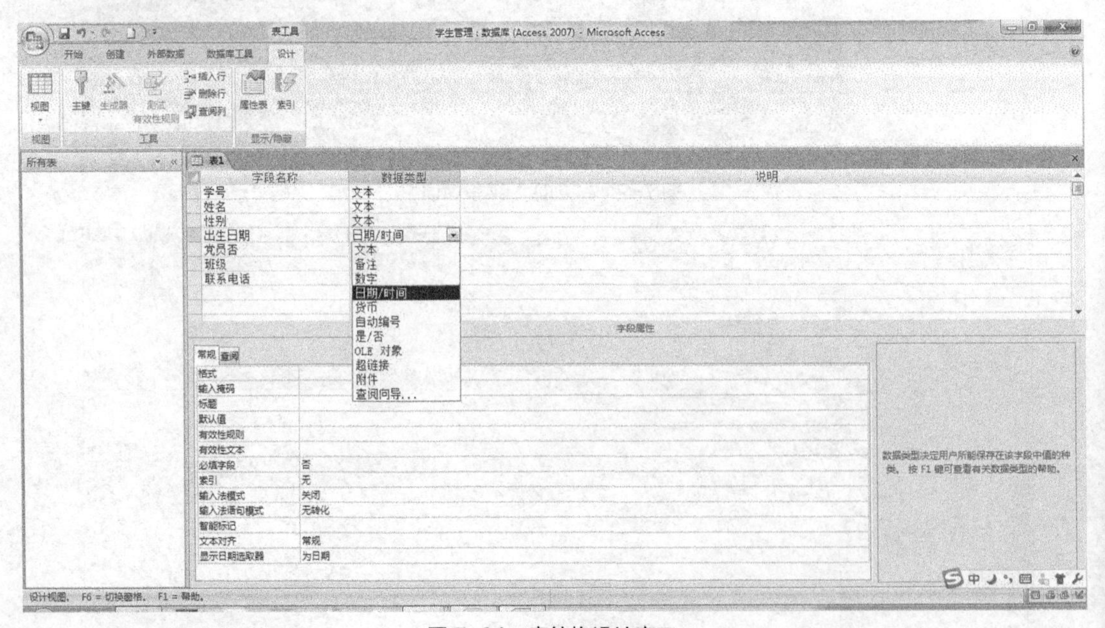

图 7–24　表结构设计窗口

⑤ 定义好全部字段后，在第一个字段所在行单击选中该字段，然后单击主窗口工具栏上形如钥匙的“主键”按钮，如图 7–25 所示，这样“学号”字段前面就有一个钥匙图标，“学号”字段就设置为当前表的主键，如图 7–26 所示。

图 7-25　表结构设计窗口

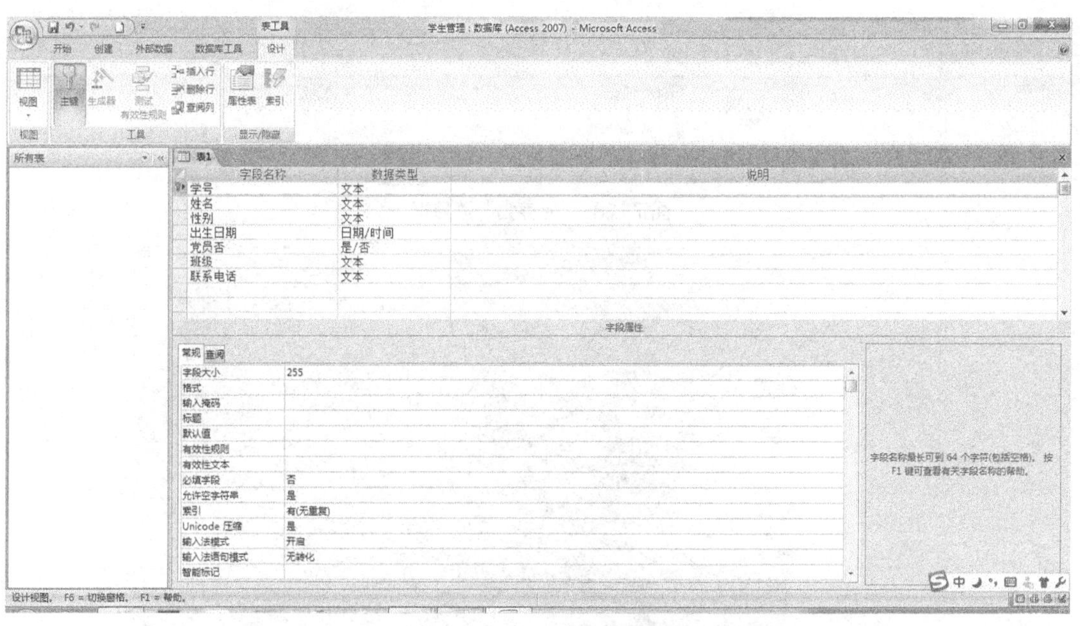

图 7-26　表结构设计窗口

⑥ 单击图 7-26 窗口的关闭按钮，弹出图 7-27 所示对话框。选择“是”按钮，在弹出的对话框中输入表名“学生”，如图 7-28 所示，单击“确定”按钮，保存“学生”表。导航窗格中的窗口变成了“学生”，如图 7-29 所示。

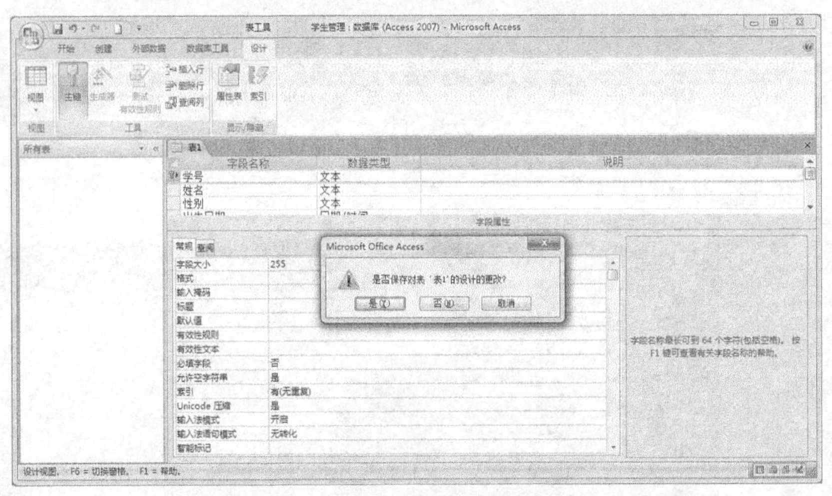

图 7-27 “保存修改”消息框

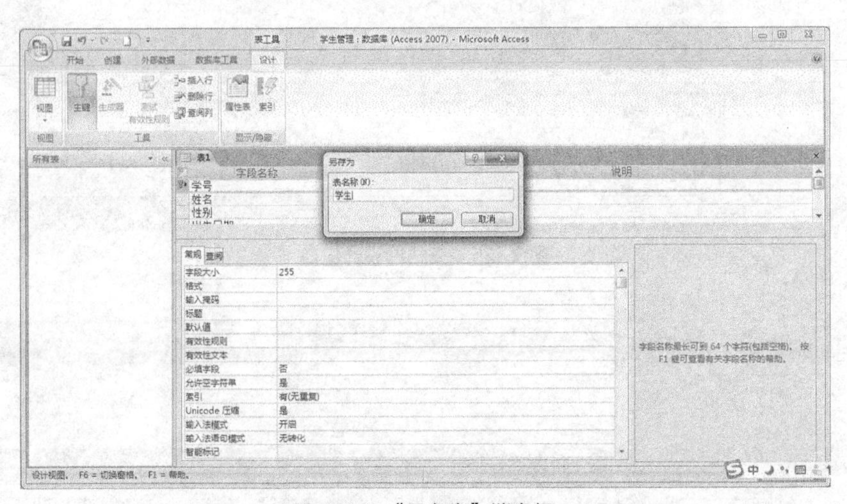

图 7-28 “另存为”消息框

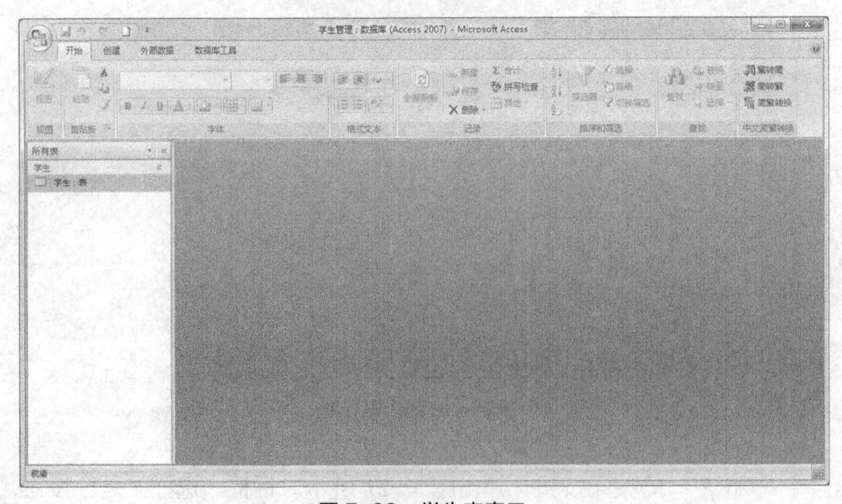

图 7-29 学生表窗口

⑦ 双击导航窗格中的“学生”表，在窗口的右侧可以看到创建好的“学生”表，如图 7-30 所示。

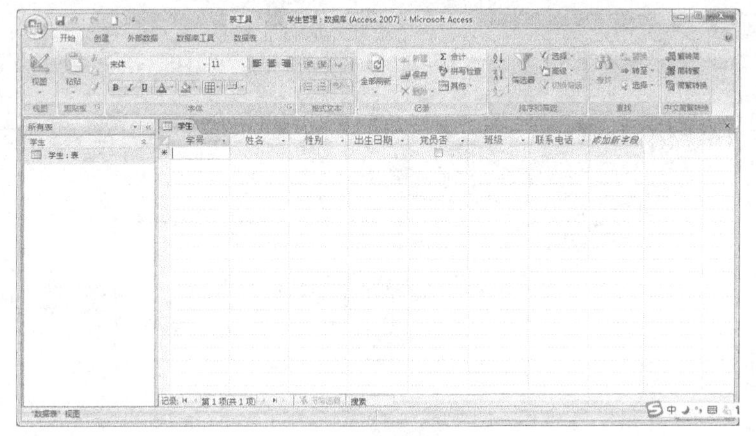

图 7-30 学生表窗口

（2）建立“成绩”表和“课程”表

重复上述步骤在学生管理数据库中分别按照表 7-2 和表 7-3 建立“成绩”表和“课程”表。

其中“成绩表”中把学号和课程号设置为主键，选定多个字段为主键的操作方法为：选点某个字段后按住 Ctrl 键，再单击另一个字段即可，选定多个字段后单击图 7-24 中的主键按钮。“课程”表中课程号设置为主键。创建好的“成绩”表设计窗口如图 7-31 所示，“课程”表设计窗口如图 7-32 所示。

表 7-2 “成绩”表结构

字段名称	数据类型
学号	文本
课程号	文本
成绩	文本

表 7-3 “课程”表结构

字段名称	数据类型
课程号	文本
课程名	文本

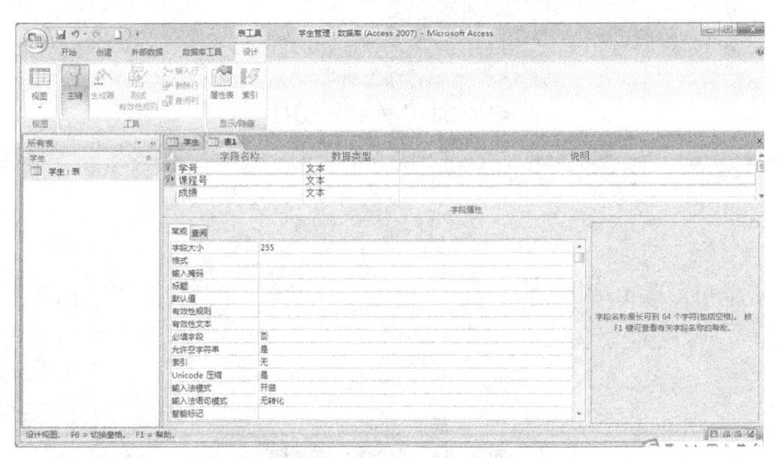

图 7-31 “成绩”表设计窗口

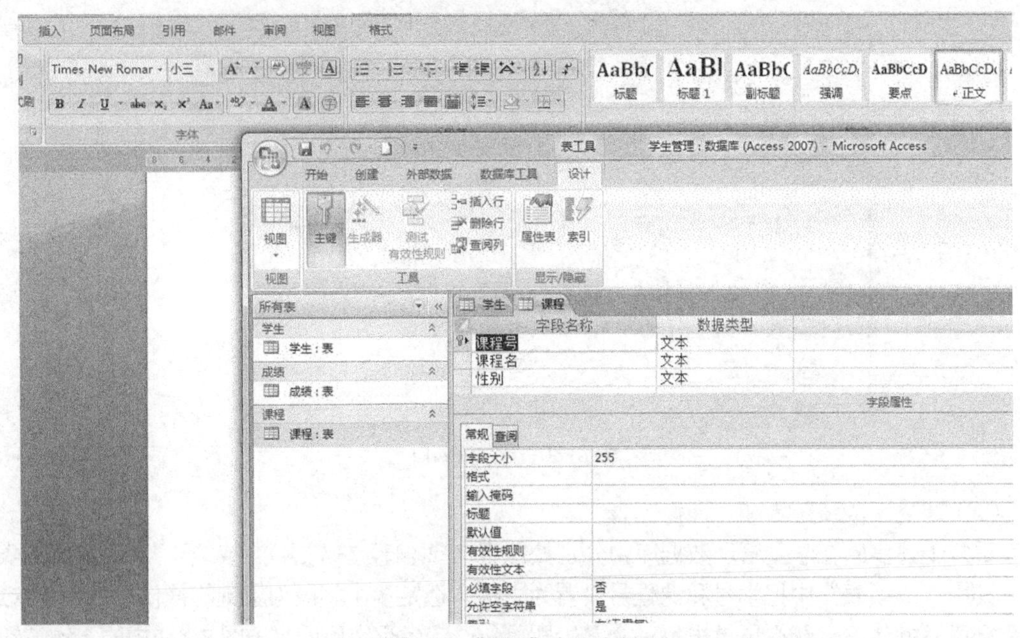

图 7-32 “课程”表设计窗口

说　明

表设计完成后，需要对表的数据进行操作，也就是对记录进行操作，它涉及记录的添加、删除、修改、复制等。对表进行的操作，是通过数据表视图来完成的。

（3）数据录入

向建好的“学生”表、“成绩”表和“课程”表中分别参照图 7-33、图 7-34 和图 7-35 所示的信息进行数据录入。输入完毕后关闭表，系统将自动保存记录。

学生

学号	姓名	性别	出生日期	党员否	班级	联系电话	添加新字段
000111	关笑	女	1988/10/2	☑	01		
000112	刘芳	女	1989/2/2	☑	01		
000121	王五	男	1988/3/2	☐	02		
000122	关羽	男	1988/10/21	☑	02		
000123	王乐	男	1988/5/2	☑	02		
000131	刘丽	女	1989/5/13	☐	03		
000132	张敏	女	1988/3/2	☑	03		
000133	高天	男	1988/11/24	☑	03		
000134	高明	女	1988/2/5	☐	04		
*				☐			

图 7-33 “学生”表数据

学生　成绩

学号	课程号	成绩	添加新字段
000111	A003	90	
000111	A004	80	
000111	A005	88	
000112	A001	70	
000112	A002	79	
000121	A001	80	
000122	A003	87	
000131	A001	89	
000132	A003	60	
000132	A001	50	
*			

图 7-34 “成绩”表数据

课程

课程号	课程名	添加新字段
A001	计算机导论	
A002	C语言	
A003	数据结构	
A004	数据库	
A005	软件工程	
*		

图 7-35 “课程”表数据

① 双击导航窗格中的“学生”表，将打开数据表视图，如图 7-36 所示。

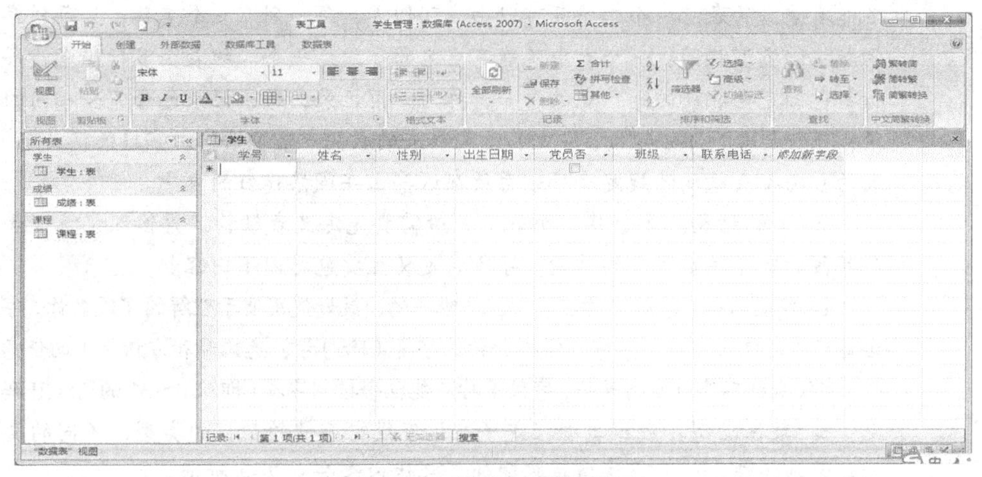

图 7-36 “学生”表数据视图

② 将鼠标插入点光标定位到表中对应的字段下，一旦用户开始输入数据，该记录行的左端将显示铅笔形状的“编辑记录”标记。输入一个字段的数据后，可移动光标转至下一个字段继续输入，如图 7-37 所示。

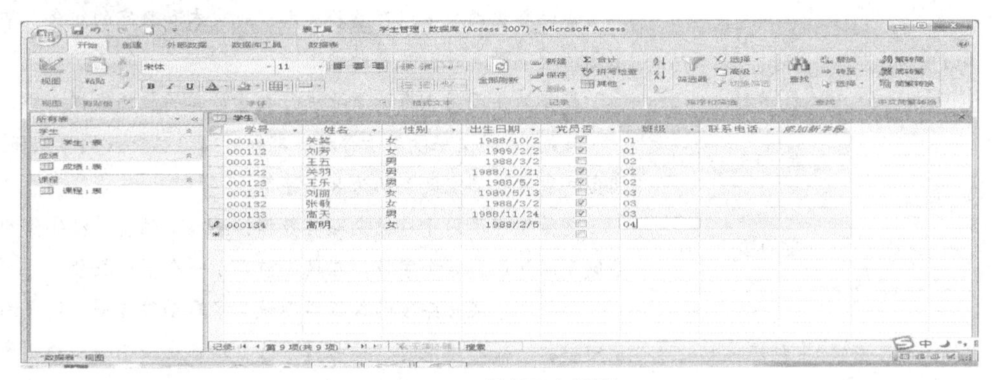

图 7-37 数据录入视图

注 意

对于文本、数字或者货币型字段的数据，可以直接在表格单元格中直接输入，并允许使用复制、剪切和粘贴功能帮助输入；对于“是/否”行字段的数据，可在所显示的复选框中单击鼠标左键进行输入，复选框中的“√”表示输入“是”，否则表示“否”；对于“日期/时间”型字段，只需输入“12-02-14”或“12/02/14”的内容即可。

③ 参照上述方法依次录入“成绩”表数据和“课程”表数据。

说明

① 表的概念。一个数据库包括一个或多个表。表是以行和列的形式组织起来的数据的集合。数据库中可能有许多表，每个表说明一个特定的主题。表将数据组织成列（称为字段）和行（称为记录）的形式，由列和行的交叉点作为数据存储的单位，也就是具体的特征值。

② 表的约定。每个表有一个表名。表名可以是包含字母、汉字、数字和除了句号以外的特殊字符、感叹号、重音符号或方括号的任何组合；一个数据库中不能有重名的表；一个二维表可以由多列组成，每一列有一个名称，且每列存放的数据的类型相同；一个表中不能有重名的字段；一个二维表由多行组成，每一行都包含完全相同的列，表的每一行称为一条记录，每条记录包含完全相同的字段；一个表由两部分组成，即表的结构和表的数据。表的结构由字段的定义确定，表的数据按表结构的规定有序地存放在这些由字段搭建好的表中。

③ 表的结构。要创建一个表，一般需要先定义表结构，再输入记录。表中各字段的定义决定了表的结构。字段的定义主要包括以下内容。

a. 字段名称：字段名称在表中应是唯一的，最好使用便于理解的字段名称。字段名称可以是包含字母、数字、空格和特殊字符（除句号、感叹号和方括号）的任意组合；字段名称不能以空格开头；字段名称不能包含控制字符（即从 0～31 的 ASCII 码）。

b. 数据类型：数据类型指定了在该字段中存储的数据的类型，不同的类型所能容纳的默认值和允许值是不同的。具体内容如表 7-4 所示。

表 7-4　　数据类型介绍

数据类型	功能说明
文本型	文本型字段可以存放字母、汉字、符号和数字
备注型	备注数据类型可以存放长文本，或文本和数字的组合，常用备注型字段来存放较长的文本
数字型	数字型字段用于存放需要进行数学计算的数值数据
日期/时间型	日期/时间型字段用于存放日期和时间。Access 的日期/时间型字段的存储空间默认为 8 个字节
货币型	货币型字段用于存放金额类数据，Access 的货币型字段的存储空间默认为 8 个字节，在数据前显示一个货币符号
自动编号	若将表中某一字段的数据类型设为了自动编号型，则当向表中添加一条新记录时，将由 Access 自动产生一个唯一的顺序号并存入该字段
是/否型	用于只可能是两个值中的一个（如“是/否”、“真/假”、“开/关”）的数据。不允许为 Null 值，其存储空间默认为 1 位
超链接	该类型的字段中存放的数据是超链接地址，是以文本形式存储并用作超链接的地址
OLE 对象	对于照片、图形、Excel 电子表格、Word 文档、图形、声音或其他二进制数据 Access 使用 OLE 对象数据类型进行处理

说　明

④ 主键。每个表都应该包含一个或一组这样的字段：这些字段是表中所存储的每一条记录的唯一标识，该信息即被称作表的主键。指定了表的主键之后，Access 将阻止在主键字段中输入重复值或 Null 值。在 Microsoft Access 中可以定义 3 种主键，分别为“自动编号”主键、单字段主键和多字段主键。

a. 自动编号主键。如果新建的数据表在保存之前未设置主键，则在保存时 Access 会询问是否要创建主键，若回答“是”，Access 将创建一个“自动编号”类型的主键。当向表中添加一条新记录时，此种自动编号类型的字段会自动生成连续数字的编号。

b. 单字段主键。单字段主键是以某一个字段作为主键来唯一的标识每一条记录。如果某个字段不包含重复值或 NULL 值，且能够将表中的不同的记录区别开来，便可以将该字段指定为主键。

c. 多字段主键。在不能保证表中的任何单个字段包含唯一值时，可以将两个或更多的字段指定为主键。如果要设置多字段主键，应先按住 Ctrl 键，然后单击每一个要设置为主键的字段。

3．表的使用和维护

数据表创建完成后表的结构和记录在操作的过程中可以根据需要进行修改，常见的操作有修改表的结构，添加、删除和修改记录 。

（1）在“课程”表中添加“学分”字段

① 在导航窗格中单击“课程”表单击右键，在弹出的快捷菜单中选择“设计视图”命令，打开图 7-38 所示窗口。

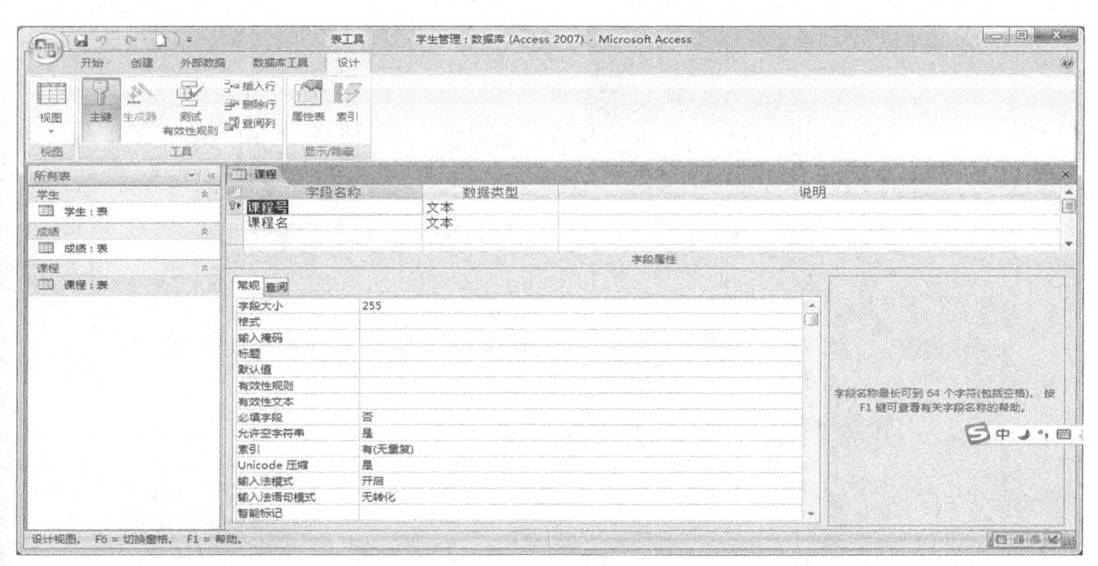

图 7-38 “课程”表设计窗口

② 在打开的设计窗口中，把光标定位到课程名后面添加新的“学分”字段，并设置数据类型为“数字”，如图 7-39 所示。

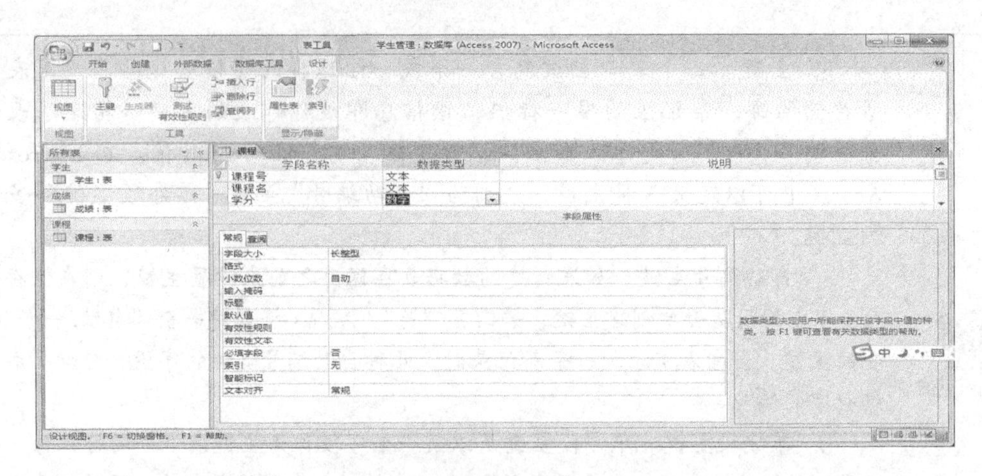

图 7-39 “课程”表设计窗口

③ 单击课程表窗口的关闭按钮，关闭设计窗口，在弹出的对话框中选择“是”按钮保存修改，如图 7-40 所示。

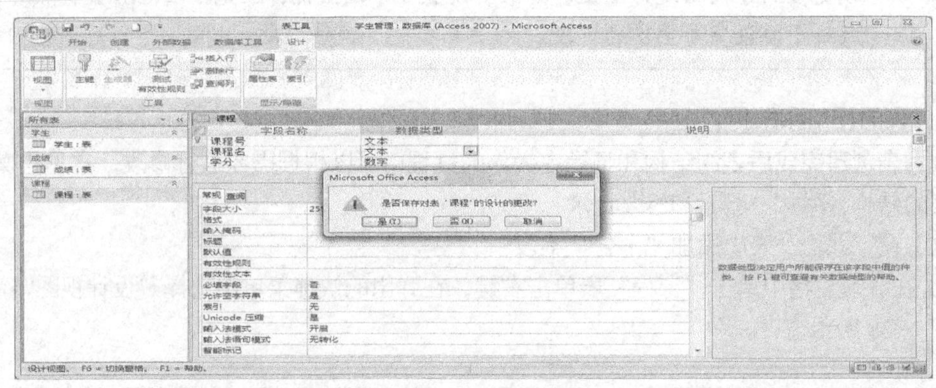

图 7-40 “保存”对话框

（2）在“课程”表中删除“学分”字段

在打开的“课程”表设计窗口中，把光标移动到要删除的字段前，当鼠标指针变成“➔”形状时选中要删除的字段，在“设计”菜单中选择“删除行”命令即可，如图 7-41 所示。

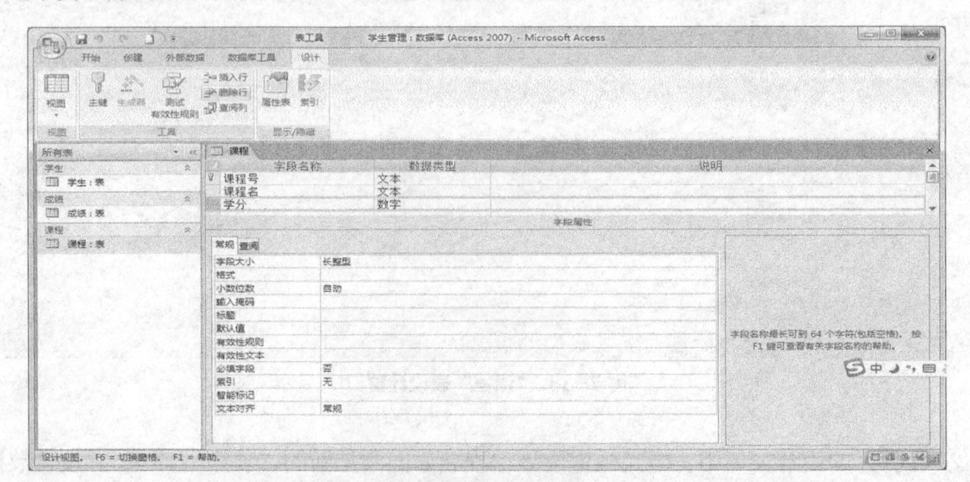

图 7-41 删除字段窗口

（3）在“课程”表中把“课程名”字段改成“课程名称”字段

在打开的“课程”表设计窗口中，把光标定位到“课程名”字段，删除旧字段重新输入新字段名“课程名称”，然后移走光标，保存修改即可。

（4）在“学生”表中添加新记录

在导航窗格中双击“学生”表打开表的数据视图，直接单击表的最后一行，在当前行中键入所需添加的数据，即可完成增加一条新记录的操作。

（5）在“学生”表中删除旧记录

在学生导航窗格中双击“学生”表打开表的数据视图，直接鼠标右键单击要删除的数据行，在弹出的快捷菜单中选择“删除记录”命令即可。

7.1.4 任务总结

本任务通过创建和管理数据库使用户熟悉了 Access 2007 的基本操作，掌握了 Access 数据库的创建、关闭、重命名等操作，在创建好数据库的基础上通过创建“学生”、“课程”和“成绩”表，介绍了数据表的创建及使用表设计器进行表结构的修改和管理操作。

任务二 数据查询

学习重点

本任务以学生信息的数据处理为例，介绍利用 Access 对学生、课程、成绩等数据的排序、筛选、创建表之间关系和信息查询等操作。

7.2.1 任务引入

根据任务一中的操作，李老师已将学生的各类信息存储到相应的表中，如此多的信息，怎样才能找到自己所需要的信息呢？张老师建议李老师通过表的查询来获取。具体操作方案如下。

① 对建好的表按照需要选择某个字段对表中的记录排序以方便信息的查询。

② 根据实际需要对表中的记录进行筛选获取所需要的数据。

③ 对数据库中的各个表文件根据表之间的公共字段设置关系，使得表之间建立相应的联系。

④ 根据需要建立相应的查询文件，获取学生的各类信息。

7.2.2 相关知识点

1．排序

一般情况下，在向表输入数据时，人们不会有意安排输入数据的先后顺序，而是只考虑输入的方便性，按照数据到来的先后顺序输入。例如，在登记学生成绩时，哪一个学生的成绩先出来，就先输入哪一个，在杂乱的数据中查找需要的数据就不方便了。为了提高查找效率，需要重新整理数据，对此最有效的方法是对数据进行排序。排序是根据当前表中的一个或多个字段的值对整个表中的所有记录进行重新排列。Access 提供了 3 种不同的排序操作即基于一个字段的简单排序、基于多个相邻字段的简单排序和高级排序。

2．筛选

筛选即仅把符合指定条件的记录显示在数据表视图中而将不满足条件的数据记录在视图中隐藏起来。Access 提供了 3 种筛选记录的方法，分别是“按选定内容筛选”、“按窗体筛选”、和“高级筛选。经过筛选后的表，只显示满足条件的记录，而那些不满足条件的记录将被隐藏起来。

3．查询

所谓查询是指根据用户指定的一个或多个条件，在表或查询中查找满足条件的记录，并将查询的设计作为文件存储起来。在 Access 中，查询是一个特殊的文件，它是数据库中的一种组件，其目的是以一定的结构存储用户检索到的一组数据。用户通过查询告诉 Access 检索条件，Access 根据用户提供的条件将查询到的数据反馈给用户。

在 Access 2007 中，提供了 5 种类型的查询，包括选择查询、参数查询、交叉表查询、操作查询和 SQL 查询。

① 选择查询。选择查询是最常见的查询类型，它从一个或多个表中检索数据，将查询的结果显示在一个数据表上供用户查看或编辑。

② 交叉表查询。查询时计算数据的总计、平均值、计数或其他类型的总和并重新组织数据结构的查询称为交叉查询。

③ 参数查询。参数查询会在执行时弹出对话框，提示用户输入必要的信息（参数），检索出符合参数要求字段的记录或值。

④ 操作查询。操作查询是在一个操作中更改许多记录的查询，操作查询又可分为 4 种类型：删除查询、更新查询、追加查询和生成表查询。

⑤ SQL 查询。SQL 查询是用户使用 SQL 语句创建的查询。在 SQL 视图窗口中，用户可以通过直接编写 SQL 语句来实现查询功能。最基本的查询语句语法格式为：

```
SELECT <查询项>
FROM <数据表>
WHERE <条件>
GROUP BY<分组表达式>
HAVING <分组条件>
ORDER BY <排序项>
```

- SELECT <查询项>：说明在查询结果中输出的内容，通常是字段或与字段相关的表达式，多个查询项之间可用逗号隔开。
- FROM<数据表>：说明要查询的数据来自哪个表或哪些表，SQL 可对单个表或多个表进行查询。多个表之间要用逗号隔开。
- WHERE<条件>：说明查询的条件，即只查询数据表中符合指定条件的数据。
- GROUP BY<分组表达式>：用于对查询结果进行分组，HAVING<条件> 用来限定分组必须满足的条件。
- ORDER BY<排序项>：用于对查询的结果进行排序。

具体使用方法可参照图 7-68。

7.2.3 任务实施

1．表的排序

（1）基于一个字段的简单排序

对“成绩”表中的所有记录，按“学号”降序排列。操作步骤如下。

① 在导航窗格中双击“学生”表打开“学生”表的数据视图，单击“学号”字段所在的列。

② 单击“开始”菜单中的“降序”按钮，如图 7-42 所示。

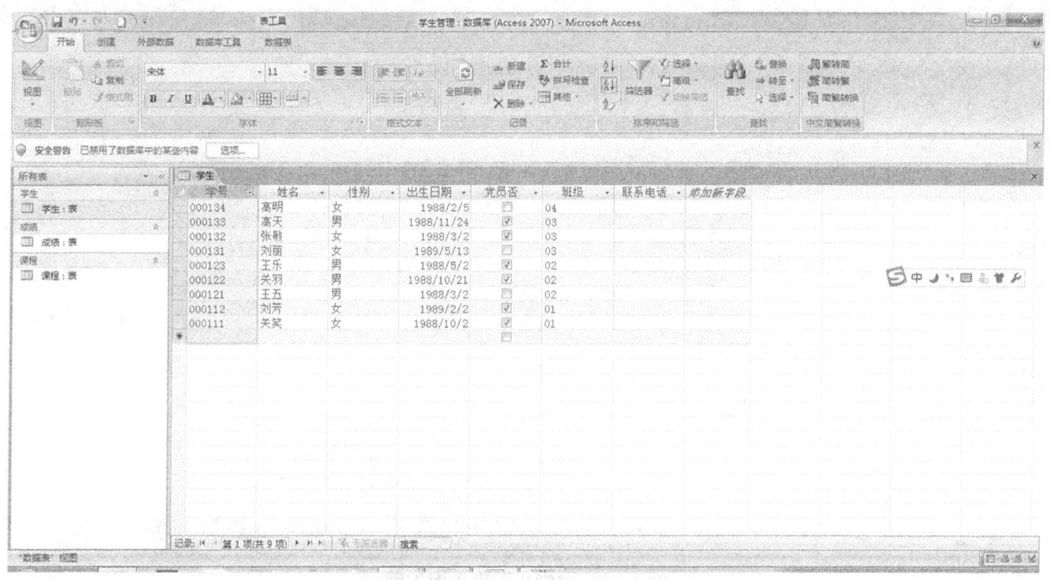

学号	姓名	性别	出生日期	党员否	班级	联系电话	添加新字段
000134	高明	女	1988/2/5	☐	04		
000133	高天	男	1988/11/24	☑	03		
000132	张敏	女	1988/3/2	☑	03		
000131	刘丽	女	1989/5/13	☐	03		
000123	王乐	男	1988/5/2	☑	02		
000122	关羽	男	1988/10/21	☑	02		
000121	王五	男	1988/3/2	☐	02		
000112	刘芳	女	1989/2/2	☑	01		
000111	关笑	女	1988/10/2	☐	01		

图 7-42 “学生”表数据视图

执行上述操作步骤后，就可以改变表中原有的排列次序，而变为新的次序。保存表时，将同时保存排序结果。若要撤销排序操作，只需单击“清除所有排序”按钮即可。

（2）基于多个相邻字段的简单排序

对“学生”表中的所有记录，按“性别”和“出生日期”两个相邻字段值的升序排列。

① 双击“学生”表打开表的数据视图。

② 拖动鼠标同时选择用于排序的“性别”和“出生日期”两个相邻的字段，如图 7-43 所示。

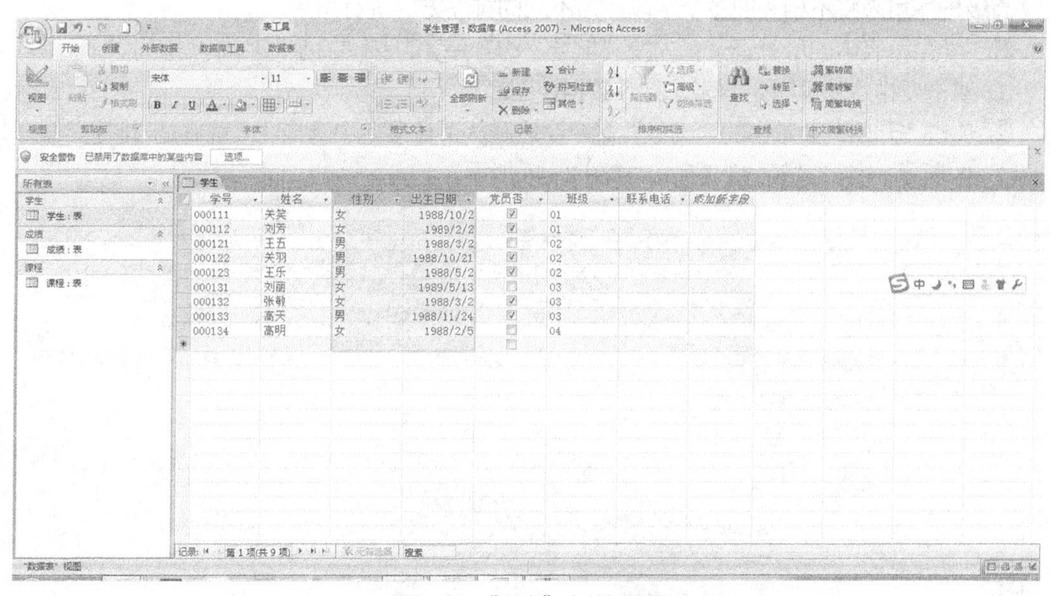

学号	姓名	性别	出生日期	党员否	班级	联系电话	添加新字段
000111	关笑	女	1988/10/2	☐	01		
000112	刘芳	女	1989/2/2	☑	01		
000121	王五	男	1988/3/2	☐	02		
000122	关羽	男	1988/10/21	☑	02		
000123	王乐	男	1988/5/2	☑	02		
000131	刘丽	女	1989/5/13	☐	03		
000132	张敏	女	1988/3/2	☑	03		
000133	高天	男	1988/11/24	☑	03		
000134	高明	女	1988/2/5	☐	04		

图 7-43 “学生”表数据视图

③ 单击工具栏中的“降序”按钮，结果如图 7-44 所示。

图 7-44 “学生”表数据视图

从结果可以看出，Access 先按“性别”降序排序，在性别相同的情况下再按“出生日期”降序排序。因此，按多个字段进行排序，必须注意字段的先后顺序。

注　意

所依据的排序字段必须相邻，并且每个字段都只能统一按照升序或降序方式进行排序。

（3）高级排序

高级排序用来将不相邻的多个字段按照不同的排序方式进行排序。

对“学生”表中的所有记录，先按“学号”的升序，再按“性别”的降序排列。

① 双击要排序的“学生”表，打开数据视图。

② 单击“开始”菜单中的“高级”命令，然后从下拉菜单中选择“高级筛选/排序”命令，如图 7-45 所示。打开“筛选”窗口，如图 7-46 所示。

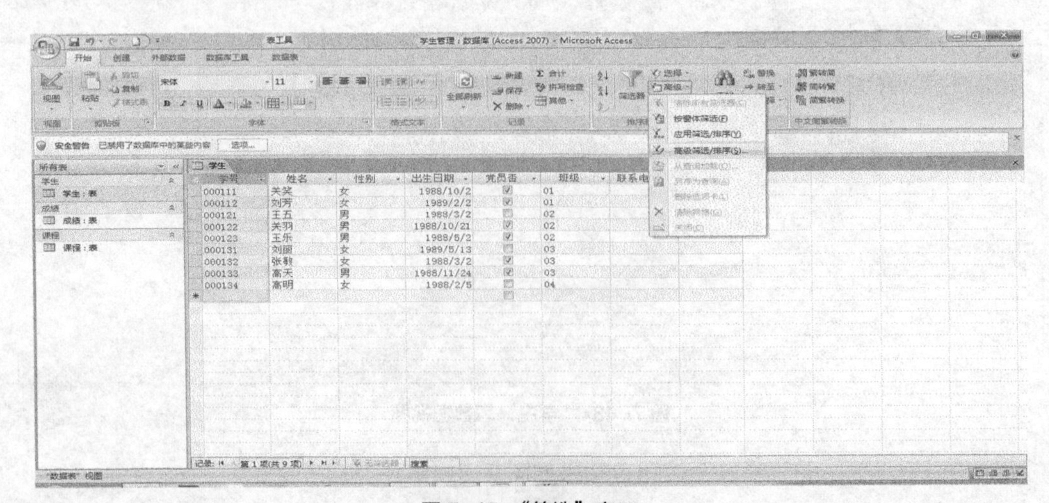

图 7-45 “筛选”窗口

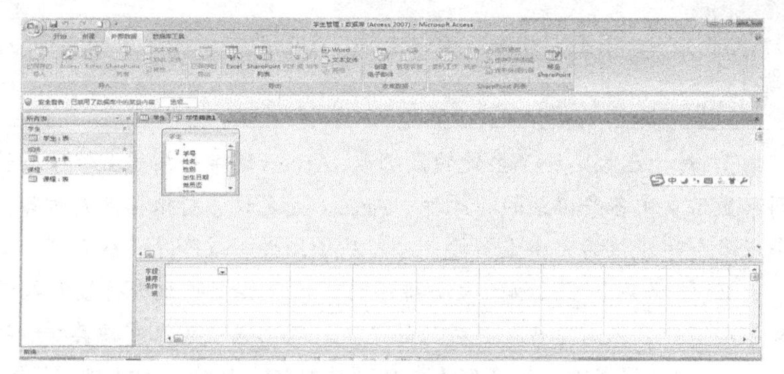

图 7-46 “筛选”设置窗口

“筛选”窗口分为上、下两部分。上半部分显示了被打开表的字段列表。下半部分是设计网格，用来指定排序字段、排序方式和排序条件。

③ 用鼠标单击设计网格中第 1 列字段行右侧的向下箭头按钮，从打开的列表中选择“学号”字段，然后用同样的方法在第 2 列的字段行上选择“性别”字段。

④ 单击“学号”的“排序”单元格，单击右侧向下箭头按钮，并从打开的列表中选择“升序”；使用同样的方法在“性别”的“排序”单元格中选择“降序”，如图 7-47 所示。

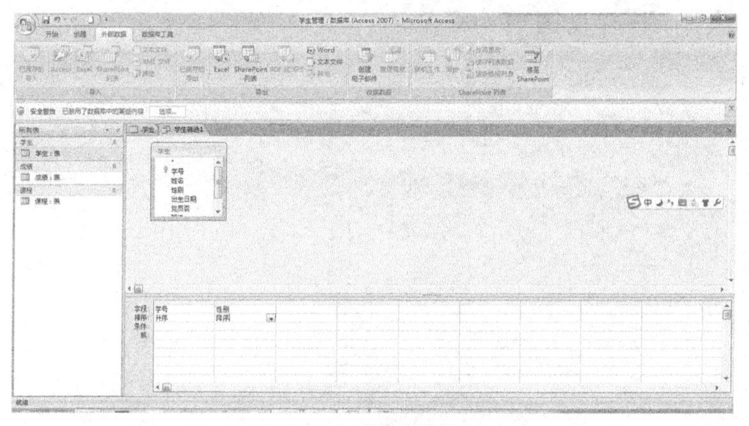

图 7-47 “筛选”窗口

⑤ 单击“开始”菜单下的“切换筛选”按钮（切换筛选），这时 Access 会按上面的设置排序“学生”表中的所有记录，如图 7-48 所示。

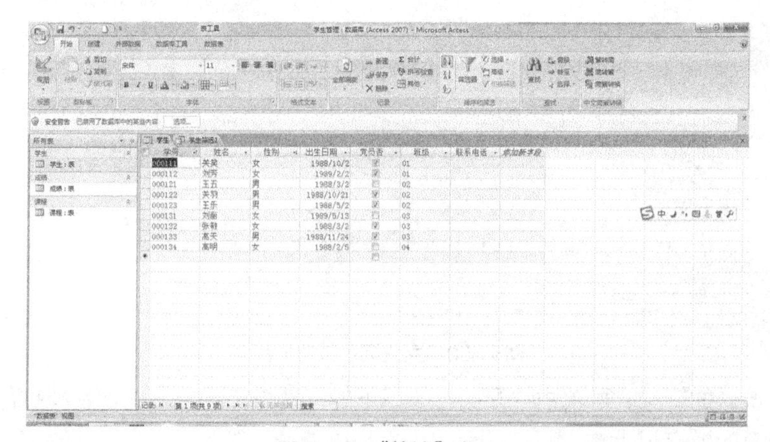

图 7-48 “筛选”窗口

在指定排序次序以后，单击“开始”菜单下的“清除所有排序”按钮命令，可以取消所设置的排序顺序。

说　明

① 对于已经定义了主键的数据表，Access 通常是按照主键字段值的升序来排列和显示表中各条记录的。此外，Access 也允许另行根据需要对各条记录依据一个或多个字段值的大小重新按升序（从小到大）或降序（从大到小）排列显示。

② 依据某个字段值的大小排序时，数字类型的数据将按其数值大小排序；文字类型的数据则通常按其对应的 ASCII 码的大小（汉字按其拼音字母顺序）排列。日期/时间字段，按日期的先后顺序排序。此外，备注型、超链接型或 OLE 对象型的字段数据，则不能进行排序。

2．表的筛选

（1）按选定内容筛选

在“学生”表中，筛选出“女”的记录。

① 双击要排序的“学生”表，打开数据视图。

② 选定“性别”字段中的任意一个“女”数据项，单击“开始”菜单下的“选择”下拉列表中的“等于‘女’”命令，如图 7-49 所示。

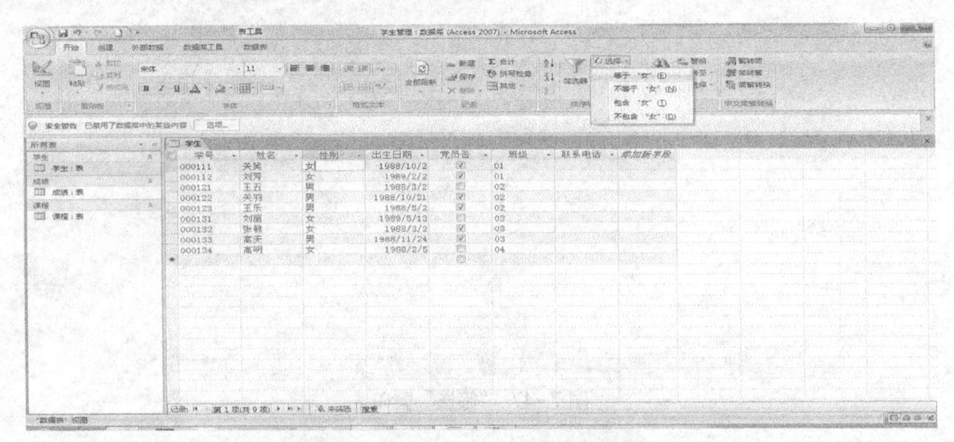

图 7-49　筛选“女”学生记录窗口

③ 这时，“学生”表中仅有“女”学生的记录被显示出来，如图 7-50 所示。

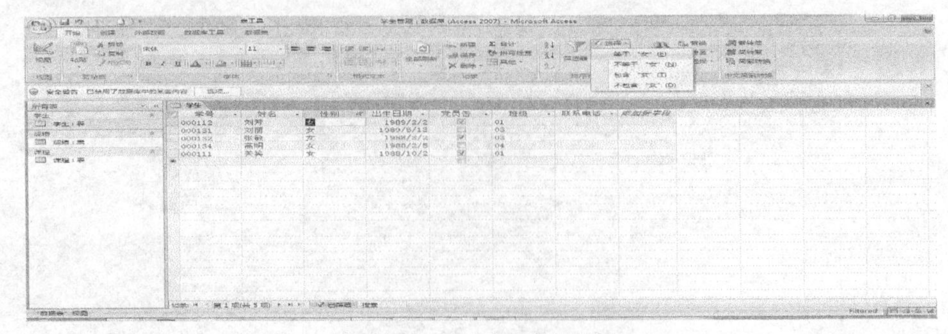

图 7-50　女生记录数据视图

若要取消所做的筛选，可单击“开始”菜单下的“切换筛选”按钮命令，Access 将会显示表中原有的所有记录。

（2）按窗体筛选

此方式是在打开的特定窗体中进行筛选操作。Access 规定，设置在此种窗体同一行上的多个条件之间是“与”的关系，如果需要设置具有“或”关系的条件，可单击窗体底部的“或”标签，再在其中进行“或”关系条件的设置。

在“学生”表中，筛选出是党员的女生记录。

① 双击要筛选的“学生”表，打开数据视图。

② 单击“开始”菜单下的“高级”下拉列表中的“按窗体筛选”命令，打开筛选窗口，如图 7-51 所示。

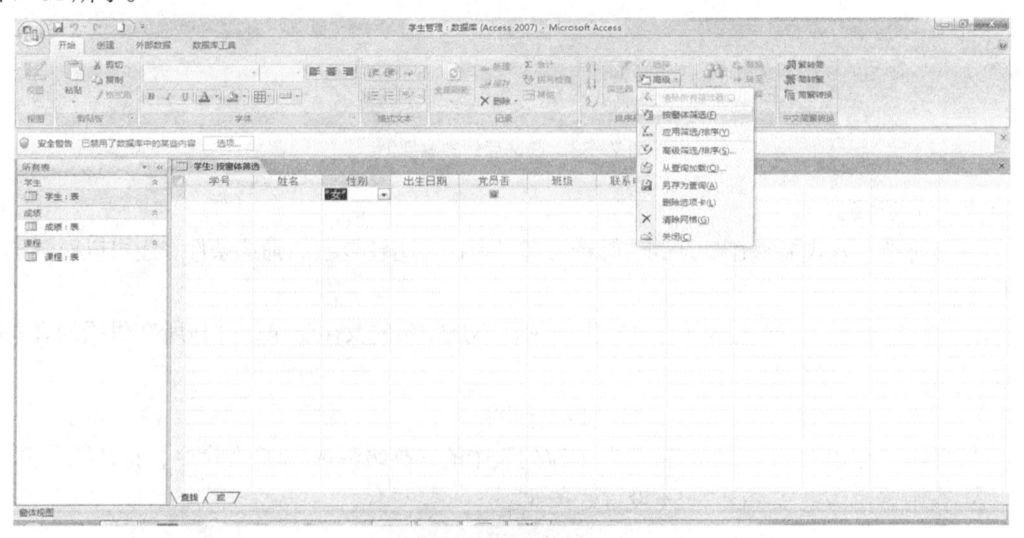

图 7-51 “按窗体筛选”窗口

③ 单击“性别”字段，并单击右侧向下箭头按钮，从下拉列表中选择“女”，单击“党员否”字段中的复选框，如图 7-52 所示。

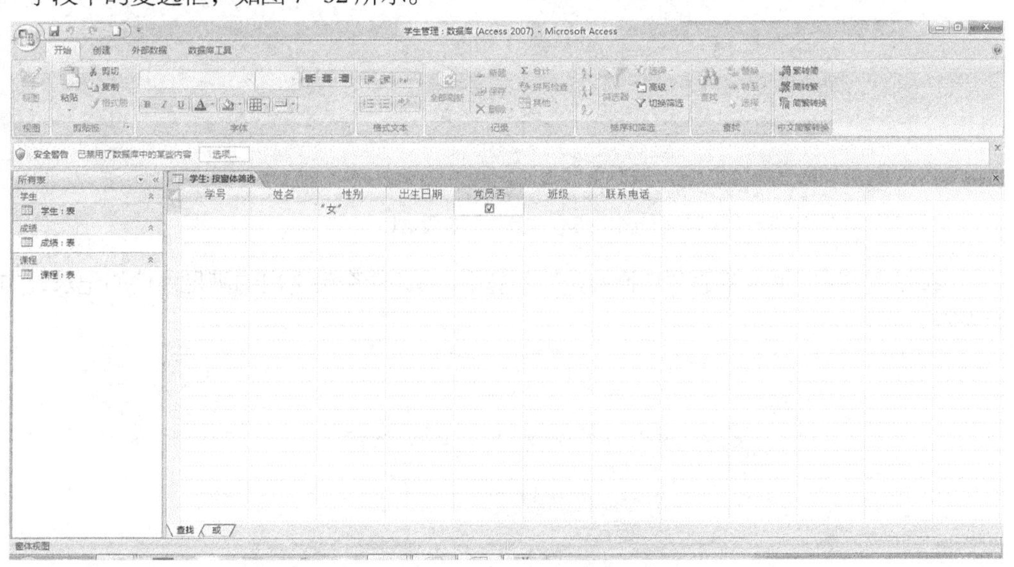

图 7-52 “按窗体筛选”窗口

④ 单击“开始”菜单下的“切换筛选”按钮 切换筛选 命令筛选出的满足条件的记录如图 7-53 所示。

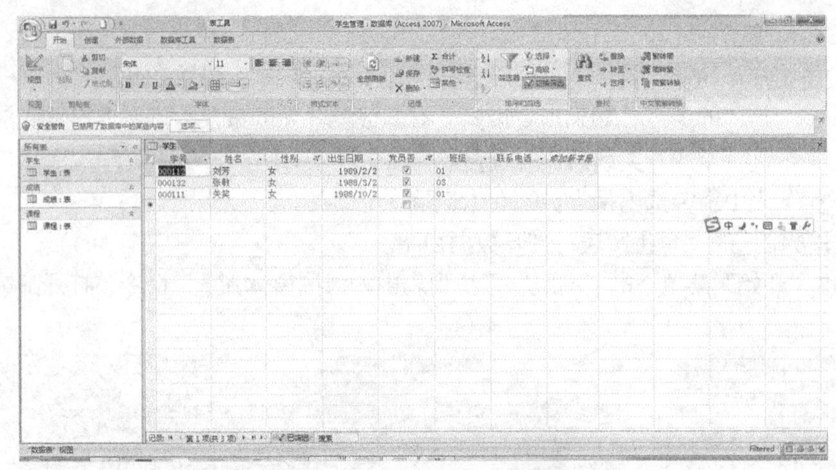

图 7-53　筛选后的数据视图

（3）高级筛选

“高级筛选”方式能够在打开的“筛选”窗口中设置比较复杂的筛选条件，还可以对筛选的结果进行排序。

在“学生”表中，筛选出所有男学生记录及不是党员的女生记录，并按所在班级的升序排列后显示筛选出的各条记录。

① 双击要筛选的“学生”表，打开数据视图。

② 单击“开始”菜单下的“高级”下拉列表中的“高级筛选/排序”命令，打开筛选窗口。

③ 在筛选窗口中按照图 7-54 设置好条件。

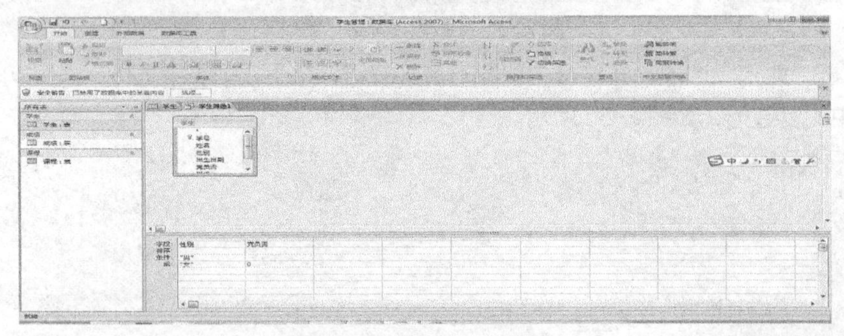

图 7-54　“筛选”设置窗口

④ 单击“开始”菜单下的“切换筛选”按钮 切换筛选 命令筛选出的满足条件的记录，如图 7-55 所示。

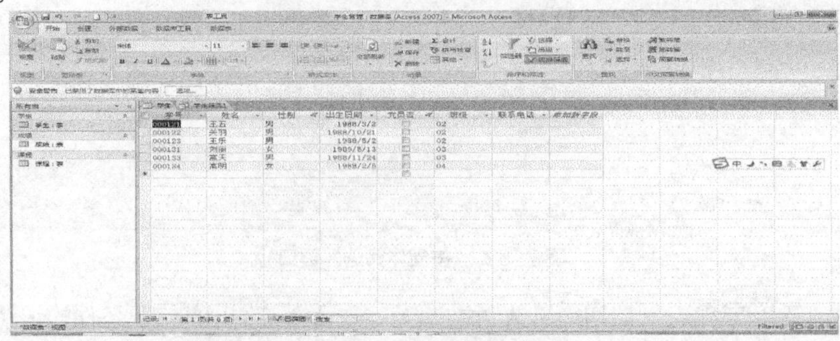

图 7-55　筛选结果数据视图

说　明

“按内容筛选”是一种最简单的筛选方法，使用它可以很容易地找到包含某字段值的记录；“按窗体筛选”是一种快速的筛选方法，使用它不用浏览整个表中的记录；“高级筛选”是一种较灵活的方法，根据输入的筛选条件进行筛选，可进行复杂的筛选，挑选出符合多重条件的记录。

3．简单的数据查询

李老师想查询每个学生的学生信息、成绩信息和课程信息的汇总信息，张老师建议李老师在数据库中先对学生表、成绩表和课程表建立关系，然后对建立联系的表进行查询操作。

（1）关系的创建

为“学生管理”数据库中的“学生”“成绩”和“课程”表创建关系。

① 单击“数据库工具”菜单下的“关系”按钮，打开图 7-56 所示的“关系”窗口。

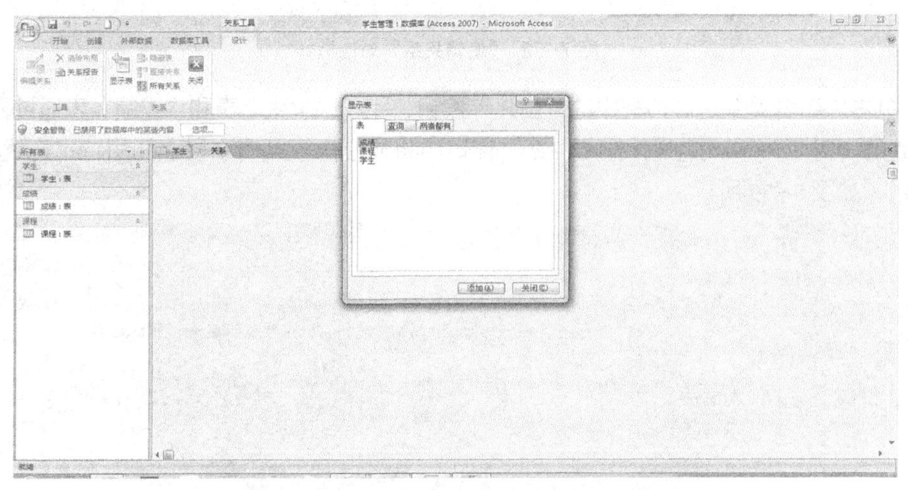

图 7-56 “关系”设计窗口

② 在“显示表”对话框中选择“学生”表，单击“添加”按钮，将其添加到“关系”窗口，用同样的方法将“成绩”和“课程”表添加到“关系”窗口中。

③ 关闭“显示表”对话框，“关系”窗口效果如图 7-57 所示。

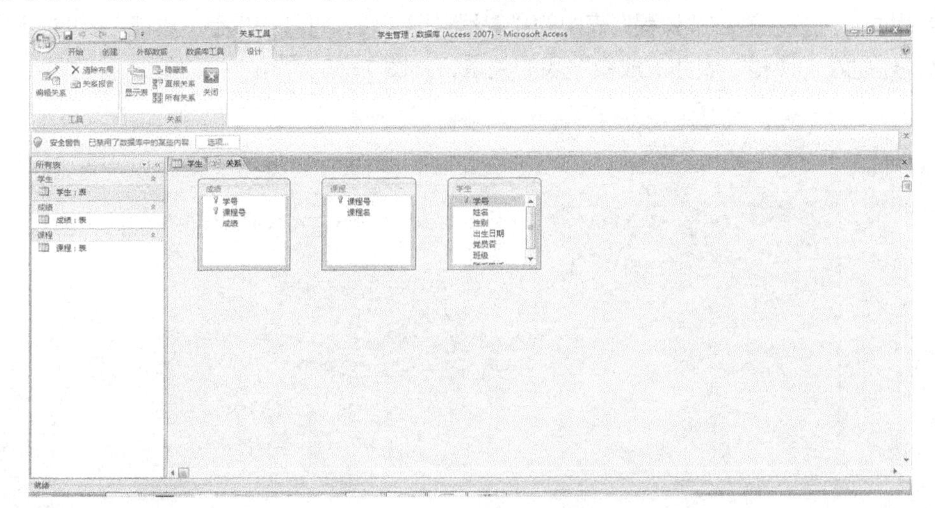

图 7-57 “关系”设计窗口

④ 在“关系”窗口中选取“学生”表中的“学号”字段，将其拖曳至“成绩”表的“学号”字段上，将弹出图 7-58 所示的“编辑关系”对话框。

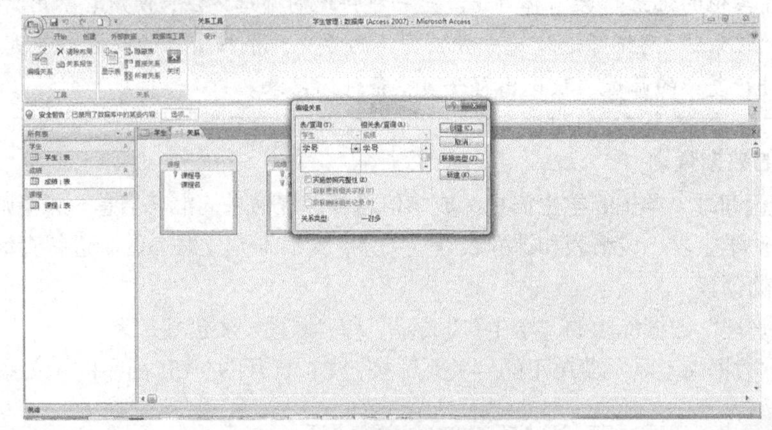

图 7-58 “编辑关系”对话框

⑤ 单击“编辑关系”对话框中的“创建”按钮，完成“学生”表和“成绩”表通过“学号”字段建立的一对多关系。此时，在“关系”窗口中将显示出表共有字段之间用特定连线标识的表间关系，如图 7-59 所示。

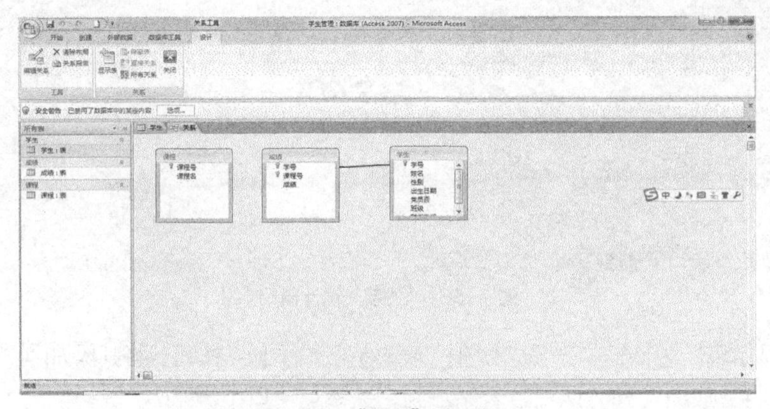

图 7-59 “关系”设计窗口

⑥ 用同样的方法选取“课程”表中的“课程号”字段，将其拖曳至“成绩”表的“课程号”字段上，建立好“课程”表和“成绩”表的关系，如图 7-60 所示。

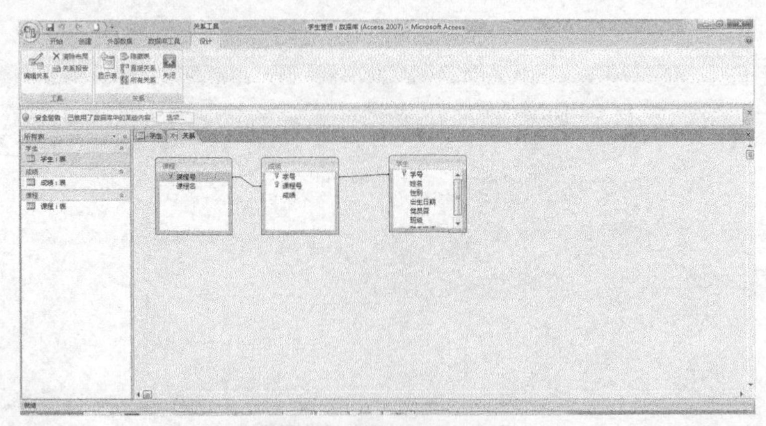

图 7-60 “关系”设计窗口

⑦ 根据上面的操作，3 个表根据公共字段已经建立好了相应的联系，单击关闭按钮，在弹出的消息框中选择“是”保存关系。

注　意

数据库是相关数据的集合，一般一个数据库由若干个表所组成，每一个表反映数据库的某一方面的信息。要使这些表联系起来反映数据库的整体信息，则需要为这些表建立表之间应有的关系。两个表之间只有存在相关联的字段才能在两者之间建立关系。例如，在“学生管理数据库”中“学生”表和“成绩”表之间需要通过两者都有的“学号”字段建立关系，“成绩”表和“课程”表之间需要通过都有的“课程号”字段建立关系。

说　明

① 关系的类型。表与表之间的关系可分为一对一、一对多和多对多 3 种类型，而所创建的关系类型取决于两个表中相关联的字段的定义。

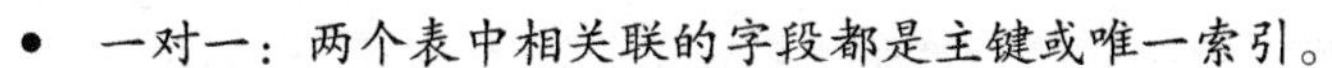

- 一对一：两个表中相关联的字段都是主键或唯一索引。

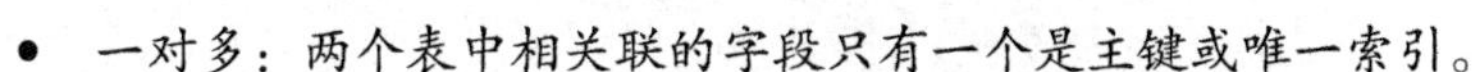

- 一对多：两个表中相关联的字段只有一个是主键或唯一索引。

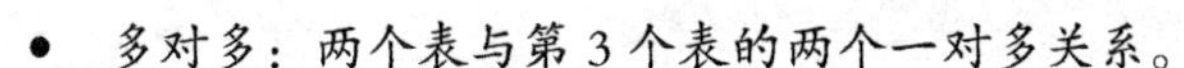

- 多对多：两个表与第 3 个表的两个一对多关系。

② 在“关系”窗口的各个表中，所有用 🔑 标注的字段名均为主键。某一个表中用于建立关系的字段只要已设定为主键或唯一索引，则在建立一对多关系时，无论拖曳的方向如何，该表必定为主表，与之建立关系的表为子表。

（2）简单的多表查询

根据上一操作查询“学生管理”数据库中学生汇总信息即得到包含学生信息中的学号和姓名信息、成绩信息中的课程号和成绩信息、课程信息中的课程名信息。

① 在打开的“学生管理”数据库中，单击“创建”菜单下的“查询设计”按钮，如图 7-61 所示。

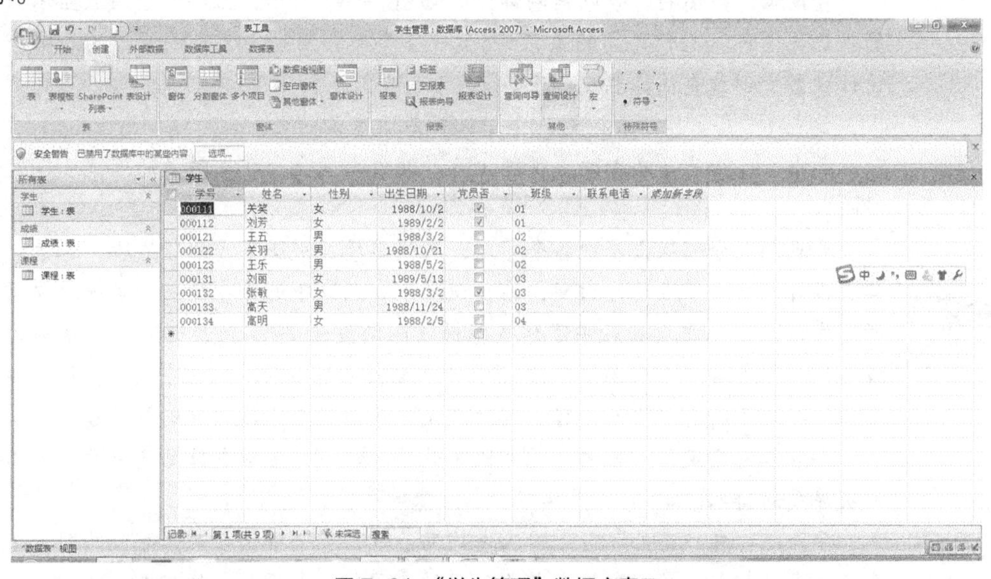

图 7-61　“学生管理”数据库窗口

② 在弹出的查询对话框中，选择“学生”表单击“添加”按钮，用同样的方式把“成绩”和“课程”表添加到查询窗口中，如图 7-62 所示。

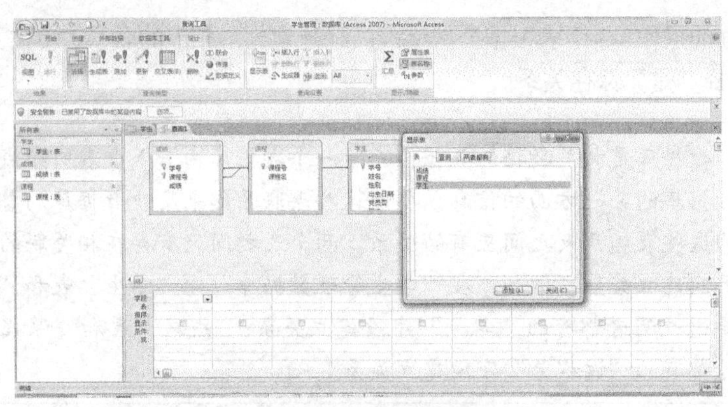

图 7-62 添加表对话框

③ 单击“关闭”按钮，把显示表对话框关闭。

④ 在查询的设计视图中，按图 7-63 所示在窗口下端字段列中把要查询的信息所在字段选中。

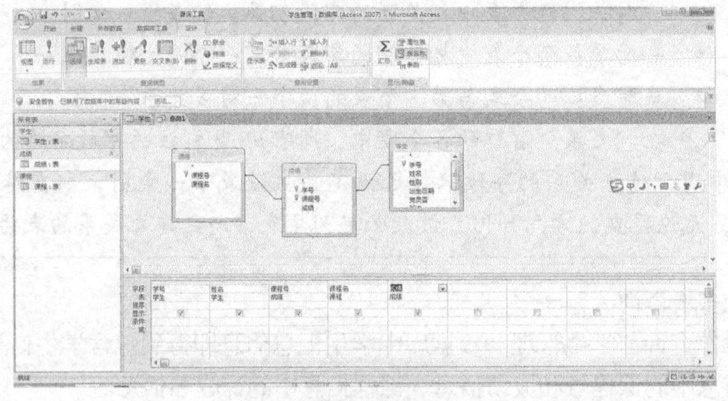

图 7-63 查询设计窗口

说明

查询设计视图的窗口包括两部分。如图 7-62 所示，上半部分用来显示查询的数据源（包括它们之间的关系连线），下半部分用来定义查询设计的表格。在设计视图中创建查询的要点如下。

要点 1：在“显示表”对话框中选择基于查询的表。

要点 2：如是多表查询，视图上方的两表之间会出现一对多的连线（或是一对一）。

要点 3：分别双击表中各个字段，可使其填入视图下方的“字段”位置。或单击设计网格中字段的空白列，在出现的下拉列表中选择字段；如果一次要增加所有字段，可双击数据表字段列表框最前面的星号（*）行，这时，被增加的字段名称为“表名.*”，虽然此时在“设计”视图中看不到单独的字段列，但在运行查询时会显示所有字段的内容。其缺点是无法对某个字段作准则等设置。

要点 4：指定需“排序”的字段（升序/降序），使动态数据集中的记录以新的次序重新排列。

要点 5：在“条件”行上输入查询的条件，多个条件在若干字段的同一行，表示各条件相与；多个条件在若干字段的不同行，表示各条件相或。

要点 6：“显示”处打钩，表示当切换到数据表视图时，能看见该字段的值，反之看不见。

⑤ 单击查询视图右上角的关闭按钮，在弹出的对话框中单击“是”保存查询，如图 7-64 所示。

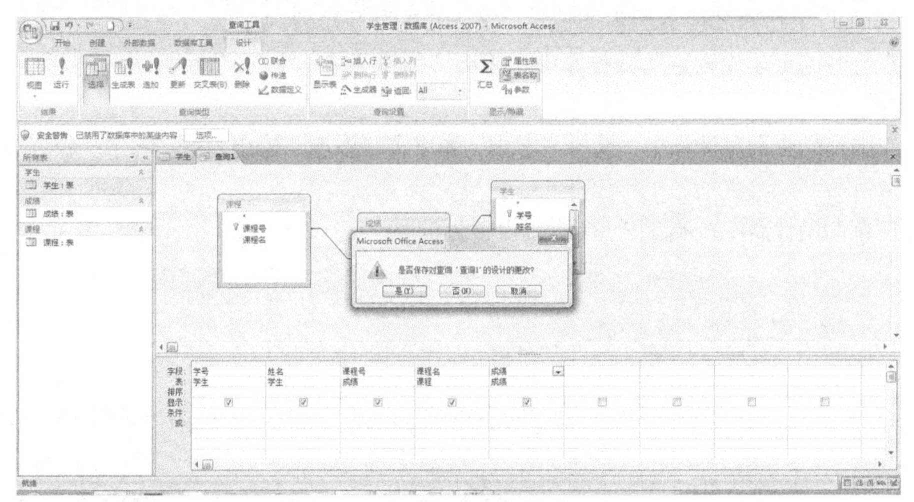

图 7-64 “保存”对话框

⑥ 在“另存为”对话框中输入“学生汇总信息”单击“确定”按钮。在导航窗格中单击 所有 Access 对象 下拉箭头，选择“对象类型”命令，导航窗格中的各对象按类型排列，如图 7-65 所示。

⑦ 双击导航窗格中的查询类别下的“学生汇总信息”，再双击“学生汇总”可获得查询到的学生汇总信息数据，如图 7-66 所示。

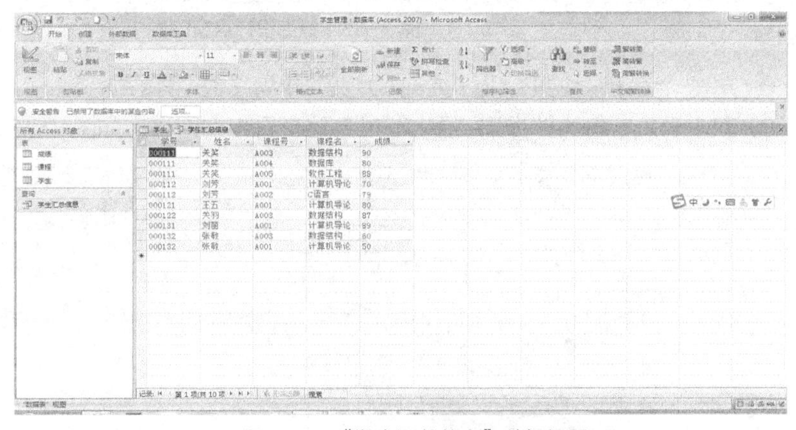

图 7-65 导航窗格　　图 7-66 “学生汇总信息”数据视图

说　明

在查询设计器中创建查询时，Access 将自动在后台生成等效的 SQL 语句。当查询设计完成后，就可以通过“SQL 视图”查看对应的 SQL 语句。操作方法为：在上图所示的窗口中，单击“开始”菜单下的“视图”下拉箭头，单击“SQL 视图”命令，在窗口中将显示对应的 SQL 查询语句。

SQL 视图是用于显示和编辑 SQL 查询的窗口，主要用于以下两种场合：

① 查看或修改已创建的查询；

② 通过 SQL 语句直接创建查询。

4．带条件的数据查询

带条件的查询需要设置查询的条件来实现。

在“学生”表中查找所有男生的记录，按学号的升序排列。

① 在打开的“学生管理”数据库中，单击“创建“菜单下的“查询设计”按钮打开查询设计视图。

② 在弹出的查询对话框中，选择“学生”表单击“添加”按钮，把“学生”表添加到查询窗口中。

③ 在查询设计器中按照图 7-67 所示设置查询。

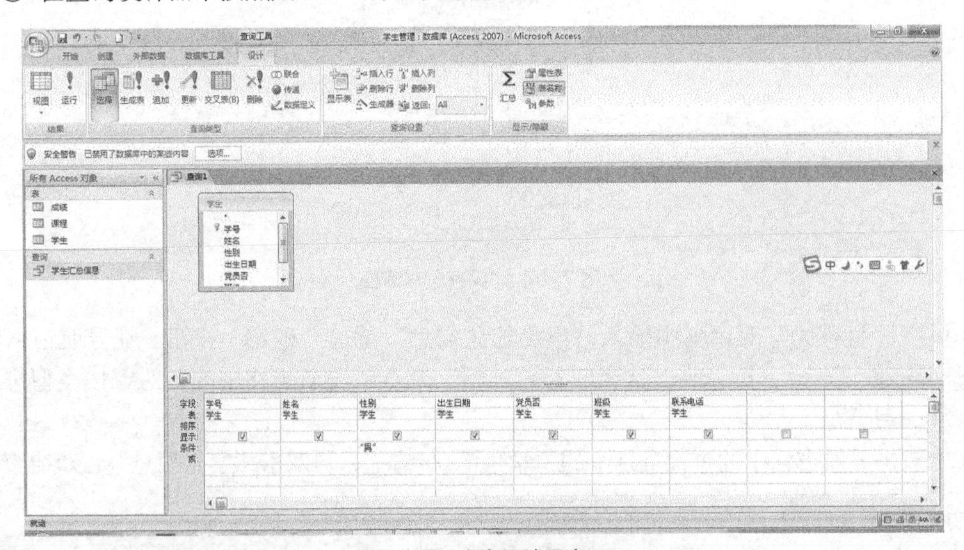

图 7-67　查询设计器窗口

④ 单击“关闭”按钮，以“查询-男生”作为文件名保存查询。

⑤ 双击导航窗格的“查询-男生”对象可查看查询结果，如图 7-68 所示。

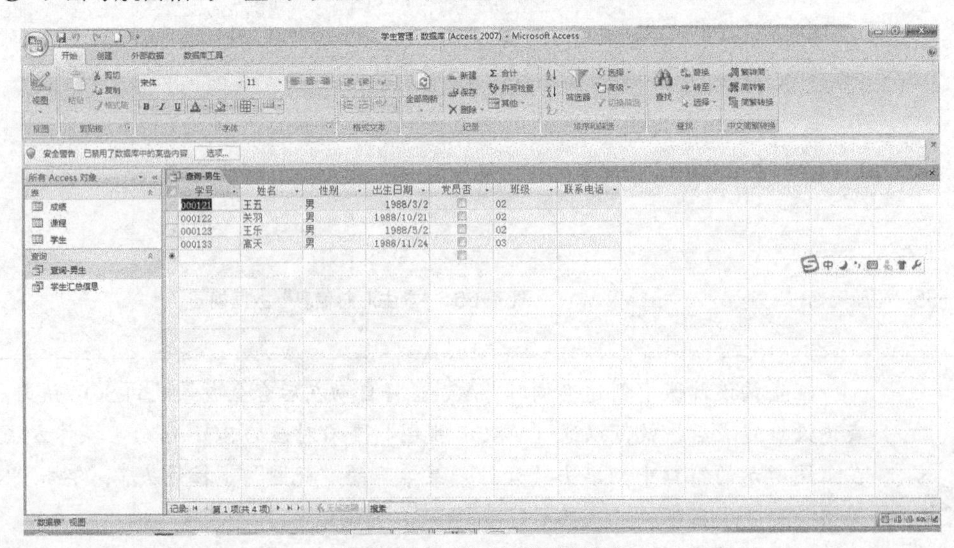

图 7-68　查询结果数据视图

⑥ 在上图中单击“开始”菜单下的“视图”下拉箭头，单击“SQL 视图”命令，在窗口中将显示对应的 SQL 查询语句，如图 7-69 所示。

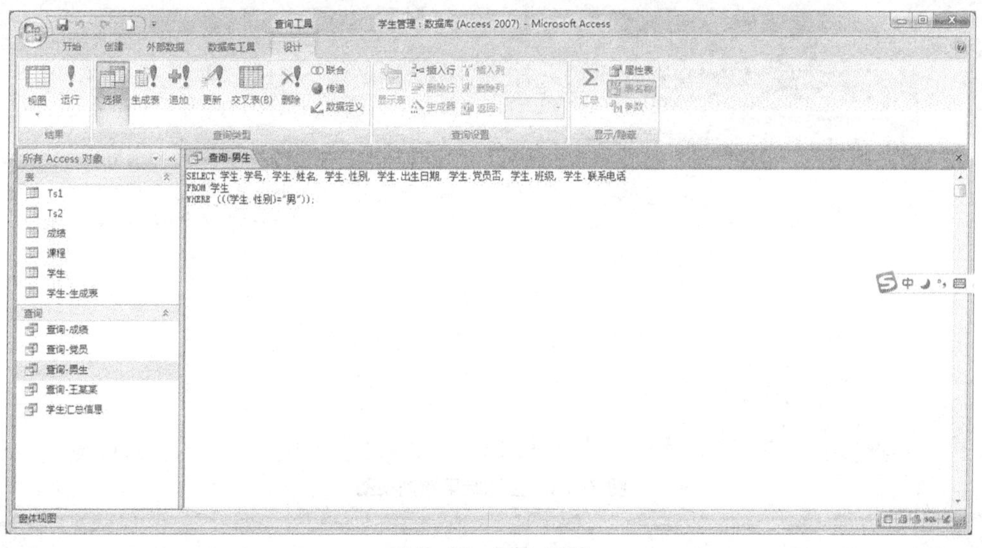

图 7-69　SQL 视图

说　明　由于性别为文本类型字段，所以在条件中要以西文引号作为字段值的定界符（自动生成）。

在“成绩”表中查找成绩在 80～90 分（包括 80、90）之间的同学的学号、课程号和成绩信息，按学号的升序排列，取名为“查找－成绩”。

① 按照上述方法打开查询设计视图，在弹出的查询对话框中，选择“成绩”表单击“添加”按钮，把“成绩”表添加到查询窗口中。

② 在查询设计器中按照图 7-70 所示设置查询。

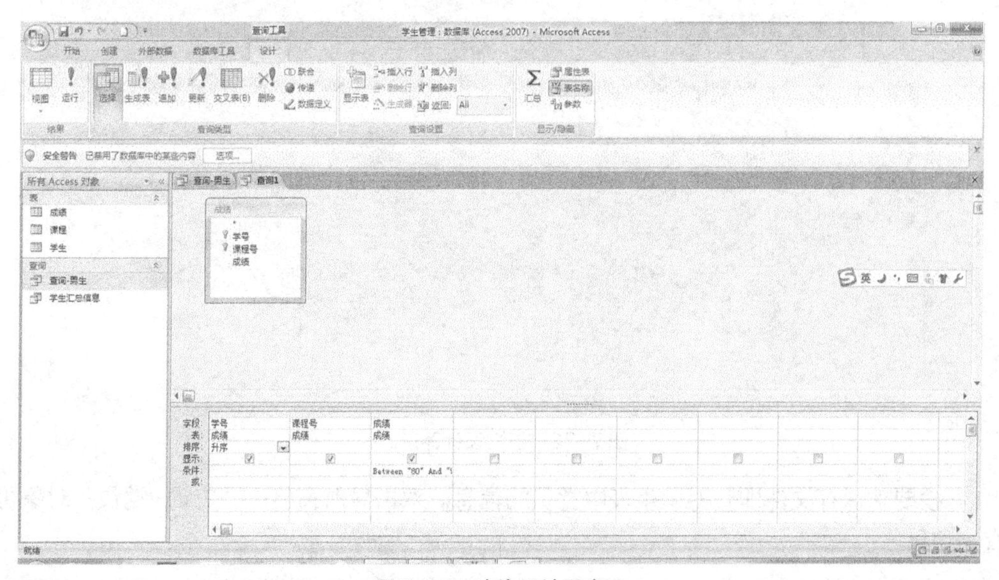

图 7-70　查询设计器窗口

③ 按要求保存文件即获得成绩在 80～90 分之间的学生的信息，双击导航窗格的“查询-成绩”对象可查看查询结果，如图 7-71 所示。

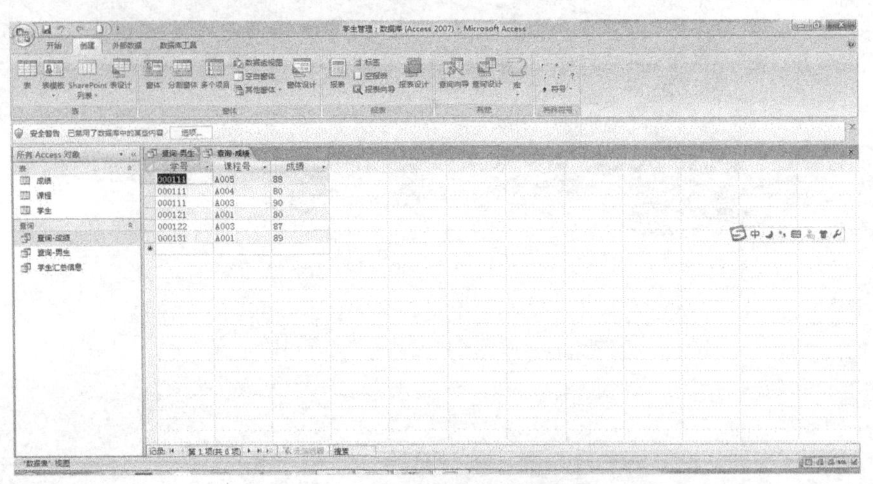

图 7-71　查询结果数据视图

说　明

Between 是比较运算符，该条件也可写成：>=80 And <=90。

在“学生”表中查找所有党员的学号、姓名、性别、党员信息，取名为：“查找 - 党员”，按学号的升序排列。

① 按照上述方法打开查询设计视图，在弹出的查询对话框中，选择“学生”表单击“添加”按钮，把“学生”表添加到查询窗口中。

② 在查询设计器中按照图 7-72 所示设置查询。

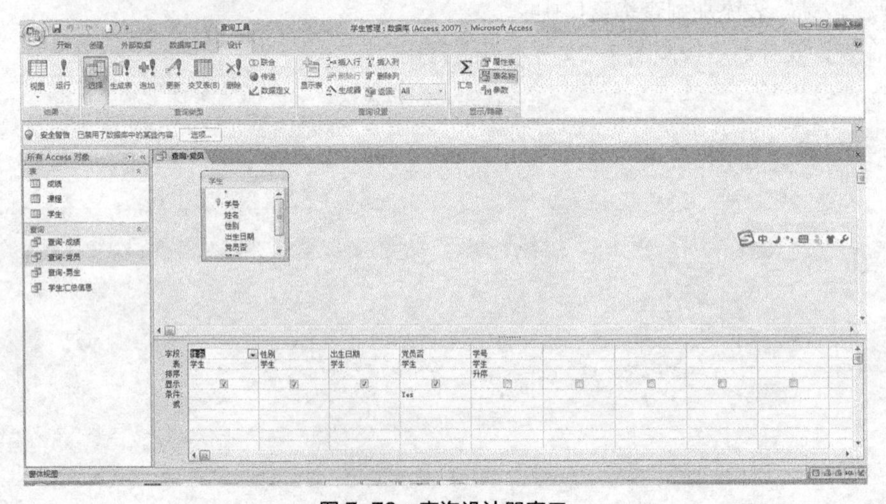

图 7-72　查询设计器窗口

③ 按要求保存文件即获得学生表中党员的信息。双击导航窗格中“查询–党员”对象可查看查询结果。

说　明

条件中“是/否”类型字段若要表示为“是”，可用 Yes 或 True 或 On 或 1。

在“学生”表中查找所有姓王的同学信息，取名为：“查询–王某某”，按学号的升序排列。

① 按照上述方法打开查询设计视图，在弹出的查询对话框中，选择“学生”表单击“添加”按钮，把“学生”表添加到查询窗口中。

② 在查询设计器中按照图 7–73 所示设置查询。

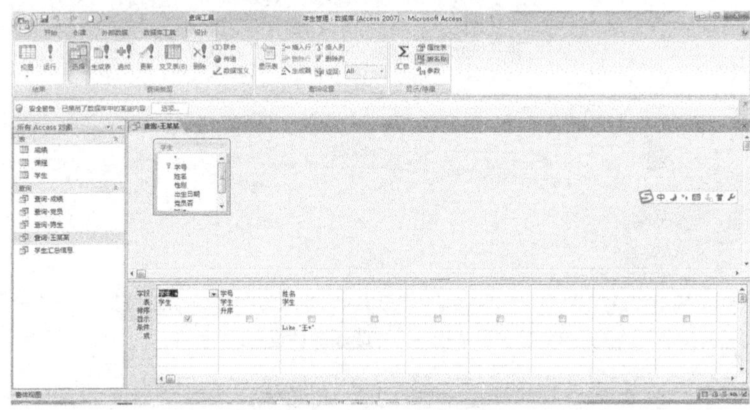

图 7–73 查询设计器窗口

③ 按要求保存文件即获得学生表姓王的同学的信息。双击导航窗格“查询–王某”对象可查看查询结果。

说 明

表达式中的通配符“*”——代表任意多个字符，“？”——代表任意一个字符。条件中含有通配符时，系统自动加上 Like，这里的*和？必须用西文符号。

5．生成表查询

生成表查询从一个或多个表中检索数据，然后将结果集加载到一个新表中。该新表可以驻留在已打开的数据库中，也可以在其他数据库中创建该表。

在“学生”表中查找学生的学号、姓名、党员信息，将查询结果以生成表的形式保存，生成表的名字为“学生–生成表”。具体的操作步骤如下。

① 按照上述方法打开查询设计视图，在弹出的查询对话框中，选择“学生”表单击“添加”按钮，把“学生”表添加到查询窗口中。

② 在查询设计器中按照图 7–74 所示设置查询。

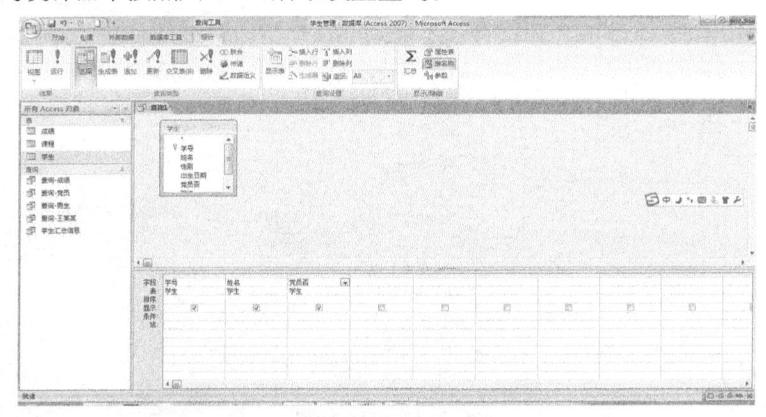

图 7–74 查询设计器窗口

③ 单击“设计”菜单下的“生成表”按钮，弹出生成表对话框，如图 7-75 所示。

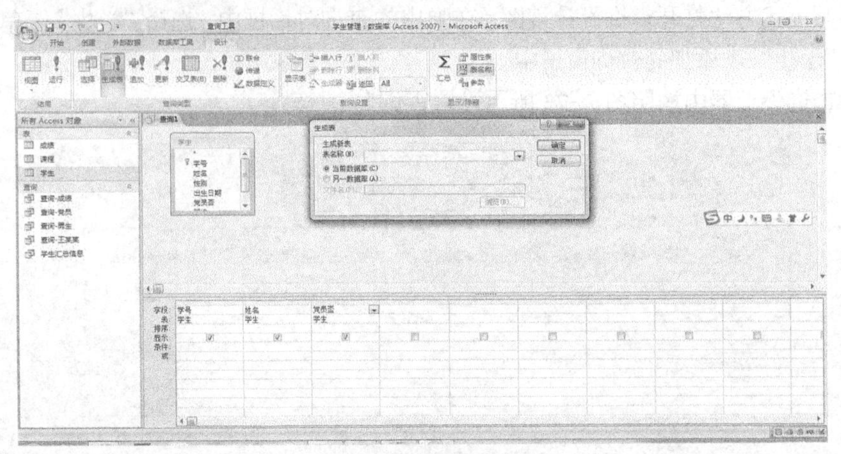

图 7-75　生成表对话框

④ 在对话框中，按要求输入“学生-生成表”表名称，选择“当前数据”选项。单击“确定”按钮。

⑤ 单击“设计”菜单下的“运行”按钮，在弹出的消息对话框中，单击“是”按钮，如图 7-76 所示。

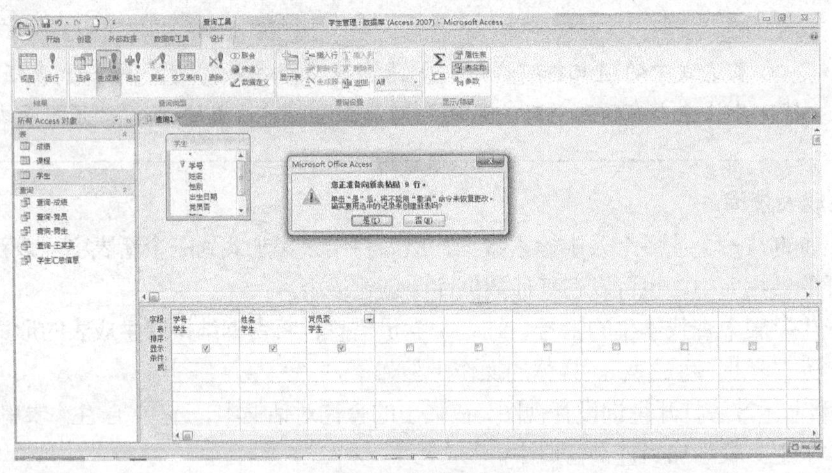

图 7-76　消息框

⑥ 在导航窗格中的表类别里可以看到生成的“学生-生成表”对象，如图 7-77 所示。

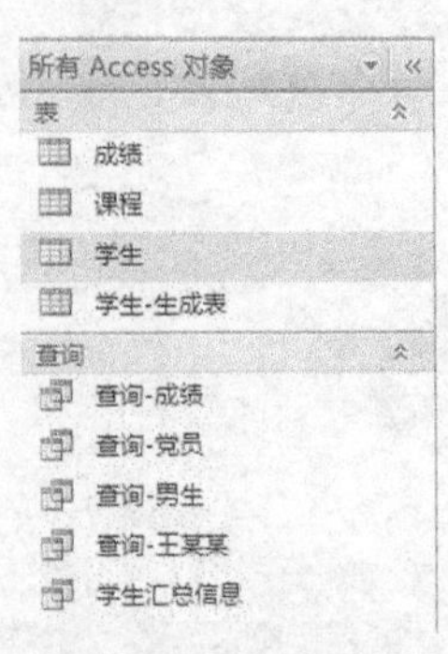

图 7-77　导航窗格

注　意

如果数据库未签名或者未驻留在受信任位置，请将它启用。否则，将无法运行生成表查询。如图 7–78 所示。

安全警告　已禁用了数据库中的某些内容　选项...

图 7–78　安全警告

单击“选项”按钮，在弹出的对话框中选择“启用此内容”按钮，单击“确定”按钮，如图 7–79 所示。

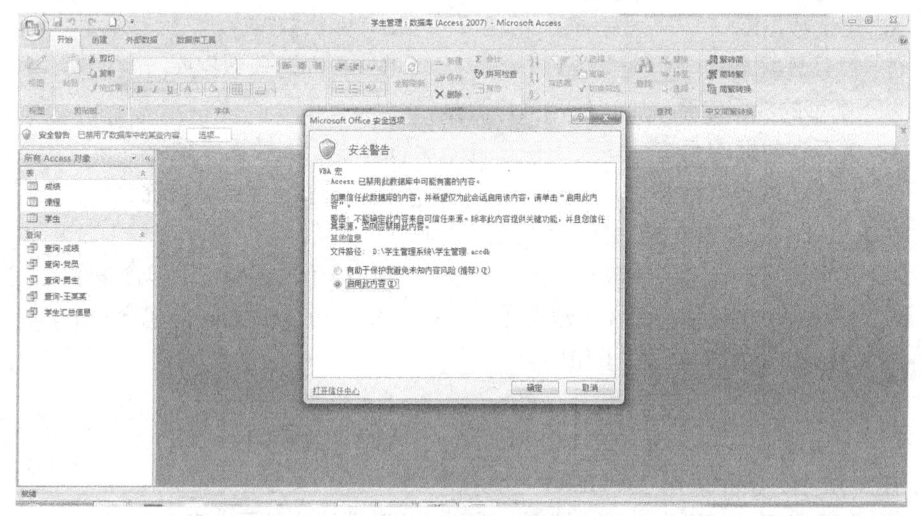

图 7–79　安全警告对话框

说　明

通常，在需要复制或存档数据时，可创建生成表查询。例如，有一个或多个包含过去的销售数据的表，并且要在报表中使用这些数据。因为交易至少已过了一天，所以销售数据不会更改，而不断运行查询来检索数据可能需要花费一些时间， 当对大型数据存储运行复杂查询时尤其如此。将数据加载到一个单独的表中并使用该表作为数据源，这样可以减少工作量并提供一种方便的数据存档。在执行操作时，请记住，新表中的数据严格说来只是一个快照；该新表与其源表之间没有任何关系或连接。

7.2.4　任务总结

本任务介绍了表的排序、筛选和创建表之间的关系的操作，从而将不同数据表中的数据根据公共字段联系起来，最终实现根据条件建立不同的查询文件。在查询中详细介绍了查询设计器的使用方法，使用户掌握了利用查询设计器来创建无条件和带条件的选择查询方法，从而设计和制作出满足条件的查询。

课后习题

一、选择题

1. 下列不属于数据库数据模式的是______。

A. 模式　　B. 外模式　　C. 内模式　　D. 优化模式

2. 下列不是 Access 系统数据库对象的是______。

A. 表　　B. 查询　　C. 视图　　D. 模块

3. Access 中的查询向导不能创建______。

A. 选择查询　　B. 重复项查询　　C. 交叉表查询　　D. 参数查询

4. Access 2007 关系数据库是______的集合。

A. 数据　　B. 数据库对象　　C. 表　　D. 关系

5. Access 数据库的类型是______。

A. 层次数据库　　B. 网状数据库

C. 关系数据库　　D. 面向对象数据库

6. 以下类型的数据库系统中，应用最广泛是______。

A. 关系型数据库系统　　B. 逻辑型数据库系统

C. 层次型数据库系统　　D. 分布型数据库系统

7. 在 Access 中，表和数据库的关系是______。

A. 一个表可以包含多个数据库　　B. 一个数据库可以包含多个表

C. 一个表最多只能包含 3 个数据库　　D. 一个数据库只能包含一个表

8. 在 SQL 中，GROUP BY 子句用于______。

A. 行选择说明　　B. 组选择说明

C. 分组说明　　D. 排序说明

9. 在 SQL 中，条件语句“WHERE 性别=”男””的含义是______。

A. 指定处理的范围为字段“性别”中的“男”性记录显示出来

B. 将字段“性别”中的“男”性记录删除

C. 复制字段“性别”中的“男”性记录

D. 替换字段“性别”中的“男”性记录

10. 在 Access 中，建立索引的作用是______。

A. 节省数据库的存储空间

B. 限制数据库中数据所必须遵守的规则

C. 唯一地标识表中的每一条记录

D. 在不同数据表之间建立联系，提高检索速度

11. 若有题表 7-1 所示的关系 R、S、T，则下列等式中正确的是______。

A. $T=R\cup S$　　B. $R=T\cup S$　　C. $S=T\cup R$　　D. $T=R+S$

题表 7-1

关系 R

编号	姓名	职务
101	马文	经理
102	赵亮	副经理

关系 S

编号	姓名	职务
103	程海	会计
104	苏东	出纳

关系 T

编号	姓名	职务
101	马文	经理
102	赵亮	副经理
103	程海	会计
104	苏东	出纳

二、操作题

1. 创建一个“同学管理”数据库。

2. 在“同学管理”数据库中为题表 7–2 所示的“姓名”表设计表结构，并输入表中所示数据。

题表 7-2　　姓名表

姓名	年龄	职务（职称）	所在城市
大海	34	教授	北京
明天	37	局长	天津
古城	33	处长	南京
李力生	32	副研究员	北京

3. 将“姓名”表按照年龄的降序排列表中的数据。

4. 修改“姓名”表的结构具体要求为：将“年龄”字段名改成“age”，将“姓名”字段设置为主键。

5. 筛选出表中所在城市在北京的记录。

6. 查找姓名表中所有姓“李”的同学记录。

7. 查找姓名表中年龄在 35 岁以上的同学姓名、年龄和职务的信息。

8. 在“同学管理”数据库中为题表 7–3 所示的“通讯”表设计表结构，并将“姓名”字段设置为主键并输入表中所示数据。

题表 7-3　　“通讯”表

姓名	E–mail	Tel
大海	dh@eyou.com	010–65432109
明天	mt@sina.com	022–89788765
古城	gc@163.com	025–48632745
李力生	lls@yahoo.com	010–86001234

9. 根据公共字段“姓名”为“姓名”表和“通讯”表建立关系。

10. 根据“姓名”表和“通讯”表查询如题表 7–4 所示的同学汇总信息。

题表 7-4　　同学汇总表

姓名	年龄	职务(职称)	所在城市	E–mail	Tel
大海	34	教授	北京	dh@eyou.com	010–65432109
明天	37	局长	天津	mt@sina.com	022–89788765
古城	33	处长	南京	gc@163.com	025–48632745
李力生	32	副研究员	北京	lls@yahoo.com	010–86001234

PART 8 项目八 Internet 应用

任务一 网上信息的浏览与搜索

学习重点

IE 浏览器的使用，搜索技巧，网页的保存、收藏和打印。

8.1.1 任务导入

在老师的指导下，张立和另外三名同学组成了一个手机软件开发兴趣小组，在课余时间里，利用课堂知识和网络知识合作开发一款手机 APP 应用，以提升自身的实践能力。虽然课堂上学了部分相关知识，但无法做到对知识的灵活应用，对即将动手的工作略感茫然。指导老师提出了学习要求：要学会利用网络辅助学习，探索适合兴趣小组的网络学习方法。

张立同学该如何利用计算机网络来辅助兴趣小组的学习呢？根据老师提出的要求，兴趣小组的同学们首先网络与学习之间的关系进行了讨论，确定了以下方案。

① 利用网页浏览器和搜索引擎，搜索网络上的学习资料。

② 下载相关的学习资料或保存有价值的网页文件。

8.1.2 相关知识点

1．IE 浏览器

Internet Explorer，简称 IE，是美国微软公司（Microsoft）推出的一款网页浏览器。它最初是从早期一款商业性的专利网页浏览器 Spyglass Mosaic 派生出来的产品。IE 浏览器使用方便，目前常用的浏览器版本有 IE 6.0（见图 8-1）和 IE 10.0（见图 8-2）。IE 浏览器的主窗口由菜单栏、工具栏、地址栏等组成。菜单栏有“文件”“编辑”“查看”“收藏（夹）”“工具”和“帮助”。工具栏主要提供常用的操作和遍历网页所需的工具按钮，如“后退”“前进”等。地址栏主要显示当前文档或网页的地址，并允许输入新的文件名或网页地址、查找其他文件、网址历史记录打印等。如需要更改 IE 浏览器的主页或其他设置，选择“工具”—“Internet 选项”命令，即可打开 Internet 选项对话框，如图 8-3 所示。

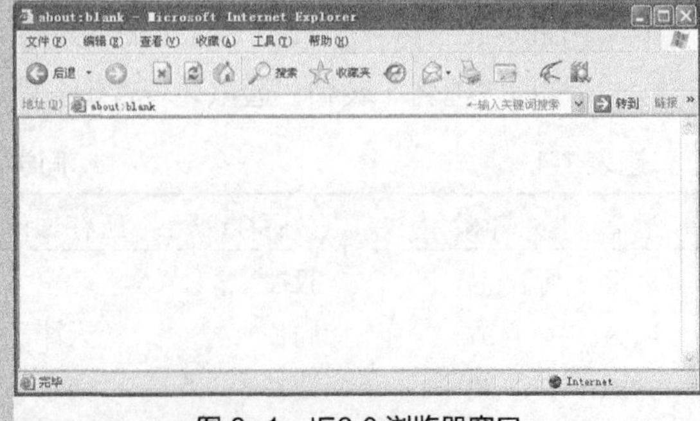

图 8-1 IE6.0 浏览器窗口

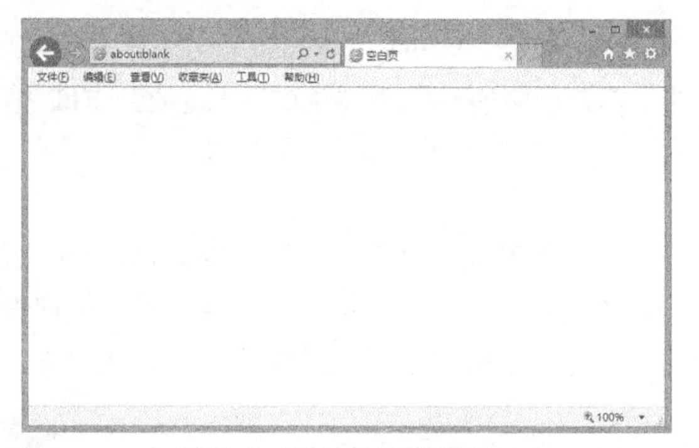

图 8-2 IE10.0 浏览器窗口

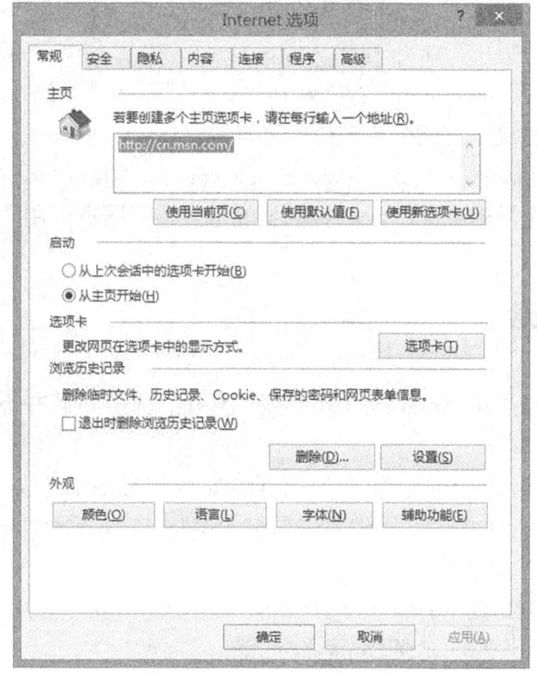

图 8-3 Internet 选项的设置

（1）HTML

超文本标记语言，即 HTML（Hypertext Markup Language），是用于描述网页文档的一种标记语言。在万维网上的一个超媒体文档称为一个页面。作为一个组织或者个人在万维网上放置开始点的页面称为主页或首页，主页中通常包括有指向其他相关页面或其他节点的指针（超级链接）。所谓超级链接，就是一种统一资源定位器（Uniform Resource Locator，URL）指针，通过激活（点击）它，可使浏览器方便地获取新的网页。

（2）HTTP

HTTP 协议（HyperText Transfer Protocol，超文本传输协议）是用于从 WWW 服务器传输超文本到本地浏览器的传送协议。它可以使浏览器更加高效，使网络传输减少。它不仅保证计算机正确快速地传输超文本文档，还确定传输文档中的哪一部分，以及哪部分内容首先显示（如文本先于图形）等。

（3）FTP

FTP 是 TCP/IP 网络上两台计算机传送文件的协议，FTP 是在 TCP/IP 网络和 Internet 上最早使用的协议之一。尽管 World Wide Web（WWW）已经替代了 FTP 的大多数功能，FTP 仍然是通过 Internet 把文件从客户机复制到服务器上的一种途径。FTP 客户机可以给服务器发出命令来下载文件，上传文件，创建或改变服务器上的目录。

2．搜索引擎

全文搜索引擎是广泛应用的主流搜索引擎，国外代表有 Google，国内则有著名的百度。它们从 Internet 提取各个网站的信息，建立起数据库，并能检索与用户查询条件相匹配的记录，按一定的排列顺序返回结果。在搜索引擎中可以搜索的内容包括网页、MP3、图片、动画、新闻和软件等诸多信息。

搜索引擎最早出现在 1994 年，为 Internet 网上的信息搜索带来了便捷的途径，后来许多专业的大型搜索引擎网站相继出现，具有代表性的中文搜索引擎如下。

门户类网站，如雅虎中国（http://cn.yahoo.com）、新浪（http://www.sina.com.cn）、搜狐（http://www.sohu.com）及网易（http://www.163.com）等。这些网站的搜索引擎支持信息的分类检索功能，也可以通过输入查询条件进行信息检索。

专业搜索引擎，如 Google（http://www.google.com）、百度（http://www.baidu.com）等。专业搜索引擎网站能够提供速度更快、功能更强的信息检索服务，用户主要通过输入查询条件（关键词）进行信息检索。

8.1.3 任务实施

1．资料搜索

在学习开始，首先要搭建 Android 手机开发的环境，张立对此并不熟悉，需要借助网络知识来完成。

网页浏览器可以用来浏览网页，常用的网页浏览器有 Internet Explorer、Firefox 等。其中 Internet Explorer 浏览器是 Windows 操作系统自带的浏览器，本章主要介绍 Internet Explorer 浏览器。

在“开始”—“程序”或任务的“快速启动”中，单击 Internet Explorer 浏览器的图标，或在桌面上双击浏览器图标，启动 Internet Explorer 浏览器。

在浏览器地址栏中输入百度的网址“http://www.baidu.com”，回车即可打开百度的首页，如图 8-4 所示。

图 8-4 百度首页

搜索关键词可以为“Android 手机开发环境”，关键词之间用空格隔开，打开搜索结果页面，如图 8-5 所示。单击搜索结果中的“Android 开发环境搭建完全图解”链接，打开相应的页面，如图 8-6 所示。

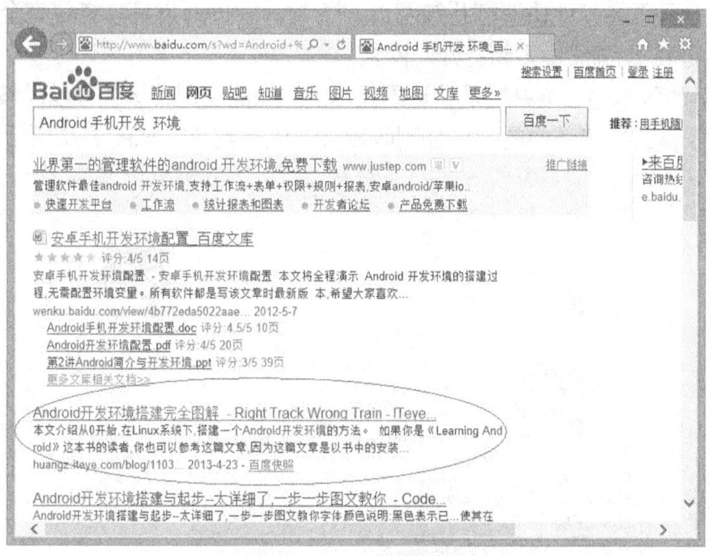

图 8-5　百度资料搜索

图 8-6　查看相应链接资料

说　明

① 要搜索的关键词之间需用空格隔开。

② 百度的搜索结果按搜索内容的相关度来排列，即首先列出包含所有关键词的网页，再列出包含其中部分关键词的网页。

③ 因搜索的时间不同，搜索的结果可能也不同。

④ 如果搜索的结果太多，范围太大，可以再添加搜索词以进一步缩小搜索范围。

⑤ 如果要搜索图片或音乐文件，可以单击搜索栏上方的图片或音乐按钮。

2．网页的收藏、保存和打印

（1）收藏夹的使用

对于经常需要访问的网页，可将网页链接的快捷方式添加到收藏夹中，以后只要在“收藏”菜单中选择相应的网页名就能快速打开该网页。将“Android 开发环境搭建完全图解”添加到收藏夹中，并在新的 IE 浏览器中重新打开此网页。

IE 9.0 及以后的版本中，菜单栏是默认不显示的，如需使用菜单栏可以先按 Alt 键即可显示菜单栏。单击“收藏夹”菜单中的“添加到收藏夹”收藏网页，如图 8-7 所示。

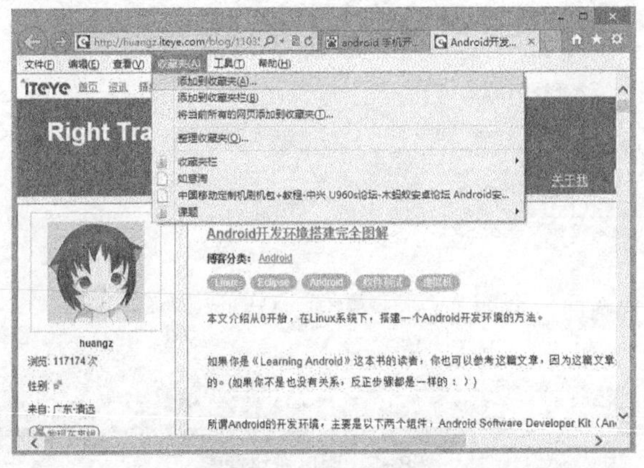

图 8-7 添加到收藏夹

收藏网页时，可收藏在默认的收藏夹目录中，也可在收藏夹文件夹中新建一个文件夹进行收藏，如图 8-8 所示。

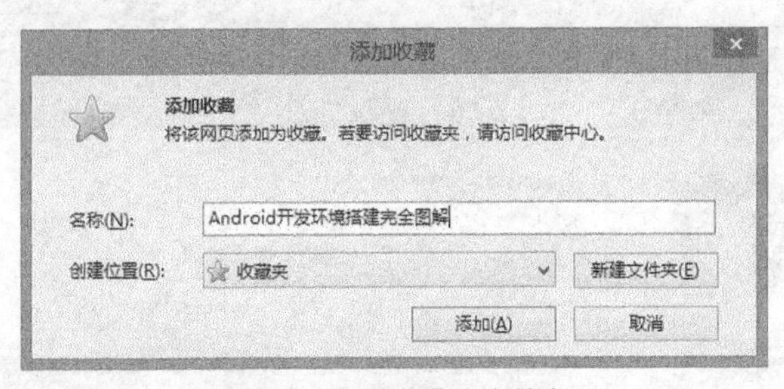

图 8-8 新建收藏夹文件夹

对于已收藏后的网页还可以进行整理，在菜单栏中选择“收藏夹”—“整理收藏夹”命令，打开“整理收藏夹”对话框，如需要新建目录可选择新建文件夹，再选择需要整理的网页，单击移动，选择新建好的目录，如图 8-9、图 8-10 所示。

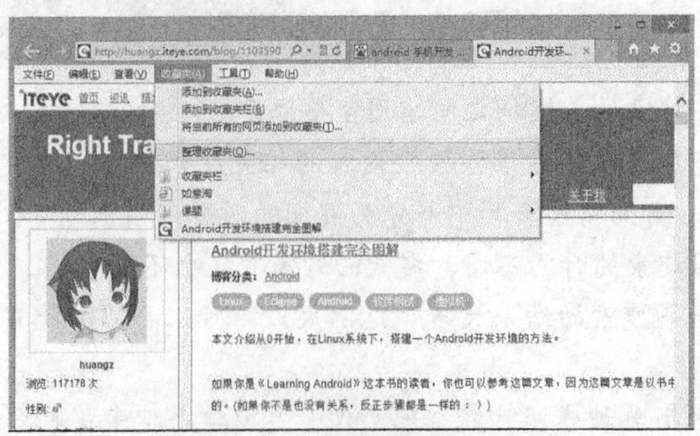

图 8-9 打开整理收藏夹

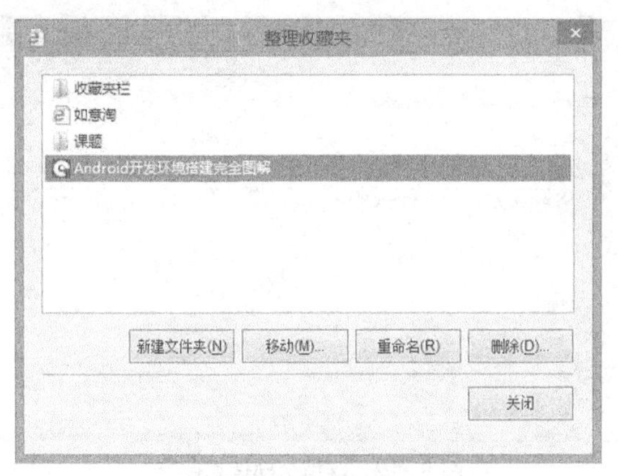

图 8-10 整理收藏夹

说明

① 收藏夹(即 favorites),存放在安装操作系统的磁盘分区中,如"C:\Documents and Settings\user\Favorites"。

② 收藏夹是一个特殊的文件夹,收藏夹中保存被添加的网页快捷方式。如果要备份收藏夹,可以将此文件夹中的快捷方式进行备份。如果在重新安装操作系统后,要继续使用原来的收藏夹,可将备份后的快捷方式复制到新的收藏夹文件夹中。

③ 收藏夹中可以创建子文件夹,整理收藏夹的方法类似于整理普通的文件夹和文件。

(2)网页的保存

对于有价值的网页,如果想永久保存,方便以后浏览,可以将其保存到磁盘中或者直接打印出来。将网页"Android 开发环境搭建完全图解"保存到硬盘中的步骤如下。

启动 IE 浏览器,打开网页"Android 开发环境搭建完全图解"。

在菜单栏中选择"文件"—"另存为"命令,打开"保存网页"对话框,如图 8-11 所示。

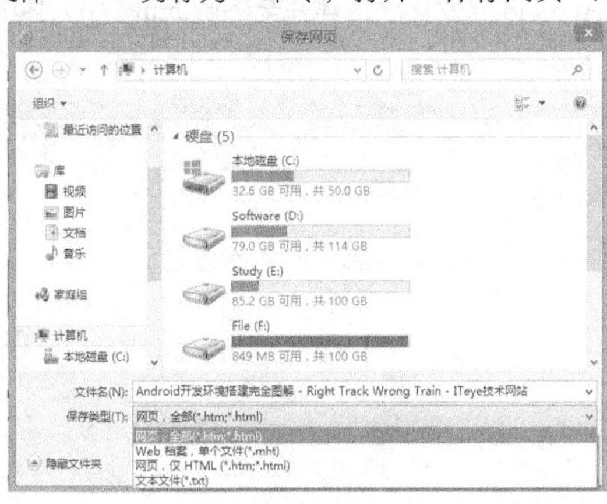

图 8-11 保存网页

在对话框中选择合适的保存路径,文件名默认为网页标题,可修改为"Android 开发环境搭建完全图解",保存类型默认为"网页,全部(*.htm;*.html)",保存后生成名称为"Android 开发环境搭建完全图解.htm"文件,同时,浏览器会把除主页面文本信息外的图片等页面资料保存在自动生成的"Android 开发环境搭建完全图解_files"文件夹中,如图 8-12 所示。

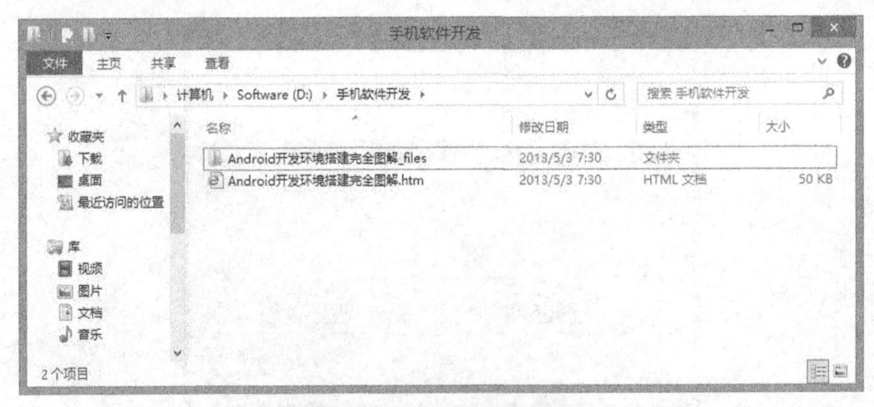

图 8-12 网页全部信息保存

如果保存类型选择“Web 档案，单个文件（*.mht）”，保存后浏览器会把网页的绝大部分信息打包保存在一个文件“Android 开发环境搭建完全图解.mht”中，如图 8-13 所示。

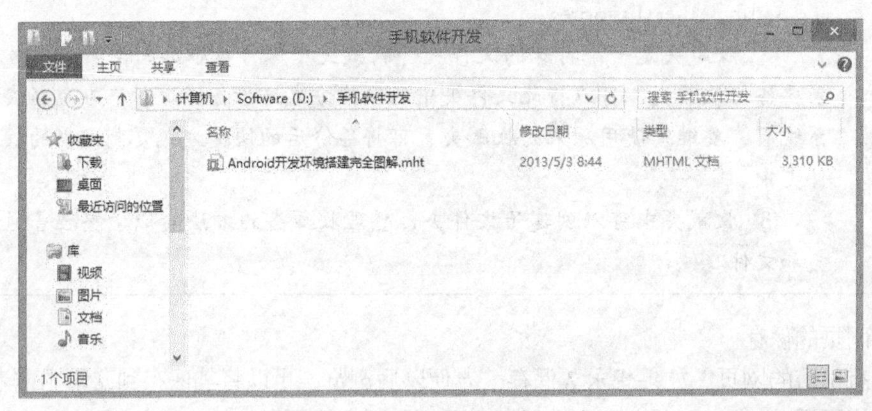

图 8-13 网页文件保存（.mht）

如果保存类型选择“网页，仅 HTML（*.htm;*.html）”，保存后浏览器会把网页的纯 HTML 源代码保存在一个文件“Android 开发环境搭建完全图解.htm”中，其中仅包含网页中的文字和格式等信息，如图 8-14 所示。

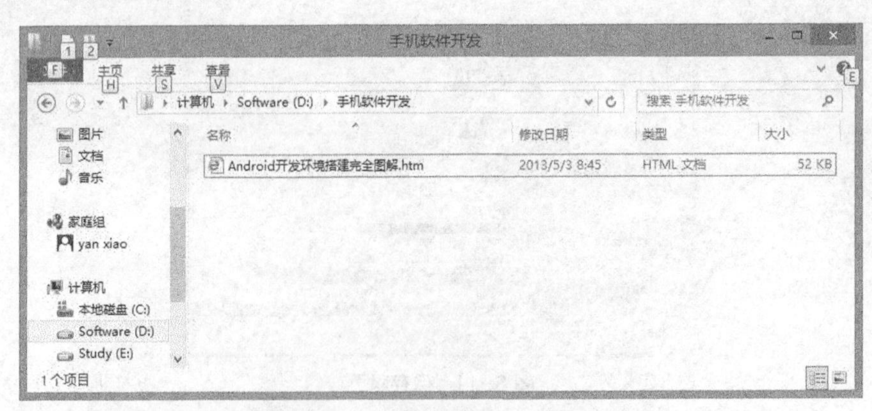

图 8-14 仅 HTML 网页的保存

如果保存类型选择“文本文件（*.txt）”，保存后浏览器会把网页的文字按一定的顺序保存在“Android 开发环境搭建完全图解.txt”中。如图 8-15 所示。

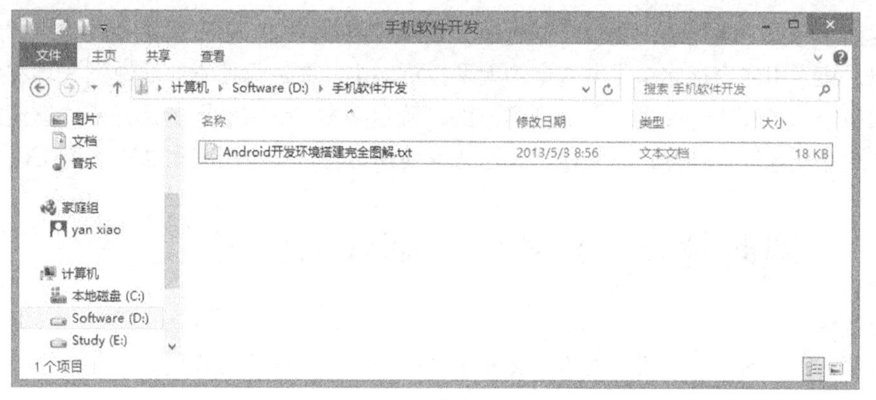

图 8-15　文本文件的保存

说　明

① 如需保存网页中的图片，在选中图片后单击鼠标右键，在弹出的快捷菜单中，选择“图片另存为”命令，在保存图片对话框中，选择好存储路径，图片名称和类型，单击保存即可。

② 在上面提到的 4 种保存方法，均不能保存 Flash 动画文件（*.swf）。

（3）网页的打印

在菜单栏中选择“文件”—“页面设置”命令，在“页面设置”对话框中，选择适当的纸张方向、纸张大小、页边距、页眉页脚、日期等，确定后，再选择“文件”—“打印”命令，在“打印”对话框中设置打印的页码范围、打印份数等信息，单击“打印”按钮即可，如图 8-16、图 8-17 所示。

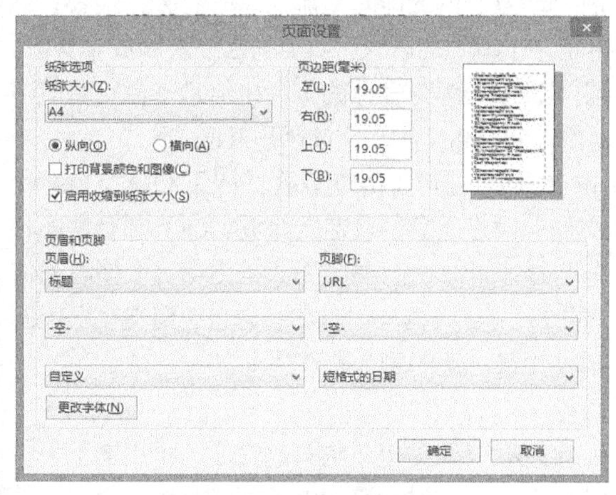

图 8-16　网页页面设置

图 8-17　网页的打印

8.1.4　任务总结

网页是用超文本标记语言（HTML）编写的文本文件，代码中可能嵌有各种扩展组件以实现动态效果和完成各种应用。使用超链接可进入下一个页面。如果用户有一个经常访问的网页，可以将该页设置为默认主页。浏览器的收藏夹或书签可以帮助用户有效地管理网址，用户可以在该文件夹下建立子文件夹，用于分类存储收藏的网页地址。在“Internet 选项”对话框的“高级”选项卡中，列出了超文本传输协议 HTTP、安全和多媒体等方面的设置。

搜索引擎作为一类网站，主要任务是在 Internet 中搜索其他 Web 站点中的信息并对其进行自动索引，将索引内容存储在可供查询的大型数据库中。在进行搜索前要做好 3 项准备工作：选定搜索引擎，了解所选搜索引擎的搜索方法；确定搜索概念或意图，选择描述这些概念的关键字及其同义词或近义词等；建立搜索表达式，使用符合该搜索引擎语法的正确表达式。

任务二　即时聊天工具和电子邮件的使用

学习重点

即时聊天工具的安装使用，使用网页和客户端进行电子邮件的收发。

8.2.1　任务导入

对于手机软件开发兴趣小组，指导老师提出了新的要求：要求张立同学创建一个兴趣小组的聊天群，大家在群里交流自己的想法和学到的知识，同时学习中遇到的难点以电子邮件的形式与指导老师沟通。

根据老师提出的新要求，兴趣小组的同学们首先就即时聊天工具和电子邮箱的选择使用这个问题展开讨论，明确了小组成员的具体任务，确定了以下方案。

① 利用即时聊天工具 QQ 创建兴趣小组学习群，在群里与兴趣小组的其他成员沟通学习心得、共享学习资料。

② 利用电子邮件与指导老师沟通学习中遇到的难题。

8.2.2　相关知识点

1．即时通信

即时通信（Instant Messenger，IM），是一种基于互联网的即时交流消息的业务，代表有百度 Hi、MSN、QQ、阿里旺旺等。即时通信不再是一个单纯的聊天工具，它已经发展成集交流、资讯、娱乐、搜索、电子商务、办公协作和企业客户服务等为一体的综合化信息平台。目前中文即时通信领域主要流行的软件有腾讯的 QQ、微软的 MSN 和淘宝的阿里旺旺。

腾讯 QQ 是腾讯公司开发的一款基于 Internet 的即时通信（IM）软件。腾讯 QQ 支持在线聊天、视频电话、点对点断点续传文件、共享文件、网络硬盘、自定义面板、QQ 邮箱等多种功能，并可与移动通信终端等多种通信方式相连。1999 年 2 月，腾讯正式推出第一个即时通信软件——“腾讯 QQ”，QQ 在线用户由 1999 年的 2 人（2 人指马化腾和张志东）到现在已经发展到上亿用户，在线人数超过一亿，是中国目前使用最广泛的聊天软件之一。

2．电子邮件

电子邮件（electronic mail，简称 E-mail，标志：@），又称电子信箱，它是一种用电子手段提供信息交换的通信方式，是 Internet 应用最广的服务。通过网络的电子邮件系统，用户可以用非常低廉的价格，以非常快速的方式（几秒钟之内可以发送到世界上任何指定的目的地），与世界上任何一个角落的网络用户联系，这些电子邮件可以是文字、图像、声音等各种方式。同时，用户可以得到大量免费的新闻、专题邮件，并实现轻松的信息搜索。

（1）电子邮件的发送和接收

可以很形象地用我们日常生活中邮寄包裹来形容：当要寄一个包裹时，我们首先要找到任何一个有这项业务的邮局，在填写完收件人姓名、地址等信息之后包裹就寄出送到了收件人所在地的邮局，那么对方取包裹的时候就必须去这个邮局才能取出。同样的，当我们发送电子邮件时，这封邮件是由邮件发送服务器（任何一个都可以）发出，并根据收信人的地址判断对方的邮件接收服务器而将这封信发送到该服务器上，收信人要收取邮件也只能访问这个服务器才能完成。

（2）电子邮件地址的构成

电子邮件地址的格式由三部分组成。第一部分“USER”代表用户信箱的账号，对于同一个邮件接收服务器来说，这个账号必须是唯一的；第二部分“@”是分隔符；第三部分是用户信箱的邮件接收服务器域名，用以标志其所在的位置。

邮件格式：用户名@域名

8.2.3 任务实施

1．创建 QQ 聊天群或多人对话

QQ 群是腾讯公司推出的多人聊天交流服务，群主在创建群以后，可以邀请朋友或者有共同兴趣爱好的人到一个群里面聊天。在群内除了聊天，腾讯还提供了群空间服务，在群空间中，用户可以使用群 BBS、相册、共享文件等多种方式进行交流。QQ 群的理念是群聚精彩，共享盛世。

在兴趣小组的学习过程中，兴趣小组的成员之间经常需要讨论学习心得和开发进度，于是他们决定利用即时聊天工具 QQ 创建一个群，大家在群里进行开发交流。

在 IE 浏览器中输入腾讯 QQ 的下载地址 http://im.qq.com/pcqq/后，如图 8-18 所示。

下载安装后，登录 QQ 页面。在群/讨论组 中，可以选择创建群或者讨论组。创建“软件开发兴趣小组”群如图 8-19 所示。

图 8-18 QQ 下载页面

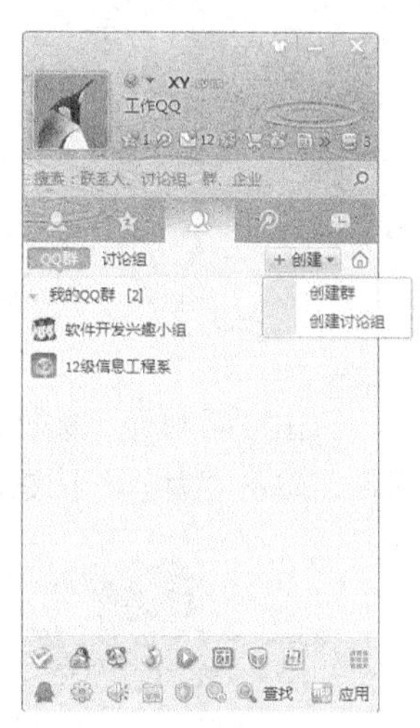

图 8-19 QQ 聊天群的创建

说 明

① QQ 群需要由其中一名成员创建，其他用户申请加入或被邀请加入。

② QQ 群的功能特性包括群留言板、群相册、群聊天、群硬盘、群名片、群邮件、群账户等。

2．收发电子邮件

张立同学在兴趣小组的学习过程中，遇到了一些开发难题，需要与住在校外的老师交流，可以通过发送电子邮件的方法实现。

假设张立同学的邮箱为 xqxz_zhangli@163.com，指导老师的邮箱为 xqxz_teacher@163.com，张立要发送的电子邮件附件为“程序.rar”。在这里，我们分别采用在网页中收发邮件和在 Outlook Express 中收发邮件两种方式完成。

（1）在网页中收发电子邮件

Internet 上提供了大量的电子邮件服务，用户只要通过浏览器访问电子邮件网站并拥有自己的个人电子邮箱，就可以收发电子邮件。

登录邮箱，并发送带附件“程序.rar”的邮件，操作步骤如下。

① 输入地址 http://mail.163.com/，打开网易邮箱页。

② 输入自己的网易邮箱用户名和密码后，单击登录邮箱，如图 8-20 所示。如果没有邮箱账户，可选择注册新邮箱。

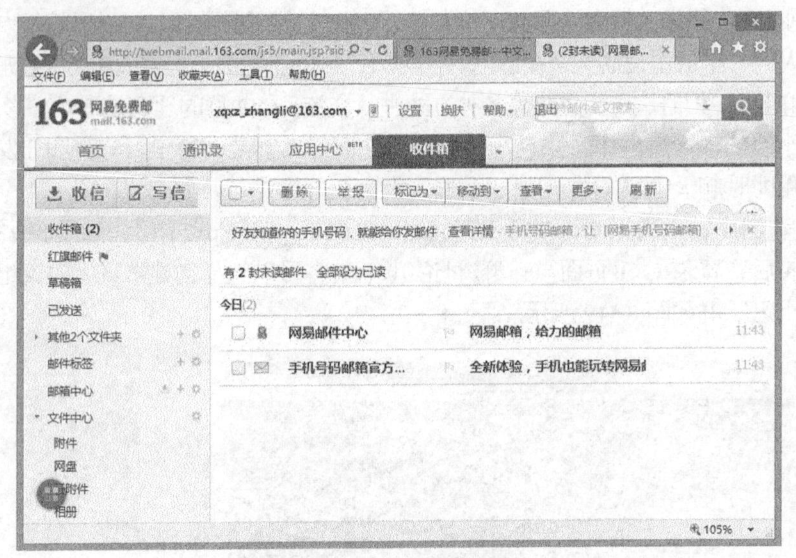

图 8-20 网页登录邮箱

单击“写邮件”按钮，进入写新邮件的页面，填写好收件人、主题、邮件正文，选择邮件附件，单击“发送”按钮，即可完成新邮件的发送，如图 8-21 所示。

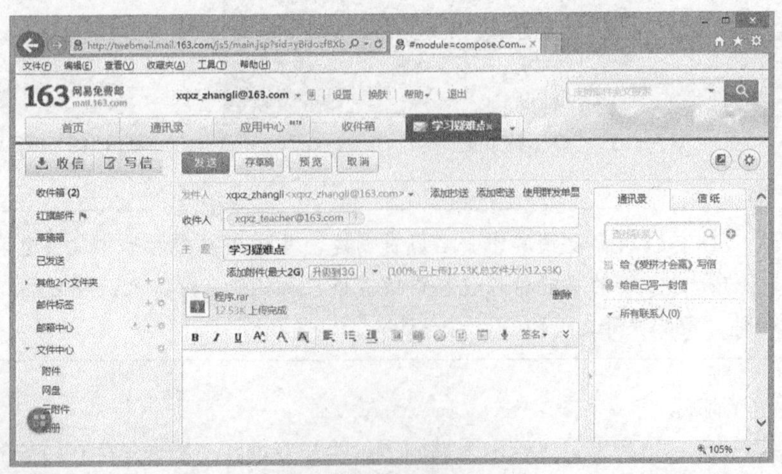

图 8-21 网页中发送电子邮件

（2）在 Outlook 中收发电子邮件

Outlook Express（OE）是一个操作简单方便的电子邮件收发、管理和新闻阅读软件。它是 Microsoft 公司 IE 浏览器的一个组件。在 OE 中进行写信、发信、收信、删除邮件等操作，与网页中的操作类似，但在 OE 中操作更快捷、高效。

第一次启动 Outlook Express 会自动进入 Internet 连接向导，根据向导提示设置电子邮件账号，如图 8-22 至图 8-27 所示。成功登录客户端后发送电子邮件如图 8-28、图 8-29 所示。

图 8-22 启动 Outlook Express

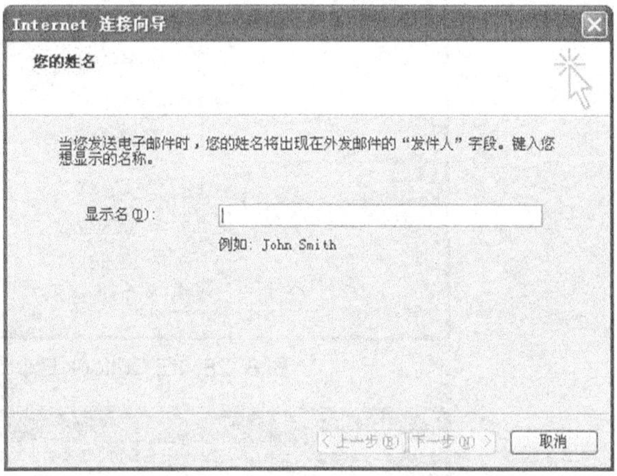

图 8-23 发件人显示名称

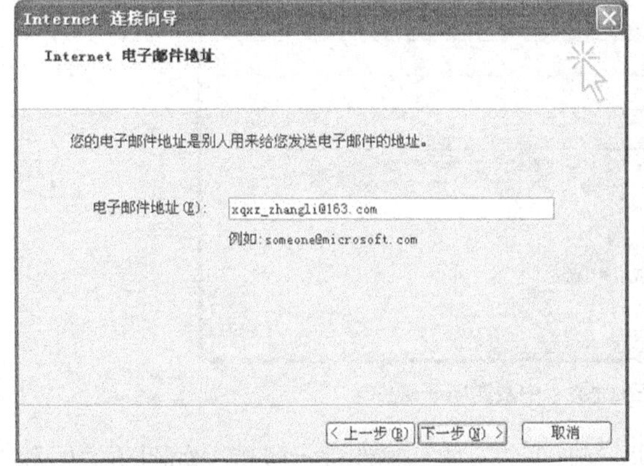

图 8-24 电子邮箱地址

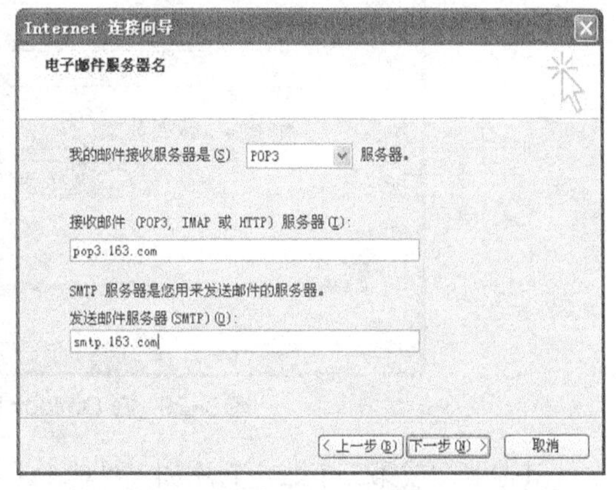

图 8-25 收发电子邮件的服务器设置

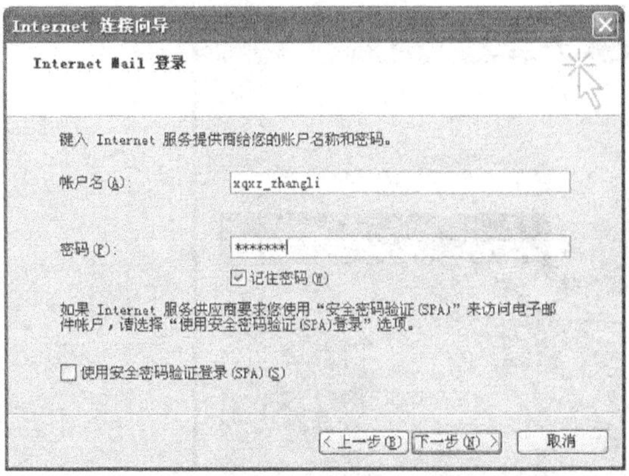

图 8-26 账户名和密码的设置

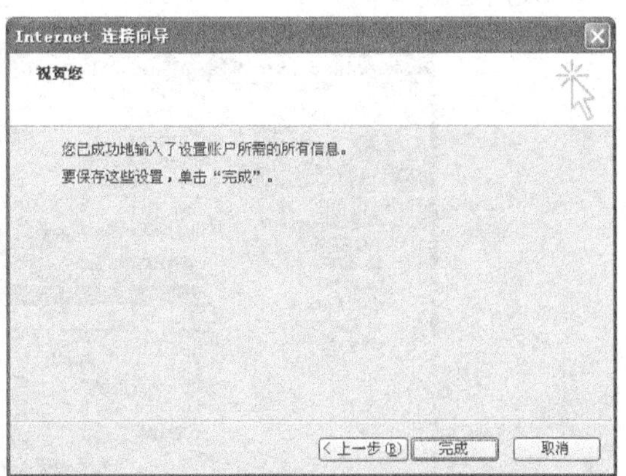

图 8-27 账户设置的完成

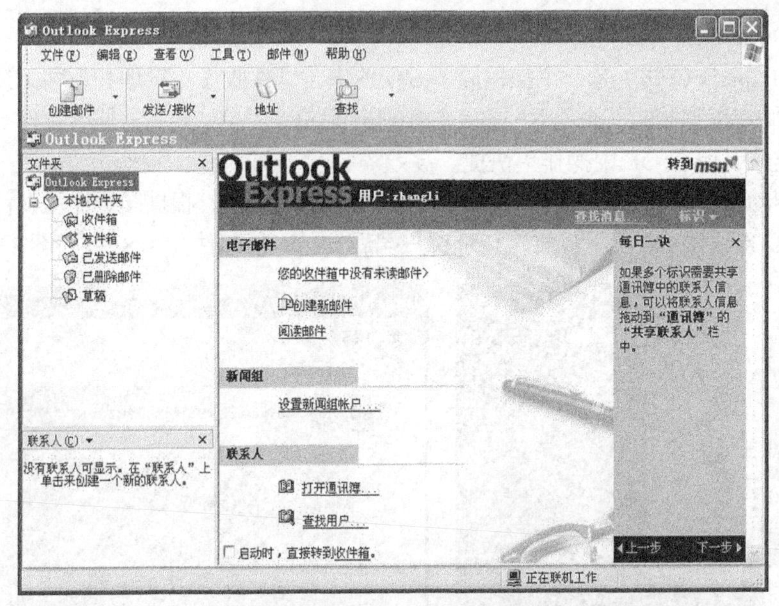

图 8-28　在 Outlook Express 中登录电子邮箱

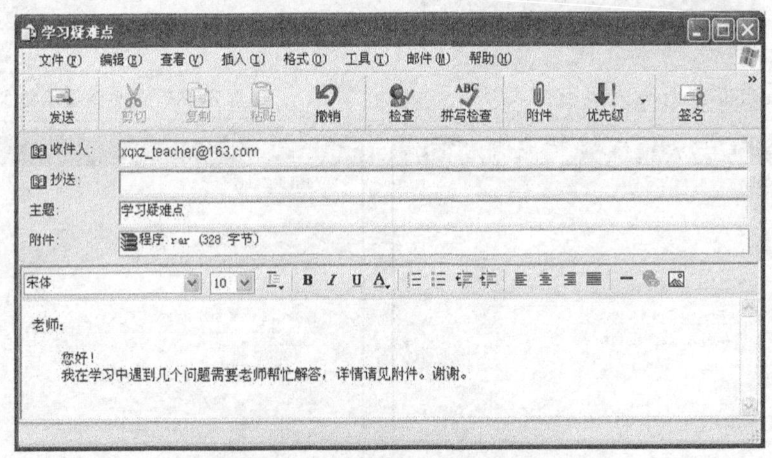

图 8-29　在 Outlook Express 中发送电子邮件

其他账户或第二个账户的添加，可单击工具—账户—添加—邮件进行设置，如图 8-30 和图 8-31 所示。

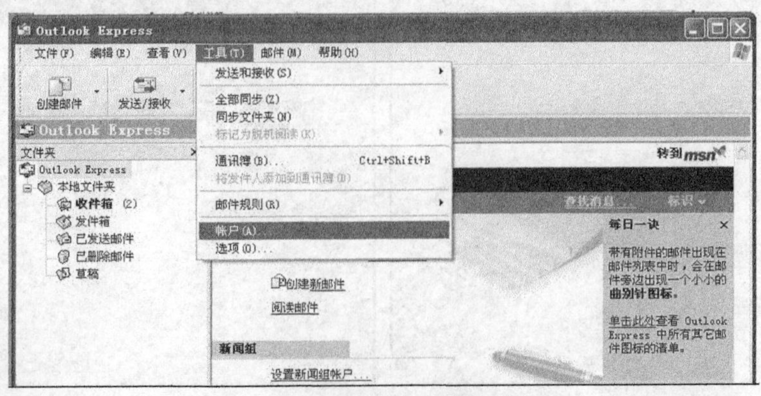

图 8-30　账户管理

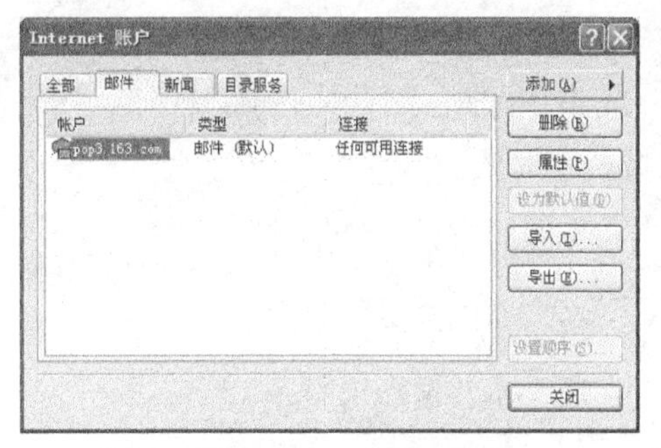

图 8-31 Internet 账户

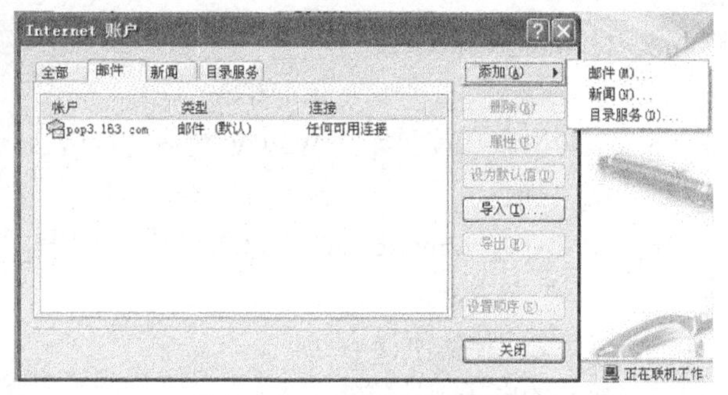

图 8-32 Internet 账户的添加

单击“添加”按钮，选择邮件，即可进入图 8-32 所示的 Internet 连接向导，其他步骤如图 8-24～图 8-27 所示。

说　明

① 与传统的邮件相比，电子邮件除了具备快速、经济的特点外，电子邮件对多媒体的支持和群发功能更显示出其强大的优势。

② 提供电子邮件收发服务的网站很多，有著名的 Yahoo、Hotmail、新浪、腾讯等，读者可以到这些网站上申请电子邮箱。

③ 电子邮件地址，即 E-mail 地址，其格式为：用户名标识@主机域名，如 xqxz_zhangli@163.com。它由收件人用户标识 xqxz_zhangli、字符@和电子邮箱服务器域名 163.com 三部分组成。

8.2.4 任务总结

腾讯提供了两种群的查找方式，关键字查找和分类查找。通过关键字查找，可以查找到在群的名称或者群的简介当中有关键字的群；通过分类查找，用户可以查找到感兴趣的分类。

在网页中收发电子邮件是一种常用方式，但它需要登录到网站主页中去操作，而且还要面对如果编写邮件时间超过系统允许的时限就需要被迫重新登录的麻烦。使用客户端软件收发电子邮件则可以避免这些问题。

课后习题

一、单选题

1. 下列关于浏览器的叙述中，正确的是______。

   A. 浏览器是用来访问 Internet 网络资源的工具软件

   B. 浏览器和服务器之间通过 E-mail 上传与下载信息

   C. 浏览器支持 HTML，但不支持多媒体（如动画、视频等）

   D. IE 浏览器不能打开 Word 文档

2. 超文本传输协议的英文简称是______。

   A. HTML　　B. HTTP　　C. XML　　D. FTP

3. HTML 的中文全称是______。

   A. 超文本标记语言　　B. 超文本文件

   C. 超媒体文件　　D. 超文本传输协议

4. Outlook Express 是一个______处理程序。

A. 文字　　B. 表格　　C. 电子邮件　　D. 幻灯片

5. 国内一家高校要建立 WWW 网站，其恰当的域名后缀是______。

A. com　　B. edu.cn　　C. com.cn　　D. edu

6. URL：ftp://my:abc@214.13.2.45 中，ftp 是______。

A. 超文本链接　　B. 超文本标记语言

C. 文件传输协议　　D. 超文本传输协议

7. 用户的电子邮件信箱是______。

A. 用户计算机内存中的一块区域　　B. 邮件服务器硬盘上的一块区域

C. 邮件服务器内存中的一块区域　　D. 用户计算机硬盘上的一块区域

8. 在 IE 浏览器中查看近期访问过的各个站点，应该单击浏览器工作窗口上工具栏中的______按钮。

A. 主页　　B. 搜索　　C. 收藏　　D. 历史

9. 在浏览网页时，当鼠标指针移至某些文字或某些图片时，会出现手形状，通常是由于网页在这个地方做了______。

A. 动画　　B. 快捷方式　　C. 超级链接　　D. 多媒体文件

二、操作题

1. 打开应用程序启动 IE：

① 进入“中国教育在线”，其网址为 www.eol.cn；

② 保存该网页，文件名为：wangye58.htm。

2. 打开应用程序启动 IE：

① 单击“历史”工具按钮，从历史记录框中找到并单击“中国教育在线”进入网站；

② 将网站的主页以“全屏”方式显示。

附录 计算机专业英语

从实用的角度出发，为了扩大读者计算机应用领域的专业英语词汇量和知识面，提高读者阅读相关计算机书籍和资料的能力，本章选取了 4 篇有代表性的计算机英文文章，内容涵盖了计算机硬件、计算机编程语言、数据库基础知识、计算机网络 4 个方面，涉及了很多日常生活中经常遇到的计算机英语词汇和专业术语，对读者正确阅读和理解计算机使用中常见的简单英文有所帮助。所有文章均选自网络文献及精品教材。

每篇文章在阅读完后，后面还介绍了文章中所涉及的相关词汇和相关专业术语，以及参考译文。

TASK ONE Computer Hardware

Computer hardware has four parts: the central processing unit (CPU) and memory, storage hardware, input hardware, and output hardware.

CPU The part of the computer that runs the program is known as the processor or central processing unit (CPU). In a microcomputer, the CPU is on a single electronic component, the microprocessor chip, within the system unit or system cabinet. The CPU itself has two parts: the control unit and the arithmetic−logic unit. In a microcomputer, these are both on the microcomputer chip.

The Control Unit The control unit tells the rest of the computer system how to carry out a program's instructions. It directs the movement of electronic signals between memory and the arithmetic−logic unit. It also directs these control signals among the CPU, input and output devices.

The Arithmetic−Logic Unit The arithmetic−logic unit, usually called the ALU, performs two types of operations−arithmetic and logical. Arithmetic operations are, as you might expect, the fundamental math operations: addition, subtraction, multiplication, and division. Logical operations consist of comparisons. That is , two pieces of data are compared to see whether one is equal to, less than, or greater than the other.

Memory Memory is also known as primary storage, internal storage, and it temporarily holds data, program instructions, and information. One of the most important facts to know about memory is that part of its content is held only temporarily. In other words, it is stored only as long as the computer is turned on. When you turn the machine off, the content will immediately vanish. The stored content in memory is volatile and can vanish very quickly.

Storage Hardware The purpose of storage hardware is to provide a means of storing computer instructions and data in a form that is relatively permanent, that is, the data will not be lost when the power is turned off—and easy to retrieve when needed for processing. There are four kinds of storage hardware: floppy disks, hard disks, optical disk, and magnetic tape.

Floppy Disks Floppy disks are also called diskettes, flexible disks, floppies, or simply disks. The plastic disk inside the diskette cover is flexible, not rigid. They are flat, circular pieces of mylar plastic that rotate within a jacket. Data and programs are stored as electromagnetic charges on a metal oxide film coating the mylar plastic.

Hard Disks Hard disks consist of metallic rather than plastic platters. They are tightly sealed to prevent any foreign matter from getting inside. Hard disks are extremely sensitive instruments. The read–write head rides on a cushion of air about 0.000 001 inch thick. It is so thin that a smoke particle, fingerprint, dust, or human hair could cause what is known as a head crash. A head crash happens when the surface of the read–write head or particles on its surface contact the magnetic disk surface. A head crash is a disaster for a hard disk. It means that some or all of the data on the disk is destroyed. Hard disks are assembled under sterile conditions and sealed from impurities within their permanent containers.

Optical Disks Optical disks are used for storing great quantities of data. An optical disk can hold 650 megabytes of data—the equivalent of hundreds of floppy disks. Moreover, an optical disk makes an immense amount of information available on a microcomputer. In optical–disk technology, a laser beam alters the surface of a plastic or metallic disk to represent data. To read the data, a laser scans these areas and sends the data to a computer chip for conversion.

Magnetic Tape Magnetic tape is an effective way of making a backup, or duplicate, copy of your programs and data. We mentioned the alarming consequences that can happen if a hard disk suffers a head crash. You will lose some or all of your data or programs. Of course, you can always make copies of your hard–disk files on floppy disks. However, this can be time–consuming and may require many floppy disks. Magnetic tape is sequential access storage and can solve the problem mentioned above.

Input Hardware Input devices take data and programs, and people can read or understand and convert them to a form the computer can process. This is the machine–readable electronic signals of 0s and 1s. Input hardware is of two kinds: keyboard entry and direct entry.

Keyboard Entry Data is input to the computer through a keyboard that looks like a typewriter keyboard but has additional keys. In this way, the user typically reads from an original document called the source document. The user enters that document by typing on the keyboard.

Direct Entry Data is made into machine–readable form as it is entered into the computer, no keyboard is used. Direct entry devices may be categorized into three areas: pointing devices (for example, mouse, touch screen, light pen, digitizer), scanning devices (for example, image scanner, fax machine, bar–code reader), and voice–input devices.

Output Hardware Output devices convert machine–readable information into people– readable form. Common output devices are monitors, printers, plotters, and voice output.

Monitors Monitors are also called display screen or video display terminals. Most monitors that sit on desks are built in the same way as television sets, and these monitors are called cathode–ray tubes. Another type of monitor is flat–panel display, including liquid–crystal display (LCD), electro–luminescent (EL) display and gas–plasma display. An LCD does not emit light of its own. Rather, it consists of crystal molecules. An electric field causes the molecules to line up in a way that alters their optical properties. Unfortunately, many LCDs are difficult to read in sunlight or other strong light. A gas–plasma display is the best type of flat screen. Like a neon light bulb, the plasma display uses a gas that emits light in the presence of an electric current.

Printers There are four popular kinds of printers: dot–matrix, laser, ink–jet, and thermal.

Dot–Matrix Printer Dot–matrix printers can produce a page of text in less than 10 seconds and are highly reliable. They form characters or images using a series of small pins on a print head. The pins strike an inked ribbon and create an image on paper. Printers are available with print heads of 9, 18, or 24 pins. One disadvantage of this type of printer is noise.

Laser Printer The laser printer creates dot–like images on a drum, using a laser beam light source. The characters are treated with a magnetically charged ink–like toner and then are transferred from drum to paper. A heat process is used to make the characters adhere. The laser printer produces images with excellent letter and graphics quality.

Ink–Jet Printer An ink–jet printer sprays small droplets of ink at high speed onto the surface of the paper. This process not only produces a letter–quality image but also permits printing to be done in a variety of colors.

Thermal Printer A thermal printer uses heat elements to produce images on heat–sensitive paper. Color thermal printers are not as popular because of their cost and the requirement of specifically treated paper. They are a more special use printer that produces near photographic output. They are widely used in professional art and design work where very high quality color is essential.

Plotters Plotters are special–purpose output devices for producing bar charts, maps, architectural drawings, and even three–dimensional illustrations. Plotters can produce high–quality multicolor documents and also documents that are larger in size than most printers can handle. There are four types of plotters: pen, ink–jet, electrostatic, and direct imaging.

Voice–Output Devices Voice–output devices make sounds that resemble human speech but actually are pre–recorded vocalized sounds. Voice output is used as a reinforcement tool for learning, such as to help students study a foreign language. It is used in many supermarkets at the checkout counter to confirm purchases. Of course, one of the most powerful capabilities is to assist the physically challenged.

Words

adhere	v.	黏附，胶着，坚持，坚持
architectural	adj.	建筑上的，建筑学的
arithmetic	n.	算术，运算
assemble	v.	集合，聚集，装配，集合
cabinet	n.	橱柜，机箱
checkout	n.	检验，校验，收款处
chip	n.	芯片
crystal	adj.	结晶状的
	n.	晶体
cushion	n.	垫子，软垫，衬垫
droplet	n.	小滴
duplicate	n.	复制品，副本

electromagnetic	adj.	电磁的
flexible	adj.	柔韧的，易曲的
impurity	n.	杂质，混杂物，不洁 ，不纯
immense	adj.	极广大的，无边的
megabyte	n.	兆字节
metallic	adj.	金属的
molecule	n.	分子
multiplication	n.	乘法，增加
mylar	n.	聚酯薄膜
neon	n.	氖，氖光灯，霓虹灯
optical	adj.	光学的，眼的，视力的
oxide	n.	氧化物
plasma	n.	等离子体，等离子区
plotter	n.	绘图仪
reinforcement	n.	增援，加强，加固，援军
sensitive	adj.	敏感的，灵敏的，感光的
sterile	adj.	贫瘠的，不育的，消过毒的，无菌的
spray	v.	喷射，喷溅
temporarily	adv.	暂时地，临时地
thermal	adj.	热的，热量的
toner	n.	调色剂，调色者，碳粉
vocalize	v.	成为有声
volatile	adj.	挥发性的，可变的，不稳定的

Phrases

dot-matrix printer	点阵式打印机
head crash	磁头划伤
ink-jet printer	喷墨式打印机
laser printer	激光打印机
line up	排列起，（使）排成行，（使）对齐
thermal printer	热敏式打印机

Abbreviations

ALU（Arithmetic-Logic Unit）	算术逻辑单元
EL（Electroluminescent）	电致发光
LCD（Liquid-Crystal Display）	液晶显示器

参考译文

计算机硬件

计算机硬件具有四部分：中央处理器和内存、存储硬件、输入硬件和输出硬件。

CPU　计算机运行程序的部分被称为处理器或中央处理单元。在微型计算机中，CPU 在系统单元或系统机箱内的单独电子元件，即微处理器芯片上。CPU 本身具有两个部分：控制单元和算术–逻辑单元。在微型计算机中，这两个部分都在微型机芯片上。

控制单元 控制单元告诉计算机系统的其他部分如何完成程序指令。它指挥着电子信号在内存和算术逻辑单元之间的移动。它也指挥着 CPU 和输入输出设备之间的控制信号。

算术逻辑单元 通常被称为 ALU，完成两类运算——算术和逻辑。算术运算是基本的数学运算：加、减、乘、除。逻辑运算是由比较（运算）构成的。也就是说，用两块数据进行比较，以看其中一个是否是等于、小于或大于另外一个。

内存 内存也被称为主存储器、内部存储器，临时存储数据、程序指令和信息。关于内存需要重点了解的是它所保存的内容只是临时的。换句话说，这些内容只有在计算机开着时才能保存。当机器被关闭时，其内容会立即消失。在内存中所存储的信息是不稳定的并会很快消失。

存储硬件 存储硬件的作用是以一种相对持久的方式提供存储计算机指令和数据的方法，即当切断电源时不会丢失数据，且当需要处理数据时又容易恢复。存储硬件有四种：软盘、硬盘、光盘和磁带。

软盘 软盘又被称为软磁盘、可弯曲磁盘、软盘或简单地称为磁盘。在磁盘封套内是柔韧的圆形聚酯塑料盘片，它们在封套内旋转。程序和数据以电磁荷的形式存储在聚酯塑料片表面的金属氧化物薄膜上。

硬盘 硬盘是由金属盘片而不是塑料盘片组成的。它们被紧紧地密封起来，以防止外界东西进入。硬盘是非常灵敏的设备。读写头浮在大约 0.000 001 英寸厚的空气气垫上。它是如此的薄，以至于烟粒、指印、灰尘或者头发都可能引起磁头划伤。当读写头的表面或表面上的微粒与磁盘表面接触时就会发生磁头划伤。磁头划伤对于硬盘来讲是灾难，它意味着磁盘上的数据部分或全部丢失。硬盘在无菌条件下安装并且密封在远离杂质的永久的容器内。

光盘 光盘用于存储大量的数据。一个光盘可能容纳 650 兆字节的数据——相当于数以百计的软盘。并且，光盘使得大量的信息可用于微机上。在光盘技术中，激光束改变塑料或金属盘的表面来代表数据。为了读取数据，激光扫描这些区域并且将这些数据送给计算机芯片以转换。

磁带 磁带是备份（即复制、复制程序和数据）的有效方法。我们曾提到如果硬盘遭遇磁头划伤就会产生令人担忧的结果，因为这将会丢失部分或全部的程序或数据。当然，也可以将硬盘上的文件复制到软盘上。然而这很费时，并且需要很多软盘。磁带是顺序访问存储的，能够解决上面所提到的问题。

输入硬件 输入硬件接收人们能读懂的程序和数据，并将其转换为计算机能处理的形式。这就是机器可读的电子信号 0 和 1。输入硬件有键盘输入和直接输入两种。

键盘输入 数据通过形似打字机键盘但有附加键的键盘输入到计算机。用这种方式，用户一般读取被称为是源文件的初始文件，通过在键盘上打字输入文件。

直接输入 当数据输入到计算机时，是以机器可读懂的形式输入的，不需要键盘。直接输入设备分成三类：指针设备（如鼠标、触摸屏、光笔、数字化仪）、扫描设备（如图像扫描仪、传真机、条形码阅读器）和声音输入设备。

输出硬件 输出设备将机器可读的信息转换为人类可读的形式。一般的输出设备有监视器、打印机、绘图仪和声音输出设备。

监视器 监视器也被称为屏幕显示或视频显示终端。大多数放在桌面上的监视器的制作方法同电视机一样，它们被称为是阴极射线管。另一类监视器是平板显示器，包括液晶显示器、光电发光显示器和等离子显示器。液晶显示器自己不发射光，相反，是由晶体分子组成，电场使得这些分子排成一行，这种排行改变着它们的光学特性。遗憾的是，许多液晶显示器在太阳光或其他强光下很难读到。等离子显示器是平板显示器中最好的一种。与氖光灯泡一样，等离子显示器在电流存在的情况下使用一种发光的气体。

打印机 有四种流行的打印机：点阵式、激光式、喷墨式和热敏式。

点阵式打印机 能在不到几秒的时间内打印一页文本并且非常可靠。点阵式打印机利用在打印头上的一系列小针来形成字符或图像。这些针击打喷墨的色带并在纸上产生图像。有 9 针、18 针和 24 针的打印机，这种打印机的一个缺点是它的噪音。

激光打印机 使用激光束光源在磁鼓上产生小点一样的图像，用磁化的带电的像墨一样的碳粉处理这些字符，然后从磁鼓传送到纸上，再使用热处理过程使这些字符粘贴。激光打印机打印的图像字符清晰，图像质量高。

喷墨式打印机 能以很高速度将小点状墨汁喷到纸面上。这一过程不仅能印刷高质量的图像，并且能打印彩色图像。

热敏式打印机 使用热元素在热感应纸上产生图像。由于价格高并需要特殊处理的纸张，彩色热敏打印机不是很普及。热敏式打印机是产生逼真输出的特殊打印机。它们被广泛应用在要求高质量彩色输出的专业艺术设计工作中。

绘图仪 是特殊用途的输出设备，用于产生条形图、地图、建筑绘图，甚至三维图表。绘图仪可以输出高质量的多种色彩的文档，并且文档的尺寸比大多数打印机能处理的要大。有四种类型的绘图仪：钢笔、喷墨、静电和直接图像。

声音输出设备 声音输出设备可以发出类似于人类说话的声音，但实际上是事先录制的声音。声音输出作为强化工具被用于辅助学习，如帮助学生学习外语。它还被用于许多超市的收款台来确认购买。当然，它最强大的功能是用来帮助残障者。

TASK TWO Introduction of Programming Languages

A programming language is a defined set of instructions that are used to make a computer perform a specific task. Written using a defined vocabulary the programming language is either complied or interpreted by the computer into the machine language that is understood by the processor.

There are several types of programming languages, the most common are:

High-level Languages—these are written using terms and vocabulary that can be understood and written in a similar manner to human language. They are called high-level languages because they remove many of the complexities involved in the raw machine language that computers understand. The main advantage of high-level languages over low-level languages is that they are easier to read, write, and maintain. All high-level languages must be compiled at some stage into machine language. The first high-level programming languages were designed in the 1950s. Now there are dozens of different languages, including BASIC, COBOL, C, C++, FORTRAN and Pascal.

Scripting Languages—like high-level languages, scripting languages are written in manner similar to human language. Generally, scripting languages are easier to write than high-level languages and are interpreted rather than compiled into machine language. Scripting languages, which can be embedded within HTML, commonly are used to add functionality to a Web page, such as different menu styles or graphic displays, or to serve dynamic advertisements. These types of languages are client-side scripting languages, affecting the data that the end user sees in a browser window. Other scripting languages are server-side scripting languages that manipulate the data, usually in a database, on the server. Scripting languages came about largely because of the development of the Internet as a communications tool. Some examples of scripting languages include VBScript, JavaScript, ASP and Perl.

Assembly Language—assembly language is as close as possible to writing directly in machine language. Due to the low level nature of assembly language, it is tied directly to the type of processor and a program written for one type of CPU generally will not run on another.

Machine language—The lowest-level programming language. Machine languages are the only languages understood by computers. While easily understood by computers, machine languages are almost impossible for humans to use because they consist entirely of numbers. Programmers, therefore, use either a high-level programming language or an assembly language. An assembly language contains the same instructions as a machine language, but the instructions and variables have names instead of being just numbers.

Programs written in high-level languages are translated into assembly language or machine language by a compiler. Assembly language programs are translated into machine language by a program called an assembler.

Every CPU has its own unique machine language. Programs must be rewritten or recompiled, therefore, to run on different types of computers.

For now, let's talk about some high level languages very briefly, which are used by professional programmers in the current mainstream software industry.

- C

This is probably the most widely-used, and definitely the oldest, of the three languages I mentioned. It's been in use since the 70s, and is a very compact (i.e. not much "vocabulary" to learn), powerful and well-understood language.

- C++

This language is a superset of C (that just means that it's C with more stuff added; it's more than C, and includes pretty much all of C). Its main benefit over C is that it's object oriented. The key point is that object oriented languages are more modern, and using object oriented languages is the way things are done now in the programming world. So C++ is most definitely the second-most used language after C, and may soon become the most used language.

- Java

Java has a benefit which other programming languages lack: it's cross-platform. It means that it runs on more than one platform without needing to be recompiled. A platform is just a particular type of computer system, like Windows or Mac OS or Linux. Normally, if you wanted to use the same program on a different platform from the one it was written on, you'd have to recompile it—you'd have to compile a different version for each different platform. Sometimes, you'd also need to change some of your code to suit the new platform. This probably isn't surprising, since the different platforms work differently, and look different.

Java has another advantage that it runs inside web browsers, letting programmers create little applications which can run on web sites. However, Java also has a disadvantage, which is almost as serious: it's slow. Java achieves its cross-platform trick by putting what is essentially a big program on your computer which pretends to be a little computer all of its own. The Java runs inside this "virtual machine", which runs on whatever platform you're using (like Windows or Mac OS). Because of this extra layer between the program and the computer's processor chip, Java is slower than a program written and compiled natively for the same platform. Anyway, as the Internet develops, Java will be used more widely.

Words

assembler	n.	汇编程序
compact	adj.	紧凑的，简洁的
compile	v.	编译
complexity	n.	复杂性
dozen	n.	一打，十二个
cross-platform		跨平台
instruction	n.	指示，指令
interpret	v.	解释，口译
JavaScript	n.	Java 描述语言
Perl	n.	一种通用编程语言，可用于网络环境
pretend	v.	假装
specific	n.	细节
	adj.	特殊的，特效的
stage	n.	舞台，活动场所，发展的进程，阶段
stuff	n.	原料，素材资料
	v.	填充
trick	n.	诡计，骗局，诀窍
	v.	欺骗，哄骗

Phrases

due to	由于，应归于
dynamic advertisements	动态的广告
Mac OS	Mac 操作系统
scripting languages	脚本语言
super set	超集，父集
virtual machine	虚拟计算机

Abbreviations

ASP（Active Server Page）	动态服务器主页
VBScript（Visual Basic Script）	Visual Basic 描述语言

参考译文

程序设计语言介绍

程序设计语言是一个定义明确的指令集，用于使计算机执行特定任务。程序设计语言使用专用词汇编写，被计算机编译或解释成处理器可以识别的机器语言。

常用的程序设计语言类型如下。

高级语言——使用接近人类语言的短语、词汇和书写方式。之所以被称为高级语言，是因为它们去除了计算机所能理解的原始机器语言所包含的复杂性。高级语言相对于低级语言的主要优点是它们易于读写和维护。所有高级语言都要在某个阶段翻译成机器语言。最早的高级语言大约出现于 20 世纪 50 年代。现在有很多种高级语言，包括 BASIC、COBOL、C、C++、FORTRAN 和 Pascal 等。

脚本语言——类似于高级语言，脚本语言用与人类语言相似的方式书写。一般来说，用脚本语言编程比用高级语言更容易，并且脚本语言采用解释方式而不是编译方式转换成机器语言。脚本语言可以被嵌入 HTML，经常被用来在网页中添加功能（如不同的菜单风格或图形显示）或提供动态广告。这种类型的语言是客户端脚本语言，影响终端用户在浏览器窗口看到的数据。另一种是服务器端的脚本语言，操作服务器端数据库中的数据。脚本语言产生的很大原因是作为通信工具的 Internet 的发展。脚本语言的例子包括 VBScript、JavaScript、ASP 和 Perl。

汇编语言——汇编语言尽可能地接近机器语言。由于汇编语言的低级特性，它和处理器的类型密切相关，在一种 CPU 类型上编写的程序一般不能在另一种类型上运行。

机器语言——最低级的编程语言。机器语言是唯一能直接被计算机识别的语言。易于被计算机理解的同时，机器语言几乎不能被人类使用，因为它们完全由数字组成。所以程序员使用高级语言或汇编语言。汇编语言的指令与机器语言对应，但是汇编语言中的指令或变量用名字表示而不是用数字表示。

用高级语言编写的程序要通过编译器翻译成汇编语言或机器语言。汇编语言的程序通过汇编程序翻译成机器语言。

每种 CPU 有自己专用的机器语言。当用于不同类型的计算机时，程序需要重写或重新编译。

下面简要介绍几种主流软件工业中专业程序员采用的高级语言。

- C

这可能是提到的三种语言中应用最广最久的一种语言。从 20 世纪 70 年代开始应用，是一种紧凑（即不需要学习太多词汇）、功能强并且易于理解的语言。

- C++

这种语言是 C 的超集（也就是说，是 C 的扩充，比 C 增加了很多，包括 C 的全部）。C++ 相对于 C 的主要优点是面向对象。关键的一点是面向对象的语言更现代化，使用该语言是当今程序设计领域处理事务的方式。所以 C++无疑是应用广泛度仅次于 C 的语言，并且很快会成为应用最为广泛的语言。

- Java

Java 有一个别的语言所没有的优点：它是跨平台的。也就是说，它不需要重新编译就可以运行于多个平台。一个平台就是一种计算机系统的类型，如 Windows、Mac OS 或 Linux。一般来说，如果你在一个平台上编写了程序，想到另一个平台上去运行，需要重新编译——你需要为不同的平台编译不同的版本。有时候，你还需要更改代码以适应新的平台。这也许不奇怪，因为不同的平台工作不同，并且外观也不同。

Java 还有一个优点，就是可以运行于 Web 浏览器，使程序员创建能够运行在 Web 站点的小的应用程序。但是，Java 也有缺点，并且很严重，就是它速度慢。Java 实现跨平台的诀窍是通过在计算机上放置一个实质上很大的程序，假装有自己的小计算机。Java 运行于这个虚拟机中，而虚拟机运行于任何一种平台（像 Windows 或 Mac OS）上。因为在程序和计算机处理器芯片之间又附加了这么一层，Java 的运行比在原平台上编写并编译的程序慢。无论如何，随着 Internet 的发展，Java 会得到更多的应用。

TASK THREE Introduction to DBMS

A database management system (DBMS) is an important type of programming system, used today on the biggest and the smallest computers. As for other major forms of system software, such as compilers and operating systems, a well-understood set of principles for database management systems have been developed over the years, and these concepts are useful both for understanding how to use these systems effectively and for designing and implementing DBMS's.DBMS is a collection of programs that enables you to store, modify, and extract information from a database. There are many different types of DBMS's, ranging from small systems that run on personal computers to huge systems that run on mainframes.

DBMS Qualities

There are two qualities that distinguish database management systems from other sorts of programming systems.

（1）The ability to manage persistent data.

（2）The ability to access large amounts of data efficiently.

Point（1）merely states that there is a database that exists permanently; the contents of this database are the data that a DBMS accesses and manages. Point（2）distinguishes a DBMS from a file system, which also manages persistent data. A DBMS's capabilities are needed most when the amount of data is very large, because for small amounts of data, simple access techniques, such as linear scans of the data, are usually adequate.

While we regard the above two properties of a DBMS as fundamental, there are a number of other capabilities that are almost universally found in commercial DBMS's. They are:

- Support for at least one data model, or mathematical abstraction through which the user can view the data.
- Support for certain high-level languages that allow the user to define the structure of data, access data, and manipulate data.
- Transaction management, the capability to provide correct, concurrent access to the database by many users at once.
- Access control, the ability to limit access to data by unauthorized users, and the ability to check the validity of data.
- Resiliency, the ability to recover from system failures without losing data.

Data Models Each DBMS provides at least one abstract model of data that allows the user to see information not as raw bits, but in more understandable terms. In fact, it is usually possible to see data at several levels of abstraction. At a relatively low level, a DBMS commonly allows us to visualize data as composed of files.

Efficient File Access The ability to store a file is not remarkable: the file system associated with any operating system does that. The capability of a DBMS is seen when we access the data of a file. For example, suppose we wish to find the manager of employee "Clark Kent". If the company has thousands of employees, It is very expensive to search the entire file to find the one with NAME="Clark Kent".A DBMS helps us to set up "index files, " or "indices, " that allow us to access the record for "Clark Kent" in essentially one stroke no matter how large the file is. Likewise, insertion of new records or deletion of old ones can be accomplished in time that is small and essentially constant, independent of the file's length. Another thing a DBMS helps us do is to navigate among files, that is, to combine values in two or more files to obtain the information we want.

Query Languages To make access to files easier, a DBMS provides a query language, or data manipulation language, to express operations on files. Query languages differ in the level of detail they require of the user, with systems based on the relational data model generally requiring less detail than languages based on other models.

Transaction Management Another important capability of a DBMS is the ability to manage simultaneously large numbers of transactions, which are procedures operating on the database. Some databases are so large that they can only be useful if they are operated upon simultaneously by many computers: often these computers are dispersed around the country or the world. The database systems used by banks, accessed almost instantaneously by hundreds or thousands of automated teller machines (ATM), as well as by an equal or greater number of employees in the bank branches, is typical of this sort of database. An airline reservation system is another good example.

Sometimes, two accesses do not interfere with each other. For example, any number of transactions can be reading your bank balance at the same time, without any inconsistency. But if you are in the bank depositing your salary check at the exact instant your spouse is extracting money from an automatic teller, the result of the two transactions occurring simultaneously and without coordination is unpredictable.Thus, transactions that modify a data item must "lock out" other transactions trying to read or write that item at the same time. A DBMS must therefore provide some form of concurrency control to prevent uncoordinated access to the same data item by more than one transaction.

Even more complex problems occur when the database is distributed over many different computer systems, perhaps with duplication of data to allow both faster local access and to protect against the destruction of data if one computer crashes.

Security of Data A DBMS must not only protect against loss of data when crashes occur, as we just mentioned, but it must prevent unauthorized access. For example, only users with a certain clearance should have access to the salary field of an employee file.

DBMS Types

Designers developed three different types of database structures: hierarchical, network, and relational. Hierarchical and network were first developed but relational has become dominant. While the relational design is dominant, the older databases have not been dropped. Companies that installed a hierarchical system such as IMS in the 1970s will be using and maintaining these databases for years to come even though new development is being done on relational systems. These older systems are often referred to as legacy systems.

Words

compiler	n.	编译器
coordination	n.	同等，调和
concurrency	n.	同时（或同地）发生，同时存在，合作
clearance	n.	清除
distinguish	v.	区别，辨别
duplication	n.	副本，复制
destruction	n.	破坏，毁灭
fundamental	adj.	基础的，基本的
indices	n.	（index 的复数）索引，指针
instantaneously	adv.	瞬间地，即刻地，即时地
legacy	n.	遗赠（物），遗产
manipulate	v.	（熟练的）操作，使用（机器等）
navigate	v.	导航，航行，航海，航空
permanently	adv.	永存地，不变地
resiliency	n.	跳回，弹性
reservation	n.	保留，（旅馆房间等）预定，预约
transaction	n.	办理，学报，交易，处理事务
unauthorized	adj.	未被授权的，未经认可的

Phrases

at the exact instant	此时，与此同时，正当此时
associate with	联合，结合
at will	随意，任意
high-level languages	高级语言
take into account	重视，考虑

Abbreviations

ATM（Automatic Teller Machine）	自动取款（出纳）机
DBMS（Database Management System）	数据库管理系统

参考译文

DBMS 简介

数据库管理系统是编程系统中的重要一种，现今可以用在最大的以及最小的电脑上。至于其他主要形式的系统软件（如编译器及操作系统），近些年来开发出一系列容易理解的数据库管理系统原则，并且这些概念既有助于理解如何有效利用系统，又可以帮助设计和实现 DBMS 系统。DBMS 是一个程序的集合，它使你能够存储、修改以及从数据库中提取信息。有很多不同类型的 DBMS 系统，从运行在个人电脑上的小型系统到运行在大型主机上的巨型系统。

DBMS 的功能

有两种功能使数据库管理系统区别于其他程序设计系统：

（1）管理固有数据的能力；

（2）高效访问大量数据的能力。

第一点只是表明现有一个固定存在的数据库,该数据库的内容是 DBMS 所要访问和管理的那些数据。第二点将 DBMS 和同样能管理固有数据的文件系统区分开来。在数据量非常大的时候最需要用到 DBMS 系统的功能，因为对于少量数据而言，简单的访问技术（如对数据的线性扫描）就足够了。

虽然我们将以上两点作为 DBMS 的基本特性，但是其他一些功能在商业 DBMS 系统中也是常见的，它们是：

- 支持至少一种用户可以据之浏览数据的数据模式或数学提取方式。
- 支持某种允许用户用来定义数据的结构、访问和操纵数据的高级语言。
- 事务管理，即对多个用户提供正确的同时访问数据库的能力。
- 访问控制，即限制未被授权用户访问数据以及检测数据有效性的能力。
- 恢复功能，即能够从系统错误中恢复而不丢失数据的能力。

数据模型 每个 DBMS 提供了至少一种抽象数据模型，该模型允许用户以更容易理解的术语而不是以原始比特位的方式查看信息。实际上，通常可以做到以几个不同抽象级别观察数据。在相对低的级别中，DBMS 一般允许我们将数据形象化为由文件组成。

高效数据访问 存储一个文件的能力并不特别：操作系统中结合的文件系统都能做到。DBMS 的能力在我们访问文件的数据时才能显示出来。例如，假设我们希望找到员工经理“克拉克·肯特”。如果这个公司有数千员工，那么要通过 NAME =“克拉克·肯特”搜索整个文件来找到这个人是非常费时的。而 DBMS 帮助我们建立“索引文件”或“索引”，不管文件有多大，它都使我们能够一举访问到“克拉克·肯特”的记录。同样的，不管文件大小，新记录的插入或者原有记录的删除都可以在较短并且基本稳定的时间内完成。DBMS 还可以帮助我们进行文件间的导航，即，通过结合两个或更多文件的值来获得我们所需的信息。

查询语言 为了使访问文件更容易，DBMS 提供了查询语言（或者说数据控制语言）表达对文件的操作。查询语言对用户所提供的细节的详细程度要求有所不同，基于关系数据模型的系统通常比基于其他模型的语言所需的细节要少。

事务管理 DBMS 的另外一项重要功能就是同时管理大量事务的能力，事务即数据库中运行的进程。某些数据库是如此之大，它们只有同时运行于多台计算机上才能发挥作用：通常这些计算机分散在全国甚至世界各地。银行中使用的数据库系统就是这类数据库的一个典型，它们几乎同时被成千上万的自动取款机所访问，也同时被同样多甚至更多的支行员工所访问。机票预定系统是另一个好例子。

有时两个访问不会互相干扰。例如，任意多的事务可以同时读取你银行的结余而不引起任何冲突。但是如果你正在银行里办理工资存款，与此同时，你的配偶在一台自动取款机上取款，两个事务同时发生且没有彼此协调，那你的查询结果就很难说了。因此，会引起数据项改变的事务必须“上锁”，将其他在同一时刻试图读写该项数据的事务关在外面。因此，DBMS 必须提供某种并发控制状态以阻止多个事务对于同一数据项的非协调访问。

更复杂的问题发生在数据库分布在许多不同计算机系统上的时候，它们可能使用数据副本来允许高速的本地访问以及避免由于某台计算机崩溃而破坏数据。

数据安全 如上文提到的那样，DBMS 不仅可以在计算机崩溃时保护数据不丢失，而且还能够阻止非法访问。例如，只有拥有特定权限的用户可以访问职工文件的工资区域。

DBMS 类型

设计人员开发了 3 种不同类型的数据库结构：层次数据库、网状数据库和关系数据库。层次数据库和网状数据库是首先被开发出来的，但关系数据库已经成为了主流数据模型。尽管关系数据库的设计已经成为主流，但旧的数据库仍然没有被遗弃。尽管关系数据库不断得到发展，但在 20 世纪 70 年代安装了层次数据库的一些公司，如 IMS，在未来几年仍然将维持使用这些数据库。这些旧的数据库系统通常被称作遗留系统。

TASK FOUR Introduction to Computer Network

Computer network is a system connecting two or more computers. A computer network allows user to exchange data quickly, access and share resources including equipments, application software, and information.

Data communications systems are the electronic systems that transmit data over communications lines from one location to another. You might use data communications through your microcomputer to send information to a friend using another computer. You might work for an organization whose computer system is spread throughout a building, or even throughout the country or world. That is, all the parts—input and output units, processor, and storage devices—are in different places and linked by communications. Or you might use telecommunications lines—telephone lines—to tap into information located in an outside data bank. You could then transmit it to your microcomputer for your own reworking and analysis.

To attach to a network, a special-purpose hardware component is used to handle all the transmission. The hardware is called a network adapter card or network interface card (NIC), it is a printed circuit board plugged into a computer's bus, and a cable connects it to a network medium.

Communications networks differ in geographical size. There are three important types: LANs, MANs and WANs.

Local Area Networks Networks with computers and peripheral devices in close physical proximity—within the same building, for instance—are called local area networks (LANs). Linked by cable-telephone, coaxial, or fiber optic. LANs often use a bus form organization. In a LAN, people can share different equipments, which lower the cost of equipments. LAN may be linked to other LANs or to larger networks by using a network gateway. With the gateway, one LAN may be connected to the LAN of another LAN of another office group. It may also be connected to others in the wide world, even if their configurations are different. Alternatively, a network bridge would be used to connect networks with the same configurations.

There is a newly development for LANs: WLAN. A wireless LAN (WLAN) is a flexible data communication system implemented as an extension to, or as an alternative for, a wired LAN within a building or campus. Using electromagnetic waves, WLANs transmit and receive data over the air, minimizing the need for wired connections. Thus, WLANs combine data connectivity with user mobility, and, through simplified configuration, enable movable LANs.

Over the recent several years, WLANs have gained strong popularity in a number of vertical markets, including the health-care, retail, manufacturing, warehousing, and academic arenas. These industries have profited from the productivity gains of using hand-held terminals and notebook computers to transmit real-time information to centralized hosts for processing. Today WLANs are becoming more widely recognized as a general-purpose connectivity alternative for a broad range of business customers.

Applications for Wireless LANs Wireless LANs frequently augment rather than replace wired LAN networks—often providing the final few meters of connectivity between a backbone network and the mobile user. The following list describes some of the many applications made possible through the power and flexibility of wireless LANs:

- Doctors and nurses in hospitals are more productive because hand–held or notebook computers with wireless LAN capability deliver patient information instantly.
- Consulting or accounting audit engagement teams or small workgroups increase productivity with quick network setup.
- Network managers in dynamic environments minimize the overhead of moves, adds, and changes with wireless LANs, thereby reducing the cost of LAN ownership.
- Training sites at corporations and students at universities use wireless connectivity to facilitate access to information, information exchanges, and learning.
- Network managers installing networked computers in older buildings find that wireless LANs are a cost–effective network infrastructure solution.
- Retail store owners use wireless networks to simply frequent network reconfiguration.
- Trade show and branch office workers minimize setup requirements by installing preconfigured wireless LANs needing no local MIS support.
- Warehouse workers use wireless LANs to exchange information with central databases and increase their productivity.
- Network managers implement wireless LANs to provide backup for mission–critical applications running on wired networks.
- Senior executives in conference rooms make quicker decisions because they have real–time information at their fingertips.

The increasingly mobile user also becomes a clear candidate for a wireless LAN. Portable access to wireless networks can be achieved using laptop computers and wireless NICs. This enables the user to travel to various locations–meeting rooms, hallways, lobbies, cafeterias, classrooms, etc.–and still have access to their networked data. Without wireless access, the user would have to carry clumsy cabling and find a network tap to plug into.

Metropolitan Area Networks These networks are used as links between office buildings in a city. Cellular phone systems expand the flexibility of MAN by allowing links to car phones and portable phones.

Wide Area Networks Wide area networks are countrywide and worldwide networks. Among other kinds of channels, they use microwave relays and satellites to reach users over long distances. One of the most widely used WANs is Internet, which allows users to connect to other users and facilities worldwide.

Words

alternatively	adv.	二中择一地，换句话说
attach	v.	附上，连接
audit	v.	审计，会计检查，查账

augment	v.	增大；增加
backbone	n.	构架，中心，中枢，主
cafeteria	n.	自助食堂
candidate	n.	选择物，候选人
clumsy	adj.	笨拙的
engagement	n.	约定
exchange	v.	交换，调换
facilitate	v.	易于，便于，助长
cost-effective	adj.	划算的
gateway	n.	网关
halfway	adj.	中途的，不彻底的
infrastructure	n.	下部结构，永久性基地，基础
lobby	n.	门廊，休息室
metropolitan	adj.	大城市的
mission	n.	使命，任务，代表团
mobility	n.	灵活性，移动性，可动性
overhead	adj.	过顶的，头上的，经常的
peripheral	n.	外部设备，辅助设备
plug	n.	插头，插塞
profit	v.	有利于，获益
proximity	n.	接近，近似，近程
retail	n.	零售
warehouse	n.	仓库

Abbreviations

LAN（Local Area Network）	局域网
MAN（Metropolitan Area Network）	城域网
MIS（Management Information System）	管理信息系统
NIC（Network Interface Card）	网络接口卡
WAN（Wide Area Network）	广域网
WLAN（Wireless Local Area Network）	无线局域网

参考译文

计算机网络介绍

计算机网络是连接两个或多个计算机的系统，它允许用户快速地交换数据，访问和共享包括设备、应用软件和信息在内的资源。

数据通信系统是通过通信线路将数据从一个地方传送到另外一个地方的电子系统。你可以使用数据通信通过你的微机将信息发送给使用另外一台机器的朋友。你有可能在为一家公司工作，其计算机系统遍布一座大楼，或者甚至是全国乃至世界。也就是说，所有的部分——输入和输出单元、处理器和存储设备——都在不同的地方，是通过通信连接起来的。或者你可能使用远程通信线——电话线——接进位于外部数据库的信息。然后你可能将信息传送到自己的微机上用于重新加工和分析。

为了连接到网络上，需要使用特殊用途的硬件部件来处理所有的传送。这个硬件被称为是网络适配卡或网络接口卡，它是插入到计算机总线上的印刷电路板，由电缆将它连接到网络设备上。

通信网络由于其占据的地理范围大小而不同，有 3 种重要的类型：局域网、城市网和广域网。

局域网 计算机和外部设备在很近的物理范围内（如在一座大楼内）的网络被称为是局域网。局域网由电缆电话线、同轴电缆或光缆连接，通常使用总线型的结构。在局域网中人们可以共享不同的设备，这样可以降低设备的费用。局域网可以通过使用网关连接到另外一个局域网或者更大的网。使用网关，一个局域网可以被连接到另一个办公团体的局域网上，也可被连接到世界范围的其他局域网上，即使它们的配置不同。另外，也可以用网桥来连接具有相同配置的网络。

现在有了一种新的局域网：无线局域网。无线局域网是灵活的数据传输系统，实现了大楼或校园内有线局域网的延伸或替换。无线局域网使用电磁波通过空气传送和接收数据，最低限度地减少了有线连接。这样，无线局域网把数据连接和用户移动性结合起来，通过简化的配置，形成了移动的局域网。

随着近几年的发展，无线局域网在一些市场领域已经获得了广泛的普及，其中包括健康保健、零售业、制造业、仓储业和学术界。这些工业通过手提终端和笔记本电脑将实时信息传送到中央主机进行处理，提高生产率，已获益匪浅。如今，对于广泛的商业客户来说，无线局域网正成为公认的通用连接的替代品。

无线局域网的应用 无线局域网常常增加而并非代替有线局域网的功能——通常是提供骨干网络和移动用户间最后几米的连接。通过无线局域网的灵活性和功能可以实现许多应用，以下所列描述了其中的一部分。

- 医院的医生和护士利用手提或笔记本电脑与无线局域网连接的性能，及时传递了病人的信息，提高了效率。
- 顾问或会计审计事务组或一些小的工作组使用快速搭建的网络提高了工作效率。
- 在动态环境下的网络管理者使用无线局域网最大限度地减少了经常的移动、添加和修改工作，从而降低了局域网所有者的费用。
- 公司的培训点以及大学的学生使用无线连接以便于访问信息、进行信息交换及学习。
- 零售商店的老板使用无线局域网简化经常性的网络重新配置（问题）。
- 在旧的建筑物内安装网络计算机的网络管理员发现无线局域网是划算的网络基础结构的解决方案。
- 仓储工人使用无线局域网和中心数据库交换信息提高了生产率。
- 贸易展览部门工作人员通过安装预先配置的无线局域网最大限度地降低了配置需求，而不需要当地信息管理系统的支持。
- 网络管理员使用无线局域网提供运行在有线网络上的关键应用程序的备份。
- 在会议室的高级行政官因为手头有实时信息可供使用，因此可以做出快速的决定。

日益增长的移动用户也成为无线局域网的坚实的后备力量。使用膝上电脑和无线网络接口卡就可实现移动访问无线局域网，这就使得用户可以在不同的地方（会议室、门厅、休息室、自助食堂、教室等）穿梭时仍然可以访问其网络数据。假如没有无线局域网，用户就不得不携带笨重的电缆寻找网络插头。

城域网 这些网络用于一个城市内的建筑物之间的连接。移动电话系统通过允许将汽车电话和移动电话接入而扩展了城域网的灵活性。

广域网 广域网是国家和世界范围内的网络。在其他的信道种类中，广域网使用微波中继和卫星通信远距离到达用户。使用最广泛的广域网是 Internet，它允许世界范围内用户和用户及设备的连接。

参 考 文 献

[1] 全国计算机专业技术资格考试办公室组．信息处理技术员考试辅导教程[M]．北京：清华大学出版社，2012.

[2] 胡衍庆，等．计算机应用基础[M]．北京：北京理工大学出版社，2010.

[3] 全国计算机技术与软件专业技术资格（水平）考试办公室组．信息处理技术员教程[M]．北京：高等教育出版社，2010.

[4] 徐娜．计算机专业英语[M]．北京：北京大学出版社，2012.

[5] 李莉，李秀华．计算机专业英语教程[M]．2 版．北京：北京大学出版社，2010.